W0349134

Wolfgang Lorenz **Praxis-Handbuch Schimmelpilzschäden**

Praxis-Handbuch Schimmelpilzschäden

Diagnose und Sanierung

mit 299 Abbildungen und 65 Tabellen

Dr.-Ing. Wolfgang Lorenz

Rudolf Müller

Bibliografische Information der Deutschen Nationalbibliothek
Die Deutsche Nationalbibliothek verzeichnet diese Publikation in der Deutschen Nationalbibliografie; detaillierte bibliografische Daten sind im Internet über http://dnb.d-nb.de abrufbar.

© Verlagsgesellschaft Rudolf Müller GmbH & Co. KG, Köln 2012
Alle Rechte vorbehalten

Das Werk einschließlich seiner Bestandteile ist urheberrechtlich geschützt. Jede Verwertung außerhalb der engen Grenzen des Urheberrechtsgesetzes ist ohne die Zustimmung des Verlages unzulässig und strafbar. Dies gilt insbesondere für Vervielfältigungen, Bearbeitungen, Übersetzungen, Mikroverfilmungen und die Einspeicherung und Verarbeitung in elektronische Systeme.

Maßgebend für das Anwenden von Normen ist deren Fassung mit dem neuesten Ausgabedatum, die bei der Beuth Verlag GmbH, Burggrafenstraße 6, 10787 Berlin, erhältlich ist. Maßgebend für das Anwenden von Regelwerken, Richtlinien, Merkblättern, Hinweisen, Verordnungen usw. ist deren Fassung mit dem neuesten Ausgabedatum, die bei der jeweiligen herausgebenden Institution erhältlich ist. Zitate aus Normen, Merkblättern usw. wurden, unabhängig von ihrem Ausgabedatum, in neuer deutscher Rechtschreibung abgedruckt.

Das vorliegende Werk wurde mit größter Sorgfalt erstellt. Verlag und Autor können dennoch für die inhaltliche und technische Fehlerfreiheit, Aktualität und Vollständigkeit des Werkes keine Haftung übernehmen.

Wir freuen uns, Ihre Meinung über dieses Fachbuch zu erfahren. Bitte teilen Sie uns Ihre Anregungen, Hinweise oder Fragen per E-Mail: fachmedien.bau@rudolf-mueller.de oder Telefax: 0221 5497-6141 mit.

Lektorat: Petra Lindner, Kescheid
Umschlaggestaltung: Pizzicato, Köln
Umschlagfoto, Mitte unten: Schulz Bautrocknung, Menden
Satz: Hackethal Producing, Asbach
Druck und Bindearbeiten: AZ Durck und Datentechnik GmbH, Kempten
Printed in Germany

ISBN 978-3-481-02892-3 (Buchausgabe)
ISBN 978-3-481-02893-0 (PDF als E-Book)

Vorwort

So mancher Fachmann kennt das Buch „Sanierung von Feuchte- und Schimmelpilzschäden“ aus dem Jahre 2005, das ich gemeinsam mit 2 Koautoren verfasst habe. Unter normalen Umständen hätte es eine zweite Auflage gegeben; bedauerlicherweise sind die Umstände jedoch nicht normal, denn kurz nach Herausgabe dieses Buches verstarb der hochgeschätzte Kollege und Koautor Karl Lassl.

Der Rudolf Müller Verlag und ich entschlossen uns daher, ein völlig neues Buch zu konzipieren, das die erforderlichen Informationen enthält, die eine Sanierungsfachkraft benötigt, um ein mangelfreies Werk abliefern zu können. Aber auch für Sachverständige enthält das vorliegende Buch wertvolle Hilfen. Ein Ziel war es, das Buch so aufzubauen, dass es in weiten Teilen mehr Nachschlagewerk als Lehrbuch ist. Dies dürfte bei der täglichen Praxis dienlicher sein.

Die Bedeutung von Schimmelpilzschäden für die Innenraumhygiene war lange Zeit ein strittiges Thema. Seit der Veröffentlichung der „Mold Guidelines“ („Schimmelpilz-Richtlinien“) der Weltgesundheitsorganisation WHO 2009 sollte dieser mühsame Expertenstreit jedoch zu einem Ende gekommen sein. Ja, Schimmelpilzbefall in Innenräumen ist ein hygienisches Problem; dies ist allerdings keine neue Erkenntnis. Dass es bereits in der Bibel Hinweise hierzu gibt, wurde in den letzten Jahren gerne und oft in Fachbüchern beschrieben und auf Vorträgen erwähnt. Auf eine erneute Wiedergabe der Bibel-Textstelle wurde deshalb verzichtet – wen sie interessiert, der kann unter Mose, Kapitel 14, Vers 33 bis 75 nachlesen.

Allerdings wollte ich nicht gänzlich auf historische Zitate verzichten. Kurz vor Weihnachten 2011 erhielt ich von einem befreundeten Kollegen, Herrn Dr. Friedrich Curio aus Ahorn, ein wunderbares Präsent. Er hatte Teile des medizinischen Bestsellers „Conservandae Sanitatis Praecepta“ (herausgegeben anno 1545 von Johannes Curio „dem Arztenei doctor“) aus dem Lateinischen ins Deutsche übersetzt und mir diese Übersetzung geschickt. Es wird in dem Buch auf die Schadstoffquellen Kloaken, Kot, Misthaufen, Küchengruben usw. hingewiesen, mit dem Zusatz, dass die Luft umso mehr krank macht, wenn zusätzlich Flachs oder Hanf verfaulen. Diese Information ist hochinteressant, denn man wusste offenbar, dass man noch kränker wird, wenn es schimmelt. In Kapitel XIV dieses historischen Werkes ist zu lesen: *„So beschaffene [schlechte Luft] bringt die Säfte durcheinander und verdunkelt den Geist. Vielmehr sollte sie ausgesucht rein und unbeeinträchtigt sein, allseits gereinigt durch das Wehen der Winde aus dem flachen oder* *hoch gelegenen Land. [...] Durch ihre faulenden Bestandteile erstickend ist sie ähnlich der, die in manche Häuser eingeschlossen ist, in denen sich wegen Fäulnis und mangelnder Belüftung Schmutz und Schimmel in höchstem Maße anhäufen. [...] Gelangt durch Unrat belastete Luft in den Körper, verdirbt sie den Lebensgeist und fügt dem Gehirn den größten Schaden zu, indem sie durch eine Verlegung der Atemwege die Passage der Luftmenge beeinträchtigt und durch ihre stinkende Ausdünstung den Kopf schwer macht.*" Diese Textpassage sollte so manchen Arbeitgeber veranlassen, seine Büros auf Schimmelpilzschäden untersuchen zu lassen. Meine Kollegen vom Bundesverband Schimmelpilzsanierung BSS e. V. (http://www.bss-schimmelpilz.de) stehen hierfür jederzeit zur Verfügung.

Kapitel XV dieses historischen Buches trägt die Überschrift „De Nimia Vini Potatio" bzw. „Über zu große Wein-Saufgelage" oder nach Dr. Curios freier Übersetzung „Über das Weinsaufen" – nicht uninteressant, aber eine andere Geschichte.

Düsseldorf, im Februar 2012 Dr.-Ing. Wolfgang Lorenz

Danksagung

Für die fachliche Unterstützung bei der Entwicklung und Umsetzung des Werkes gilt mein besonderer Dank:

Dipl.-Ing. Dirk Günther, Dipl.-Biol. Mathias Schäfer, Ulrike Stärker, Uta Rudolph, Dr. Christoph Trautmann, Prof. Dr. Heinz Mehlhorn, Karl-Heinz Westerhoff und Else Marie Müller Lorenz

Inhalt

1 Die fachgerechte Sanierung eines Schimmelpilzschadens

Die Sanierung von Schimmelpilzschäden stellt den Auftragnehmer vor vielschichtige und nicht selten komplexe Probleme, deren Lösung zumindest Grundkenntnisse aus völlig unterschiedlichen Fachgebieten wie Mikrobiologie, Bautechnik und Bauphysik, Sanierungstechnik, Arbeitsschutz und anderen Rechtsdisziplinen erfordert. Selbst bei erfahrenen und interdisziplinär geschulten Experten reicht das Fachwissen nicht immer aus, um die Probleme professionell zu lösen; in diesem Fall ist Teamarbeit erforderlich.

Der Sanierer ist laut Werkvertragsrecht nach den §§ 631 bis 651 des Bürgerlichen Gesetzbuches (BGB) oder, soweit vertraglich vereinbart, nach der Vertrags- und Vergabeordnung für Bauleistungen (VOB) verpflichtet, ein mangelfreies Werk herzustellen. Hierzu muss er die Inhalte des Werkvertrags beachten sowie den Stand der Technik kennen und diesen berücksichtigen. Wenn vertraglich nicht anders vereinbart, muss er nach den anerkannten Regeln der Technik arbeiten. Selbstverständlich muss er alle rechtlich verbindlichen Vorschriften des Arbeitsschutzes einhalten.

Zu Beginn der 1990er-Jahre war die Vorgehensweise bei der Sanierung von Feuchtigkeits- und Schimmelpilzschäden noch nicht einmal ansatzweise geregelt. Nur wenige Fachleute beschäftigten sich mit der Problematik und begannen, die in oder auf Baumaterialien oder Inventar gewachsenen Mikroorganismen in Laboren untersuchen zu lassen. Auf Basis der spärlichen medizinischen Hinweise zu gesundheitlichen Effekten der Schimmelpilze wurden Vorgaben für die Sanierung formuliert, die zum Teil schon damals forderten, das befallene Material zu entfernen und nicht mit Alufolie oder dichten Anstrichen zu kaschieren.

Diese Vorgaben waren weder in Fachartikeln noch in Richtlinien zu finden, sondern lediglich in individuellen Gutachten. Dementsprechend fielen die Empfehlungen der Experten bzw. Sachverständigen sehr unterschiedlich aus und stießen bei vielen Beteiligten auf massive Ablehnung, auch bei den meisten Handwerkern. Nur die unter gesundheitlichen Beschwerden leidenden Personen erkannten den Wahrheitskern manch gutachterlicher Empfehlung und setzten große Hoffnung darauf, dass jemand die Ursache ihrer Leiden identifiziert habe.

Viele Handwerker nahmen die Vorgaben der Gutachter nicht ernst, doch nur wenige sprachen aus, was viele dachten: „Das ist alles übertrieben, wenn nicht sogar Blödsinn, und wir haben es schließlich schon immer anders gemacht.“

Als sich im Laufe der Jahre zeigte, dass so mancher „Spinner“ oder „Pionier“, wie auch immer man die ersten bemühten Fachleute bezeichnen möchte, nicht grundsätzlich falsch lag, und man mit dem Lösen von Problemen langfristig erfolgreicher ist als mit Ignoranz, sprangen immer mehr Gutachter und erste Sanierungsbetriebe auf den anrollenden, sich allmählich, aber stetig beschleunigenden Zug auf.

Dies geschah jedoch nicht immer mit der angemessenen Seriosität oder den erforderlichen Grundkenntnissen. So züchteten z. B. Gutachter, die nicht aus dem Bereich der Hygiene kamen, zum Teil Schimmelpilze aus entnommenen Proben im häuslichen Keller selbst und versuchten sich mithilfe von Fachbüchern an der Taxonomie. Aus heutiger Sicht ist dies in vielerlei Hinsicht eine grobe Fahrlässigkeit.

Eine entscheidende Wende war ein Leitfaden zur Problematik, den Experten für das Landesgesundheitsamt (LGA) Baden-Württemberg auf Initiative von Herrn Dr. Gabrio erarbeiteten. Nach 2 Jahren intensiver Arbeit und teils schwerem Ringen wurde im Jahre 2001 der erste Leitfaden des LGA Baden-Württemberg mit dem Titel „Schimmelpilze in Innenräumen – Nachweis, Bewertung und Qualitätsmanagement" veröffentlicht. Dieses Werk ist in weiten Teilen noch sehr aktuell, denn die seit 2001 gewonnenen neuen wissenschaftlichen Erkenntnisse und praktischen Erfahrungen stellen höchstens punktuelle Ergänzungen dieses Leitfadens dar. Keine einzige Kernaussage des Leitfadens musste bis heute revidiert werden.

Es sind bei Weitem noch nicht alle Fragen, die sich in der Praxis stellen, auf Basis gesicherter wissenschaftlicher Erkenntnisse zu beantworten. Es ist jedoch nicht Aufgabe des Sanierers, wissenschaftliche Kenntnislücken zu füllen oder die Empfehlungen von Experten grundsätzlich zu hinterfragen. Vielmehr muss er sich auf die Empfehlungen der Wissenschaftler und ausgewiesenen Experten verlassen. Seine Pflicht ist es deshalb, dass er die Empfehlungen kennt und anwendet.

Die Angaben in Leitfäden oder Richtlinien, soweit sie von anerkannten Stellen stammen, sind zwar keine rechtlich verbindlichen Vorschriften, wie z. B. die Biostoffverordnung (BioStoffV), welche die Grundlage des Arbeitsschutzes bei der Sanierung von Schimmelpilzschäden bildet, sie sind aber dennoch juristisch von Bedeutung. Richter sind gewöhnlich auf dem Gebiet der Schadstoffsanierung Laien und werden daher zur Beurteilung maßgebliche Richtlinien zur Grundlage ihrer Entscheidung machen.

Aus diesem Grund kann es von existenzieller Bedeutung für den Sanierer sein, ob er außer den rechtlich verbindlichen Gesetzen und Verordnungen auch die aktuellen Richtlinien beachtet. Nur so erhält er weitgehende **Rechtssicherheit** im Streitfall. Wichtig sind die Empfehlungen von Leitfäden und Richtlinien, die diesen Namen verdienen, aber auch für den Auftraggeber. Dieser, meist ebenfalls ein Laie, muss schließlich nachvollziehen können, worauf die Sanierungsvorschläge basieren.

Die Empfehlungen der für die Sanierung von Schimmelpilzschäden maßgeblichen Leitfäden sind in diesem Buch vollständig berücksichtigt. Dies ist jedoch ein Sanierungsfachbuch und kein juristischer Ratgeber. Deshalb wird nicht jeder juristische Aspekt eines Schimmelpilzschadens angesprochen oder in ausreichender Tiefe behandelt und das Studium dieses Buches ersetzt nicht den sorgfältigen Blick in die maßgebenden Leitfäden oder Vorschriften.

1.1 Stand der Technik

Im Kern bedeutet der Begriff „Stand der Technik" das technisch Mögliche zu einem bestimmten Zeitpunkt, soweit dies auf wissenschaftlicher Grundlage beruht.

Das technisch Mögliche bedeutet, dass die Technik in der Praxis umsetzbar ist. Funktionierende Laborprototypen stellen nicht den Stand der Technik dar, sondern den Stand der Wissenschaft und Forschung. Die Unterscheidung beinhaltet nicht zuletzt wirtschaftliche Kriterien. Einen Prototyp kann man durchaus mehrmals bauen, Zeitaufwand, erforderliches Personal, Verfügbarkeit der Materialien sprengen jedoch den Rahmen für eine anwendbare Technik.

Die Forderung nach der wissenschaftlichen Basis beinhaltet die Bedingung, dass die Technik geprüft wurde und überprüfbar ist. Ein neu entwickeltes Messgerät, das aufgrund klarer physikalischer Gesetze gebaut und kalibriert wurde, kann den Stand der Technik darstellen, ein verbessertes esoterisches Pendel zur Feststellung von Schadstoffquellen jedoch nicht. Zwar mag es aus anderem Material bestehen als alle bisherigen Pendel, aber die wissenschaftliche Basis fehlt.

1.2 Allgemein anerkannte Regel der Technik

Eine allgemein anerkannte Regel der Technik stellt die nächste Stufe in Entwicklung und Verbreitung dar.

Die Definition steckt bereits im Begriff **allgemein anerkannt**, der bedeutet, dass die Fachwelt diese Technik in das übliche Portfolio übernommen hat und über ausreichende oder sogar langjährige Erfahrung verfügt. Mögen einzelne Betriebe anders arbeiten, z. B. den allgemein anerkannten Regeln der Technik voraus sein oder ihnen hinterherhinken, ändert dies nichts an dieser Bedingung. Entscheidend ist die Mehrheit der Fachbetriebe.

Das Wort **Regel** steht dafür, dass bereits Normen, Richtlinien oder Vergleichbares zu dieser Technik existieren. Ohne eine der Fachwelt allgemein bekannte „Bedienungs- oder Betriebsanweisung" dürfte es kaum gelingen, die Technik in vergleichbarer Qualität flächendeckend umzusetzen.

Der Begriff **Technik** steht für das wissenschaftliche Fundament. Es muss sich um eine Technik handeln und somit um ein natur- und/oder ingenieurwissenschaftlich erarbeitetes Verfahren, Gerät oder Material. Alles, was nicht auf wissenschaftlichen Kenntnissen beruht und nicht mit physikalischen, chemischen oder biologischen Methoden überprüfbar ist, ist keine Technik in diesem Sinne.

Es ist rechtlich nicht verbindlich vorgeschrieben, ausschließlich die allgemein anerkannten Regeln der Technik anzuwenden, und es ist nicht untersagt, nach dem Stand der Technik zu arbeiten. Wäre dies der Fall, käme der Fortschritt zum absoluten Stillstand und der Spruch „Haben wir schon immer so gemacht" wäre das Maß aller Dinge.

Die Umsetzung des Standes der Technik erfordert allerdings besondere Sorgfalt und oft auch besondere Kenntnisse. Letztere werden häufig vom „Erfinder" neuer Produkte im Rahmen von Schulungen an die Kunden vermittelt.

Stand der Technik und allgemein anerkannte Regel der Technik sind Zustände, die sich ständig ändern.

1.3 Richtlinien, Leitfäden

Diese Begriffe sind im technischen Bereich rechtlich nicht klar definiert und es gibt kein Gesetz, das es verbietet, eine sog. Richtlinie zu verfassen. Dies ist ein nicht unerhebliches Problem für den Ausführenden. Oft ist er nicht imstande, zwischen einer fachlich fundierten Richtlinie oder einem aus reinem Eigeninteresse formulierten Papier zu unterscheiden, das unter einem auf den ersten Blick beeindruckenden Namen veröffentlicht wurde.

Erstellt ein Hersteller oder sogar ein Händler einen Leitfaden, eine betriebsinterne Norm oder etwas Ähnliches, dann liegt zunächst der Verdacht nahe, dass Eigeninteresse der Anlass war.

Wird durch einen Berufs- oder Fachverband eine Richtlinie erstellt, ist man geneigt, diese als ein objektives Dokument zu akzeptieren, was allerdings nicht immer stimmen muss. Es ist schwer zu durchschauen, wenn Interessengruppen einen Verband gründen, vielleicht sogar mittels vorgeschobener „neutraler Experten", um unter dem Anschein von Objektivität eigene rein marktwirtschaftliche Interessen zu realisieren.

Werden Richtlinien, Leitfäden oder Normen von Fachbehörden, öffentlich-rechtlichen Organen, wie der Berufsgenossenschaft, oder einer in der Fachwelt anerkannten Organisation, wie dem Deutschen Institut für Normung (DIN) oder dem Verein Deutscher Ingenieure (VDI), erstellt, dann müssen diese beachtet werden. Dies bedeutet nicht, dass man sich an die Empfehlungen halten muss, jedoch ist eine Richtlinie oder ein Leitfaden nach juristischer Auffassung eine sog. „Empfehlung mit Nachdruck". Das heißt, dass man sich daran halten möge und ein Abweichen fachlich fundiert begründe. Dies gilt nicht für „Richtlinien" von nicht anerkannten oder nicht bekannten Verbänden, von Gruppen einzelner Personen ohne offiziellen Status oder von einzelnen Personen oder Unternehmen (siehe Abb. 1.1).

Eine Sonderstellung nehmen die Berufsgenossenschaften ein, denn diese sind Körperschaften des öffentlichen Rechts und besitzen deshalb „hoheitliche" Aufgaben. Sie sind unabhängig vom Markt an sich, haben aber als Sozialversicherungsträger das Interesse zu wahren, ihre Versicherten vor gesundheitlichen Gefahren zu schützen. Diese Zielrichtung ist jedoch nicht als Beeinträchtigung der Objektivität zu sehen, sondern sollte die Grundzielrichtung jeder fachlichen Richtlinie sein.

Kriterium	Relevanz
Der Herausgeber ist eine vom Markt unabhängige neutrale Stelle, die selbst nicht vom Markt profitiert, z. B. eine Fachbehörde, wie die World Health Organisation (WHO), das Umweltbundesamt, das Robert-Koch-Institut oder Gesundheitsämter der Länder oder Kommunen.	hoch
Der Herausgeber ist ein namhafter Verband, der (nahezu) alle Konkurrenten unter seinem Dach vereint, wie der Verein Deutscher Ingenieure e.V. (VDI), der Verband der Elektrotechnik Elektronik Informationstechnik e. V. (VDE) oder das Deutsche Institut für Normung e. V. (DIN).	Relevanz
Der Herausgeber ist ein Verband, bei dem verschiedene Mitbewerber, eventuell sogar aus verschiedenen Disziplinen, organisiert sind.	
Der Herausgeber ist ein Verband, der entweder fachfremd ist oder aus einer kleinen Gruppe von Marktführern besteht.	
Der Herausgeber sind ein Hersteller, ein Händler oder einige wenige nicht offiziell organisierte Fachleute oder Interessenvertreter oder eine einzelne Person.	niedrig

Abb. 1.1: Kriterien zur Beurteilung der Relevanz von Leitfäden, Leitlinien oder Richtlinien

1.3.1 Leitfaden LGA 1 „Schimmelpilze in Innenräumen – Nachweis, Bewertung, Qualitätsmanagement"

Der Leitfaden des Landesgesundheitsamtes Baden-Württemberg LGA 1 „Schimmelpilze in Innenräumen – Nachweis, Bewertung, Qualitätsmanagement" (2001) gibt wertvolle Informationen zur Untersuchung und Beurteilung von Schimmelpilzschäden. Sein Schwerpunkt liegt auf den Untersuchungsmethoden und er liefert grundsätzliche Anhaltspunkte zur Schadensbewertung, die den Ausgangspunkt für die erforderliche Sanierung darstellen.

In den Kapiteln 2 und 3 des Leitfadens LGA 1 finden sich die für die Sanierung wichtigsten Angaben.

Leitfaden LGA 1, Kapitel 3.3.7, Seite 27:

„Dauerhafte Mehrbelastungen wie zum Beispiel eine kontinuierliche Innenraumquelle als Folge eines Feuchtigkeitsschadens sollten vermieden werden."

Leitfaden LGA 1, Kapitel 3.3.6, Seite 27:

„Generell ist aus Vorsorgegründen die Exposition im häuslichen Bereich niedrig zu halten, sodass sie im Rahmen der üblichen Hintergrundwerte in Wohnungen bleibt."

Leitfaden LGA 1, Kapitel 3.3.7, Seite 27:

„Messmaßnahmen und Sanierungsmaßnahmen sollten professionellen Firmen überlassen werden, die geeignete Arbeitsschutzmaßnahmen einhalten müssen."

Von Bedeutung für die Schadensbewertung und die Vorgehensweise bei der Sanierung ist die Klassifizierung von Schäden in Kapitel 8.1 des Leitfadens LGA 1 in 3 Kategorien:

„Kategorie 1: Normalzustand bzw. geringfügiger Schaden, keine bzw. sehr geringe Biomasse (z. B. geringe Oberflächenschäden < 20 cm²)

Kategorie 2: geringer bis mittlerer Schaden, mittlere Biomasse, oberflächliche Ausdehnung < 0,5 m², tiefere Schichten sind nur lokal begrenzt betroffen

Kategorie 3: großer Schaden, große Biomasse, große flächige Ausdehnung > 0,5 m², auch tiefere Schichten können betroffen sein […]"

1.3.2 Leitfaden UBA 1 „Leitfaden zur Vorbeugung, Untersuchung, Bewertung und Sanierung von Schimmelpilzwachstum in Innenräumen"

Der „Leitfaden zur Vorbeugung, Untersuchung, Bewertung und Sanierung von Schimmelpilzwachstum in Innenräumen" (2002), erstellt von der Innenraumlufthygiene-Kommission des Umweltbundesamtes (UBA), verfolgt das Ziel, in Deutschland eine einheitliche Vorgehensweise sowie einheitliche Empfehlungen zu schaffen, und soll dazu beitragen, Schimmelpilzbelastungen in Gebäuden vorzubeugen. Der Leitfaden wendet sich an alle, die mit der Vorbeugung, Erfassung, Bewertung und Beseitigung von Schimmelpilzbelastungen in Gebäuden befasst sind.

Leitfaden UBA 1 stellt in Kapitel C-1.5.2, Seite 42 folgende Forderung auf:

„Die Untersuchung von Schimmelpilzen im Innenraum ist eine interdisziplinäre Aufgabe und sollte nur von qualifizierten Untersuchungsstellen durchgeführt werden."

Zur gesundheitlichen Problematik heißt es im Leitfaden UBA 1, in Kapitel C-2, Seite 43:

„Die Feststellung einer Schimmelpilzquelle im Innenraum ist nicht gleichzusetzen mit einer akuten Gesundheitsgefährdung der Raumnutzer. Das Ausmaß der Gesundheitsgefährdung ist abhängig von der Art des Schadens und der Empfindlichkeit der Raumnutzer und kann im Einzelfall aufgrund fehlender wissenschaftlicher Daten meist nicht genau quantifiziert werden. Da aus epidemiologischen Studien aber eindeutig hervorgeht, dass mit Feuchteschäden und Schimmelpilzwachstum im Innenraum gesundheitliche Beeinträchtigungen einhergehen können, sollte Schimmelpilzwachstum im Innenraum als hygienisches Problem angesehen und nicht hingenommen werden. Es sollte auch in diesem Bereich das Vorsorgeprinzip Anwendung finden, nach dem Belastungen zu minimieren sind (Minimierungsgebot), bevor es zu Erkrankungen kommt."

Die Aussage, dass nicht automatisch bei Vorliegen einer Schimmelpilzquelle im Innenraum eine akute Gesundheitsgefährdung auftritt, soll klarmachen, dass es keinen Grund für panische Reaktionen oder blinden Aktionismus gibt.

Die oben zitierte Forderung des Leitfadens, dass Schimmelpilzwachstum im Innenraum als hygienisches Problem angesehen und nicht hingenommen werden sollte, wird oft falsch verstanden. Viele halten ein hygienisches Problem für deutlich weniger gewichtig als das Problem einer gesundheitlichen Gefährdung und denken dabei primär an den lästigen Hausputz. Schimmelpilze als hygienisches Problem zu behandeln, bedeutet jedoch:

- Es besteht die Möglichkeit, krank zu werden.
- Wenn es möglich ist, krank zu werden, dann muss eine zumindest schleichende gesundheitliche Gefährdung vorliegen.

> In Kapitel C-3.2.2 des Leitfadens UBA 1 werden Empfehlungen zur Sanierung, zum Arbeitsschutz und zum Umgebungsschutz formuliert (hier in gekürzter Form wiedergegeben).
>
> Sanierungsempfehlungen:
>
> - Grundvoraussetzung für den Erfolg einer Sanierung ist die Beseitigung der Ursachen.
> - Die Sanierung muss zum Ziel haben, die Schimmelpilze vollständig zu entfernen.
> - Ein Abtöten reicht nicht aus, da auch von abgetöteten Schimmelpilzen allergische und reizende Wirkungen ausgehen können.

1.3.3 Leitfaden LGA 2 „Handlungsempfehlung für die Sanierung von mit Schimmelpilzen befallenen Innenräumen"

Der zweite Leitfaden des LGA Baden-Württemberg „Handlungsempfehlung für die Sanierung von mit Schimmelpilzen befallenen Innenräumen" (2004) stellt mögliche Ursachen für Feuchte- und Schimmelpilzschäden sowie die Gefährdungen und Schutzmaßnahmen bei der Sanierung dar und befasst sich explizit mit dem Problem der Gefährdung durch Abwasser oder Oberflächenwasser.

Der Leitfaden beinhaltet u. a. folgende Passagen:

In Kapitel 1 auf Seite 7 heißt es, dass die Sanierung zur Herstellung eines hygienischen Normalzustandes führen soll, und es wird gefordert, dass bei der Sanierung gesundheitliche Risiken für Nutzer und Arbeitnehmer zu vermeiden sind.

Es wird an gleicher Stelle darauf hingewiesen, dass *„parallel zur Belastung mit Schimmelpilzen auch eine Belastung mit Bakterien, mit Milben usw. vorliegen kann. Dies ist bei der Gefährdungsbeurteilung und bei den durchzuführenden Sanierungsarbeiten zu berücksichtigen."*

1.3.4 Leitfaden UBA 2 „Leitfaden zur Ursachensuche und Sanierung bei Schimmelpilzwachstum in Innenräumen"

Dieser Leitfaden des UBA aus dem Jahr 2005 sollte den Leitfaden aus dem Jahre 2002 nicht ersetzen, sondern die dort allgemein angesprochenen Sanierungsempfehlungen konkretisieren, um die Basis für ein einheitlicheres Vorgehen im Hinblick auf den notwendigen Sanierungsumfang zu schaffen.

Der Leitfaden beschreibt mögliche Ursachen für Schimmelpilzwachstum in Gebäuden (Kapitel 2), Maßnahmen, die ein Laie bzw. der Raumnutzer selbst durchführen kann (Kapitel 3), wie eine Sanierung vorbereitet werden sollte (Kapitel 4), wie die Sanierung durchzuführen ist (Kapitel 5) und wie der Sanierungserfolg zu kontrollieren und abzunehmen ist (Kapitel 6).

Er richtet sich an alle, die mit der Sanierung von Schimmelpilzschäden beauftragt werden oder in anderer Form beteiligt sind, wie Sanierungsfirmen, Sachverständige, Wohnungsunternehmen, örtliche Behörden und Gebäudenutzer.

In Kapitel 3.1 des Leitfadens UBA 2 heißt es zu Maßnahmen bei kleinerem Befall:

„Maßnahmen zur Beseitigung von Schimmelpilzbefall kleineren Umfangs (z. B. < 0,5 m², nur oberflächlicher Befall) können ohne Beteiligung von Fachpersonal durchgeführt werden. Die Ursache muss aber erkannt und beseitigt werden. Wichtig ist, möglichst staubarm zu arbeiten. Grundsätzlich sollten mit Schimmelpilzen befallene Flächen nie trocken abgerieben werden, damit die Sporen nicht in der Raumluft verwirbelt werden. Von Schimmelpilzen befallene Materialien müssen gründlich gereinigt werden. Sofern dies nicht möglich ist, z. B. bei in die Polsterung von Möbeln eingedrungenem Schimmelpilzbefall, sollten sie vollständig entfernt werden. ***Eine bloße Abtötung von Schimmelpilzen reicht nicht aus, da auch von abgetöteten Schimmelpilzen allergische und reizende Wirkungen ausgehen können.***"

1.3.5 BGI 858 „Handlungsanleitung Gesundheitsgefährdungen durch biologische Arbeitsstoffe bei der Gebäudesanierung"

Jeder, der sich professionell mit der Sanierung von Schimmelpilzschäden beschäftigt, muss die Berufsgenossenschaftliche Information (BGI) 858 kennen.

Die BGI 858 wurde von einer Arbeitsgruppe aus Experten des Arbeitsschutzes erstellt, um den ausführenden Sanierern eines Schimmelpilzschadens pragmatische und verständliche Ratschläge mit auf den Weg zu geben, welche Maßnahmen zum Arbeitsschutz erforderlich sind.

Der wichtigste und für die Praxis hilfreichste Inhalt ist die Festlegung, dass für den Schutz der Arbeiter bei der Sanierung eines Schimmelpilzschadens ausschließlich die Risikogruppe 1 entsprechend der BioStoffV zutrifft, da Mikroorganismen der Risikogruppe 2 nur für Personen mit einem stark geschwächten Immunsystem eine über Risikogruppe 1 hinausgehende Gefahr bedeuten.

Tabelle 1.1 gibt eine Übersicht über die verschiedenen Risikogruppen.

Tabelle 1.1: Risikogruppen nach BioStoffV § 3 „Risikogruppen für biologische Arbeitsstoffe"

Risikogruppe laut BioStoffV	Definition	Anmerkung
1	biologische Arbeitsstoffe, bei denen es unwahrscheinlich ist, dass sie beim Menschen eine Krankheit verursachen	Mit „Krankheit" ist genau genommen nur eine Infektion gemeint und keine Allergie. Deshalb sind in Risikogruppe 1 nur Mikroorganismen gelistet, die gewöhnlich keine Infektion verursachen.
2	biologische Arbeitsstoffe, die eine Krankheit beim Menschen hervorrufen können und eine Gefahr für Beschäftigte darstellen können; eine Verbreitung in der Bevölkerung ist unwahrscheinlich; eine wirksame Vorbeugung oder Behandlung ist normalerweise möglich	Zur Risikogruppe 2 gehören Mikroorganismen, die nur bei stark immungeschwächten Personen eine Infektion auslösen können. Diese Mikroorganismen werden auch als „fakultativ pathogen" im Sinne von fakultativ infektiös bezeichnet.
3	biologische Arbeitsstoffe, die eine schwere Krankheit beim Menschen hervorrufen können und eine ernste Gefahr für Beschäftigte darstellen können; die Gefahr einer Verbreitung in der Bevölkerung kann bestehen, doch ist normalerweise eine wirksame Vorbeugung oder Behandlung möglich	Zur Risikogruppe 3 gehören einige Bakterien, Parasiten und Viren, aber nur sehr wenige Pilze, darunter keine Schimmelpilze und keine anderen Pilze, die bei Feuchtigkeitsschäden auftreten.
4	biologische Arbeitsstoffe, die eine schwere Krankheit beim Menschen hervorrufen und eine ernste Gefahr für Beschäftigte darstellen; die Gefahr einer Verbreitung in der Bevölkerung ist unter Umständen groß; normalerweise ist eine wirksame Vorbeugung oder Behandlung nicht möglich	Der Risikogruppe 4 gehören ausschließlich einige hochansteckende Viren an, die eine extrem schwer zu therapierende Krankheit verursachen, u. a. Lassa-Virus, Ebola-Virus, Marburg-Virus.

Die Zuordnung der Mikroorganismen zu den Risikogruppen ist in den Technischen Regeln für Biologische Arbeitsstoffe (TRBA) festgelegt, und zwar die Zuordnung der Pilze in der TRBA 460, die der Viren in der TRBA 462, die der Parasiten in der TRBA 464 und die der Prokaryonten, zu denen die Bakterien gehören, in der TRBA 466.

In der BGI 858 wurde die Schutzstufe 1, die nach BioStoffV beim Auftreten von Mikroorganismen der Risikogruppe 1 anzuwenden ist, in Gefährdungsklassen unterteilt. Die Festlegung der Gefährdungsklasse erfolgt ausschließlich aufgrund der Stärke der Sporen- oder Staubfreisetzung und der Dauer der Arbeiten (siehe hierzu auch Kapitel 9.4.3). Beide Kriterien kann der Praktiker problemlos abschätzen.

1.4 Übersicht über maßgebliche Gesetze, Vorschriften, Richtlinien und Leitfäden

1.4.1 Gesetze und Vorschriften

Vertrag zwischen Auftraggeber und Auftragnehmer (= Werkvertrag)

Bürgerliches Gesetzbuch (BGB)

Es sind Aspekte des Werkvertrags geregelt (§§ 631–651), u. a.

- der Sach- und Rechtsmangel (BGB § 631),
- die Abnahme (§ 640),
- Mängelansprüche bzw. Gewährleistung (§ 634).

Vertrags- und Vergabeordnung für Bauleistungen (VOB)

Die VOB ist nur gültig, wenn der Vertrag auf ihrer Grundlage abgeschlossen wurde.

Arbeitsschutz

Arbeitsschutzgesetz (ArbSchG)

Das Gesetz über die Durchführung von Maßnahmen des Arbeitsschutzes zur Verbesserung der Sicherheit und des Gesundheitsschutzes der Beschäftigten bei der Arbeit beschreibt Pflichten des Arbeitgebers und des Arbeitnehmers, u. a. auch die Sorgfaltspflicht, dass durch die Arbeiten keine Dritten gefährdet werden dürfen.

Arbeitsstättenverordnung (ArbStättV)

„*§1 (1): Diese Verordnung dient der Sicherheit und dem Gesundheitsschutz der Beschäftigten beim Einrichten und Betreiben von Arbeitsstätten.*“

Biostoffverordnung (BioStoffV)

Die Biostoffverordnung regelt jeden gewerblichen Umgang mit Mikroorganismen und unter der Definition „nicht gezielte Tätigkeit“ auch die Sanierung von Schimmelpilzschäden.

Chemikaliengesetz bzw. Gesetz zum Schutz vor gefährlichen Stoffen (ChemG)

„*§ 1 Zweck des Gesetzes ist es, den Menschen und die Umwelt vor schädlichen Einwirkungen gefährlicher Stoffe und Gemische zu schützen, insbesondere sie erkennbar zu machen, sie abzuwenden und ihrem Entstehen vorzubeugen.*“

Das Gesetz regelt den Umgang mit Chemikalien und somit auch mit chemischen Mitteln, die bei der Sanierung eines Schimmelpilzschadens verwendet werden.

Gefahrstoffverordnung (GefStoffV)

In der auf Grundlage des Chemikaliengesetzes erlassenen Verordnung ist u. a. die praktische Handhabung von Chemikalien geregelt, wie Kennzeichnung, erforderliche Schutzmaßnahmen, Verpackung, Verbote und Beschränkungen.

Arbeitssicherheitsgesetz (ASiG)

Das Arbeitssicherheitsgesetz regelt die Bestellung von Betriebsärzten, Sicherheitsingenieuren und anderen Fachkräften für Arbeitssicherheit sowie deren Aufgaben und die an sie gestellten Anforderungen.

Betriebssicherheitsverordnung (BetrSichV)

Die Betriebssicherheitsverordnung regelt die Sicherheit und den Gesundheitsschutz bei der Bereitstellung von Arbeitsmitteln und deren Benutzung bei der Arbeit, die Sicherheit beim Betrieb überwachungsbedürftiger Anlagen sowie die Organisation des betrieblichen Arbeitsschutzes.

PSA-Benutzerverordnung (PSA-BV)

Die PSA-Benutzerverordnung regelt die Sicherheit und den Gesundheitsschutz bei der Benutzung persönlicher Schutzausrüstung bei der Arbeit. Es handelt sich um eine verbindliche Rechtsnorm.

Baustellenverordnung (BauStVO)

Inhalt der Baustellenverordnung ist die Regelung von Sicherheit und Gesundheitsschutz auf Baustellen.

Berufsgenossenschaftliche Vorschrift – Grundsätze der Prävention (BGV, z. B. BGV A1)

BG-Vorschriften sind keine Rechtsnorm im eigentlichen Sinne, aber für die Mitglieder der Berufsgenossenschaften verbindlich.

Nicht verbindliche Rechtsnormen

Keine verbindlichen Rechtsnormen sind die **Technischen Regeln für Biologische Arbeitsstoffe (TRBA)** und die **Technischen Regeln für Gefahrstoffe (TRGS)**. Sollten die Empfehlungen eingehalten werden und kommt es dennoch zu einem Arbeitsunfall oder einer arbeitsbedingten Erkrankung, dann kann sich der Arbeitgeber vor dem Vorwurf der Fahrlässigkeit in der Regel schützen. Allerdings muss er Kenntnis haben, ob diese Technischen Regeln dem Stand der Technik entsprechen oder ob es andere Regelwerke gibt, z. B. eine Berufsgenossenschaftliche Information (BGI), die den Stand der Technik darstellen (siehe z. B. Kapitel 1.4.2).

1.4.2 Für die Sanierung maßgebliche Richtlinien und Leitfäden

Die Aufzählung wurde ausschließlich auf die Richtlinien neutraler Behörden oder namhafter Verbände beschränkt, die auf Basis aktueller wissenschaftlicher Kenntnisse erstellt wurden und abhängig vom Zeitpunkt der Veröffentlichung den Stand der Technik oder bereits die allgemein anerkannten Regeln der Technik repräsentieren.

Tabelle 1.2: Übersicht über für die Sanierung maßgeblichen Richtlinien und Leitfäden

Jahr, Verfasser/ Herausgeber	Bezeichnung	Bedeutung
2009 World Health Organization (WHO)	WHO Guidelines for Indoor Air Quality: Dampness and Mold (auf Deutsch als Kurzfassung unter dem Titel „WHO-Leitlinien zur Innenraumluftqualität: Feuchtigkeit und Schimmel")	Die Leitlinien sind bedeutend für alle Fachdisziplinen und beschreiben, dass anhaltende Feuchtigkeit bei nahezu allen Materialien im Innenraum zum Wachstum von Mikroorganismen führt und deshalb erhöhte Feuchtigkeit als Indikator für das gesundheitliche Risiko angesehen werden kann. Diese Aussage wird leider hin und wieder falsch wiedergegeben, nämlich dahin gehend, dass bereits Feuchtigkeit das Risiko darstellt. Die Leitlinien enthalten keine Empfehlungen zur Beseitigung von Schäden.
2007 Robert-Koch-Institut (RKI)	Mitteilung des RKI (2007): Schimmelpilzbelastungen in Innenräumen – Befunderhebung, gesundheitliche Bewertung und Maßnahmen	Dieses Dokument ist primär für Ärzte gedacht. Es fehlen konkrete Angaben zum gesundheitlichen Risiko durch mikrobielle Schäden in Innenräumen.
2006 BG Bau	BGI 858: Handlungsanleitung – Gesundheitsgefährdungen durch biologische Arbeitsstoffe bei der Gebäudesanierung	Diese Berufsgenossenschaftliche Information ist sehr wichtig für alle Sanierungsfachleute, da alle Vorschriften berücksichtigt sind und ein pragmatischer Weg zur Erstellung der Gefährdungsbeurteilung beschrieben wird.
2005 Umweltbundesamt (kurz: UBA 2)	Leitfaden zur Ursachensuche und Sanierung bei Schimmelpilzwachstum in Innenräumen	Zielgruppe sind alle Bürger, die sich informieren möchten. Der Leitfaden enthält wichtige Regeln für Sanierungsfachleute.
2004 LGA Baden-Württemberg (kurz: LGA 2)	Handlungsempfehlung für die Sanierung von mit Schimmelpilzen befallenen Innenräumen	Zielgruppe sind alle Bürger, die sich informieren möchten. Der Leitfaden enthält wichtige Regeln für Sanierungsfachleute.
2002 Umweltbundesamt (kurz: UBA 1)	Leitfaden zur Vorbeugung, Untersuchung, Bewertung und Sanierung von Schimmelpilzwachstum in Innenräumen	Dieser Leitfaden ist für alle Interessierten gedacht und gibt wertvolle Hinweise und Empfehlungen für Gutachter und Sanierungsfachleute.

Fortsetzung Tabelle 1.2

2001 LGA Baden-Württemberg (kurz: LGA 1)	Schimmelpilze in Innenräumen – Nachweis, Bewertung, Qualitätsmanagement	Der LGA 1 ist für alle Interessierten gedacht und gibt wertvolle Hinweise und Empfehlungen für Gutachter und Sanierungsfachleute.
2000 Kassenärztliche Vereinigung Westfalen-Lippe	Leitfaden Umweltmedizin	Diese Leitlinie wurde speziell für Umweltmediziner verfasst. Beschrieben sind u. a. Methoden zur Schadstoffuntersuchung vor Ort, Bewertung von Analyseergebnissen, insbesondere auch für Schimmelpilzschäden.

Außer den aufgeführten Leitfäden gibt es verschiedene Normen bzw. Richtlinien, wie z. B. die DIN ISO 16000-16 bis -19 und die VDI 4300 Blatt 10, die sich mit der Probenahme und dem Labornachweis von Schimmelpilzen befassen.

2 Biologische Grundlagen

2.1 Begriffe

Mikroorganismen

Mikroorganismen sind extrem kleine Lebewesen, deren Strukturen mit dem bloßen Auge nicht erkennbar sind, sondern nur mithilfe eines Mikroskops oder einer starken Lupe, z. B. einer Stereolupe.

Schimmelpilze gehören ebenso zu den Mikroorganismen wie die Hefepilze, die Bakterien, die *Archaea* (früher als Archaebakterien bezeichnet), die Protozoen und einige Algen.

Schimmelpilze

Diese Pilze können sowohl zur Gruppe der Schlauchpilze (Ascomyceten) als auch der Jochpilze (Zygomyceten) gehören und bilden beim Wachsen Hyphen (mikroskopisch kleine Fäden) und Sporen.

Hefepilze

Hefepilze sind Pilze, die einzellig vorkommen, d. h. die keine Hyphen bilden. Sie produzieren keine Sporen, sondern vermehren sich durch Zellteilung oder Zellknospung bzw. Sprossung.

Bakterien

Bakterien sind Einzeller ohne Zellkern. Die Form der Zellen ist sehr variantenreich; es gibt Bakterien u. a. in Kugelform (Kokken), als Stäbchen und Fäden. Sie vermehren sich meist durch Zellteilung; es gibt aber auch Arten, die Sporen bilden und/oder ähnlich wie Schimmelpilze wachsen, d. h. Myzel bilden wie insbesondere etliche Actinomyceten.

Archaea

Bei *Archaea* handelt sich um einzellige Lebewesen, die weder zu den Bakterien noch den Eukaryoten (Lebewesen mit Zellkern, wie Pilze, Pflanzen, Tiere u. a.) gehören und deshalb eine eigene Domain neben der der *Bacteria* und der *Eukaryota* bilden. Infektionen mit *Archaea* sind bisher nicht bekannt.

Protozoen

Protozoen sind kleinste einzellige Lebewesen, die auch als Urtierchen bezeichnet werden. Sie besitzen sog. Bewegungsorgane (Geißeln, Wimpern usw.), nach denen sie zum Teil benannt werden: Geißeltierchen, Wimperntierchen usw.

Amöben

Amöben gehören zu den Protozoen (Klasse der *Rhizopoda* bzw. Wurzelfüßer) und leben meist im Süßwasser. Einige Arten sind fakultativ pathogen.

Algen

„Algen“ ist kein wissenschaftlich exakter Begriff, sondern ein Sammelbegriff für verschiedene, im Wasser lebende pflanzenähnliche Lebewesen (Photosynthese), die aber nicht den Pflanzen zuzuordnen sind. Bei Feuchtigkeitsschäden treten sie auf Fassaden eher als Flechten auf, eine Symbiose aus Pilzen und Algen.

2.2 Namensgebung und Bezeichnung von Mikroorganismen

Wissenschaftler bezeichnen alle Lebewesen – Tiere oder Pflanzen – mit ihren lateinischen Namen. Der Name einer einzelnen Art besteht immer aus 2 Teilen und wird bei wissenschaftlich korrekter Wiedergabe in kursiver Schrift gedruckt. Dies gilt somit auch für Schimmelpilze, Bakterien und alle anderen Mikroorganismen.

Der erste Namensteil bezeichnet die Gattung, der zweite Teil steht für die Art. Es ist z. B. *Aspergillus versicolor* der Name der Pilzart, die zur Gattung *Aspergillus* gehört und die bei Schimmelpilzschäden in Gebäuden am häufigsten vorkommt.

Es ist im Labor nicht immer möglich, jede einzelne Pilzart mit wirtschaftlich vertretbarem Aufwand zu ermitteln. In diesem Fall wird im Laborbericht oft nur die Gattung angegeben und statt der Artbezeichnung werden die Buchstaben *sp.* (= *species*) angehängt. Die Angabe *Aspergillus sp.* steht dann für eine nicht bestimmte Art der Gattung *Aspergillus*.

Treten mehrere Arten einer Gattung auf, die nicht ermittelt wurden, dann wird dem Gattungsnamen der Zusatz *spp.* (= *species pluralis*) angehängt. Der Laborbefund *Penicillium spp.* bedeutet z. B., dass mindestens 2 verschiedene, nicht bestimmte Arten der Gattung *Penicillium* auftreten.

Bei Schimmelpilzen kann es vorkommen, dass diese im Labor auf den Nährböden gewachsen sind, aber nur Myzel und keine Fruchtkörper ausgebildet haben. In diesem Fall ist oft die Gattung mittels mikroskopischer Auswertung nicht ermittelbar. Im Laborbericht werden diese Pilzkolonien als „steriles Myzel“ oder „sterile Kolonie“ bezeichnet.

Bakterien sind selbst mit dem Mikroskop bei hoher Vergrößerung morphologisch nicht unterscheidbar. Die Angabe von Art oder Gattung ist mit sehr wenigen Ausnahmen nicht möglich. Lediglich die Zugehörigkeit zu der Gattung der *Bacillus*-Bakterien oder zu den Actinomyceten (Ordnung der *Actinomycetales*) ist in manchen Fällen möglich.

Hefepilze sind mikroskopisch oft nicht voneinander zu unterscheiden. Dann werden sie in Laborberichten nur als Hefen angegeben und nicht mit dem Namen der Gattung oder der Art.

2.3 Morphologie, Keimung, Wachstum und Vermehrung

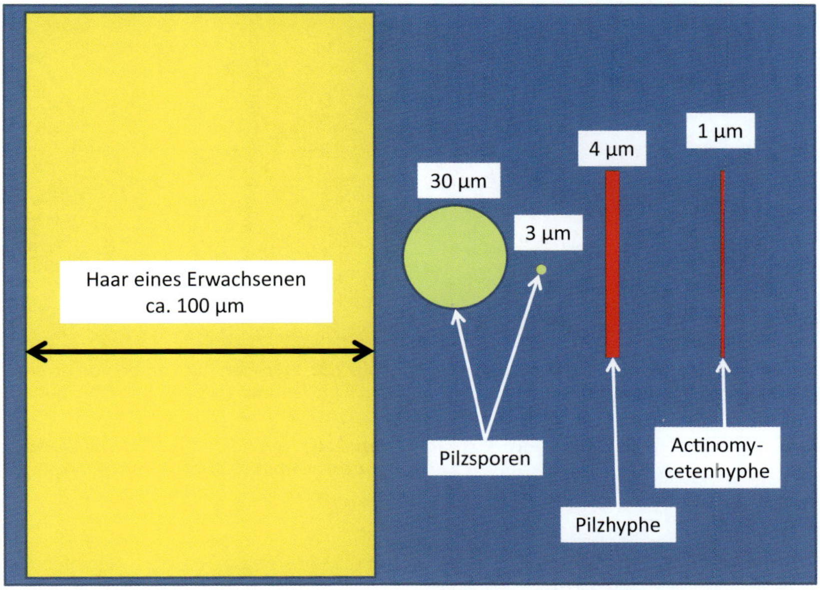

Abb. 2.1: Größenvergleich von Pilzsporen, Pilzhyphe und Actinomycetenhyphe zum menschlichen Haar

Tabelle 2.1: Größe von Mikroorganismen im Vergleich zum menschlichen Haar

	Größe (µm)	**Faktor im Vergleich zum menschlichen Haar**
Haar	ca. 100	1
Schimmelpilzsporen	3–30	0,03–0,3
Schimmelpilzhyphen	4–10	0,04–0,1
Bakterienhyphen	1	0,01
Hausstaubmilbe	100–500	1–5
Viren	0,015–0,4	0,0015–0,004
Amöben	100–300	1–3

Keim

Bei einem Keim handelt es sich um eine keimfähige Spore, ein wachstumsfähiges Hyphenstück oder eine vermehrungsfähige Zelle.

Spore

Sporen stellen eine Vermehrungs- und Dauerform bei Mikroorganismen, teils auch bei anderen Lebewesen dar. Vergleichbar mit einem Samenkörn-

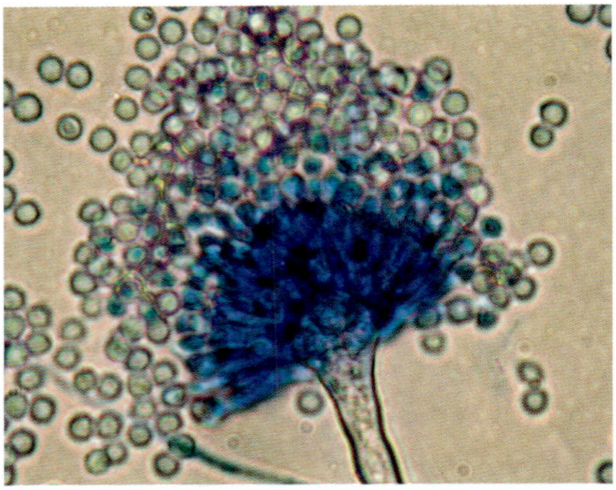

Abb. 2.2: Sporenträger mit vielen Sporen von *Aspergillus versicolor* (Quelle: Umweltmykologie GbR, Berlin)

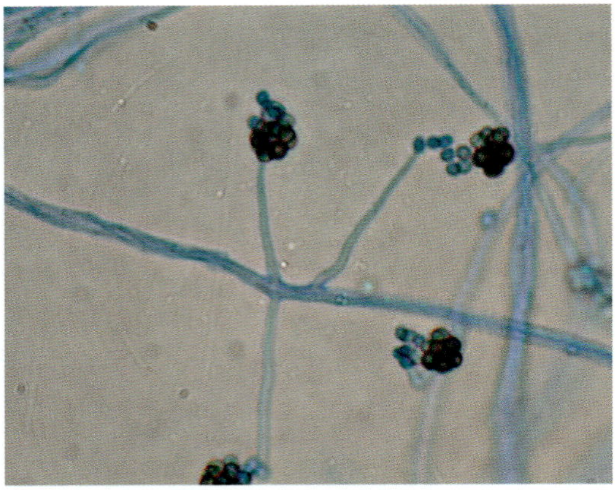

Abb. 2.3: Hyphen mit Sporen von *Acremonium murorum* (Quelle: Umweltmykologie GbR, Berlin)

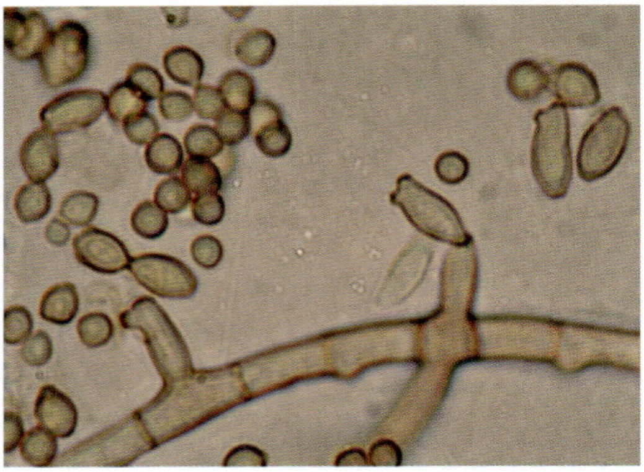

Abb. 2.4: Hyphe und Sporen von *Cladosporium sphaerospermum* (Quelle: Umweltmykologie GbR, Berlin)

chen bei Pflanzen besitzt die Spore eine Schutzumhüllung, die vor negativen Umwelteinflüssen, wie Austrocknung, UV-Strahlen usw., schützt. Sporen dienen der ungeschlechtlichen Vermehrung, werden meist in großer Anzahl gebildet und die Sporen mancher Arten können sehr lange Zeiten überdauern. Sporen können keimfähig sein oder im Laufe der Zeit oder durch äußere Einflüsse die Keimfähigkeit verlieren (abgestorbene Sporen).

Hyphe

Hyphen sind fadenförmige Zellen der Pilze und einiger Actinomyceten (siehe Abb. 2.3).

Myzel

Als Myzel bezeichnet man das gesamte Geflecht der Hyphen.

Konidie

Konidien sind eine spezielle Sporenform. Sie werden ungeschlechtlich durch Veränderung von Hyphenzellen (Einschnürung, Kapselung) oder auch mittels sog. Konidienträger als Auswachsungen von Hyphen gebildet.

Fruchtkörper

Der Fruchtkörper ist das Fortpflanzungsorgan, das die Sporen bildet.

2.3.1 Schimmelpilze

Voraussetzung für das Schimmelpilzwachstum sind mindestens eine keimfähige Spore oder ein vitales Hyphenstück, ausreichend Feuchtigkeit und geeignete Nährstoffe.

Für Nicht-Mikrobiologen bietet sich zum Verständnis des Pilzwachstums ein Vergleich mit dem von Pflanzen an. Die Pilzsporen können mit Samenkörnchen verglichen werden und das Pilz-Hyphenstück mit einem Ableger der Pflanze.

Samenkörnchen sind von einer Schutzhülle umgebene wachstumsfähige Keime, die je nach Art mehr oder weniger lange Zeiten ohne Nährstoffe und Feuchtigkeit überdauern können, vergleichbar mit Schimmelpilzsporen. Deshalb werden diese als Dauerformen bezeichnet.

Man kann bei manchen Pflanzen Stücke als Ableger abtrennen und in frischer Erde zum Wachsen und Ausbilden einer neuen vollständigen Pflanze bringen. Ähnlich verhält es sich mit einem Hyphenstück eines Schimmelpilzes. Wird ein Stück einer Hyphe abgetrennt und gelangt es nach kurzer Zeit auf einen nährstoffhaltigen feuchten Untergrund, dann kann das Hyphenstück wachsen und Myzel bilden. Längere Trockenzeiten kann ein Hyphenstück jedoch nicht überdauern.

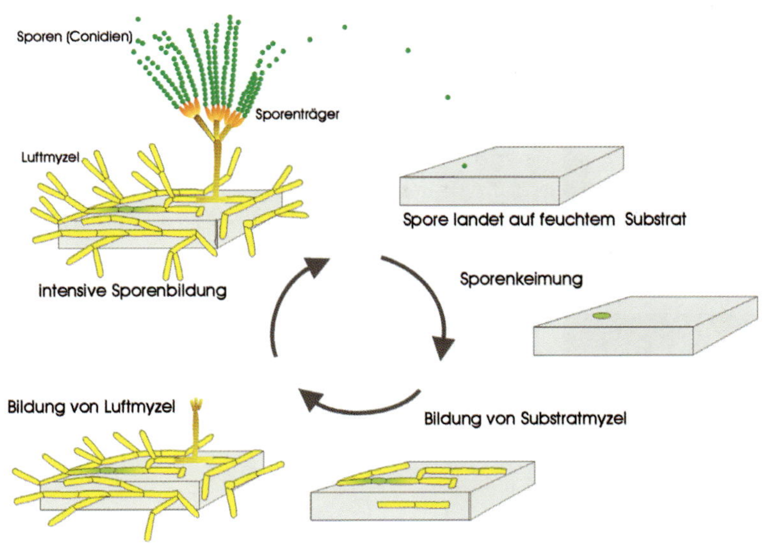

Abb. 2.5: Keimung, Wachstum, Sporenbildung (Quelle: Umweltmykologie GbR, Berlin)

In Abb. 2.5 ist der Kreislauf des Schimmelpilzwachstums dargestellt. Sobald eine mikrobielle Spore ausreichend lange unter Einfluss von Feuchtigkeit steht und auch alle anderen Umgebungsbedingungen ein Wachstum ermög-

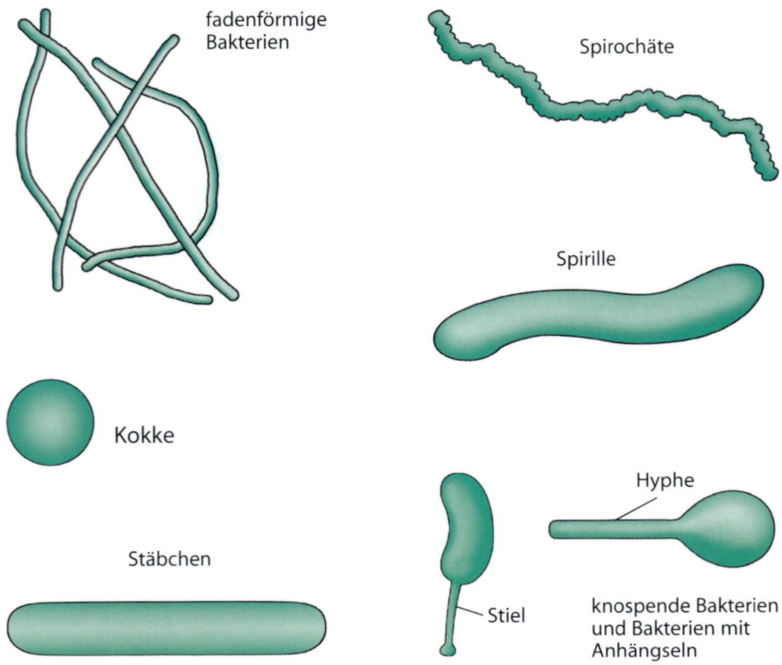

Abb. 2.6: Zell- und Wachstumsformen von Bakterien

Abb. 2.7: Actinomyceten: *Nocardia carnea* (a); *Promicromonospora sp.* (b); *Pseudonocardia sp.* (c); *Nocardiopsis sp.* (d) (Quelle: HKI, Jena)

lichen, wird es zur Keimung kommen. Die Sporenhülle bricht auf und aus dem Keim wächst ein Zellfaden, die sog. Hyphe. Die Hyphe verzweigt sich und bildet ein Geflecht, das Myzel. Zu einem bestimmten Zeitpunkt werden sich entweder Sporenträger bilden, an denen sich Sporen entwickeln, oder es können sich auch Sporen durch Verzweigung und Einschnürung von Zellfäden bzw. Hyphen bilden.

Der Prozess der Sporenbildung findet nicht kontinuierlich statt, sondern nur während bestimmter Lebenszyklen; er findet auch nicht zwangsläufig statt. Manche Parameter sind für die Sporenbildung förderlich und andere absolut notwendig. Deshalb gelingt es im Labor nicht immer, den auf dem Nährboden wachsenden und Myzel bildenden Pilz zur Produktion von Sporen zu bringen. Dies ist aber kein Hinweis darauf, dass dieser Pilz im untersuchten Material keine Sporen gebildet hat. Auch der umgekehrte Fall ist möglich, nämlich dass ein Pilz im Labor Sporen bildet, aber nicht im Schadensbereich, aus dem er stammt, also beispielsweise im Wandputz oder auf der Tapete.

Die Produktion und Freisetzung von Sporen ist ein sehr effektiver Weg zur Erhaltung der Art, denn die Sporen erfüllen 2 zum Überleben wichtige Funktionen. Sie sind sowohl Transportmittel als auch Dauerform. Der Pilz kann mittels seiner Sporen weite Strecken zurücklegen, d. h. seinen Standort verlassen und sich an einer anderen Stelle ansiedeln. Im Gegensatz zu Hyphen können Sporen Zeiten ohne ausreichende Feuchtigkeit überleben.

Bekannt ist der Effekt, dass eine Sporenbildung besonders stark einsetzt, wenn den Mikroorganismen langsam Feuchtigkeit entzogen wird. Dies ist aus Sicht der Mikroorganismen erforderlich. Spätestens dann, wenn die Trocknung einsetzt, sind Dauerformen zum Überleben notwendig. Nur so können Trockenzeiten überstanden werden. Auch die Übersiedlung an eine andere Stelle mit ausreichender Feuchtigkeit kann nur mit transportablen Keimen, d. h. mittels Sporenflug, erfolgen.

2.3.2 Bakterien

Bakterienzellen bilden meist einfache Formen aus, wie Kugeln und gerade oder gekrümmte Stäbchen. Sie vermehren sich durch Zellteilung (siehe Abb. 2.6).

Eine Ausnahme sind verschiedene Actinomyceten, die u. a. in feuchten Materialien nachweisbar sind. Ein Teil der Actinomyceten kann wie die Schimmelpilze Myzel sowie Sporen bilden. Aufgrund dieser Fähigkeit sehen Actinomyceten auch im Mikroskop aus wie Pilze und wurden diesen früher zugeordnet (Actino-mycetes = Strahlen-Pilz) (siehe Abb. 2.7).

Weitere Sporen bildende Bakterien sind die ***Bacillus*-Bakterien**. Durch die Bildung sog. Endospore, d. h. in der Zelle gebildete Sporen, unterscheiden sich *Bacillus*-Bakterien erkennbar von anderen Bakterien (siehe Abb. 2.8).

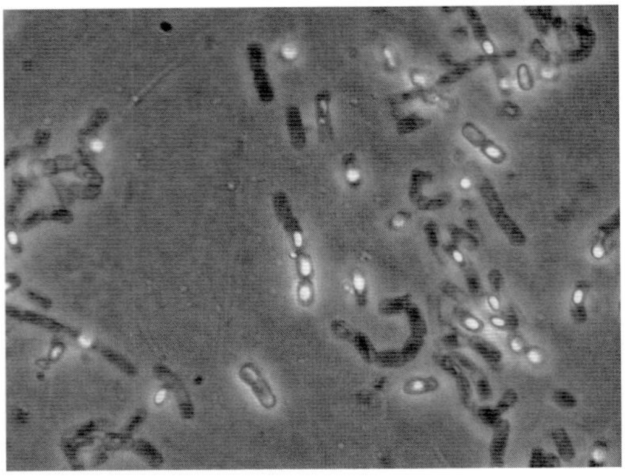

Abb. 2.8: *Bacillus* mit Bildung von Endosporen (Quelle: Umweltmykologie GbR, Berlin)

Bakterien der Gattung *Bacillus* kommen relativ häufig bei Feuchtigkeitsschäden in Gebäuden vor. Die Auswertung eigener Analysen von Baumaterialien bei Feuchtigkeitsschäden ergab einen Nachweis von *Bacillus* in 31 % (Lorenz, 750 Proben, 1998) und 26 % (Lorenz, 280 Proben, 2002) (siehe Tabelle 2.9).

Gramfärbung

Ein Unterscheidungsmerkmal der Bakterien ist die Zusammensetzung der Zellwände. Manche Bakterien lassen sich mit einer von Hans Christian Gram, einem dänischen Wissenschaftler (1853–1938), entwickelten Methode anfärben, andere nicht. Die färbbaren Bakterien werden grampositiv genannt, diejenigen, die sich nicht anfärben lassen, gramnegativ.

Actinomyceten und Bakterien der Gattung *Bacillus* sind anfärbbar und gehören deshalb zu den grampositiven Bakterien.

Gramnegative Bakterien enthalten in der Zellwand giftige Lipopolysaccharide (LPS), die auch als Endotoxine bezeichnet werden, da sie erst nach dem Zelltod freigesetzt werden. Diese Endotoxine sind für den Menschen sehr wirksame Toxine und deshalb bei der Beurteilung der gesundheitlichen Wirkung von Mikroorganismen von Bedeutung.

2.3.3 Flugfähigkeit und Lebensdauer von Sporen

Die Flugfähigkeit und die Haltbarkeit von Sporen sind je nach Art sehr unterschiedlich. Manche Sporen sind sehr klein und können deshalb sehr lange in der Luft schweben. Größere Sporen sind häufig nicht so gut luftgetragen und sedimentieren deutlich schneller.

Die Flugfähigkeit der Sporen ist jedoch nicht nur von der Größe abhängig. Einen erheblichen Einfluss haben die Form und die Oberflächenbeschaffenheit. Wie gut ein Gegenstand von der Luft mitgetragen wird, ist stark von der Relation der Oberfläche zur Masse und der Geometrie der Oberfläche abhängig. So fliegen Löwenzahnsamen wegen des Schirmchens, an dem die Spore hängt, weite Strecken mit der Luft, während etwa gleich große Mohnsamen schnell zu Boden sinken.

Tabelle 2.2: Sporengröße, Flugfähigkeit (nach Leitfaden LGA 1, Kapitel 3.1)

Spezies – Gattung	Sporengröße Länge × Breite (µm)	Flugfähigkeit 1 = schlechte Flugfähigkeit 2 = mittlere Flugfähigkeit 3 = gute Flugfähigkeit
Acremonium spp.	3,3–7 × 0,9–1,8	1–2
Alternaria alternata	18–83 × 7–18	2
Aspergillus versicolor	ø 2–3,5	3
Aspergillus restrictus	4,5–5 × 3–3,5	3
Aspergillus fumigatus	ø 2–3	3
Aureobasidium pullulans	7,5–16 × 3,5–7	1–2
Chaetomium globosum	9–11 × 7–8,5	1–2
Cladosporium spp.	3–11 × 2–6	2–3
Eurotium spp.	4–5,6 × 3,2–4,4	3
Fusarium spp.	34–80 × 5–7	1
Mucor racemosus	5,5–10 × 4–7	2
Penicillium spp.	2,5–4,5 × 1,5–2,5	3
Phialophora sp.	3–4 × 1,5–2,5	1–2
Scopulariopsis spp.	5–9 × 5–7	2
Stachybotrys chartarum	7–12 × 4–6	1–2
Trichoderma viride	ø 3,6–4,5	2
Ulocladium chartarum	18–38 × 11–20	2
Wallemia sebi	ø 2,5–3,5	2–3

Einige Pilzsporen, wie z. B. die von *Stachybotrys chartarum*, sind mit einer Schleimschicht umgeben, kleben aneinander oder an Oberflächen und sind deshalb nicht gut flugfähig.

Die Sporen sind sehr unterschiedlich überlebensfähig. Manche sind empfindlich gegen UV-Strahlung, manche sind gut und andere schlecht resistent gegen Hitze. Auch dauerhafte Trockenheit überstehen nicht alle Sporen gleich gut und gleich lange.

Manche Sporen bleiben nur Tage bis Wochen keimfähig, aber es gibt Angaben in der wissenschaftlichen Literatur, dass Sporen von *Bacillus*-Bakterien Jahrhunderte überdauern können. Genaue Angaben zur „Lebensdauer" von Sporen der Schimmelpilze und Bakterien, die häufig bei mikrobiellen Schäden in Gebäuden nachgewiesen werden, sind bisher in der Fachliteratur nicht zu finden.

2.3.4 Nahrungsaufnahme und Stoffwechsel

Während des Wachsens nutzen Schimmelpilze und Bakterien anorganische und organische chemische Verbindungen als Nährstoffe, wandeln diese biochemisch um und geben Stoffwechselprodukte an die Umgebung ab. Die Stoffwechselprodukte (Metaboliten) werden von den Mikrobiologen danach eingestuft, ob sie direkt beim lebensnotwendigen Stoffwechsel entstehen oder ob sie nur unter bestimmten Bedingungen auftreten.

Die Stoffwechselprodukte, die immer entstehen, werden als **primäre Metaboliten** bezeichnet, die nur unter bestimmten Umständen freigesetzten Stoffe als **sekundäre Metaboliten**.

Die Bezeichnung sekundäre Metaboliten kann den Eindruck erwecken, dass der sog. sekundäre Metabolismus zum Überleben nicht notwendig ist. Unter bestimmten Bedingungen sind diese Stoffwechselvorgänge aber lebensnotwendig, nur eben nicht immer.

Einige Stoffwechselprozesse sind wegen ihrer nutzbringenden Anwendung auch Nicht-Mikrobiologen bekannt, wie z. B. die Alkoholproduktion durch Bier- oder Weinhefe oder die Antibiotikaproduktion durch *Penicillium notatum* (Penicillin) oder durch Streptomyceten (z. B. Streptomyzin). Mikrobielle Metaboliten sind zum Teil toxisch (siehe Kapitel 2.5).

Auch der **Schimmelgeruch** oder Modergeruch in Gebäuden basiert auf der Produktion von Metaboliten der dort wachsenden Mikroorganismen. Oft riechen die in feuchten Materialien wachsenden Bakterien noch stärker nach „Schimmel“ als die Schimmelpilze selbst.

Mikrobielle Schäden sind nicht immer mit der Nase wahrnehmbar. Auch ist der Geruch nicht immer typisch schimmlig. Es kann muffig, nach „altem Keller“, kartoffelartig, säuerlich, alkoholisch, aber auch aromatisch riechen. Die Stärke und die Art des Geruchs sind von verschiedenen Kriterien abhängig. Verschiedene Arten von Mikroorganismen riechen unterschiedlich und unterschiedlich stark. Auch unterschiedliche Wachstumsbedingungen verändern Stärke und Art des Geruchs.

Ein typischer Geruchsstoff, der von vielen Pilzen je nach Lebensbedingungen und je nach Lebensphase produziert werden kann, ist 1-Octen-3-ol. Diese Verbindung verursacht den typischen Champignongeruch.

In manchen Fällen berichten Betroffene, dass der Geruch nur zeitweise im Gebäude auftritt, eventuell bei Klimawechsel. Dies kann durch einen veränderten Stoffwechsel verursacht sein, z. B. bei Schwankungen der Temperaturen und/oder der Feuchtigkeit. In anderen Fällen treten die Gerüche erst dann auf, wenn der Feuchtigkeitsschaden zu trocknen beginnt.

Auch können veränderte Luftdruckverhältnisse zu Geruchsschwankungen führen. So kann an manchen Tagen mehr Luft aus dem muffigen Keller in die oberen Etagen strömen oder die Luft wird je nach Druckverhältnissen von der Dämmlage in Wänden oder Fußboden entweder nach außen oder aber nach innen ins Gebäude strömen.

Einige der von den Mikroorganismen an die Raumluft abgegebenen flüchtigen Stoffe kommen auch als Lösemittel in Farben, Klebern oder Lacken vor, wie Ethanol oder Toluol, oder in frischen Hölzern oder Duftstoffen, wie einige Terpene (Fischer, 2000), und gehören somit zu den FOV (flüchtige organische Verbindungen) bzw. VOC (volatile organic compounds), wie der Fachmann sagt.

Andere mikrobiell produzierte flüchtige organische Verbindungen sind weitgehend spezifisch für Mikroorganismen. Diese Verbindungen nennt man zur Unterscheidung von den „normalen" flüchtigen Verbindungen MVOC (= microbial volatile organic compounds) (siehe Tabelle 2.3). Die Messung der MVOC ist ein wesentliches Hilfsmittel zur Untersuchung von Innenräumen oder Gebäuden auf Mikroorganismen.

Tabelle 2.3: Geruchsnoten von MVOC (microbial volatile organic compounds, mikrobielle flüchtige organische Verbindungen)

MVOC-Verbindung	**Geruch**
Dimethyldisulfid	Knoblauch bzw. Kräuterkäse
Geosmin	erdig, nach Humus
3-Methyl-1-butanol	Käse (Parmesankäse)
2-Methylfuran	schwach nach Speisepilz
3-Octanol	Rindenmulch, Humus
3-Octanon	Käse (Blauschimmel)
1-Octen-3-ol	Champignon

2.4 Für Keimung und Wachstum relevante Parameter

Pilze und Bakterien benötigen zum Wachstum Nährstoffe und Feuchtigkeit. Andere Parameter haben einen Einfluss darauf, welche Arten wachsen und wie schnell diese wachsen können, wie z. B. das Sauerstoffangebot, die Temperatur und der pH-Wert.

Tabelle 2.4: Das Wachstum von Pilzen und Bakterien beeinflussende Parameter und deren Bedeutung für Schäden in Gebäuden

Parameter	**Einfluss**	**Bedeutung für Schäden in Gebäuden**
Substrat	Die Ansprüche an das Nährstoffangebot sind sehr unterschiedlich. Allerdings kann allgemein gesagt werden, dass organische Stoffe erforderlich sind. Fehlen diese, ist ein mikrobielles Wachstum nicht möglich.	Organische Stoffe sind in sehr vielen Baumaterialien und Einrichtungsmaterialien enthalten. Es reicht schon eine Verunreinigung mit Staub aus, um Wachstum zu ermöglichen, da Staub immer organische Stoffe enthält.
Feuchtigkeit	Schimmelpilze benötigen zum Keimen und Wachsen erhöhte Feuchtigkeit. Unter 80 % relative Feuchtigkeit an Oberflächen bzw. unterhalb eines a_w-Wertes[1)] von 0,8 ist in der Praxis nicht mit einem Schimmelpilzbefall zu rechnen. Bakterien benötigen meist eine höhere Feuchtigkeit als Schimmelpilze.	Feuchtigkeit ist der wichtigste Faktor. Liegt keine erhöhte Feuchtigkeit vor, kann es nicht zu einem Wachsen von Pilzen und anderen Mikroorganismen kommen.
Sauerstoff	Der Anspruch an Sauerstoff ist sehr unterschiedlich. Es gibt Arten, die nur dort wachsen, wo kein Sauerstoff vorhanden ist (anaerobe oder anoxische Mikroorganismen), im Gegensatz zu den auf Sauerstoff angewiesenen aeroben Mikroorganismen.	Sauerstoff ist bei Schäden in Gebäuden kein beachtenswerter Parameter, da er überall vorhanden ist. Deshalb wachsen ausschließlich areobe Arten.
Temperatur	Für jede Art gibt es eine optimale Wachstumstemperatur, die nahe bei 0 °C, aber auch über 100 °C liegen kann (siehe Kapitel 2.4.1).	In Gebäuden liegen die Temperaturen immer in einem Bereich, bei denen Schimmelpilze und Bakterien wachsen können.
pH-Wert	Schimmelpilze bevorzugen eine neutrale bis leicht saure Umgebung, Bakterien wachsen auch bei alkalischen Bedingungen (siehe Kapitel 2.4.2).	Der pH-Wert kann ein hemmender Faktor sein. Insbesondere neue alkalische Materialien werden nicht bewachsen, solange deren pH-Wert noch hoch ist.
Licht	UV-Licht kann hemmend wirken.	Dies ist in Gebäuden nicht von Bedeutung.

[1)] Der a_w-Wert bezeichnet die Wasseraktivität (siehe Kapitel 2.4.4).

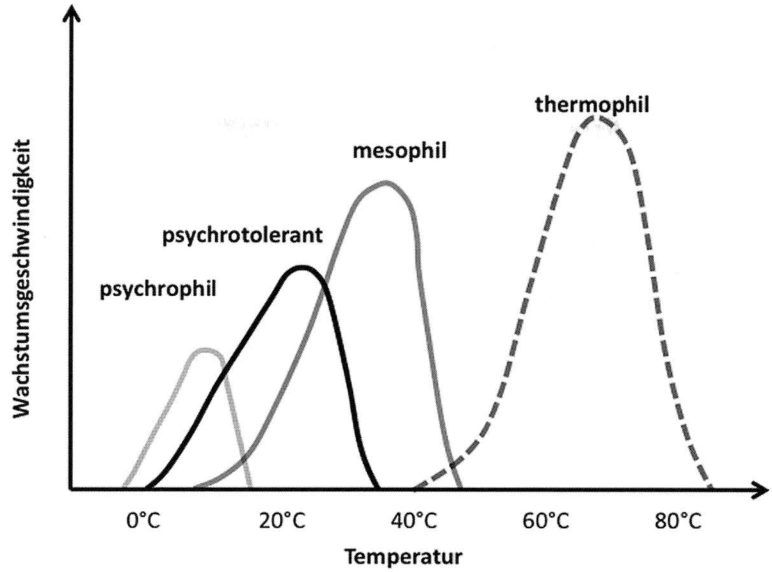

Abb. 2.9: Wachstumsgeschwindigkeiten in Abhängigkeit von der Temperatur für psychrophile, psychotolerante, mesophile und thermophile Mikroorganismen.
psychrophil = wachsen nur bei niedrigen Temperaturen
psychrotolerant = wachsen bei niedrigen und bei mittleren Temperaturen
mesophil = wachsen nur bei mittleren Temperaturen
thermophil = wachsen nur bei höheren Temperaturen

2.4.1 Temperatur

Es gibt für jede Pilz- oder Bakterienart eine optimale Wachstumstemperatur, bei der diese am besten, d. h. am schnellsten wachsen. Bei länger andauernden Feuchtigkeitsschäden ist es gewöhnlich nicht von Bedeutung, ob die Pilze und Bakterien mit maximaler oder reduzierter Geschwindigkeit wachsen.

Somit wird es in kühlen Bereichen im Vergleich zu warmen Stellen, z. B. neben einer Heizung, keinen Unterschied geben, was die Gefahr eines Schimmelpilzbefalls betrifft, sondern nur eine Selektion. Das heißt, es setzen sich bei geringen Temperaturen andere Arten durch als bei höheren Temperaturen. So sind thermophile Arten (thermophil = Temperatur liebend) wie *Aspergillus fumigatus* gegenüber den typischen Schadenspilzen bei normalen Temperaturen benachteiligt und setzen sich nicht durch, während sie sich in gärenden und somit warmen Komposthaufen oder Biotonnen aufgrund einer hohen Wachstumsgeschwindigkeit sehr gut behaupten. Treten Pilze dieser Art im Bereich von Feuchtigkeitsschäden auf, dann ist dies meist an Stellen in der Nähe von Warmwasser- oder Heizungsrohren oder bei Heizungswasserschäden.

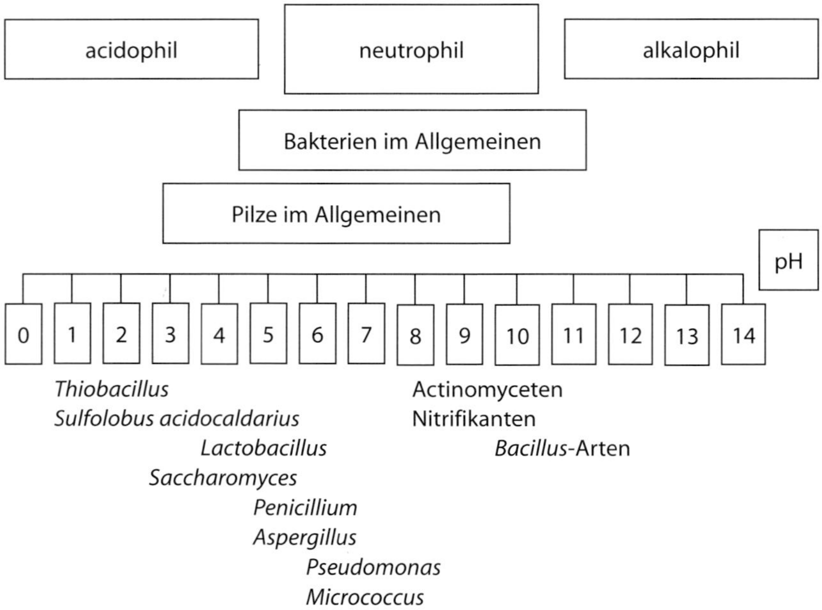

Abb. 2.10: pH-Wert und Mikroorganismen

2.4.2 pH-Wert

Die meisten Schimmelpilze können im neutralen bis leicht sauren Milieu wachsen, d. h. bei pH-Werten zwischen 5 und 7. Manche Bakterien wachsen im leicht alkalischen Bereich bei pH-Werten von > 7 bis zu 10. In Baumaterialien mit sehr niedrigem oder sehr hohem pH-Wert werden deshalb seltener Mikroorganismen nachgewiesen als in Materialien mit einem pH-Wert im neutralen Bereich, und wenn, dann meist keine großen Mengen. Einige Arten sind aber auch bei extremen pH-Werten wachstumsfähig. So kann es nicht überraschen, dass in einzelnen Fällen auch in alkalischen Baumaterialien Mikroorganismen nachweisbar sind. Ein hoher oder niedriger pH-Wert ist somit keine Garantie zur Verhinderung mikrobiellen Wachstums.

Einen hohen pH-Wert weisen frischer Beton und frischer Estrich auf. Wenn z. B. ein dichter Bodenbelag auf einem Estrich mit hoher Restfeuchte verlegt wird und die anhaltend hohe Feuchtigkeit in der Fußbodenkonstruktion mikrobielles Wachstum ermöglicht, dann wird der hohe pH-Wert des Estrichs zwar das Wachstum hemmen, im Dämmmaterial unter dem Estrich und im Kleber des Bodenbelags auf dem Estrich wachsen jedoch die Mikroorganismen meist ungehemmt.

2.4.3 Nährstoffe

Nährstoffe sind fast überall in ausreichender Menge vorhanden. Ein für die meisten Schimmelpilze sehr guter Nährboden ist Zellulose. Deshalb werden feuchte Tapeten, Tapetenkleister, Spanplatten oder Gipskartonpappen oft schnell und mit hoher Dichte besiedelt, was in der Regel bereits nach wenigen Tagen zu einem sichtbaren Befall führt.

Auch in Materialien, in denen man keine Zellulose vermutet, ist sie oft als Zuschlag zugegeben, wie z. B. in Wandputzen oder teilweise auch in Mörtel.

Kunststoffe können ein guter Nährboden sein, denn einige Mikroorganismen können sehr gut Weichmacher oder andere in Kunststoffen vorhandene Kohlenwasserstoffe zersetzen. Materialien, die Lösemittel enthalten, wie z. B. Kleber, bieten durch diese Kohlenwasserstoffe den Mikroorganismen genügend Nahrung.

Ist über ausreichend lange Zeit ausreichend hohe Feuchtigkeit vorhanden, genügt auch schon eine Staubschicht als Nahrung für die Mikroorganismen.

2.4.4 Feuchtigkeit

In der Mikrobiologie wird die Feuchtigkeit nicht mit dem allgemein geläufigen Wert der relativen Feuchtigkeit angegeben, sondern als **Wasseraktivität** oder kurz als **a_w-Wert**.

Der a_w-Wert bezeichnet das sog. freie Wasser, d. h. den relativen Anteil an Wasserdampf an Oberflächen, der für Mikroorganismen nutzbar ist.

Der a_w-Wert korreliert mit dem Wert der Ausgleichsfeuchte, allerdings ist der Sättigungswert nicht wie bei der relativen Feuchtigkeit 100 %, sondern 1. Demnach entspricht z. B. der a_w-Wert von 0,7 einer Ausgleichsfeuchte von 70 %.

Die Ausgleichsfeuchte ist nicht mit der Material-Ausgleichsfeuchte zu verwechseln, sondern sie bezeichnet den Wert des Wasserdampfes an der Grenzfläche zwischen Material und Umgebung. Messen kann man die Ausgleichsfeuchte in Bauteilen mit einer Messsonde, die über ein Bohrloch ins Material eingeführt wird (siehe Kapitel 5.2.2.3).

Sehr gute Wachstumsbedingungen für Schimmelpilze liegen vor, wenn der a_w-Wert zwischen 0,9 und 0,98 liegt, d. h. bei einer Ausgleichsfeuchte der Materialien zwischen 90 und 98 %.

Unterhalb eines a_w-Wertes von 0,8 werden nur noch spezielle Schimmelpilze wachsen können, wie z. B. *Wallemia sebi*, und unterhalb von 70 % ist Schimmelpilzwachstum praktisch nicht mehr möglich. Allerdings wurden diese Werte im Labor bei sonst optimalen Bedingungen ermittelt. In der Praxis liegt die untere Grenze eher bei 80 % relativer Feuchtigkeit.

Schimmelpilze, die viel Feuchtigkeit benötigen, bezeichnet man als **hydrophil** (hydro = Wasser, phil = Freund) und diejenigen, die geringe Feuchtigkeit bevorzugen, als **xerophil** (xero = trocken).

Die Mikroorganismen benötigen also kein flüssiges Wasser zum Wachsen, d. h. kein nasses Material, sondern nur erhöhte Feuchtigkeit. Da man Feuchtigkeit nicht fühlen kann, sondern nur flüssiges Wasser, kann man lediglich messtechnisch feststellen, ob ein Material für das Wachstum von Pilzen und Bakterien feucht genug ist.

Tabelle 2.5: a_w-Werte (für Raumtemperatur) und Temperaturbereiche für das Wachstum von häufig in Gebäuden auftretenden Pilzen (nach Leitfaden LGA 1, Kapitel 3.1; Flannigan/Samson/Miller, 2001)

Spezies bzw. Gattung	minimaler a_w-Wert	Temperatur (°C)	Feuchteanspruch
Acremonium spp.	keine Literatur	keine Literatur	keine Literatur
Alternaria alternata	0,85–0,88	-2–32	schwach xerophil
Aspergillus versicolor	0,74–0,78	4–40	xerophil
Aspergillus restrictus	0,71–0,75	keine Literatur	extrem xerophil
Aspergillus fumigatus	0,85	12–57	schwach xerophil
Aureobasidium pullulans	0,87–0,89	2–35	schwach xerophil
Chaetomium globosum	keine Literatur	keine Literatur	keine Literatur
Cladosporium spp.	0,83	-6–32	schwach xerophil
Eurotium rubrum	0,70	7–38	extrem xerophil
Fusarium spp.	0,87	-3–37	schwach xerophil
Mucor racemosus	0,92	5–38	hydrophil
Penicillium brevicompactum	0,78	-2–30	xerophil
Scopulariopsis brevicaulis	0,85	5–37	schwach xerophil
Stachybotrys chartarum	0,94	7–40	hydrophil
Trichoderma roseum	0,90	0–37	hydrophil
Ulocladium chartarum	0,89	keine Literatur	hydrophil
Wallemia sebi	0,69	5–36	extrem xerophil

Temperatur, Sauerstoffangebot, Nähstoffangebot, pH-Wert usw. sind aus Sicht der Mikroorganismen in Gebäuden immer an ausreichend großen Stellen und in zufriedenstellender Größenordnung vorhanden. Allein die Frage, ob ausreichend viel Feuchtigkeit vorhanden ist, ist ausschlaggebend dafür, ob Mikroorganismen wachsen können und werden.

2.5 Gesundheitlich relevante mikrobielle Stoffe

2.5.1 Mikrobielle Toxine

Etliche Mikroorganismen sind in der Lage, Stoffe zu produzieren, die für andere Organismen giftig sind. Giftstoffe, die von Pilzen produziert werden, nennt man **Mykotoxine**. Diese Stoffe sind nicht leicht flüchtig und die meisten sind chemisch sehr stabil. Sie können sich im mikrobiell befallenen Material, aber auch im Hausstaub anreichern und sind für die Bewohner bzw. die Personen, die mit den kontaminierten Materialien oder dem kontaminierten Staub Kontakt haben, eine potenzielle gesundheitliche Gefährdung.

Es sind heute mehr als 300 Mykotoxine in der Fachliteratur beschrieben und man weiß von vielen Pilzarten, die bei Feuchtigkeitsschäden in Gebäuden vorkommen, dass sie potenzielle Mykotoxinproduzenten sind. Leider weiß man bis heute nicht, unter welchen Bedingungen Pilze bei Feuchtigkeitsschäden Mykotoxine produzieren, wann sie welche Toxine produzieren und welche Mengen sie freisetzen.

Tabelle 2.6: In Baumaterialien häufig vorkommende potenzielle Mykotoxinproduzenten

Spezies	**Mykotoxin**
Aspergillus versicolor	Sterigmatocystin, Aversin, Versicolorin A und B
Chaetomium spp.	Chaetomin, Chaetoglobosine
Fusarium spp.	Trichothecene, z. B. T2-Toxin und Zearalenon
Stachybotrys chartarum	Satratoxine
Trichoderma spp.	Trichodermin, Gliotoxin
Wallemia sebi	Wallemiol

Die Gattung *Penicillium* umfasst sehr viele verschiedene Arten, die zum Teil Allerweltspilze sind, aber auch Indikatoren für Feuchtigkeitsschäden. Einige Arten sind in der Lage, Mykotoxine zu produzieren, andere nicht. Da die Artenermittlung bei *Penicillium*-Arten oft schwierig und mit vertretbarem Aufwand nicht möglich ist, fehlt dem Fachmann häufig die Information, welche Arten tatsächlich vorhanden sind, und er kann deshalb nicht abschätzen, ob *Penicillium*-Pilze auftreten, die eventuell Toxine produzieren.

Tabelle 2.7: Mykotoxinbildende *Penicillium*-Arten (exemplarisch)

Spezies	Mykotoxin
Penicillium aurantiogriseum	Verrucosidin, Penicillinsäure
Penicillium brevicompactum	Asperentin, Brevianamid, Mycophenolsäure, Oxalin
Penicillium citrinum	Citrinin
Penicillium verrucosum	Ochratoxin A, Citrinin

Auch verschiedene Bakterien sind in der Lage, toxische Substanzen zu produzieren. Insbesondere von den Actinomyceten ist bekannt, dass sie zahlreiche antibiotische Stoffe herstellen können, die für den Menschen zum Teil sehr giftig sind.

Tabelle 2.8: In Baumaterialien und in Hausstaub nachgewiesene Actinomyceten

Arten	Fundort/ Material	gesundheitliche Relevanz	Quelle
Mycobacterium murale	Gipskarton	ungeklärt	Vuorio et al., 1999
Nocardia carnea	Tapete	ungeklärt	Lorenz et al., 2002
Nocardiopsis exhalans	Raumluft, Lehmputz	zytotoxisch	Peltola et al., 2001; Lorenz/Kroppenstedt et al., 2003; Mehrer et al., 2003
Nocardiopsis umidischolae	Hausstaub	ungeklärt	Peltola et al., 2001
Nocardiopsis sp. nov.	Wandputz	zytotoxisch	Lorenz et al., 2002; Mehrer et al., 2003
Promicromonospora sp. nov.	Tapete	ungeklärt	Lorenz et al., 2002
Pseudonocardia sp. nov.	Putz und Tapete	ungeklärt	Lorenz/Kroppenstedt et al., 2003
Streptomyces anulatus	Gipskarton	zytotoxisch	Roponen et al., 2002
Streptomyces griseus	Kunststoff-Folie	Antibiotika-Produzent, zytotoxisch	Andersson et al., 1998; Lorenz/Kroppenstedt et al., 2003; Mehrer et al., 2003
Streptomyces violaceoruber	Hausstaub	ungeklärt	Lorenz/Kroppenstedt et al., 2003
Streptomyces sp. nov.	Gipskarton	ungeklärt	Lorenz/Kroppenstedt et al., 2003
Williamsia muralis	Gipskarton	ungeklärt	Kämpfer et al., 1999

Toxinproduktion und Wachstumsbedingungen

Mikroorganismen benötigen zur Toxinproduktion keine optimalen Wachstumsbedingungen, obwohl dies immer wieder behauptet wird.

Laborversuche zeigten, dass eine Temperaturabsenkung die Toxinproduktion anregen kann (Lorenz/Trautmann/Dill/Gareis, 2003).

Aus dem Bereich der Futtermittel ist bekannt, dass die Toxinproduktion auf relativ trockenem Getreide tendenziell stärker ist als bei hoher Feuchtigkeit (Bauer, 2002).

Vieles weist darauf hin, dass die Toxinproduktion vor allem unter Stress angeregt wird, wobei zu hohe Feuchtigkeit für manche Mikroorganismen ebenfalls ein Stressfaktor sein kann.

2.5.2 Weitere gesundheitlich relevante Stoffe

Es sind nicht nur einige mikrobielle Stoffwechselprodukte toxisch, sondern auch bestimmte Bestandteile der mikrobiellen Zellen. Die Zellwände der gramnegativen Bakterien enthalten in hohen Konzentrationen toxische Lipopolysaccharide (LPS). Man bezeichnet diese als Endotoxine, da sie erst beim Zerfall der bakteriellen Zellen freigesetzt werden (endo = innen).

Da gramnegative Bakterien allgegenwärtig sind, wird man zumindest Spuren von Endotoxinen überall finden, auch in der Außenluft.

Wissenschaftlich nicht geklärt ist, welche Bedeutung andere Bestandteile von Schimmelpilzen und Bakterien als „Schadstoffe" in Gebäuden haben, wie z. B. bestimmte Glucane oder Mycolsäuren und deren Ester als Zellwandbestandteile bestimmter Actinomyceten.

2.6 Bei Feuchtigkeitsschäden wachsende Mikroorganismen

Die Artenvielfalt der Pilze und Bakterien ist nicht überschaubar. Wissenschaftler nennen immer wieder Zahlen, wie viele Arten es außer den bereits entdeckten vermutlich gibt. Hier drängt sich die Frage auf, worauf sie ihre Vermutungen stützen, wenn die Zahl der Arten eben unbekannt ist.

Etliche Arten besiedeln nur Lebewesen, andere findet man nur unter besonderen, teils extremen Bedingungen.

2.6.1 Schimmelpilze

In Baumaterialien beschränkt sich die Artenvielfalt der Pilze auf ein überschaubares Maß.

Tabelle 2.9: Schimmelpilze in mineralischen Baumaterialien (Zementestrich, Wandputz, Beton) mit mikrobiellem Befall (= mindestens 1.000 KBE/g), Auswertung von 280 Proben aus dem Jahr 2002, zum Vergleich die Häufigkeit von Actinomyceten, *Bacillus*-Bakterien und nicht identifizierten Bakterien

Mikroorganismen	in %	Mikroorganismen	in %
Penicillium spp.	80	*Mortierella*	5
Aspergillus versicolor	65	*Asp. sydowii*	4
Cladosporium spp.	46	*Mucor spp.*	4
Acremonium spp.	31	*Stachybotrys chartarum*	4
Asp.-restrictus-Gruppe	26	*Wallemia sebi*	3
sterile Kolonien	17	*Asp. ochraceus*	3
Engyodontium album	10	*Verticillium spp.*	2
Ulocladium spp.	9	*Fusarium spp.*	2
Chaetomium spp.	8	*Trichoderma spp.*	2
Eurotium spp.	8	*Absidia spp.*	2
Hefen	8	*Alternaria alternata*	2
Scopulariopsis spp.	8	*Exophilia*	2
		Rhizopus	1
		Botrytis	1
Actinomyceten	50		
Bacillus spp.	26	nicht identifizierte Bakterien	95
mit weniger als 1 %: *Aphanocladium spp., Asp. tamarii, Aureobasidium sp., Blastobotrys sp., Chrysosporium spp., Epicoccum, Paecilomyces spp., Phoma spp., Torumolyces spp., Tritirachium oryzae*			

Ein Teil der in den Tabellen 2.9 und 2.10 aufgelisteten Pilze ist in unseren Klimazonen fast überall, d. h. ubiquitär, anzutreffen, wie z. B. Pilze der Gattungen *Cladosporium* oder *Penicillium*. Pilze dieser Gattungen sind in jedem Hausstaub in großer Anzahl zu finden und meist auch in der Luft, wobei die Sporen vielfach mit der Außenluft ins Gebäude gelangen. Häufig wird als typischer Gebäudepilz *Aspergillus niger* erwähnt. Allerdings ist dieser Pilz in feuchten Baumaterialien verhältnismäßig selten zu finden, relativ oft jedoch im Hausstaub.

Andere Arten treten in der Außenluft und auch im Staub entweder nicht oder nur in deutlich geringeren Mengen auf, sind allerdings bei Feuchtigkeitsschäden regelmäßig zu finden, wie *Aspergillus versicolor, Aspergillus restrictus, Chaetomium sp.* usw.

Tabelle 2.10: Häufigkeit von Pilzen und Bakterien nach verschiedenen Studien in %

Mikroorganismen	Gravesen/Nielsen/ Nielsen, 1997, 72 Proben	Lorenz, 750 Proben aus dem Jahr 1998	Lorenz, 280 Proben aus dem Jahr 2002 Putz, Estrich, Mörtel
Penicillium spp.	68	62	80
Aspergillus versicolor	in *A. spp.* enthalten	50	65
Aspergillus spp.	56	35	34
Cladosporium spp.	15	33	46
Acremonium spp.	14	28	31
Hefen	–	20	8
Scopulariopsis spp.	–	9	8
Ulocladium spp.	21	8	9
Stachybotrys chartarum	19	8	4
Wallemia spp.	–	5	3
Phoma	–	4	< 1
Trichoderma spp.	7	3	2
Chaetomium spp.	22	3	8
Mucor spp.	14	2	4
Paecilomyces spp.	10	1	< 1
Alternaria spp.	8	2	2
Verticillium spp.	8	2	2
Actinomyceten	keine Angabe	33	50
Bacillus spp.	keine Angabe	31	26
nicht identifizierte Bakterien	keine Angabe	nicht gezählt	95

Im Leitfaden LGA 1 sind auf Seite 69 Pilze als Indikatoren für Feuchtigkeitsschäden angegeben:

- *Acremonium spp.*
- *Aspergillus penicillioides, Aspergillus restrictus, Aspergillus versicolor*
- *Chaetomium spp.*
- *Phialophora spp.*
- *Scopulariopsis brevicaulis, Scopulariopsis fusca*
- *Stachybotrys chartarum*
- *Tritirachium (Engyodontium) album*
- *Trichoderma spp.*

2.6.2 Hefen

Der Begriff Hefen bezeichnet verschiedene Familien, zu denen mehrere 100 Arten gehören.

Hefen kommen immer wieder als Besiedler von Bauteilen und Inventar vor, allerdings nur bei ca. jeder zehnten Probe.

Die Hefen spielen nach aktueller Auffassung bei Feuchtigkeitsschäden in Bezug auf die gesundheitlichen Aspekte nur eine untergeordnete Rolle, denn sie produzieren keine Mykotoxine.

Bei Laboranalysen werden die Arten oder Gattungen der Hefen meist nicht spezifiziert.

Sind aus medizinischen oder anderen Gründen spezielle Hefen bei der Analyse zu beachten, z. B. *Candida*-Pilze, dann sollte dies vorher mit dem mikrobiologischen Labor besprochen werden, damit eine entsprechende Differenzierung durchgeführt wird.

Allerdings sind gesundheitlich relevante *Candida*-Arten als Besiedler feuchter Bau- oder Einrichtungsmaterialien nicht zu erwarten.

2.6.3 Bakterien

Wie man Tabelle 2.11 entnehmen kann, ist bei Schimmelpilzschäden das Auftreten von Bakterien keine Seltenheit, sondern eher die Regel. Lediglich in ca. 15 % der Proben aus dem Bereich von Feuchtigkeitsschäden waren nur Pilze und keine Bakterien in auffälliger Konzentration nachweisbar. Nicht selten sind die Mengen an Kolonie bildenden Einheiten (KBE) der Bakterien erheblich größer als die der Pilze.

Tabelle 2.11: Häufigkeit von Pilzen und Bakterien in feuchtigkeitsgeschädigten Baumaterialien

Nachweis von Mikroorganismen				
Probenzahl	**kein Nachweis von mikrobiellen Kulturen**	**nur Pilze**	**Pilze und Bakterien**	**nur Bakterien**
612	51	94	453	14
100 %	8,3 %	15,4 %	74,0 %	2,3 %

Bei der Untersuchung von Schimmelpilzschäden sollten deshalb auch immer Bakterien untersucht werden und es sollte beachtet werden, dass Bakterien ebenso wie Schimmelpilze eine unangenehme bis sehr lästige Geruchsbelastung verursachen können und in gleichem Maße eine gesundheitliche Gefährdung bedeuten.

Insbesondere aufgrund der Schwierigkeiten bei der taxonomischen Bestimmung ist das Wissen über die in Gebäuden auftretenden Bakterienarten sehr lückenhaft. Etwas Licht ins Dunkel brachten in den letzten Jahren Forschungsarbeiten zu den Actinomyceten (Gabrio et al. 2009; Lorenz et al., 2003; Hyvärinen et al., 2002; Peltola, 2001).

In finnischen und deutschen Forschungsprojekten wurden verschiedene Actinomyceten-Arten aus Baumaterialien isoliert und mit hohem Analyseaufwand exakt bestimmt, d. h. mittels Fettsäuremuster und DNA-Analysen. Es wurde im Rahmen dieser Arbeiten festgestellt, dass das bisher nicht untersuchte Habitat „feuchtes Baumaterial" zahlreiche Arten verschiedener Gattungen und Unterordnungen enthält und ein Fundort für neue, bisher unbekannte Arten ist. Es wurden u. a. Arten der Gattungen *Nocardia, Nocardiopsis, Pseudonocardia, Mycobacterium, Promicromonospora* und *Streptomyces* nachgewiesen.

Im Rahmen eines vom Umweltbundesamt geförderten Gemeinschaftsprojektes wurden Baumaterialien aus 16 Objekten mit Feuchteschäden auf Actinomyceten mit verschiedenen Methoden untersucht (Gabrio et al. 2009). Hierbei wurde ein diverses Spektrum unterschiedlicher Actinomyceten in hohen Konzentrationen nachgewiesen. 283 durch Kultivierung gewonnene Isolate wurden molekularbiologisch als Actinomyceten aus 35 verschiedenen Gattungen identifiziert. Am häufigsten wurden Arten der Gattungen *Amycolatopsis, Nocardiopsis, Nocardia, Pseudonocardia, Saccharopolyspora, Promicromonospora* und *Streptomyces* nachgewiesen.

Mit der kultivierungsunabhängigen Polymerase-Kettenreaktion (PCR = Polymerase Chain Reaction) und mittels Klonierung wurden 694 Actinomyceten-Arten aus 52 Gattungen identifiziert.

Bei medizinischen Labortests (MTT-Zytotoxizitätstest, Freisetzung von TNF-α aus Makrophagen) ergaben sich erste, allerdings deutliche Hinweise, dass von einigen Actinomyceten eine zytotoxische oder inflammatorische Wirkung ausgeht.

Tabelle 2.12: In Baumaterialien und Hausstaub nachgewiesene Actinomyceten (UBA-Forschungsprojekt, Gabrio et al. 2009): mittels kultivierungsabhängiger (Isolierung) und kultivierungsunabhängiger (Klonierung) Analyseverfahren detektierte Gattungen

nur Isolierung	nur Klonierung	Isolierung und Klonierung
Citricoccus	*Actinomyces*	*Agrococcus*
Corynebacterium	*Actinopolymorpha*	*Amycolatopsis*
Isoptericola	*Aeromicrobium*	*Arthrobacter*
Leucobacter	*Aeromonas*	*Brachybacterium*
Micrococcus	*Agromyces*	*Brevibacterium*
Oerskovia	*Blastococcus*	*Jiangella*
Ornithinicoccus	*Conexibacter*	*Kocuria*
Propionicicella	*Crocebacterium*	*Kribella*
Saccharomonospora	*Crossiella*	*Lentzea*
Tsukamurella	*Crustibacterium*	*Microbacterium*
	Cryocola	*Microlunatus*
	Georgenia	*Micromonospora*
	Goodfellowia	*Mycobacterium*
	Leifsonia	*Nocardia*
	Longispora	*Nocardioides*
	Microcella	*Nocardiopsis*
	Modestobacter	*Prauserella*
	Parkia	*Promicromonospora*
	Patulibacter	*Pseudonocardia*
	Prauseria	*Rhodococcus*
	Propionibacterium	*Saccharopolyspora*
	Saccharothrix	*Streptomyces*
	Sanguibacter	
	Solirubrobacter	
	Stackebrandtia	
	Tetrasphaera	
	Yania	

2.6.4 Sonstige Mikroorganismen

Amöben

Das Auftreten von Amöben und anderen Protozoen im Bereich von Feuchtigkeitsschäden in Gebäuden wurde von einer Gruppe finnischer Wissenschaftler untersucht (Yli-Pirilä et al. 2003).

Nach Analyse von insgesamt 124 Materialproben fanden die Wissenschaftler in 22 % der Fälle neben Schimmelpilzen und Bakterien Amöben. Die Anzahl der Amöben zeigte eine Abhängigkeit von den Konzentrationen der Pilze, der Actinomyceten und weiterer Bakterien. 11 Proben wurden auf andere Protozoen untersucht und es wurden in 8 der 11 Proben Ciliaten (73 %) und in 10 Proben Flagellaten (91 %) nachgewiesen, in einer Probe Nematoden.

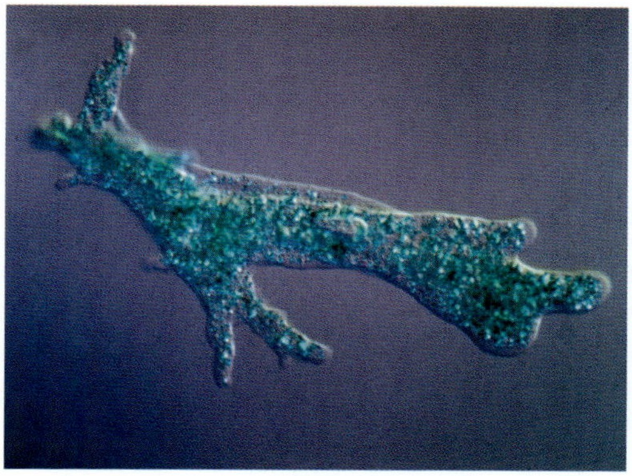

Abb. 2.11: *Amoeba proteus* (Quelle: Prof. Heinz Mehlhorn, Düsseldorf)

Abwasserkeime

Bei einem Abwasserschaden ist, wenn das Abwasser mit Fäkalien verunreinigt ist, mit dem Auftreten weiterer Mikroorganismen zu rechnen, nämlich mit infektiösen Bakterien, Protozoen, Wurmeiern und auch mit Viren.

Der Leitfaden des LGA 2 Baden-Württemberg zur Sanierung von Schimmelpilzschäden (Kapitel 3.1.2, Seite 12, 13) sagt zu diesem Thema:

„Wurde der Schimmelpilzschaden durch eine außergewöhnliche Ursache wie z. B. Hochwasser oder eine Leckage einer Abwasserleitung verursacht, müssen auch gesundheitliche Gefährdungen, z. B. aufgrund der mikrobiologischen Belastung des Abwassers, in Erwägung gezogen werden. Abwasser enthält 100–10.000.000 Kolonie bildende Einheiten Bakterien pro ml und bis zu 7.000 Plaque bildende Einheiten Viren pro Liter, zusätzlich Schimmel- und Sprosspilze, Wurmeier und Protozoen. Die TRBA 220 geht von einer Exposition der Arbeitnehmer in abwassertechnischen Anlagen durch folgende im Abwasser vorkommende Mikroorganismen aus, die in der folgenden Auflistung noch durch weitere häufig im Abwasser vorkommende Mikroorganismen ergänzt wurden:

Bakterien: *wie Enterobacteriaceae (z. B. Escherichia coli, Yersinia enterocolitca, Klebsiella species, Salmonellen), Campylobacter species, Leptospiraceae, Clostridium species (z. B. C. tetani), Enterococcus faecalis, Listeria species*

Viren: *wie Enteroviren (Poliomyelitisvirus, Coxsackie-Viren, ECHO-Viren), Adenoviren, Rotavirus, Norwalk-Virus, Hepatitis A-Virus*

Pilze: *wie Candida species (Candida albicans, C. tropicalis); Aspergillus fumigatus*

Protozoen: *wie Entamoeba histolytixa, Giardia lamblia*

Wurmeier: *z. B. von Ascaris lumbricoides*

Bei fäkaler Verunreinigung kann auch Oberflächenwasser ähnliche Mikroorganismen enthalten. […]"

Milben

In den Jahren 2007 bis 2008 wurden im Rahmen eines von der BG Bau initiierten Forschungsprojektes Proben aus Feuchte- und Schimmelpilzschäden aus insgesamt 50 Objekten entnommen und mit verschiedenen Methoden auf die Existenz von Milben untersucht.

In allen 50 Proben konnten mit immunologischen Tests Milbenantigene nachgewiesen werden und in 36 von 50 Proben wurde die Kontamination mit Milben mikroskopisch nachgewiesen.

Tabelle 2.13: Übersicht und Vergleich der Ergebnisse der Milbenzählung und der sechs Milbenantigen-ELISAs von 50 Proben aus Wohnungen mit Schimmelpilzbefall (Sander et al., 2009)

Bezeichnung/ Anzahl positive Proben	**Hausstaubmilben** (*Dermatophagoides farinae* und *pteronyssinus*)	**Vorratsmilben** (*Tyrophagus spp., Acarus siro, Glycyphagus* und *Lepidoglyphus*)	**Hausstaubmilben und/oder Vorratsmilben**
bei der Milbenzählung	7	36	36
beim ELISA-Test	5	49	50

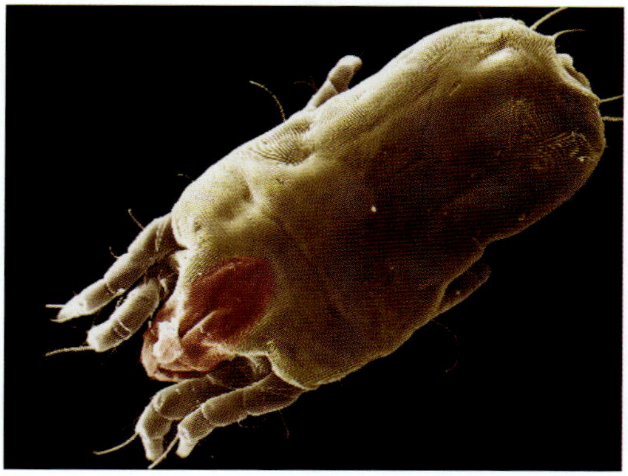

Abb. 2.12: Hausstaubmilbe (Quelle: Prof. Heinz Mehlhorn, Düsseldorf)

Zusammenfassend kamen die Forscher zu folgenden Ergebnissen:

- Proben von Wänden mit Schimmelpilzbefall sind durch Milben kontaminiert.
- Vorratsmilben dominieren, Hausstaubmilben sind seltener zu finden.
- Häufigste Milbenspezies sind die Vorratsmilben *Tyrophagus putrescentiae* und *Glycyphagus domesticus*.

3 Bauliche und bauphysikalische Grundlagen

3.1 Begriffe

Feuchtigkeit, Feuchte

Im allgemeinen Sprachgebrauch wird der Begriff Feuchtigkeit oder Feuchte für einen erhöhten Gehalt an Wasser in Materialien oder Luft verwendet, ohne dass bereits Wasser als Dampf oder Flüssigkeit sichtbar auftritt.

Bei Feuchtigkeitsschäden in Gebäuden ist zu unterscheiden zwischen der Luftfeuchtigkeit, die den Anteil gasförmigen Wassers in der Luft bezeichnet, und der Materialfeuchte bzw. -feuchtigkeit, die den Gehalt an flüssigem und feuchtem Wasser im Material bezeichnet.

Nässe

Der Begriff Nässe bedeutet, dass nicht nur Feuchtigkeit oder erhöhte Feuchtigkeit auftritt, sondern freies Wasser wahrgenommen werden kann, z. B. sichtbar in der Luft (Dampf, Nassdampf) oder als sichtbare Benetzung auf Oberflächen.

Luftfeuchtigkeit, relative Luftfeuchtigkeit, absolute Luftfeuchtigkeit

Meist ist mit Luftfeuchtigkeit die relative Luftfeuchtigkeit gemeint, die den Anteil an gasförmigem Wasser in der Luft in Relation zum Sättigungswert in % angibt.

Darüber hinaus gibt es den Begriff der absoluten Luftfeuchtigkeit, die die tatsächlich vorhandene Masse an gasförmigem Wasser in Gramm je Kubikmeter oder je Kilogramm Luft bezeichnet.

Taupunkt oder Taupunkttemperatur

Der Taupunkt bezeichnet die Temperatur, bei der die Luft 100 % relative Feuchtigkeit enthält und kein Wasser mehr aufnehmen kann bzw. anfängt, das in der Luft enthaltene Wasser als Flüssigkeit auszuscheiden, meist als Tröpfchen auf Oberflächen (Tau, Kondensat) oder in der Luft (Dampf, Nebel). Der Taupunkt bzw. die Taupunkttemperatur ist ausschließlich vom absoluten Gehalt an Wasser in der Luft und vom Umgebungsdruck abhängig.

Kondensation, Tau

Allgemein bezeichnet Kondensation den Effekt, wenn ein gasförmiger Stoff in den flüssigen Zustand übergeht und sich erkennbar erste sichtbare Tröpfchen bilden. Kondensation im Freien aufgrund von Außenklimaveränderungen bezeichnet man gewöhnlich als Tau.

Hygrothermischer Effekt

Schimmelpilzschäden können sich ab einer relativen Luftfeuchtigkeit von ca. 80 % entwickeln. Früher hat man Schäden, die aufgrund zu hoher relativer Feuchtigkeit an Oberflächen entstanden sind, meist als Kondensationsschäden bezeichnet. Da der Effekt der Kondensation erst bei 100 % relativer Feuchtigkeit und nicht schon bei 80 % auftritt, ist diese Bezeichnung nicht korrekt.

Fachleute führten deshalb den Begriff des hygrothermischen Effektes oder hygrothermisch bedingten Schadens ein, was besagt, dass aufgrund eines Zusammenwirkens von Feuchte („hygro") und Temperatur („thermisch") ein Effekt aufgetreten ist, wie z. B. ein Befall mit Schimmelpilzen.

Sättigungstemperatur und Sättigungsfeuchte

Luft kann bei einem bestimmten Luftdruck und einer bestimmten Menge an absoluter Feuchtigkeit exakt bei einer bestimmten Temperatur das vorhandene Wasser als Gas aufnehmen. Dieser von der absoluten Feuchtigkeit abhängige Temperaturpunkt wird als Sättigungstemperatur bezeichnet.

Die Sättigungsfeuchte dagegen bezeichnet die Menge an Feuchtigkeit, die die Luft bei einer bestimmten Temperatur (und bei einem bestimmten Luftdruck) als Gas aufnehmen kann.

Materialfeuchte, Materialfeuchtigkeit

Die Materialfeuchte kennzeichnet gewöhnlich die Masse an Wasser, die ein Material enthält. Hierbei wird die gesamte Masse an Wasser erfasst, nicht nur das gasförmige Wasser, und auf die Masse oder das Volumen des Materials bezogen. Die Angabe erfolgt dementsprechend in Gramm Wasser pro Kilogramm, in Gramm Wasser pro Kubikmeter oder in %.

In manchen Fällen, insbesondere bei Holz, wird allerdings die Feuchtigkeit eines Materials auf dessen Sättigungsgehalt bezogen, analog zur relativen Luftfeuchtigkeit. Insbesondere bei Widerstandsmessungen werden entsprechende Holzfeuchtewerte angegeben.

In Messberichten sollte deshalb deutlich gemacht werden, worauf sich die %-Angabe bezieht.

Ausgleichsfeuchte

Dieser Begriff bezeichnet genau genommen die Feuchtigkeit in einem Material, wenn dieses in einem komplett geschlossenen System nach „unendlich" langer Zeit mit der Umgebungsluft im Gleichgewicht ist, d. h. genauso viel Wasser je Zeiteinheit aufnimmt, wie es abgibt.

In der Praxis kann man damit auch den Feuchtegehalt von Materialien unter Normalbedingungen bezeichnen oder bei Messungen den Feuchtigkeitsgehalt eines Materials im Ausgleich mit der Umgebung nach Erreichen konstanter Messwerte.

3.2 Feuchtigkeit

Luft im Freien und in Gebäuden enthält immer gasförmiges Wasser. Erdreich und Gewässer geben ständig Feuchtigkeit an die Luft ab. Ist die Luft feucht und die Umgebung trocken, dann kehrt sich der Prozess um.

Für den Austausch der Feuchtigkeit zwischen verschiedenen Materialien, z. B. Erdreich oder Gebäudewände, und Systemen, z. B. Außenluft und Innenraumluft, ist der Wasserdampfdruck verantwortlich. Dieser wird in Pascal (Pa) angegeben und ist abhängig von der Feuchtigkeit und der Temperatur.

Theoretisch würde der Austausch von Feuchtigkeit zwischen Luft und Materialien so lange ablaufen, bis sich ein Gleichgewicht eingestellt hat. Da sich jedoch die Bedingungen ständig ändern, z. B. die Temperaturen, kann das Gleichgewicht nie erreicht werden.

Tabelle 3.1: Klimawerte in Deutschland von Januar bis Dezember 2010, exemplarisch auf Basis der Daten der privaten Wetterstation in Friedberg (nach http://www.wetter61169.de [Zugriff: 01.11.2011])

Monat	**Temperatur (°C)**	**relative Feuchtigkeit (%)**	**Taupunkt (°C)**	**absolute Feuchtigkeit (g/m³)[1]**	**relative Feuchtigkeit bei 20 °C (%)**
Januar	−2,6	79	−5,8	2,2	12
Februar	0,5	79	−2,9	3,0	17
März	5,3	65	−1,2	3,4	20
April	10,3	57	1,4	4,2	24
Mai	11,8	73	6,6	6,0	47
Juni	18,2	62	10,0	7,7	52
Juli	21,5	60	12,3	8,9	62
August	17,8	74	12,5	9,1	63
September	13,3	78	9,3	7,2	50
Oktober	8,7	82	5,6	5,6	38
November	6,0	85	3,6	4,9	34
Dezember	−2,9	82	−5,6	2,3	13

[1] Gramm Wasser pro Kubikmeter Luft

Chemiker und Physiker unterscheiden zwischen dem Dampfdruck in einem Ein-Stoff-System und dem Partialdruck eines Stoffes in einem Gemisch aus Stoffen. Meteorologen benutzen die Begriffe Dampfdruck und Partialdruck synonym für den Wasserdampfdruck.

Abb. 3.1: 3 geschlossene Gläser mit gleicher absoluter Luftfeuchtigkeit, aber unterschiedlicher Temperatur; da bei 10 °C der Taupunkt unterschritten wurde, bildete sich Kondensat

Der Wasserdampfdruck, der sich in einem geschlossenen Behälter, in dem sich nur Wasser und Luft befinden, bei konstanter Temperatur als Gleichgewicht zwischen der flüssigen und der gasförmigen Phase einstellt, wird als Wasserdampf-Sättigungsdruck bezeichnet. Dieser ist somit temperaturabhängig.

Das heißt, dass die Luft bei einer bestimmten Temperatur imstande ist, eine ganz bestimmte Menge an gasförmigem Wasser aufzunehmen. Wird diese maximale Menge gasförmigen Wassers überschritten, dann geht das „überschüssige" Wasser in die flüssige Phase über. Das führt entweder zum Niederschlag von Kondensat bzw. „Tau" oder zur Bildung von Tröpfchen in der Luft, die als Dampf oder Nebel sichtbar sind (siehe Abb. 3.1).

3.2.1 Relative Luftfeuchtigkeit

Im üblichen Sprachgebrauch wird der Begriff Luftfeuchtigkeit synonym für die relative Luftfeuchtigkeit verwendet. Der Grund ist, dass alle Messgeräte nur den Wert der relativen Luftfeuchtigkeit messen können. Der Wert der tatsächlich in der Luft vorhandenen Masse an gasförmigem Wasser muss auf Basis der relativen Luftfeuchtigkeit und der gemessenen Temperatur berechnet oder in einem Diagramm oder einer Tabelle abgelesen werden (siehe Tabelle 3.2).

Die relative Luftfeuchtigkeit wird in % angegeben.

Die Basis zur Berechnung der relativen Luftfeuchtigkeit ist die bei einer bestimmten Temperatur von der Luft maximal aufnehmbare Menge an Wasser. Diese maximale Menge an gasförmigem Wasser wird als Sättigungsgehalt bezeichnet.

Die tatsächlich vorhandene Menge an Wasser wird zu diesem maximal möglichen Wert in Bezug gesetzt und mit dem Faktor 100 multipliziert, sodass am Ende die Angabe in % erfolgt.

Die allgemeine Bezeichnung für die relative Luftfeuchtigkeit ist F_{rel} oder ϕ, die der absoluten F_{abs} oder ρ_w. Zur Berechnung benötigt man den Wert für die vorherrschende Temperatur maximal mögliche Feuchtigkeit bzw. die sog. Sättigungsfeuchte $F_{Sättigung}$ oder $\rho_{w,\,max}$:

$$F_{rel} = \frac{F_{abs}}{F_{Sättigung}} \cdot 100$$

bzw.

$$\phi = \frac{\rho_w}{\rho_{w,\,max}} \cdot 100$$

mit

F_{abs} oder ρ_w = absolute Luftfeuchtigkeit
F_{rel} oder ϕ = relative Luftfeuchtigkeit
$F_{Sättigung}$ oder $\rho_{w,\,max}$ = Sättigungsfeuchte

Bei allen Messungen wird aber nicht die absolute, sondern die relative Feuchtigkeit erfasst. Die absolute Feuchtigkeit kann man berechnen, wenn man die Sättigungsfeuchte für die vorherrschende Temperatur kennt:

$$F_{abs} = \frac{F_{rel} \cdot F_{Sättigung}}{100}$$

Normalerweise liegt der Feuchtigkeitsgehalt der Luft unter der Sättigungsgrenze und ist stark abhängig von der Jahreszeit und der geografischen Lage (siehe Tabelle 3.1).

3.2.2 Absolute Luftfeuchtigkeit und Taupunkttemperatur

Die tatsächlich vorhandene Menge an gasförmigem Wasser in der Luft wird als absolute Luftfeuchte bezeichnet und in Gramm Wasser pro Kilogramm Luft oder Gramm Wasser pro Kubikmeter Luft angegeben.

Liegt der Wert der absoluten Feuchtigkeit unterhalb der Sättigungsgrenze, dann ist der Wert der absoluten Feuchtigkeit von der vorherrschenden Temperatur unabhängig. Das heißt, dass das Aufheizen oder Abkühlen von Luft in einem komplett geschlossenen Raum den Wert der relativen Feuchtigkeit, aber nicht den der absoluten Feuchtigkeit verändert.

Der Tabelle 3.2 kann der Wert der absoluten Feuchtigkeit in Abhängigkeit von der vorherrschenden Temperatur und der relativen Feuchtigkeit entnommen werden und umgekehrt.

Die Masse des tatsächlich in der Luft vorhandenen Wassers bestimmt den Taupunkt bzw. die Taupunkttemperatur. Das heißt, dass man für jeden Wert an absoluter Feuchtigkeit eine bestimmte Temperatur angeben kann, ab der die Sättigung auftritt, die dann üblicherweise als Taupunkttemperatur oder auch als Taupunkt bezeichnet wird. Aus Tabelle 3.3 kann die Taupunkttemperatur abgelesen werden.

Tabelle 3.2: Tabelle zur Bestimmung der absoluten Feuchte

ϑ	**absoluter Feuchtegehalt (g/kg)[1)] bei einer relativen Luftfeuchte von**												
°C	30 %	35 %	40 %	45 %	50 %	55 %	60 %	65 %	70 %	75 %	80 %	85 %	90 %
30	7,93	9,27	10,61	11,97	13,32	14,69	16,06	17,43	18,82	20,20	21,60	23,00	24,40
29	7,45	8,74	10,01	11,29	15,56	13,85	15,14	16,43	17,73	19,04	20,35	21,67	22,99
28	7,05	8,24	9,44	10,64	11,84	13,05	14,27	15,49	16,71	17,94	19,17	20,41	21,65
27	6,65	7,77	8,90	10,03	11,16	12,30	13,44	14,59	15,74	16,89	18,05	19,21	20,38
26	6,26	7,32	8,38	9,44	10,51	11,58	12,66	13,73	14,81	15,90	16,99	18,08	19,18
25	5,90	6,89	7,89	8,89	9,90	10,90	11,91	12,93	13,94	14,96	15,99	17,01	18,04
24	5,55	6,48	7,43	8,37	9,31	10,26	11,21	12,16	13,12	14,08	15,04	16,00	16,97
23	5,23	6,11	6,99	7,87	8,76	9,65	10,54	11,44	12,33	13,23	14,14	15,04	15,95
22	4,92	5,74	6,57	7,40	8,24	9,07	9,91	10,75	11,55	12,44	13,29	14,14	14,99
21	4,62	5,40	6,18	6,96	7,74	8,53	9,31	10,10	10,89	11,69	12,48	13,28	14,08
20	4,34	5,07	5,81	6,54	7,27	8,01	8,75	9,49	10,23	10,98	11,72	12,47	13,22
19	4,08	4,77	5,45	6,14	6,83	7,52	8,22	8,91	9,61	10,30	11,00	11,70	12,40
18	3,83	4,47	5,12	5,76	6,41	7,06	7,71	8,36	9,01	9,68	10,32	10,98	11,64
17	3,60	4,20	4,80	5,41	6,02	6,62	7,23	7,84	8,45	9,07	9,68	10,30	10,91
16	3,37	3,94	4,50	5,07	5,64	6,21	6,78	7,35	7,93	8,50	9,08	9,65	10,23
15	3,16	3,69	4,22	4,76	5,29	5,82	6,36	6,89	7,43	7,97	8,50	9,04	9,58
14	2,96	3,46	3,96	4,46	4,95	5,45	5,95	6,46	6,96	7,46	7,96	8,47	8,97
13	2,78	3,24	3,71	4,17	4,64	5,11	5,58	6,04	6,51	6,98	7,46	7,93	8,40
12	2,60	3,03	3,47	3,90	4,34	4,78	5,22	5,66	6,10	6,54	6,98	7,42	7,86
11	2,43	2,84	3,24	3,65	4,06	4,47	4,88	5,29	5,70	6,11	6,52	6,94	7,35
10	2,27	2,65	3,03	3,42	3,80	4,18	4,56	4,95	5,33	5,71	6,10	6,48	6,87
9	2,12	2,48	2,84	3,19	3,55	3,91	4,26	4,62	4,98	5,34	5,70	6,06	6,42
8	1,98	2,32	2,65	2,98	3,31	3,65	3,98	4,32	4,65	4,98	5,32	5,66	5,99
7	1,85	2,16	2,47	2,78	3,09	3,40	3,72	4,03	4,34	4,65	4,97	5,28	5,59
6	1,73	2,02	2,31	2,60	2,89	3,18	3,47	3,76	4,05	4,34	4,63	4,92	5,22
5	1,61	1,88	2,15	2,42	2,69	2,96	3,23	3,50	3,77	4,05	4,32	4,59	4,86
4	1,50	1,75	2,01	2,26	2,51	2,76	3,01	3,27	3,52	3,77	4,02	4,28	4,53
3	1,40	1,63	1,87	2,10	2,34	2,57	2,81	3,04	3,28	3,51	3,75	3,98	4,21

Näherungsweise darf geradlinig interpoliert werden.

[1)] Gramm Wasser pro Kilogramm Luft

Tabelle 3.3: Tabelle zur Bestimmung der Taupunkttemperatur

Taupunkttemperatur ϑ_S der Luft in Abhängigkeit von Temperatur ϑ und relativer Luftfeuchte der Luft ϕ													
ϑ	**Taupunkttemperatur ϑ_S (°C) bei einer relativen Luftfeuchte von**												
°C	30 %	35 %	40 %	45 %	50 %	55 %	60 %	65 %	70 %	75 %	80 %	85 %	90 %
30	10,5	12,9	14,9	16,8	18,4	20,0	21,4	22,7	23,9	25,1	26,2	27,2	28,2
29	9,7	12,0	14,0	15,9	17,5	19,0	20,4	21,7	23,0	24,1	25,2	26,2	27,2
28	8,8	11,1	13,1	15,0	16,6	18,1	19,5	20,8	22,0	23,1	24,2	25,2	26,2
27	8,0	10,2	12,2	14,1	15,7	17,2	18,6	19,8	21,1	22,2	23,3	24,3	25,2
26	7,1	9,4	11,4	13,2	14,8	16,3	17,6	18,9	20,1	21,2	22,3	23,3	24,2
25	6,2	8,5	10,5	12,2	13,9	15,3	16,7	18,0	19,1	20,2	21,3	22,3	23,2
24	5,4	7,6	9,6	11,3	12,9	14,4	15,7	17,0	18,2	19,3	20,3	21,3	22,3
23	4,5	6,7	8,7	10,4	12,0	13,5	14,8	16,1	17,2	18,3	19,4	20,3	21,3
22	3,6	5,9	7,8	9,5	11,1	12,5	13,9	15,1	16,3	17,4	18,4	19,4	20,3
21	2,8	5,0	6,9	8,6	10,2	11,6	12,9	14,2	15,3	16,4	17,4	18,4	19,3
20	1,9	4,1	6,0	7,7	9,3	10,7	12,0	13,2	14,4	15,4	16,5	17,4	18,3
19	1,0	3,2	5,1	6,8	8,3	9,8	11,1	12,3	13,4	14,5	15,5	16,4	17,3
18	0,2	2,3	4,2	5,9	7,4	8,8	10,1	11,3	12,4	13,5	14,5	15,4	16,3
17	−0,6	1,4	3,3	5,0	6,5	7,9	9,2	10,4	11,5	12,5	13,5	14,5	15,4
16	−1,4	0,5	2,4	4,1	5,6	7,0	8,2	9,4	10,5	11,5	12,5	13,4	14,3
15	−2,2	−0,3	1,5	3,2	4,7	6,0	7,3	8,5	9,6	10,6	11,6	12,5	13,4
14	−2,9	−1,0	0,6	2,3	3,7	5,1	6,4	7,5	8,6	9,6	10,6	11,5	12,4
13	−3,7	−1,9	−0,1	1,3	2,8	4,2	5,4	6,6	7,7	8,7	9,6	10,5	11,4
12	−4,5	−2,6	−1,0	0,4	1,9	3,2	4,5	5,6	6,7	7,7	8,7	9,6	10,4
11	−5,2	−3,4	−1,8	−0,4	1,0	2,3	3,6	4,7	5,8	6,7	7,7	8,6	9,4
10	−6,0	−4,2	−2,6	−1,2	0,1	1,4	2,6	3,7	4,8	5,8	6,7	7,6	8,4
9					−0,8	0,5	1,7	2,8	3,8	4,8	5,7	6,6	7,5
8					−1,6	−0,4	0,7	1,8	2,9	3,9	4,8	5,6	6,4
7					−2,4	−1,2	−0,2	0,9	1,9	2,9	3,8	4,7	5,5
6					−3,2	−2,1	−1,0	−0,1	0,9	1,9	2,8	3,7	4,5
5					−4,0	−2,3	−1,9	−0,9	0,1	1,0	1,8	2,7	3,5
4					−4,8	−3,7	−2,7	−1,7	−0,9	0,0	0,9	1,7	2,5
3					−5,7	−4,6	−3,5	−2,6	−1,7	−0,9	−0,1	0,7	1,5
Näherungsweise darf geradlinig interpoliert werden.													

3.2.3 Einfluss der Temperatur auf die Luftfeuchtigkeit

Die relative Feuchtigkeit ist von der vorherrschenden absoluten Feuchtigkeit und der Sättigungskonzentration (= maximal mögliche absolute Feuchtigkeit) abhängig.

Die vorherrschende absolute Feuchtigkeit ist von der Temperatur unabhängig, während die Sättigungskonzentration von der Temperatur abhängig ist. Dementsprechend ist die relative Feuchtigkeit von der Temperatur abhängig.

Die folgenden Beispiele sollen veranschaulichen, warum man bei der Bewertung von Klimadaten in Gebäuden Temperatur, relative **und** absolute Feuchtigkeit beachten muss.

Beispiel: kühle Außenwand und normales Raumluftklima

In der Mitte eines Raum liegt eine Temperatur von 20 °C vor und eine relative Luftfeuchtigkeit von 50 %.

Der Sättigungsgehalt der Luft bei 20 °C beträgt 14,6 Gramm Wasser pro Kilogramm Luft.

Die absolute Luftfeuchtigkeit bei 20 °C und 50 % relativer Feuchte beträgt 7,3 Gramm Wasser pro Kilogramm Luft

Angenommen, die kühlste Stelle an der Außenwand hat eine Temperatur von 10 °C, dann hat die absolute Feuchtigkeit an der Kontaktfläche der Außenwand in etwa den gleichen Wert wie in der Raummitte, nämlich 7,3 Gramm Wasser pro Kilogramm Luft.

Da der Sättigungsgehalt bei 10 °C 7,6 Gramm Wasser pro Kilogramm Luft beträgt, ergibt sich rechnerisch an der Wand-Kontaktfläche eine relative Luftfeuchtigkeit von 7,3/7,6 • 100 = 96 %.

Beispiel: Vergleich innen außen im Winter

Annahme: An einem kalten Wintertag hat die Außentemperatur bei 5 °C eine relative Feuchtigkeit von 85 %.

Im Wohnraum hat die Raumluft eine Temperatur von 20 °C und eine relative Feuchtigkeit von 50 %.

Die absolute Feuchtigkeit beträgt im Wohnraum 7,3 Gramm Wasser pro Kilogramm Luft.

Die absolute Feuchtigkeit im Außenbereich beträgt ca. 4,0 Gramm Wasser pro Kilogramm Luft.

Die relative Feuchtigkeit ist außen deutlich höher als innen, aber die absolute Feuchtigkeit ist erheblich niedriger.

Transportiert man durch Lüften Außenluft in die Räume, dann würde diese bei einer absoluten Feuchtigkeit von 4,0 Gramm Wasser pro Kilogramm Luft nach Erwärmung auf 20 °C nur noch ca. 25 % F_{rel} enthalten.

Tabelle 3.4: Bauteiltemperaturen, bei denen der für Schimmelpilz kritische Punkt von 80 % bei unterschiedlichen Raumlufttemperaturen und relativen Luftfeuchtewerten erreicht wird

Oberflächentemperatur ϑ_O, bei der 80 % Oberflächenfeuchte vorliegt, in Abhängigkeit von der Raumlufttemperatur und relativer Raumluftfeuchte											
ϑ	Oberflächentemperatur ϑ_O (°C)										
°C	30 %	35 %	40 %	45 %	50 %	55 %	60 %	65 %	70 %	75 %	80 %
30	14,0	16,4	18,5	20,4	22,1	23,6	25,1	26,4	27,7	28,9	30,0
29	13,1	15,5	17,5	19,4	21,1	22,7	24,1	25,5	26,7	27,9	29,0
28	12,2	14,6	16,6	18,5	20,2	21,7	23,2	24,5	25,7	26,9	28,0
27	11,3	13,7	15,7	17,6	19,2	20,8	22,2	23,5	24,7	25,9	27,0
26	10,4	12,8	14,8	16,6	18,3	19,8	21,2	22,5	23,8	24,9	26,0
25	9,5	11,9	13,9	15,7	17,4	18,9	20,3	21,6	22,8	23,9	25,0
24	8,7	11,0	13,0	14,8	16,4	17,9	19,3	20,6	21,8	22,9	24,0
23	7,8	10,1	12,1	13,8	15,5	17,0	18,3	19,6	20,8	21,9	23,0
22	6,9	9,1	11,1	12,9	14,5	16,0	17,4	18,6	19,8	20,9	22,0
21	6,0	8,2	10,0	12,0	13,6	15,1	16,4	17,7	18,8	20,0	21,0
20	5,1	7,3	9,3	11,1	12,6	14,1	15,4	16,7	17,9	19,0	20,0
19	4,2	6,4	8,4	10,1	11,7	13,1	14,5	15,7	16,9	18,0	19,0
18	3,3	5,5	7,5	9,2	10,8	12,2	13,5	14,7	15,9	17,0	18,0
17	2,5	4,6	6,5	8,3	9,8	11,2	12,6	13,8	14,9	16,0	17,0
16	1,6	3,7	5,6	7,3	8,9	10,3	11,6	12,8	13,9	15,0	16,0
15	0,7	2,8	4,7	6,4	7,9	9,3	10,6	11,8	12,9	14,0	15,0
14	–	1,9	3,8	5,5	7,0	8,4	9,7	10,9	12,0	13,0	14,0
13	–	1,0	2,9	4,5	6,0	7,4	8,7	9,9	11,0	12,0	13,0
12	–	0,1	2,0	3,6	5,1	6,5	7,7	8,9	10,0	11,0	12,0
11	–	–	1,0	2,7	4,1	5,5	6,8	7,9	9,0	10,0	11,0
10	–	–	0,1	1,7	3,2	4,6	5,8	7,0	8,0	9,0	10,0
9	–	–	–	0,8	2,3	3,6	4,8	6,0	7,0	8,1	9,0

Beispiel: Vergleich innen außen im Sommer

Annahme: An einem schwülwarmen Sommertag hat die Außentemperatur bei 30 °C eine relative Feuchtigkeit von 45 %.

Im Wohnraum liegt die Raumlufttemperatur bei 23 °C und die relative Feuchtigkeit bei 70 %.

Die absolute Feuchtigkeit im Wohnraum beträgt 12,33 Gramm Wasser pro Kilogramm Luft.

Die absolute Feuchtigkeit beträgt im Außenbereich ca. 14,7 Gramm Wasser pro Kilogramm Luft.

Die relative Feuchtigkeit ist innen deutlich höher als außen, obwohl die absolute Feuchtigkeit erheblich niedriger ist.

In diesem Fall würde das Lüften der Räume zu keiner Abnahme, sondern zu einem Anstieg der Luftfeuchte im Raum führen.

3.2.4 Materialfeuchte

Die Materialfeuchte bezeichnet den gesamten Wassergehalt im Material, d. h. den flüssigen und gasförmigen Anteil, während die Luftfeuchtigkeit ausschließlich den gasförmigen Wasseranteil umfasst.

Berechnung der Materialfeuchte

Zur Berechnung des Feuchtegehaltes in Materialien benötigt man die Masse des feuchten Materials und des trockenen Materials, z. B. nach Trocknung in einem Laborofen (siehe auch Kapitel 5.2.2.2).

Durch Division der Differenz der Massen des feuchten und des trockenen Materials durch die Masse des trockenen Materials erhält man nach Multiplikation mit dem Faktor 100 die Materialfeuchte in %.

$$\text{massebezogene Materialfeuchte} = \frac{(\text{Masse feucht} - \text{Masse trocken})}{\text{Masse trocken}} \cdot 100$$

Die Materialfeuchte ist, außer von der Umgebungsfeuchte, vom Material selbst abhängig, in erster Linie von der Anzahl und der Größe an Kapillaren.

Massive Materialien wie Glas, Keramik und Metall können keine Feuchtigkeit aufnehmen.

Verschiedene Holzsorten können sehr viel Feuchtigkeit aufnehmen. Bei Holz werden nicht nur die vorhandenen Zellen mit Wasser gefüllt, sondern es

Abb. 3.2 a und b: Ein beim Vergießen des Betons versehentlich mit in die Wand eingebautes Holzstück vergrößerte durch Feuchtigkeitsaufnahme sein Volumen und führte zu einer Materialabsprengung.

kommt sogar zu einer Volumenvergrößerung, wenn Holz die Feuchtigkeit praktisch aufsaugt wie ein Schwamm. Hierbei können sehr große Kräfte wirken, denn Holz kann beim Bestreben, Wasser aufzunehmen, hohe Außendrücke überwinden.

Diesen Effekt nutzte man in früheren Zeiten für „Sprengungen". Es wurden Holzstücke in Löcher eingetrieben und anschließend befeuchtet. Durch die Vergrößerung des Volumens war es möglich, Brocken aus Felsen zu lösen (siehe Abb. 3.2 a und b).

3.2.5 Wechselwirkung zwischen Luftfeuchtigkeit und Materialfeuchte

Nahezu jedes Material tauscht ständig mit der Umgebung Feuchtigkeit aus, mit Ausnahme von völlig porenfreien, 100 % hydrophoben Materialien, wie Glas, Keramik, Metall und manchen Kunststoffen.

Trockenes Material nimmt Feuchtigkeit auf und feuchtes Material gibt Feuchtigkeit an die Umgebungsluft ab. Lediglich wenn die Umgebungsluft selbst sehr feucht oder trocken ist, kann der Austausch zum Stillstand kommen oder sich sogar umkehren.

In einem geschlossenen System stellt sich nach einiger Zeit ein Gleichgewichtszustand ein, d. h., Material und Luft haben einen ganz bestimmten Feuchtigkeitswert angenommen und der Austausch von Wassergas kommt praktisch zum Stillstand.

Wie hoch die Materialfeuchte bei einer bestimmten Umgebungsfeuchte im Gleichgewichtszustand ist, ist vom Material abhängig (siehe Abb. 3.3).

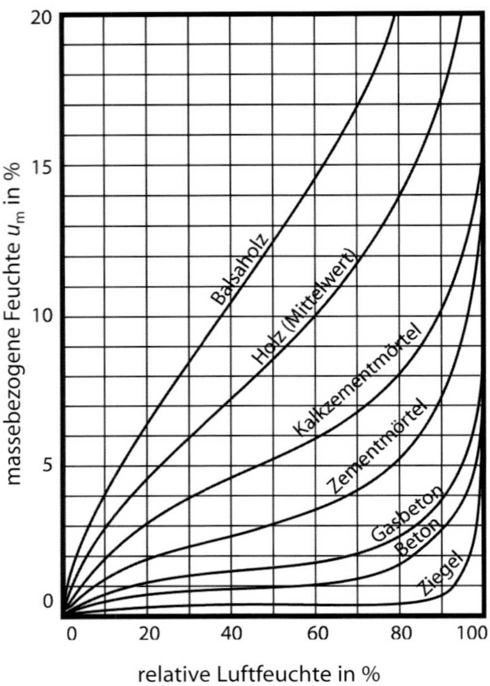

Abb. 3.3: Ausgleichsfeuchtekurven (Sorptionskurven) verschiedener Materialien

Wie in Abb. 3.3 zu sehen ist, beträgt die Materialfeuchte von Ziegel bei einer Umgebungsluftfeuchte von 80 % im Gleichgewicht ca. 0,5 %, während die von Holz je nach Holzart zwischen 14 und 20 % beträgt.

Man erkennt anhand Abb. 3.3, dass die Ausgleichsfeuchtekurven (Sorptionskurven) nicht linear verlaufen, d. h., die Feuchtigkeitsaufnahme erfolgt nicht gleichmäßig.

So steigt die Sorptionskurve des massebezogenen Wassergehaltes von Ziegel bis zu 80 % relativer Feuchtigkeit der umgebenden Luft kaum an, während sie ab ca. 90 % steil ansteigt.

Ziegel nimmt somit bis ca. 80 % relative Luftfeuchte der Umgebung nur wenig Feuchtigkeit auf und ab ca. 90 % überproportional viel.

Der Grund ist, dass sich anfangs die Luft in den Poren eines Ziegels weitgehend mit gasförmigem Wasser anreichert und zu einem bestimmten Zeitpunkt das Wasser in den Poren durch Kapillarkondensation in den flüssigen Zustand übergeht.

Das Maß der Kapillarkondensation ist von der Größe der Kapillarporen, der Form und der Oberfläche der Poren abhängig. Bei Holz kommt noch der Quelleffekt hinzu, d. h., die Kondensation in den Zellulosekapillaren findet bereits bei geringen Umgebungsluftfeuchten statt und die Porengröße ändert sich mit der Wasseraufnahme so, dass sich der Effekt der Kapillarkondensation sogar noch verstärkt.

Beispiel: Modellrechnung

Hätte ein Stück eines nicht hygroskopischen Materials mit einer Masse $m = 1$ kg und einem Volumen $V = 1$ Liter einen Porenanteil von 50 % des Volumens, d. h. $V_p = 0{,}5$ l, dann könnte dieses Materialstück bei 20 °C theoretisch maximal Feuchtigkeit in Höhe der Sättigungskonzentration aufnehmen, nämlich 17,3 Gramm pro Kubikmeter Luft : 2.000 = 0,00865 Gramm Wasser.

Der Wassergehalt des Materialstückes beträgt in diesem Fall, bezogen auf die Masse

0,00865/1.000g • 100 % = **0,000865 % massebezogene Materialfeuchte**.

Dieser Wert liegt unterhalb jeglicher Messgenauigkeit.

Werden die Poren jedoch mit flüssigem Wasser komplett gefüllt, dann ergibt sich eine massebezogene Materialfeuchte von 500 g : 1.000 g • 100 % = 0,5 • 100 = **50 %**.

Dieses Modell entspricht nicht der Realität, da in jedem porigen Material die Feuchtigkeits- bzw. Wasseraufnahme immer durch Kapillareffekte, Effekte der Oberflächenspannung und andere hygroskopische Materialeigenschaften beeinflusst wird. Jedoch hilft die Modellrechnung, den Verlauf der Sorptionskurven nicht hygroskopischer Materialien zu verstehen. Ein sehr flacher Verlauf kennzeichnet die Phase der Aufnahme gasförmigen Wassers und ein steiler Anstieg die Phase der Einlagerung flüssigen Wassers in den Poren.

Diese Effekte sind insbesondere bei der Messung von Materialfeuchten zu berücksichtigen (siehe Kapitel 5.2). Bei manchen mineralischen Baustoffen ist im Bereich bis 80 % Ausgleichsfeuchte deshalb mittels gravimetrischer Messung oder mit der Calciumkarbidmethode kein Anstieg der Materialfeuchte erkennbar.

3.2.6 Einfluss der Materialfeuchte auf die Entstehung von Schimmelpilzschäden

Material mit hoher Feuchtigkeit führt in der Regel zu einem Befall mit Schimmelpilzen. Ein Befall findet sogar oft dann statt, wenn das feuchte Material mineralisch und mangels Nährstoffen nicht oder nur schwer besiedelbar ist, denn meist hat es Kontakt mit organischen Baustoffen. Die Feuchtigkeit aus dem mineralischen Bauteil diffundiert in der Regel in die angrenzenden Baustoffe und es kommt dann nicht im Ziegel oder Beton, aber im Wandputz, der Tapete, der Dämmung usw. zu erhöhter Feuchtigkeit und zu einem Wachstum von Mikroorganismen.

Mit erhöhter Bauteilfeuchtigkeit kommt es außerdem zu einem Anstieg der Wärmeleitfähigkeit. Das Bauteil wird im feuchten Zustand bei geringen Außentemperaturen deutlich stärker auskühlen als im trockenen. Die Folge ist eine geringe, eventuell kritisch niedrige Oberflächentemperatur, wodurch die Gefahr einer mikrobiellen Besiedlung steigt (siehe Kapitel 3.3.2 unter „thermodynamische Wärmebrücken“).

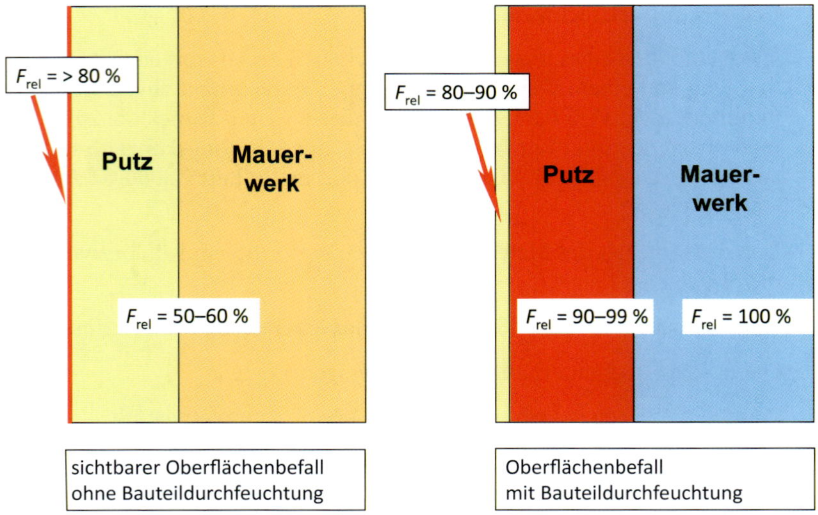

Abb. 3.4: Oberflächenbefall kann durch hohe Oberflächenfeuchte oder durch Bauteildurchfeuchtung entstehen. Der Schimmelpilzbefall kann vergleichbar aussehen. Ausschlaggebend für dessen Aussehen ist nicht die Herkunft der Feuchtigkeit, sondern eher wie feucht die Oberfläche ist. (Rot = mikrobiell besiedeltes Material)

Ein weiterer wichtiger Aspekt bei der Beurteilung eines möglichen Schimmelpilzbefalls und der Ursachenklärung ist, dass Materialien unterschiedlich schnell Feuchtigkeit aufnehmen und abgeben.

Schwer zu erfassen ist der Einfluss von Feuchtigkeit in Materialien, die über den Sommer hinweg aufgenommen, aber zur Heizperiode noch nicht wieder (komplett) abgegeben wurde.

Häufig entstehen Schimmelpilzschäden nicht in der kältesten Jahreszeit, sondern kurz nach Eintritt des Winters oder nach Beginn der Heizperiode.

Dies resultiert daraus, dass durch erhöhte Materialfeuchte die Auskühlung überproportional und die Luftfeuchte zusätzlich höher als bei extrem geringen Außentemperaturen ist.

3.2.7 Feuchtigkeitshaushalt in Gebäuden

Unweigerlich wird bei der Nutzung Feuchtigkeit freigesetzt. Um zu verdeutlichen, wie Wohnungen zu lüften sind, wird in Fachbüchern häufig folgende Bilanz aufgestellt:

$$\text{Feuchtigkeitsentsorgung} - \text{Feuchtigkeitsproduktion} > 0$$

Diese Bilanz beinhaltet die Forderung, dass die gesamte in einer Wohnung freigesetzte Menge an Feuchtigkeit nicht höher sein darf als die Menge an Feuchtigkeit, die durch Lüftung ins Freie transportiert wird.

Um den Lüftungsbedarf abzuschätzen, wird als Orientierung die Menge an Wasser, die je Tag in der Wohnung freigesetzt wird, bilanziert (siehe Tabelle 3.5).

Tabelle 3.5: Feuchtigkeitsquellen und deren Potenzial, Feuchtigkeit freizusetzen

Feuchtigkeitsquelle	**Masse freigesetzter Feuchtigkeit (g/h)**
Mensch, normale Aktivität	30–50
Kochen	600–1.500
Kochen im Tagesmittel	100
Baden	700
Duschen	2.600
Wäschetrocknen, tropfnass	100–500
Geschirrspülen	200
Zimmerpflanzen, mittelgroß	10–20

Berechnungen mit diesen Zahlenwerten ergeben für einen 4-Personen-Haushalt zwischen 10 und 15 Liter flüssiges Wasser an freigesetzter Feuchtigkeit je Tag.

Tabelle 3.6: Mögliche Freisetzung von Feuchtigkeit in einem Haushalt mit 4 Personen

Feuchtigkeitsquelle	**Dauer der Freisetzung (h/Tag)**	**freigesetzte Menge an Wasser (g/h)**	**insgesamt freigesetzte Menge an Wasser (g/Tag)**
Eltern im Schlafzimmer	7	2 Personen × 40 = 80	7 × 80 = **560**
Eheleute und 2 Kinder im Wohnzimmer	4	4 Personen × 40 = 160	4 × 160 = **640**
2 Kinder im Kinderzimmer	10	2 Personen × 40 = 80	10 × 80 = **800**
Hausfrau in der Küche	4	1 Person × 40 = 40	4 × 40 = **160**
Familien beim Essen in der Küche	1	4 Personen × 40 = 160	1 × 160 = **160**
Eheleute und Kinder im Bad	0,5	4 Personen × 40 = 160	0,5 × 160 = **80**

Fortsetzung Tabelle 3.6

Feuchtigkeits-quelle	**Dauer der Freisetzung (h/Tag)**	**freigesetzte Menge an Wasser (g/h)**	**insgesamt freigesetzte Menge an Wasser (g/Tag)**
Duschen	0,25	4 Pers. × 2.600 = 10.400	0,25 × 10.400 = **2.600**
Kochen	2	1.100	2 × 1.100 = **2.200**
5 mittelgroße Pflanzen im Wohnzimmer	24	5 × 10 = 50	24 × 50 = **1.200**
Geschirrspülen	0,5	200	0,5 × 200 = **100**
Wäsche waschen und trocknen im Bad	10	200	10 × 200 = **2.000**
Summe			**10.500**

Folgt man der Forderung, die Wohnung insgesamt so zu lüften, dass die entstandene Feuchtigkeit entsorgt wird, dann ergibt sich rechnerisch ein Luftwechsel von 0,5 bis 2 je nach Wohnungsgröße und absoluter Außenluftfeuchtigkeit. Hierbei bezeichnet die Luftwechselzahl n die stündlich durch Lüftung gegen Außenluft ausgetauschte Raumluft dividiert durch die gesamte Menge an Raumluft im Raum.

Allerdings ist diese überschlägige Berechnung für die Praxis meist nicht hilfreich und nicht zielführend, denn die Feuchtigkeit entsteht in einer Wohnung nicht in jedem Raum in gleicher Menge. So ist auch der Lüftungsbedarf nicht für jeden Raum der gleiche.

Tabelle 3.7: In einem Haushalt mit 4 Personen in den einzelnen Räumen freigesetzte Feuchtigkeit

Raum	**Menge (g/Tag)**	**in % der Gesamtmenge**
Bad	80 + 2.600 + 2.000 = 4.680	44,6
Küche	160 + 160 + 2.200 = 2.520	24,0
Schlafzimmer	560	5,3
Wohnzimmer	640 + 1.200 = 1.840	17,5
Kinderzimmer	800	7,6

Die freigesetzte Menge ist für jeden Raum sehr unterschiedlich. Im Bad fallen mehr als 40 % der Feuchtigkeit an, in der Küche fast 25 % und im Schlafzimmer lediglich 5 %.

Demnach ist auch der Lüftungsbedarf bzw. die erforderliche Luftwechselzahl für jeden Raum anders.

Installation und Betrieb eines Ventilators im Bad und eine Dunstabzugshaube in der Küche können sicherstellen, dass die Feuchtigkeit an der Entstehungsstelle direkt ins Freie transportiert wird und erst gar nicht in die übrigen Räume gelangt.

Schlafzimmer sind in der Regel die am wenigsten beheizten Räume. Um in einem Schlafraum mit einer Fläche von 20 m^2 und einem Raumvolumen von 50 m^3 die dort freigesetzte Feuchtigkeit von ca. 550 g zu entsorgen, müssen in der Stunde ca. 25 Gramm Wasser entsorgt werden. Bei einem Raumvolumen von 50 m^3 müsste die Luft bei einem Luftwechsel von 1 nur 0,5 Gramm je Kubikmeter aufnehmen und transportieren. Realistisch ist eine Wasseraufnahme von 3 bis 4 Gramm pro Kilogramm Luft. Dies bedeutet, dass ein Luftwechsel von 0,2 ausreicht, um die freigesetzte Feuchtigkeit zu entsorgen.

Sind in Bad und Küche Abluftventilatoren installiert, würden diese in den kritischen Räumen einen Unterdruck erzeugen und die Luft würde aus den übrigen Räumen angesaugt.

Der gefährliche Weg der Feuchtigkeit vom warmen Bad ins kalte Schlafzimmer wäre hierdurch unterbunden.

Wie die Erfahrung nach der Untersuchung von Hunderten von Schäden in Wohnungen zeigt, ist es tatsächlich so, dass hygrothermisch durch die Nutzung bedingte Schäden in Wohnungen normaler Größe von 60 bis 120 m^2 so gut wie nie auftreten, wenn Bad und Küche technisch entlüftet werden, vorausgesetzt, die Anlagen funktionieren und werden betrieben.

Fensterlüftung/Querlüftung/Kipplüftung

„Dreimal täglich mittels Querlüftung die Wohnung belüften – und auf keinen Fall durch Kippstellung der Fenster“ – so ist es in verschiedenen Ratgebern immer wieder zu lesen.

Diese Empfehlung mag Schäden sicher vermeiden, ist aber aus konstruktiven Gründen nicht in jeder Wohnung realisierbar und auch aus zeitlichen Gründen nicht immer praktikabel.

Tabelle 3.8: Luftwechsel bzw. Luftwechselzahl *n* in Gebäuden mit geschlossenen und geöffneten Fenstern. *n* ist das Raumluftvolumen, das jede Stunde gegen Frischluft ausgetauscht wird, bezogen auf das gesamte Raumvolumen.

Festerstellung	**Luftwechselzahl *n***
geschlossen, Neubau	0,05–0,1
geschlossen, Altbau	0,30–0,5
gekippt und Rollladen geschlossen	0,30–1,5
gekippt ohne Behinderung des Luftstromes	1,00–4,0
halb offen	5,00–10,0
ganz offen	9,00–15,0
2 Fenster ganz offen mit Durchzug (Querlüftung)	je nach anstehendem Winddruck bis 40 und mehr

Auch wenn Ventilatoren in Bad und Küche für eine effektive Entlüftung sorgen, ist eine vernünftige Raumlüftung der gesamten Wohnung in jedem Fall erforderlich.

Oft kann eine Lüftung in Kippstellung hilfreich sein. Hiervon wird immer wieder abgeraten, in erster Linie aus dem Grund, dass man bei lange in Kippstellung geöffneten Fenstern sehr viel Heizenergie vergeudet.

Zwar gibt es hin und wieder Schimmelpilzschäden im Bereich von Fensterleibungen und Stürzen (siehe Abb. 3.5), die durch übermäßige Auskühlung von Wandteilen oder Deckenbereichen nahe dem gekippten Fenster verursacht oder gefördert wurden, allerdings sind diese Schadensformen eher die Seltenheit.

In fast allen Schadensfällen war zusätzlich zum Effekt der Auskühlung des Sturzes durch Kippen von Fenstern eine zu hohe Feuchtigkeitsbelastung der Raumluft vorhanden. Deshalb treten solche Schäden in erster Linie in schwach beheizten Badezimmern auf, deren Türen zum Flur durchgehend dicht verschlossen sind, sodass die Luftströmung über den Fensterspalt ins Freie sehr stark verlangsamt ist und die sehr feuchte Luft genügend Zeit hatte, abzukühlen und Feuchtigkeit an die Bauteile abzugeben.

Wenn bei vorübergehend reduzierter Heizung und geschlossener Raumtür das Schlafzimmer mit gekipptem Fenster morgens für 15 bis 20 Minuten belüftet wird und sichergestellt ist, dass aus Bad und Küche keine Feuchtigkeit in das Schlafzimmer gelangt, dann ist diese Belüftung ausreichend, um die 500 bis 600 g Wasser zu entfernen, die sich über Nacht im Schlafzimmer angesammelt haben, zumal kein Raum hermetisch dicht ist und über den normalen Luftwechsel der größte Teil der Luftfeuchtigkeit bereits ohne Fensteröffnen während der Nacht entsorgt wurde.

Abb. 3.5: Die Dauerkippstellung des Fensters im Winter hat einen hygrothermischen Schaden im Sturzbereich verursacht oder begünstigt.

Abb. 3.6: Schimmelpilzbefall in einem Neubau, der vor Fertigstellung sichtbar auftrat

Lüften durch gekippte Fenster über längere Phasen führt zum Anstieg der Heizkosten, nur sehr selten jedoch zu Schimmelpilzbefall. Aber ein gezieltes kurzzeitiges Lüften in Schlafzimmern, Kinderzimmern oder Wohnzimmern (nicht in Bad oder Küche) kann sinnvoll sein und zur Schimmelpilzvermeidung beitragen.

Außerhalb der Heizperiode ist eine Raumbelüftung mit gekippten Fenstern sowieso unkritisch.

3.2.8 Neubau-Restfeuchte

Neubauten, die in klassischer Massivbauweise errichtet wurden, enthalten anfangs hohe Mengen an Wasser. Immer wieder kommt es zusätzlich zu erhöhter Feuchtigkeit, weil es in schlecht geschützte Rohbauten hineinregnet. Manche Gebäude werden zudem unter massivem Zeitdruck errichtet und sofort genutzt. Die Neubau-Restfeuchte ist in diesen Fällen oft sehr hoch (siehe Abb. 3.6).

Dies hat zur Folge, dass Neubauten in den ersten Jahren bis zu deren ausreichender Trocknung überdurchschnittlich geheizt und gelüftet werden müssen.

Die Restfeuchte in Wänden, Decken und Fußböden kann so hoch sein, dass Schimmelpilzschäden auch nicht durch verstärktes Heizen und Lüften verhindert werden können.

Bei zu geringer Beheizung und Belüftung kann die Neubau-Restfeuchte in manchen Fällen noch nach mehr als 4 bis 5 Jahren so hoch sein, dass mikrobielles Wachstum möglich ist.

Besonders lange hält sich Neubau-Restfeuchte in Fußboden-Dämmlagen, wenn relativ dichte Bodenbeläge verlegt wurden und der Boden nach unten abgedichtet ist, z. B. im Erdgeschoss ohne Unterkellerung.

3.3 Temperatur

3.3.1 Gebäude- und Raumbeheizung

Auch wenn die Räume ausreichend belüftet werden, kann Schimmelpilzwachstum auftreten, nämlich dann, wenn Oberflächen so kühl sind, dass die Luftfeuchtigkeit an der Oberfläche 80 % erreicht.

Um dieser Gefahr entgegenzuwirken, müssen die Räume bei geringen Außentemperaturen beheizt werden. Oft wird bei der Überprüfung des Heizverhaltens nur die Raumlufttemperatur betrachtet und es wird empfohlen, die Räume auf mindestens 18 bis 20 °C zu erwärmen. Allerdings ist die Raumlufttemperatur nicht das entscheidende Maß, sondern die Bauteiloberflächentemperatur.

Wie hoch die Oberflächentemperatur zur kalten Jahreszeit ist, ist zwar von der Raumlufttemperatur abhängig, aber ebenso von der Wärmeleitfähigkeit des Bauteils (siehe Kapitel 3.3.2) und der angewandten Heiztechnik.

Die Beheizung mit Flächenheizungen, die zu einem hohen Anteil an Strahlungswärme führt, erwärmt Bauteile anteilsmäßig erheblich besser als die Konvektionsheizung, mit der in erster Linie die Raumluft und über die Anströmung von Bauteilen mit erwärmter Raumluft die Bauteile nur mittelbar erwärmt werden (siehe Abb. 3.7).

Eine sehr gute Wärmeverteilung erzielt man mit Infrarot-Flächenheizungen, insbesondere Fußbodenheizungen (siehe Abb. 3.8). Die Wärmestrahlung erfasst alle Bauteile relativ gleichmäßig.

Ungünstig wirkt sich die Aufstellung von Möbeln dicht vor Außenwänden aus, sodass die Warmluftzirkulation behindert wird. Noch ungünstiger ist es, wenn Heizkörper durch Möbel oder dichte Gardinen so abgeschottet werden, dass sie erst gar keine warme Luft an den Raum abgeben können (siehe Abb. 3.9 a und b).

Zusammenfassend ist festzustellen, dass eine pauschale Empfehlung zur Beheizung der Räume nicht ausgesprochen werden kann, sondern eine energiebewusste Beheizung, die sicher hygroskopische Schimmelpilzschäden verhindert, individuell konzipiert werden muss.

Um die Beheizung optimal einzustellen, sind Langzeit-Raumklimamessungen an verschiedenen Stellen erforderlich, und zwar in verschiedenen Räumen in der Raummitte und gleichzeitig an den kritischen Außenwandbereichen (siehe Kapitel 5.3.2).

a

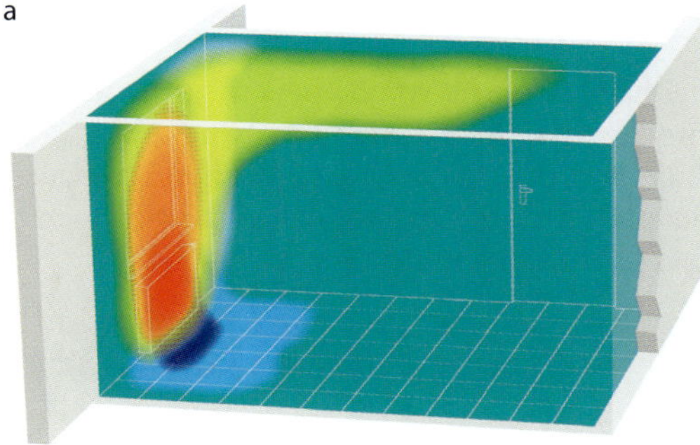

b

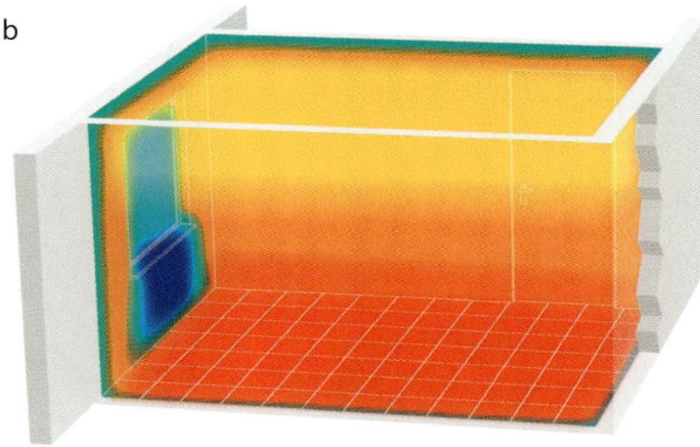

Abb. 3.7 a und b: Bauteilerwärmung durch Infrarotheizung im Vergleich zur Konvektionsheizung
a: Temperaturverteilung bei einer konventionellen Raumbeheizung mit Konvektor-Heizkörper; die Luft wird sehr ungleichmäßig beheizt und die Bauteile bleiben relativ kühl
b: Temperaturverteilung bei einer Infrarot-Fußboden-Flächenheizung; die Bauteile werden erwärmt; es stellt sich bei geringeren Raumtemperaturen bereits ein für die Raumnutzer angenehmes Raumklima ein und die Energieverlust über Gebäudeleckagen oder beim Lüften sind deutlich geringer
(Quelle: Schlüter Systems KG, Iserlohn)

Abb. 3.8: Fußboden-Flächenheizung (Quelle: Schlüter Systems KG, Iserlohn)

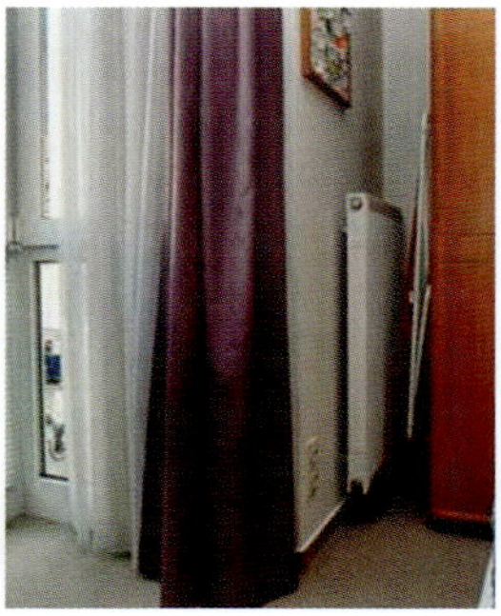

Abb. 3.9 a und b: Die Heizkörper sind sehr ungünstig mit starker Behinderung der Luftzirkulation angeordnet. Der Stau warmer Luft am Heizkörper führt dazu, dass das Thermostat schließt. Links: Hier wurde der Heizkörper zudem nicht betrieben, was zu dem sichtbaren Schimmelpilzbefall führte.

3.3.2 Wärmebrücken

Wärmebrücken bezeichnen begrenzte Bereiche von Bauteilen, meist der Gebäudehülle, an denen aufgrund einer höheren Wärmeleitfähigkeit bei Vorliegen eines Temperaturgradienten, d. h. bei unterschiedlichen Temperaturen auf beiden Seiten des Bauteils, im Vergleich zum Bauteil an sich mehr Wärme abgeleitet wird und die deshalb stärker auskühlen.

Je größer der Temperaturgradient bzw. die Temperaturdifferenz ist, desto stärker ist der Wärmestrom durch das Bauteil und somit auch der Auskühlungseffekt.

Der Begriff Wärmebrücke, für den bis vor einigen Jahren auch die Bezeichnung Kältebrücke üblich war, bezeichnet somit nicht eine starke Auskühlung von Bauteilen an sich, sondern nur bestimmte Stellen mit einer überdurchschnittlichen Auskühlung.

Ursachen für einen lokal begrenzt erhöhten Wärmestrom sind:

- die Verwendung eines anderen Baumaterials an bestimmten Stellen mit einem höheren Wärmeleitwert
- eine geringere Dicke eines Bauteils an einer Stelle
- eine Vergrößerung des Kühleffektes durch eine größere Oberfläche auf der kalten Seite
- eine Befeuchtung der Oberfläche
- eine höhere Feuchtigkeit im Bauteil

Baufachleute nennen Stellen, an denen z. B. Eisenträger oder Betonsäulen in das Bauteil aus Ziegel oder einem anderen porigen Mauermaterial integriert wurden, **konstruktive Wärmebrücken** (siehe Abb. 3.10).

Auch Bereiche, die nicht mit einer speziellen Wärmedämmung versehen sind, werden als konstruktive Wärmebrücken bezeichnet (siehe Abb. 3.11).

Die meisten Ecken sind so konzipiert, dass diese von außen gesehen konvex sind, d. h. nach außen ragen. Schneidet man ein Bauteil mit einer Ecke in Gedanken aus, dann wird deutlich, dass die Oberfläche innen kleiner ist als außen. Die Vergrößerung der Oberfläche außen wirkt wie eine Kühlrippe, mit dem Ergebnis, dass mehr Wärme abgeführt wurde als über die übrigen Wandflächenbereiche.

Bauteile mit einer größeren Oberfläche auf der kalten Seite, wie Raumkanten oder Raumecken, werden als **geometrische Wärmebrücken** bezeichnet (siehe Abb. 3.12).

Gebäude sind eckig. Somit sind geometrische Wärmebrücken unvermeidlich, klammert man einige exotische Bauwerke aus, bei denen Architekten bestrebt waren, möglichst alle Ecken zu vermeiden (siehe Abb. 3.13).

Noch extremer ist der Auskühlungseffekt bei auskragenden Außenwänden, z. B. wenn diese einen offenen Balkon abgrenzen (siehe Abb. 3.14). Auch eine nicht von der Deckenplatte getrennte Balkonbetonplatte wirkt wie eine Kühlrippe.

Abb. 3.10: Schaden durch Stahlträger in der Wand (= konstruktive Wärmebrücke)

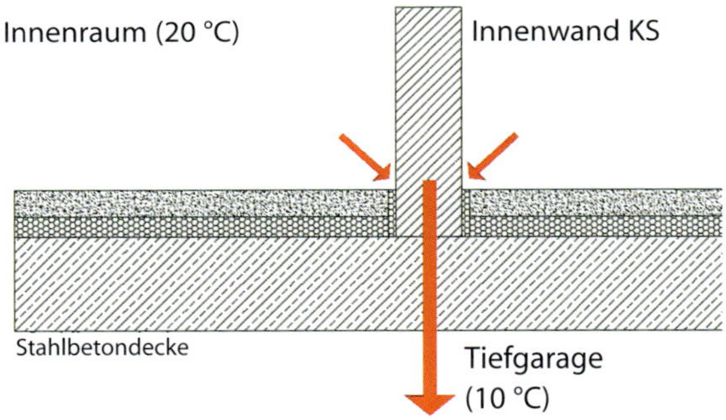

Abb. 3.11: Konstruktive Wärmebrücke

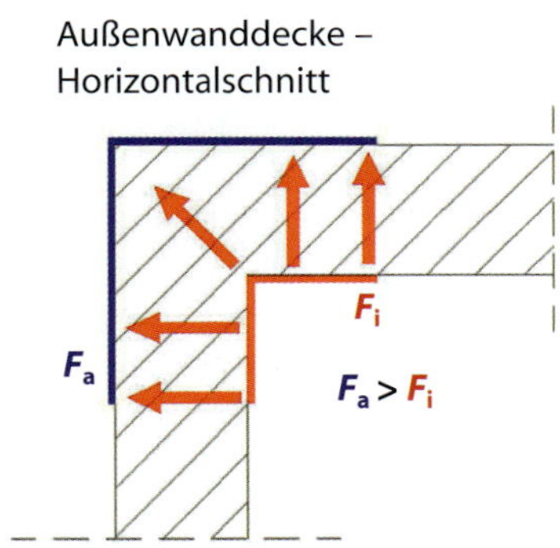

Abb. 3.12: Geometrische Wärmebrücke

Abb. 3.13: Die Käseglocke in Worpswede

Abb. 3.14: Die auskragende Wand bildet eine kritische geometrische Wärmebrücke.

Abb. 3.15: Eine Heizkörpernische ohne Heizkörper bildet eine konstruktive Wärmebrücke.

Abb. 3.16: Belastung der Fassade mit Wasser durch nicht funktionierende Dachentwässerung; Wasserlaufspuren deuten auf eine zeitweise wirksame thermodynamische Wärmebrücke hin

Abb. 3.17: Bei einer durch Laub gestörten Entwässerung wird das Wasser nicht abgeleitet, sondern läuft bei starkem Regen an der Fassade herunter. Dies kann zur Durchfeuchtung der Wände führen oder zu erhöhter Feuchte im Fassadenputz, die nicht bis innen durchdringen muss, aber die Wärmeleitfähigkeit des Putzes drastisch erhöht.

Stellen mit geringerer Dicke werden den konstruktiven Wärmebrücken zugeordnet, wenngleich hier der Effekt auch auf geometrische Besonderheiten zurückzuführen ist. Im Altbauten findet man immer wieder noch sog. Heizkörpernischen. Diese dienten dazu, dass die Heizkörper nicht in den Raum ragten. Ein Schimmelpilzproblem war damals durch die im Nischenbereich dünnen Wände nicht gegeben, denn die Heizung in der Nische erwärmte die lokal dünne Außenwand. Der Energieverbrauch war entsprechend hoch. Werden bei Umbauten die Heizkörper aus den Nischen entfernt und an anderen Stellen platziert, ohne dass die Nischen ausgemauert werden, dann ist die Gefahr einer hygrothermisch bedingten Schimmelpilzbildung gegeben (siehe Abb. 3.15).

Ein in bautechnischen Fachbüchern häufig vernachlässigtes Problem sind die **thermodynamischen Wärmebrücken**.

Werden Teile der Gebäudehülle durch Schlagregen oder andere Effekte feucht, dann erhöht sich durch die Feuchtigkeit die Wärmeleitfähigkeit. Zusätzlich wird dem Bauteil beim Verdunsten des Wassers Energie entzogen, was ebenfalls zur Auskühlung beiträgt.

Wenn ein Bauteil nicht durchfeuchtet, sondern nur oberflächlich benetzt wurde, dann wirkt sich zumindest der letztgenannte Effekt aus.

Typische Ursachen für thermodynamische Wärmebrücken sind Befeuchtung durch Schlagregen oder Mängel am Entwässerungssystem, z. B. mit Laub verstopfte Dachrinnen oder Einläufe in die Fallrohre (siehe Abb. 3.16 und 3.17).

Die thermodynamischen Wärmebrücken werden oft nicht erkannt, denn sie wirken nur dann, wenn erhöhte Feuchtigkeit vorliegt. Werden Messungen viele Tage nach dem Regen durchgeführt, dann kann das Bauteil wieder trocken und somit völlig unauffällig sein.

Wasserlaufspuren auf der Fassade sind klare Hinweise auf eine zeitweise wirksame thermodynamische Wärmebrücke.

Sehr hilfreich sind in diesem Fall Langzeitmessungen, z. B. mit Datenloggern oder mittels WLAN-Sensoren (siehe Kapitel 5.3.2 und 5.3.3).

3.3.3 Raumseitige Wärmedämmung

Wurden Außenwände auf der Raumseite gedämmt, dann wird insgesamt zwar weniger Wärme über die Wand verloren gehen und Heizenergie eingespart, jedoch kann sich in der Zone zwischen Dämmung und Außenwand-Mauerwerk ein für Schimmelpilzwachstum kritischer Feuchtigkeitswert einstellen. Die Oberfläche der Wand hinter der Dämmung ist bei geringen Außentemperaturen kühler als ohne Dämmung, was zwangsläufig zu einem

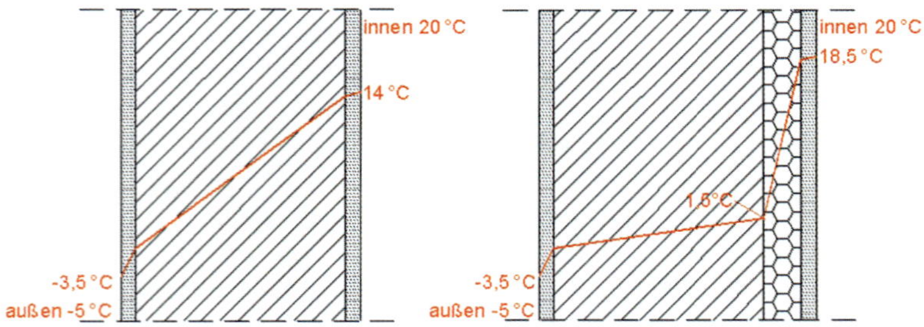

Abb. 3.18: Temperaturverlauf mit und ohne raumseitige Dämmung

Anstieg der relativen Feuchtigkeit führt (siehe Abb. 3.18). Zwar werden auf dem Markt Dämmmaterialien angeboten, die die Feuchtigkeit puffern und zum Raum hin abführen, jedoch ist deren Dämmwirkung nur gering und es muss sichergestellt sein, dass die Feuchtigkeit tatsächlich abgeführt wird und nicht durch dichte Anstriche oder Beschichtungen wie Kunststofffarben und Kunststofftapeten der Feuchtetransport behindert ist.

Auch Wandverkleidungen können zu einer Auskühlung der Wand hinter der Verkleidung und in der Folge zu einem Schimmelpilzbefall führen.

3.4 Sekundäre Schäden

Liegen hygrothermisch bedingte Schimmelpilzschäden vor, dann müssen diese nicht zwingend durch unzureichendes Heizen und Lüften entstanden sein, selbst wenn keine kritischen Wärmebrücken vorhanden sind.

Liegen im Gebäude nicht erkannte massive Feuchtigkeitsschäden mit erheblichen Bauteildurchfeuchtungen vor, z. B. im Badezimmer durch Undichtigkeiten von Duschen, Wannen oder Rohrleitungen, dann kann dies dazu führen, dass die Raumluft kontinuierlich mit Feuchtigkeit angereichert wird und es hierdurch und nicht durch mangelnde Belüftung zu erhöhter Feuchtigkeit und Schimmelpilzbildung an den kühlsten Stellen der Wände kommt (siehe Abb. 3.19).

Abb. 3.19: Sekundärer hygrothermischer Schaden aufgrund erhöhter Luftfeuchtigkeit ausgehend von einem nicht erkannten massiven Feuchteschaden im Fußboden des Badezimmers

4 Schadensmerkmale

Dieses Kapitel erläutert, anhand welcher Merkmale ein Schaden erkannt werden kann und wie aufgrund dieser Merkmale dessen Ursache und Ausdehnung abgeschätzt werden können. Letzteres ist häufig nur möglich, wenn die Ursache klar ist. Umgekehrt ist in manchen Fällen die Ursache nur dann zu ermitteln, wenn die Ausdehnung bekannt ist. Deshalb ist es erforderlich, diese beiden Aspekte nicht getrennt zu betrachten.

Nicht jeder Schaden ist mit dem bloßen Auge erkennbar. Die meisten Schäden treten an versteckten Stellen oder sogar in mikroskopischer Form auf, sodass man zu deren Feststellung Laboranalysen benötigt.

Tabelle 4.1: Erste Anhaltspunkte für einen mikrobiellen Befall (Auswertung von 100 eigenen Fällen, bei denen die nachfolgenden Untersuchungen zur Lokalisierung mindestens einer relevanten Quelle führten)

Ergebnis der Wohnungsinspektionen	Anzahl der Fälle (%)
sichtbarer mikrobieller Befall	16
typischer Geruch ohne sichtbaren Befall	11
mit bautechnischen Feuchtemessungen lokalisierte versteckte Feuchteschäden	43
Problemkonstruktionen (Kriechkeller, Hanglage usw.)	16
Expositionsverdacht aufgrund einer ärztlichen Diagnose	14

Die statistische Auswertung von 100 Fällen, bei denen gesundheitliche Beschwerden vorlagen und relevante mikrobielle Schäden gefunden wurden, ergab, dass in ca. 84 % aller Fälle der Schaden nicht sichtbar war. Zum Teil konnten diese mittels Feuchtemessungen lokalisiert werden, manche erst nach dem Einsatz eines Schimmelpilz-Spürhundes (siehe Kapitel 5.11).

Sichtbare Schäden sind in vielen Fällen durch hygrothermische Effekte entstanden und begrenzen sich auf oberflächennahe Schichten. Bei Schäden, die sich auf Oberflächen beschränken, sog. **zweidimensionalen Schäden**, ist mit einer deutlich geringeren Biomasse zu rechnen als bei einem tiefer reichenden, **dreidimensionalen mikrobiellen Befall** ganzer Bauteile (Abb. 3.4). Dreidimensionale Schäden sind in den meisten Fällen nicht durch Kondensation von Raumluftfeuchte entstanden.

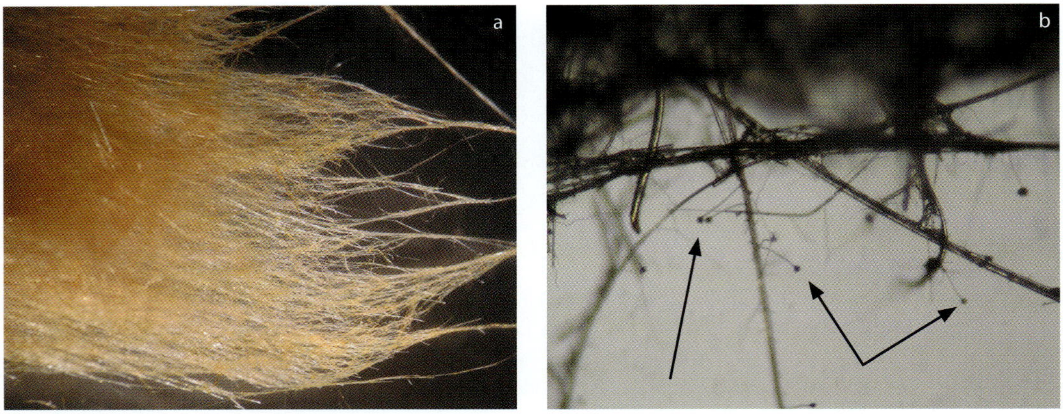

Abb. 4.1 a und b: Glaswolle unter dem Mikroskop mit 5-facher (a) und mit 100-facher Vergrößerung (b); im linken Bild ist kein mikrobieller Befall zu sehen, allerdings sind bei höherer Vergrößerung Luftmyzel und Sporenträger deutlich erkennbar (siehe Pfeile) (Quelle: Umweltmykologie GbR, Berlin)

Im Gegensatz zu mikrobiellen Schäden in durchfeuchteten Bauteilen, z. B. aufgrund eines Haarrisses in der Druckwasserleitung, tritt bei hygrothermisch bedingten Schäden nicht kontinuierlich aktives mikrobielles Wachstum auf, sondern es liegt häufig nur über wenige Wochen, maximal einige Monate eine für mikrobielles Wachstum ausreichend hohe Feuchte vor.

Das ständige Auf und Ab an Feuchte bei hygrothermisch bedingten Schäden dürfte in höherem Maße die Ausbildung von Fruchtkörpern bzw. Sporenträgern auf der Oberfläche fördern. Der Schaden wird aus diesem Grund rascher sichtbar in Erscheinung treten.

In dauerhaft sehr feuchten Polystyrol- oder KMF-Dämmmaterialien werden dagegen häufig sehr große Mengen von Mikroorganismen nachgewiesen, obwohl optisch nichts zu erkennen ist (siehe Abb. 4.1).

Da nicht jeder mikrobielle Befall sichtbar ist, durch Geruchsbelastung wahrgenommen wird oder zu gesundheitlichen Beschwerden führt, wird es eine nicht unerhebliche Anzahl von Gebäuden bzw. Wohnungen geben, in denen Feuchte- und/oder mikrobielle Schäden vorliegen, die nicht erkannt wurden und erst nach Jahren zu einer spürbaren Beeinträchtigung durch Geruch oder Beschwerden der Bewohner führen.

4.1 Optische Hinweise auf mikrobielle Schäden

4.1.1 Schimmelflecken

Ein mikrobieller Befall, d. h. ein Befall mit Pilzen und/oder Bakterien, ist nicht immer schwarz. Es sind alle Farbschattierungen möglich, je nach Pilz- oder Bakterienart oder je nach Wachstumsstadium und Nährstoffangebot. Häufig wird von Laien der Begriff „Schwarzschimmel“ verwendet. Dieser Terminus soll eine besondere Gefährdung beschreiben. Allerdings gibt es keinen Zusammenhang zwischen Farbe und Ursache des Schadens oder

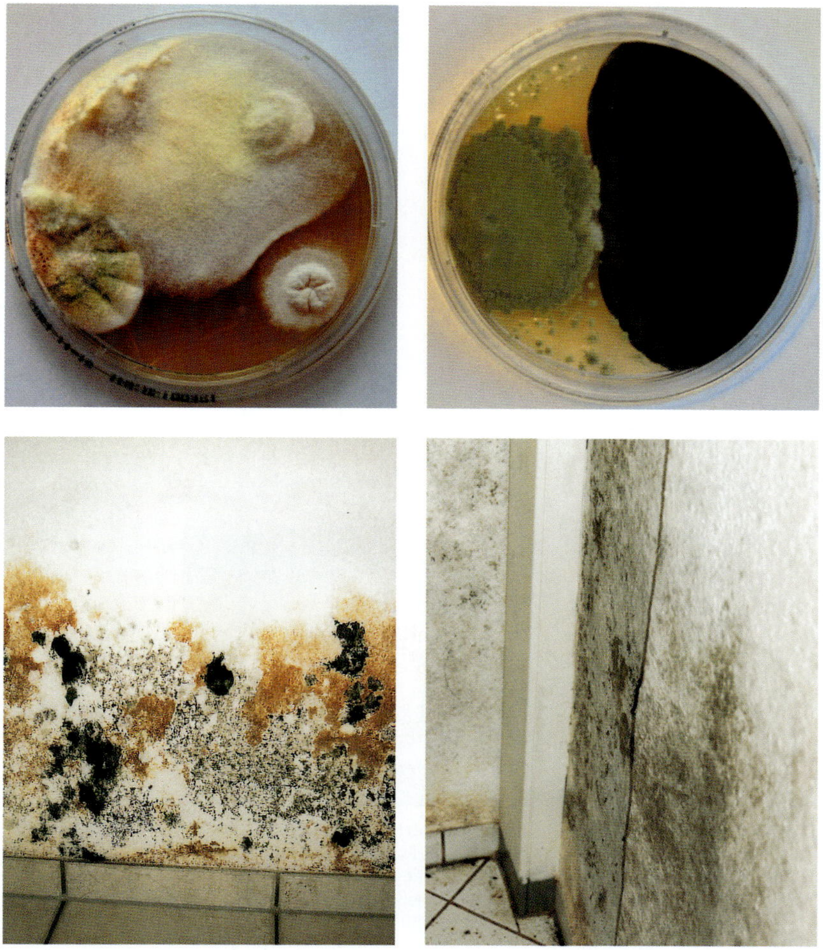

Abb. 4.2 a bis d: Schimmelpilze wachsen sowohl im Labor auf den Nährböden als auch auf Wänden, Pappe, Tapeten usw. in fast allen Farben.

Farbe und gesundheitlicher Gefährdung. Die Farbe Schwarz deutet lediglich darauf hin, dass die jeweilige Art weniger lichtempfindlich ist. Es ist sogar möglich, dass ein und dieselbe Pilzart in unterschiedlichen Farben auftritt (Abb. 4.3 bis 4.7).

Sachverständige werden nicht selten mit der Aussage konfrontiert, dass die sichtbaren Flecken auf Wand, Decke oder Möbelstücken kein Schimmelpilzbefall seien, sondern Stockflecken.

Allerdings ist das, was allgemein als **Stockflecken** bezeichnet wird, nichts anderes als ein mikrobieller Befall mit Pilzen und/oder Bakterien, der nicht schwarz und großflächig ist, sondern ein weißlich grauer, spotartiger Befall, wie er z. B. auf Textilien zu beobachten ist, die feucht in unbelüfteten Behältnissen aufbewahrt wurden, etwa das feuchte Sporttrikot in einer Plastiktüte.

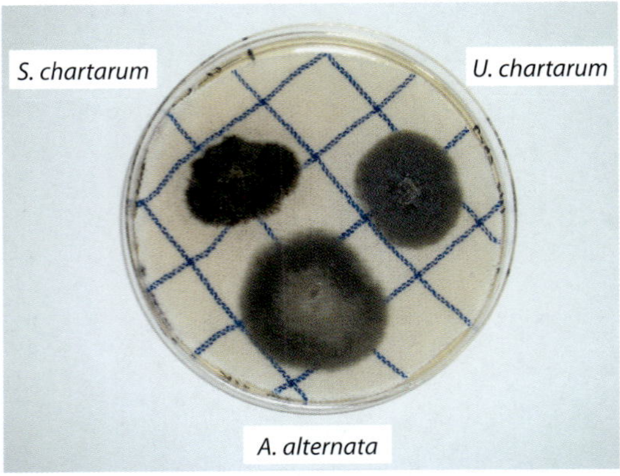

Abb. 4.3 Die „schwarzen" Pilze *Stachybotrys chartarum, Ulocladium chartarum* und *Alternaria alternata* mit völlig unterschiedlichem Gefährdungspotenzial (Quelle: Umweltmykologie GbR, Berlin)

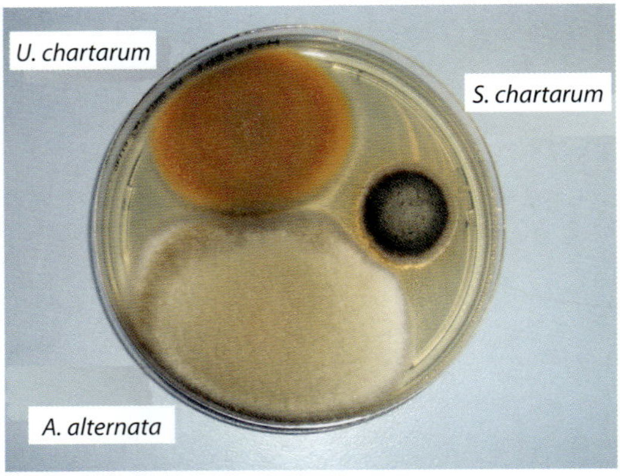

Abb. 4.4: Die gleichen Pilze, diesmal in teils anderen Farben aufgrund veränderter Kultivierungsbedingungen (statt DG18 wie in Abb. 4.3 hier Malzextraktagar) (Quelle: Umweltmykologie GbR, Berlin)

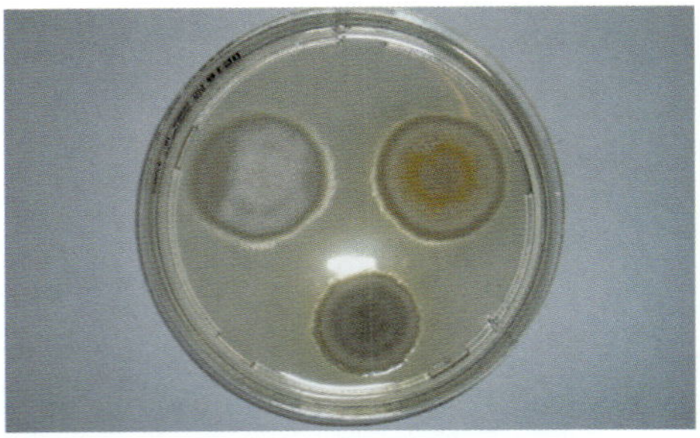

Abb. 4.5: *Aspergillus versicolor* in 3 verschiedenen Farben (3 verschiedene Stämme) (Quelle: Umweltmykologie GbR, Berlin)

Abb. 4.6: *Penicillium chrysogenum* auf Malzextraktagar mit untypischer Färbung (weiß) (Quelle: Umweltmykologie GbR, Berlin)

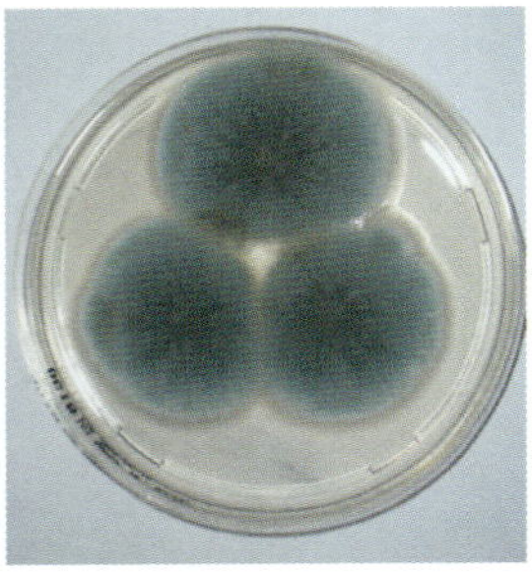

Abb. 4.7: *Penicillium chrysogenum* auf DG18 (graugrün bis blaugrün) (Quelle: Umweltmykologie GbR, Berlin)

Die Erscheinungsform des Schimmelpilzwachstums ist nicht immer gleich. Der Befall kann sich in kleinen Flecken oder in Rasenbildung entwickeln.

Mit Einschränkung kann gesagt werden, dass die Erscheinungsform des Schadens auf eine bestimmte Ursache hindeuten kann, aber nicht muss.

Der Ort des Wachstums, z. B. ob der Schimmelpilz im Bereich einer Wärmebrücke oder auf einer Oberfläche einer Innenwand wächst, ist bezüglich der Ursache erheblich aussagekräftiger als die Erscheinungsform.

Ein Hinweis auf einen hygrothermisch bedingten Schaden ist ein sichtbarer oberflächlicher Befall auf einem an sich trockenen Bauteil. Dagegen tritt bei durchfeuchteten Wänden häufig kein sichtbarer Oberflächenbefall auf, selbst wenn das feuchte Wandmaterial hohe Mengen von Pilzen und Bakterien enthält (siehe Abb. 4.13).

Abb. 4.8: Durchfeuchtung der Außenwand durch Schäden am Fassadenputz; das Schadensbild entspricht jedoch einem Befall aufgrund einer Wärmebrücke

Abb. 4.9: Hygrothermisch bedingter Schimmelpilzbefall in einer Küche durch hohe Luftfeuchtebelastung, fehlende Beheizung und Wärmebrücken; das Schadensbild deutet jedoch auf Durchfeuchtung hin

Abb. 4.10: Lokale Schimmelbildung auf einer durchfeuchteten Wand aufgrund saugenden Fassadenputzes und Beaufschlagung mit Feuchtigkeit wegen einer defekten Regenrinne

Abb. 4.11: Oberflächenbefall durch hygrothermische Effekte hinter einer Schrankwand auf der Wandfläche

Abb. 4.12: Ein Schaden, der nur auf einer Innenwand auftritt, kann nicht durch falsches Heizen und Lüften entstanden sein. Hier: Der Schaden im gegenüberliegenden Duschbereich führte zum Befall auf der Wand.

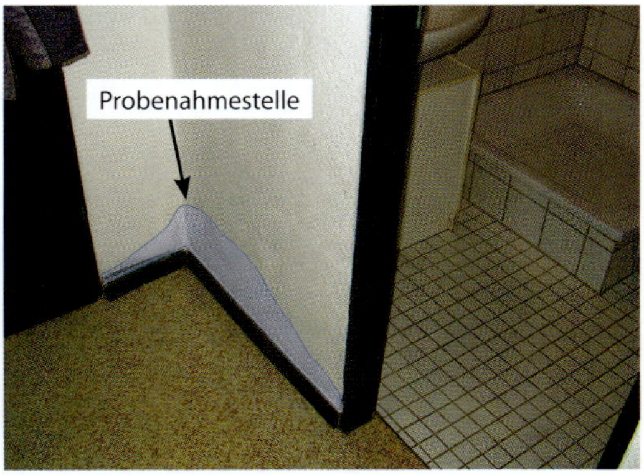

Abb. 4.13: Probe aus einer Etagenwohnung von der Innenwand im Flur in Richtung Bad vom Wandputz; ein mikrobieller Befall war hier nicht sichtbar, jedoch war die Wand durchfeuchtet (der messbar feuchte Bereich ist farbig markiert)

Tabelle 4.2: Auswertung der Probe aus einer Etagenwohnung (siehe Abb. 4.13) (Analyse durch Umweltmykologie GbR, Berlin)

Pilze/Bakterien	**Menge (KBE/g)**
Aspergillus ochraceus	200
Aspergillus sydowii	120.000
Aspergillus versicolor	440.000
Penicillium spp.	2.000
Engyodontium album	80.000
Actinomyceten	400.000
Bacillus spp.	40
nicht identifizierte Bakterien	2.000.000

Zusammenfassend ist festzustellen:

- Mikrobielle Schäden sind nicht immer schwarz, sondern es können nahezu alle Farben auftreten.
- Aufgrund der Farbe kann man nicht die Art feststellen und auch nicht ableiten, was die Ursache des Befalls ist oder welche gesundheitliche Gefährdung vorliegt.
- Die Erscheinungsform des Befalls liefert meist keine sicheren Informationen zur Schadensursache, allerdings häufig der Schadensort.

4.1.2 Feuchteflecken

Statt Schimmelpilzflecken treten häufig sichtbare farbliche Veränderungen auf Oberflächen auf, die durch erhöhte Feuchte verursacht wurden, meistens durch flüssiges Wasser.

Durch Kondensat oder auf andere Weise freigesetztes Wasser kann sich Material verfärben. Es läuft entweder eine chemische Reaktion ab, z. B. eine Oxidation von Metallteilen (Rostflecken), oder es werden Farbpartikel ausgewaschen.

Typisch für Verfärbungen durch Auswaschungen oder Farbeinschwemmung sind Wasserränder. Farbveränderungen auf Oberflächen ohne Schimmelpilzbefall entstehen nur selten durch Kondensation. Es müsste sich durch Kondensation sehr viel Wasser ansammeln, das dann als flüssiges Wasser die Oberfläche benetzte. In wenigen Fällen kann jedoch auch dieser Effekt auftreten.

Auch wenn nur Feuchteflecken erkennbar sind und kein mikrobielles Wachstum, ist ein solches dennoch zu befürchten, vor allem in tieferen Schichten.

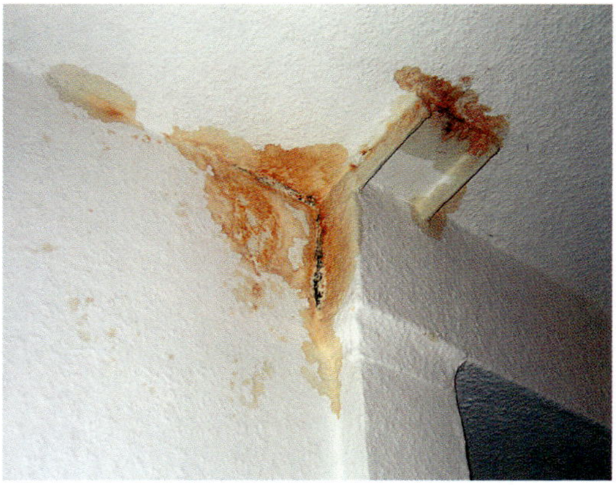

Abb. 4.14 a bis c: Flecken durch chemische Reaktion (Rostflecken)

Abb. 4.15 a und b: Farbauswaschungen/Wasserränder

Abb. 4.16: Handelt es sich bei den weißen Flecken auf der Kellerwand um Salzausblühungen oder um einen Befall mit Mikroorganismen, z. B. mit *Engyodontium album*?

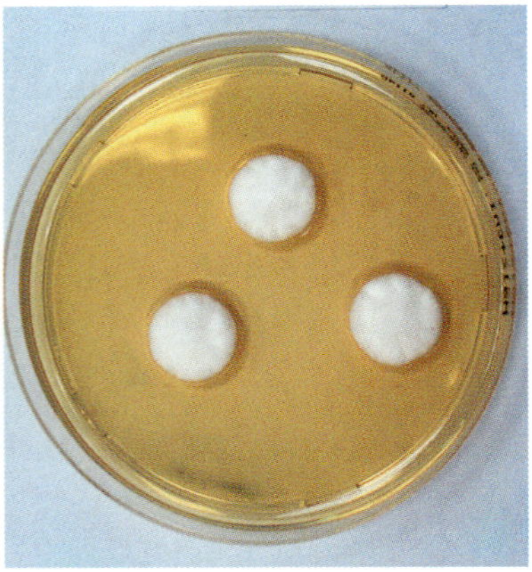

Abb. 4.17: Weiße Kolonien von *Engyodontium album* auf dem Labornährboden, einem Pilz, der häufig bei Feuchteschäden in Kellerräumen nachgewiesen wird (Quelle: Umweltmykologie GbR, Berlin)

4.1.3 Salzausblühungen

Wasser kann im Material Salze lösen und an Oberflächen transportieren. Die Salze können Bestandteile des Baustoffes oder mit dem Wasser in das Bauteil gelangt sein. Beim Verdunsten des Wassers bleiben die Salze als Kristalle auf der Oberfläche zurück und bilden die weißen bis gelben Salzausblühungen. Die Salze werden auch als „Salpeter" bezeichnet. Dieser Begriff beschreibt jedoch nur die Salze der Salpetersäure bzw. die Nitrate. Nicht in jedem Fall ist gut erkennbar, ob es sich um Salze oder Mikroorganismen handelt, zumal einige Mikroorganismen weiße Myzelien bilden. In Zweifelsfällen sind Analysen erforderlich.

Durch Salze können Schäden unterschiedlicher Art an Bauwerken entstehen:

- Bildung von Salzausblühungen auf den Oberflächen des Bauwerks
- Durchfeuchtung des Bauteils durch hygroskopische Feuchteaufnahme
- Zerstörung von Bausteinen bzw. Mörtel durch starke Sprengwirkung aufgrund von Volumenvergrößerung bei der Kristallisation der Salze

Salzausblühungen sind ein Merkmal dafür, dass Wasser aus tieferen Schichten von außen oder von unten an die Oberfläche gelangt ist. Sie können nicht durch Kondensation oder durch hygrothermische Effekte entstanden sein, da Wasserdampf keine Salze enthält (siehe auch Kapitel 5.11).

4.1.4 Materialschäden

Hinweise auf erhöhte Feuchtigkeit sind abgelöste Tapeten, abgelöste Farbschichten, Versandung von Putzen oder Schäden an Holzbauteilen. Löst sich die Tapete von der Wand, kann dies daran liegen, dass sie schlecht verklebt wurde, aber auch daran, dass erhöhte Feuchtigkeit vorhanden ist oder war. Oft ist hinter der abgelösten Tapete ein sichtbarer mikrobieller Befall vorhanden. Farbschichten lösen sich von der Wand, wenn sich hinter der Farb-

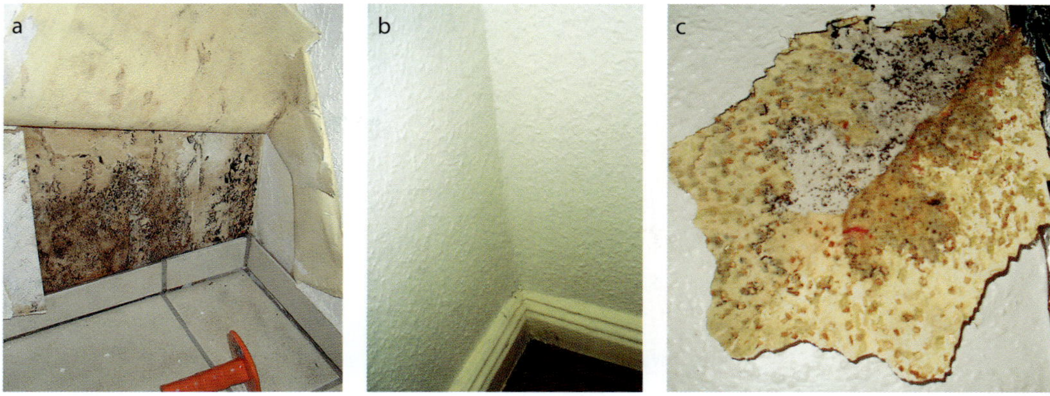

Abb. 4.18 a bis c: Versteckte, aber sichtbare Schäden hinter Tapeten (a); kein Schaden sichtbar (b); Befall hinter der Tapete von b (c)

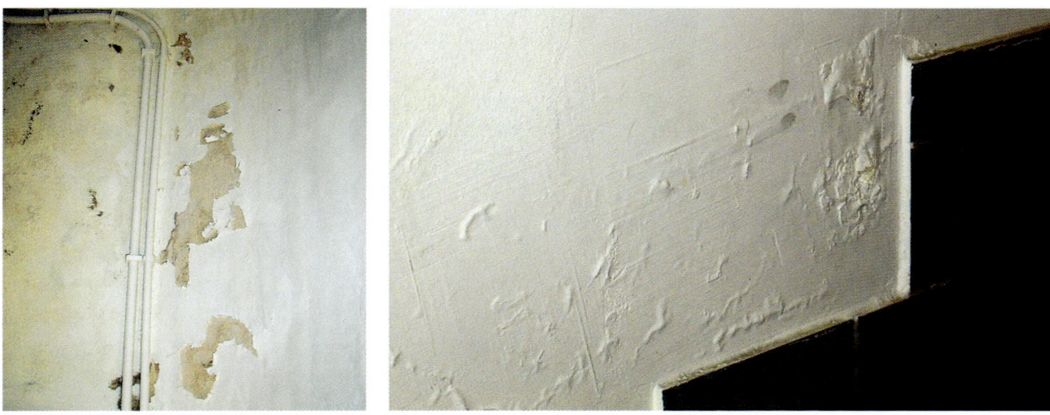

Abb. 4.19 a und b: Abblättern von Farbe durch Einwirkung von Feuchtigkeit

schicht Salze anreichern, die Farbe sich aufgrund der Feuchtigkeit ausdehnt oder die Haftung zum Untergrund verliert.

Ohne dass man Mikroorganismen direkt sieht, kann es zu sichtbaren Schäden von Materialien kommen, wenn Bestandteile der Materialien von den Mikroorganismen „gefressen" bzw. zersetzt werden.

Ein Beispiel ist die Fäulnis von Hölzern (siehe Abb. 4.20). Fäulnis entsteht nicht unmittelbar durch die Einwirkung von Wasser oder Feuchte, sondern durch die Besiedlung mit Mikroorganismen als Folge der Feuchteeinwirkung. Holz, das nicht von Mikroorganismen befallen wird, hält sich auch unter Wasser sehr lange Zeit, z. B. Äste im Aquarium, Bootsstege, Schiffsplanken.

Die mit dem bloßen Auge erkennbaren Braunfäuleerreger können versteckt in Baukonstruktionen (z. B. Holzdecken) wachsen und diese stark schädigen. Typisch für Hölzer, die durch den Echten Hausschwamm (*Serpula lacrymans*) aufgelöst wurden, ist der sog. Würfelbruch. Dieser kann auch

Abb. 4.20: Holzzerstörung durch Schwammbefall

Abb. 4.21 a bis c: Putz ist durch Feuchteeinwirkung und mikrobiellen Befall versandet.

durch andere Braunfäuleerreger hervorgerufen werden, weshalb meist nur mit Laboranalysen der Verursacher eindeutig festgestellt werden kann.

Ein weiteres Beispiel für eine erkennbare Materialschädigung durch Mikroorganismen ist die Versandung von Putzen (siehe Abb. 4.21). Insbesondere älterer Putz versandet und löst sich von der Wand, wenn durch Einwirkung von Feuchte die Bindemittel aufgelöst, ausgewaschen oder von Mikroorganismen zersetzt wurden.

Feuchte kann zu **geometrischer Materialveränderung** führen. Holzteile können sich unter Einwirkung hoher Feuchte verziehen. Klemmende Möbeltüren, schüsselnde Parkettböden usw. indizieren ein Feuchteproblem. Auch gewellte Bilder an der Wand sind ein Zeichen für erhöhte Feuchte.

4.1.5 Mit Feuchtigkeitsschäden assoziierte Tierchen

Es gibt Insekten und andere Kleintiere, die da zu finden sind, wo Feuchte und Mikroorganismen auftreten. Die folgenden Angaben sind dem Buch „Zecken, Milben, Fliegen, Schaben“ (Mehlhorn/Mehlhorn, 1996) entnommen und wurden punktuell gekürzt oder ergänzt.

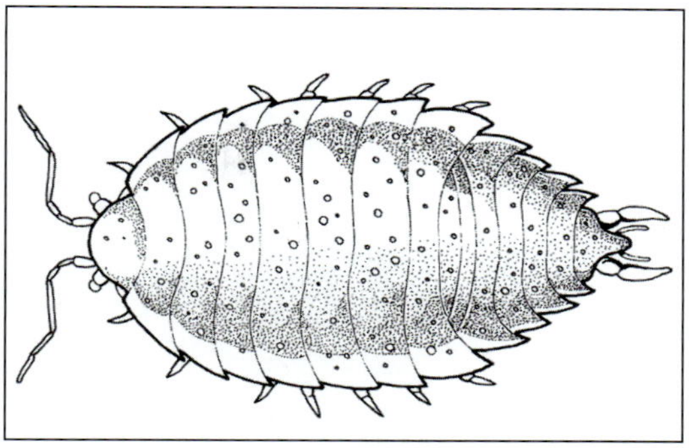

Abb. 4.22 a und b: Kellerasseln (Quelle: Prof. Heinz Mehlhorn, Düsseldorf)

Abb. 4.23: Hausstaubmilben (Quelle: Prof. Heinz Mehlhorn, Düsseldorf)

Kellerasseln

Kellerasseln (*Porcellio scaber*) sind stark abgeflachte, landlebige, durch Kiemenanhänge atmende Krebse, die mit einem Wasserfilm bedeckt sein müssen. Sie ernähren sich von Detritus, pflanzlichen Vorräten und Pilzen, die z. B. auf feuchtem Holz oder anderen feuchten Materialien wachsen.

Kellerasseln werden deshalb ausschließlich in feuchten bis sehr feuchten Bereichen angetroffen und sind sehr lichtscheu. Man findet sie – außer im Garten unter Holzstapeln usw. – in feuchten Kellern oder Schuppen und anderen dunklen, feuchten Ecken.

Milben

Hausstaubmilben (*Dermatophagoides pteronyssinus*) sind sehr klein (0,1 bis 0,5 mm) und mit dem bloßen Auge nicht erkennbar. Sie können schon aus diesem Grund keine Hinweise auf versteckte mikrobielle Schäden liefern. Allerdings sollen sie an dieser Stelle nicht unerwähnt bleiben, denn sie treten vor allem in wenig belüfteten, feuchten Räumen auf, d. h. dort, wo man auch mit Pilzen und Bakterien rechnen kann. Sie ernähren sich von Pilzen, die auf Hautschuppen wachsen, oder von durch Mikroorganismen zersetzten pflanzlichen und tierischen Abfällen (Detritus). Ob die Hausstaubmilben erhöhte Feuchte bevorzugen oder dort auftreten, wo auch Pilze wachsen können, die die Nahrung für sie aufbereiten, was nur bei erhöhter Feuchte möglich ist, ist wissenschaftlich interessant, für die Praxis jedoch nicht entscheidend (siehe auch Kapitel 2.6).

Abb. 4.24: Ein Moderkäfer frisst Schimmelpilze. (Quelle: Umweltmykologie GbR, Berlin)

Abb. 4.25: Ein toter Moderkäfer wird von Schimmelpilzen gefressen. (Quelle: Umweltmykologie GbR, Berlin)

Schimmelkäfer, Moderkäfer

Bei Schimmelkäfern (Fam. *Cryptophagidae*) und Moderkäfern (Fam. *Lathridiidae*) handelt es sich um sehr kleine Käfer von meist nur 1 bis 3 mm Größe. Sie treten als Lästlinge auf, vermehren sich unter Umständen massenhaft in feuchten Wohnungen (> 85 % relative Luftfeuchte) und ernähren sich dabei von Pilzen und schimmelndem Detritus. Andere Arten (z. B. der Gattung *Cartodere*) befallen als sog. Hefekäfer verschiedene Hefen bzw. Hefepilze.

Silberfischchen

Silberfischchen kommen weltweit vor, in Europa ausschließlich in Gebäuden, und zwar in feuchten Räumen des Hauses (Badezimmer, Küchen, Keller). Das schnell laufende, als Silberfischchen oder Zuckergast (*Lepisma saccharina*) bezeichnete Insekt erscheint weiß bis schwarz-braun, wird bis zu 11 mm lang, ist primär flügellos und durch lange Antennen und 3 Schwanzanhänge charakterisiert. Silberfischchen sind sehr lichtscheu. Man sieht sie deshalb oft nur direkt nach dem Einschalten der Raumbeleuchtung beim Weghuschen.

Spinnen

Es ist ein weit verbreitetes Gerücht, dass es dort, wo Spinnen vorkommen, trocken ist. Diese Behauptung ist falsch, denn es gibt einige Spinnen, die feuchte Bereiche bevorzugen, wie z. B. die Hausspinne (*Tegenaria domestica*), die ruhige, relativ feuchte Ecken im Haus präferiert.

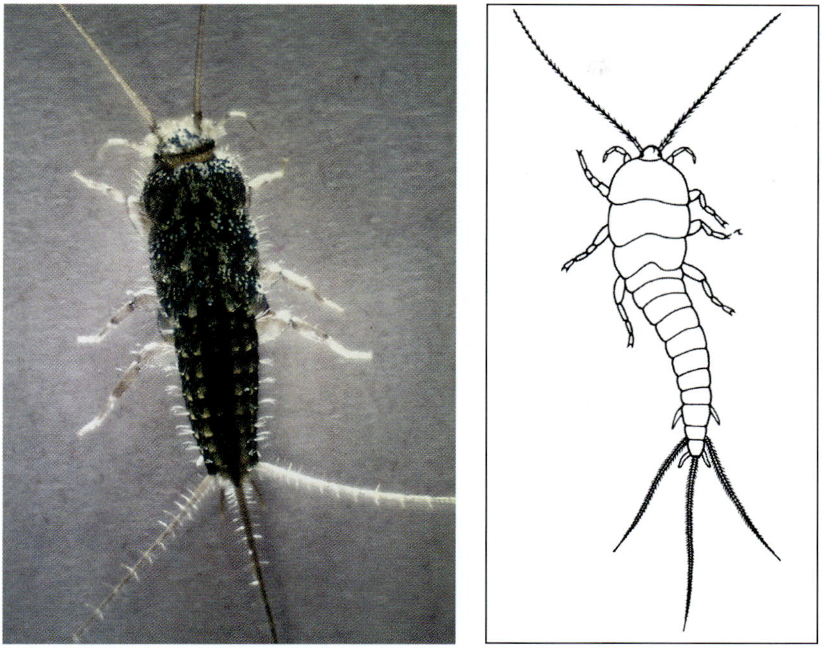

Abb. 4.26 a und b: Silberfischchen (Quelle: Prof. Heinz Mehlhorn, Düsseldorf)

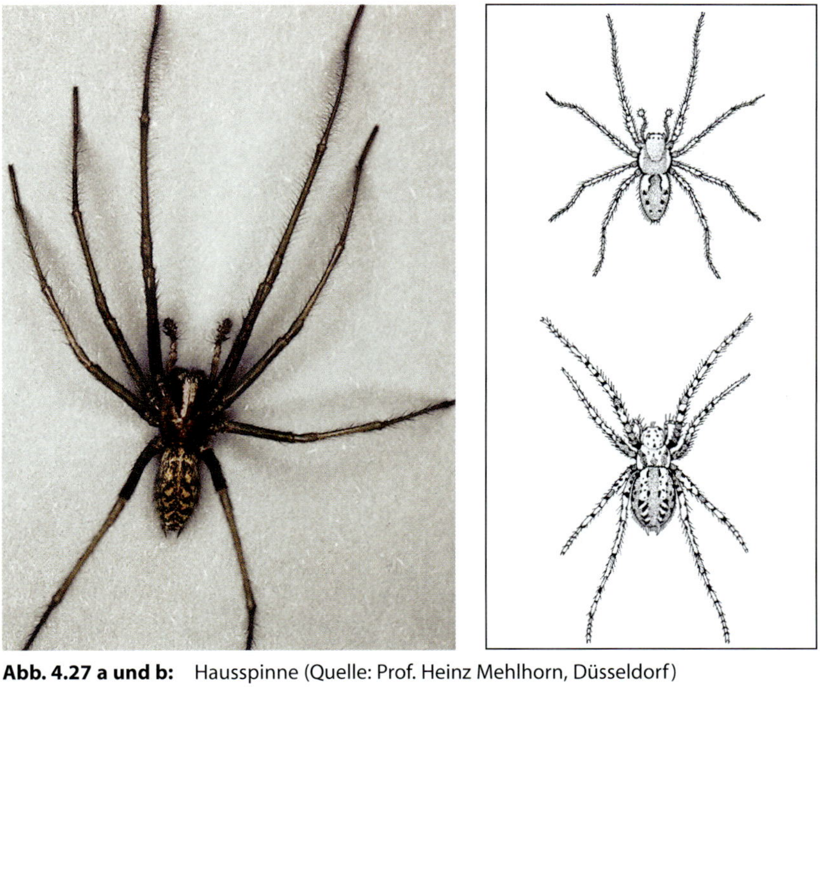

Abb. 4.27 a und b: Hausspinne (Quelle: Prof. Heinz Mehlhorn, Düsseldorf)

Abb. 4.28 a und b: Staubläuse (Quelle: Prof. Heinz Mehlhorn, Düsseldorf)

Staubläuse

Staub- oder Bücherläuse kommen weltweit und ganzjährig in feuchten Wohnungen vor. Die graue Bücherlaus (u. a. *Liposcelus simulans*) und verschiedene andere Staubläuse (*Lepinotus*-Arten) sind mit maximal 1 bis 2 mm Länge sehr klein und haben trotz des Namens mit Läusen nichts gemein, sondern gehören einer eigenen Insektenordnung an (*Psocoptera*). Die in Wohnungen auftretenden Arten sind bis auf Rudimente flügellos und bewegen sich durch schnelles Laufen bzw. Springen fort. Larven wie die ausgewachsenen Tiere fressen Schimmelpilze. Bei Massenbefall kann es zu Allergien kommen und eventuell auch Atemwegsbeschwerden durch den gleichzeitig auftretenden Pilzbefall.

4.2 Geruchliche Indikation

Beim Wachstum von Pilzen und Bakterien werden immer flüchtige organische Stoffe freigesetzt. Je nach Konzentration und Zusammensetzung können diese Stoffe geruchlich wahrgenommen werden.

Flüchtige Verbindungen, die normalerweise nur im Zusammenhang mit mikrobiellem Wachstum auftreten, d. h. spezifisch für mikrobielles Wachstum sind, werden als „MVOC" (microbial volatile organic compounds) bezeichnet (siehe Kapitel 2.3.4).

Etliche flüchtige Verbindungen, die von Mikroorganismen produziert werden, sind nicht spezifisch für sie, wie Toluol, einige Terpene, Ethanol (siehe Fischer, 2000), und sie werden deshalb nicht zu den MVOC gezählt. Allgemein bekannt ist, dass bestimmte Hefepilze Zucker in Alkohol umwandeln. So ist der für viele nicht als unangenehm empfundene Geruch von Spirituosen auch Pilzen zu verdanken.

Ein typischer Pilzgeruch wird durch die alkoholische Verbindung 1-Octen-3-ol ausgelöst, nämlich der typische Champignongeruch (siehe Tabelle 2.3).

Die Zusammensetzung der MVOC-Mischung ist davon abhängig, welche Arten wachsen, in welchem Wachstumsstadium sie sich befinden, welche Wachstumsparameter und vor allem welche Nährstoffe vorliegen (siehe Fischer, 2000).

Abb. 4.29: Styropor makroskopisch ohne sichtbaren Befall (Quelle: Umweltmykologie GbR, Berlin)

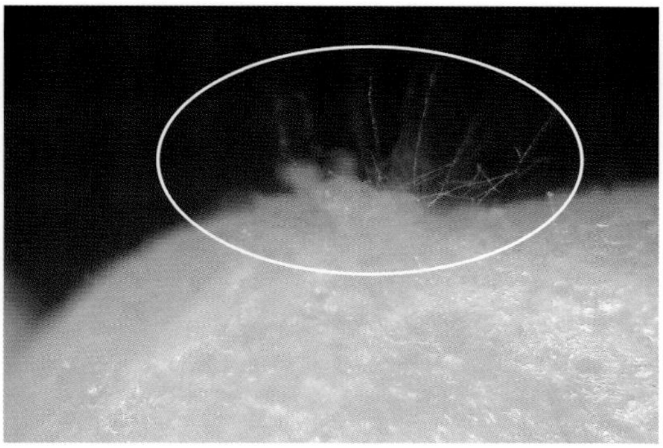

Abb. 4.30: Mikroskopisch ist Luftmyzel erkennbar. (Quelle: Umweltmykologie GbR, Berlin)

In vielen Fällen ist ein mikrobieller Befall durch einen muffigen, schimmligen Geruch erkennbar. Allerdings gibt es auch Schäden, die nicht typisch nach Schimmelpilzen riechen oder geruchlich kaum oder nicht wahrgenommen werden, denn manche Materialproben geben auch bei einer massiven Besiedlung mit Mikroorganismen keinen entsprechend typischen Geruch ab. Somit ist die Abwesenheit eines Schimmelgeruchs kein Beweis dafür, dass kein Befall vorliegt. So riecht mit Mikroorganismen besiedeltes Polystyrol nicht typisch nach Schimmelpilzen, sondern nur sehr schwach chemisch nach Lösemittel. Ob die riechbaren Stoffe durch die Mikroorganismen erzeugt werden oder ob diese bei der Materialzersetzung unter Einwirkung von Feuchte aus dem Polystyrol freigesetzt werden, wurde bisher noch nicht untersucht.

Tabelle 4.3: Analyseergebnis einer Probe von Dämmmaterial aus Polystyrol ohne sichtbaren mikrobiellen Befall (Analyse durch Umweltmykologie GbR, Berlin)

Pilze Art/Gattung	**Menge (KBE/g)**	**Pilze Art/Gattung**	**Menge (KBE/g)**
Aspergillus versicolor	4.900	*Engyodontium album*	6.100
Acremonium sp.	290.000	*Penicillium spp.*	4.900
Cladosporium sp.	490	sterile Kolonien	98.000
Bakterien	**Menge (KBE/g)**	**Bakterien**	**Menge (KBE/g)**
Actinomyceten	590.000	nicht identifiziert	6.400.000
Bacillus sp.	490		

Die oftmals geäußerte Meinung, dass ein Raum nach Schimmel riechen kann, nur weil er lange Zeit nicht benutzt, nicht beheizt und/oder nicht gelüftet wurde, ohne dass eine mikrobielle Quelle vorliegt, ist falsch. In einem solchen Fall konzentriert sich der Geruch, der bei regelmäßiger Belüf-

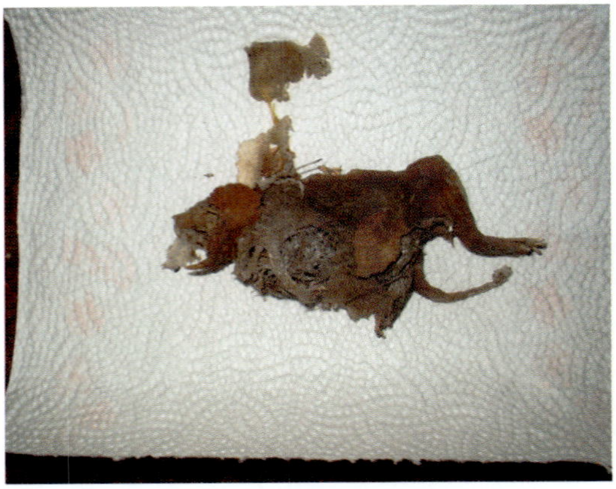

Abb. 4.31: Ein starker mikrobieller Geruch in einem Wohnzimmer war verursacht durch eine tote Ratte im Fußboden, die sich in der Dämmlage eingenistet hatte und dort verendet ist.

Abb. 4.32: Ein starker mikrobieller Geruch in einem nicht mehr genutzten Laborraum wurde durch insgesamt 3 tote Tauben im Abzugsschacht verursacht.

tung zwar vorhanden ist, aber nicht so auffällig wahrgenommen wird. Zwar entwickeln sich in ungelüfteten Räumen oft Geruchsbelastungen, aber es gibt für jede Geruchskomponente, die in einem geschlossenen Raum auftritt, auch immer eine entsprechende Quelle, die es zu klären gilt (Abb. 4.31 und 4.32).

Ein Schimmelgeruch muss zwar von Mikroorganismen stammen, aber nicht unbedingt von einem baulichen Schaden. Auch Blumenerde kann muffig riechen, ebenso Abfall oder die hinter den Küchenschrank gerutschte Kartoffel.

Es kann auch zu einer Geruchsbelastung kommen, wenn Gegenstände an anderen Orten Schimmelgeruch adsorbiert haben. Besonders anfällig sind Naturstoffe wie Holz, Pappe, Wolle, Baumwolle und insbesondere Leder. Ein Holzschrank, der lange in einem muffigen Keller stand, muss nicht mikrobiell besiedelt sein und kann dennoch über sehr lange Zeiträume entsprechend riechen. Auch eine neue Lederjacke kann kontinuierlich einen muffigen Geruch abgeben, ohne dass sie mit Schimmel befallen ist, wenn z. B. das Lederwarengeschäft ein Problem mit Feuchte und Mikroorganismen in seinen Geschäfts- oder Lagerräumen hat. Bemerkenswert ist, dass die Gegenstände aus belasteten Räumen oft stärker riechen, als es in den Räumen selbst wahrnehmbar ist.

Der extrem muffige Geruch in manchen älteren Fertighäusern konnte lange Zeit nicht geklärt werden. Es lagen dort zwar mikrobielle Schäden vor, aber der Geruch war erheblich stärker und penetranter als in massiv erbauten Häusern mit vergleichbaren Schäden. Auch ergaben eigene MVOC-Luftmessungen keine stärkeren, zum Teil sogar schwächere Befunde als in massiven Gebäuden. 2004 wurde auf einer Tagung die Erklärung des Problems vorgetragen (Maraun, 2004). Der Geruch in Fertighäusern wird nicht durch die als MVOC in der Literatur beschriebenen Verbindungen verursacht, sondern durch Chloranisole. Diese entstehen (nach bisherigem Kenntnisstand) durch mikrobielle Zersetzung von chlorhaltigen Holzschutzmitteln, wie sie zur Imprägnierung von Fertighaus-Ständerwerk früher vielfach eingesetzt wurden, insbesondere Pentachlorphenol (PCP).

Die Bewohner solcher Gebäude umgibt ständig eine Duftwolke, die sehr unangenehm ist, da sich die Betroffenen daran gewöhnen und den Geruch selbst nicht mehr wahrnehmen. Es wurden uns Fälle berichtet, in denen die Freunde und Bekannten erst nach Sanierung, Abriss oder Auszug den Betroffenen sagten, sie röchen nun endlich nicht mehr so penetrant nach Schimmel. Der Grund ist, dass sich die sog. Chloranisole in Kleidungsstücken sehr hartnäckig festsetzen.

„Es riecht nicht nach Schimmel, sondern es riecht nur feucht" ist eine häufig geäußerte Beurteilung. Wie kann dies sein, wenn Wasser geruchsfrei ist?

Es kann durchaus zu Geruchsbelastungen kommen, die nicht typisch sind für Mikroorganismen, aber dennoch auf ein Feuchteproblem hinweisen. Feuchte Materialien emittieren in der Regel in erheblich stärkerem Maße flüchtige Verbindungen als trockene Materialien. Es kann nach frischem Zement riechen, nach neuer Spanplatte, frischem Kleber, neuem Teppichboden usw. Wenn eine entsprechende Geruchsbelastung auftritt, aber keine neuen Materialien ins Gebäude eingebracht wurden, dann ist dies ein nahezu untrügliches Zeichen für einen Feuchteschaden.

4.3 Gesundheitliche Symptome

In vielen Fällen gibt es keine optischen Hinweise auf einen mikrobiellen Befall, keinen Geruch und auch Feuchtemessungen liefern keine Indizien. Dennoch kann es sein, dass ein mikrobielles Problem aufgrund gesundheitlicher Beschwerden der Bewohner oder Raumnutzer zu befürchten ist.

Typische Beschwerden bei einer Belastung mit Mikroorganismen sind:

- häufig verstopfte oder laufende Nase
- Nasennebenhöhlenentzündungen
- häufige Infektionen, insbesondere bei Kindern
- Hautprobleme
- chronische Bronchitis
- Gelenkschmerzen (rheumaähnlich)

Andere Beschwerden, u. a. Augenreizungen oder nächtliches verstärktes Schwitzen, treten auch auf, jedoch nicht gehäuft.

Leiden Personen unter diesen oder ähnlichen Symptomen bei oder nach dem Aufenthalt in bestimmten Räumen oder Gebäuden und findet der behandelnde Arzt keine medizinische Erklärung, kann eine Untersuchung des Gebäudes auf mikrobielle Schäden und auch andere Schadstoffquellen sinnvoll sein (siehe auch Kapitel 7.5)

4.4 Abgrenzung zu anderen Schadensarten

Nicht jeder Fleck, der von allein, d. h. ohne Zutun der Nutzer, entstanden ist, ist ein „Schimmelpilzfleck" bzw. ein sichtbarer mikrobieller Befall.

4.33 a und b: Foggig-Effekt: Typisch sind die „Fahnen" oberhalb der Heizkörper.

Staubeintrag über Randfugen

In Neubauten treten entlang der Randfugen aller Wände hin und wieder dunkle Flecken auf, die besonders auf hellen Teppichböden störend ins Auge fallen. Wenn diese gleichmäßig entlang aller Wände verteilt sind, dann handelt es sich meist um Staub, der mit der Luft aus dem Fußboden über die Randfugen in den Raum gelangt.

Fogging-Effekt

Seit einigen Jahren tritt in Neubauten und frisch renovierten Wohnungen immer wieder der sog. Fogging-Effekt auf (siehe Abb. 4.33 und 4.34).

Meist zur Heizperiode entstehen über Heizkörpern und im Bereich von Wärmebrücken dunkelbraune bis schwarze Ablagerungen, die ölig und schmierig sein können und von glatten Oberflächen, wie Fliesen, Möbeln, Fensterrahmen, nur schwer zu entfernen sind.

Die Ursache dieser Flecken hat mit mikrobiellen Schäden nichts zu tun. Gemeinsam ist den Schadensarten lediglich, dass die Fogging-Flecken bevorzugt im Bereich von Wärmebrücken auftreten. Ein wesentlicher Unterschied ist, dass Fogging-Flecken sich gleichzeitig über Heizkörpern bilden, wo sichtbare Schimmelflecken nicht auftreten, da es sich um warme Bereiche handelt und die relative Feuchte entsprechend niedrig ist.

Shading

Bei Velours-Teppichböden können spontan Flecken auftreten, die von Laien ab und zu fälschlicherweise mit Feuchte- oder gar Schimmelpilzschäden in

4.34 a und b: Fogging-Effekt (a) im Vergleich zum Schimmelschaden (b)

Abb. 4.35: Velours-Teppichboden mit Flecken durch Shading (Quelle: Klaus Rauer, Sachverständigenbüro für Fußbodenkonstruktionen, Koblenz)

Verbindung gebracht werden. Es kann sich aber um das sog. Shading handeln, eine partielle Änderung der ursprünglichen Florrichtung. Diese Änderung der Flor- oder Faserbüschelrichtung ist irreversibel. Weder Bürsten noch Staubsaugen oder Reinigen bringt die Fasern wieder in die ursprüngliche Ausrichtung (siehe Abb. 4.35).

Nach Angaben des Deutschen Teppich-Forschungsinstitutes (TFI) (http://www.tfi-online.de) ist es trotz intensiver Forschungsarbeiten auf diesem Gebiet bisher nicht gelungen, die Ursachen für die Shading-Bildung zu klären. Ein Unterschied zu Schimmelflecken ist, dass Flecken durch Shading je nach Position des Betrachters dunkel oder hell erscheinen, da es sich nicht um eine echte Verfärbung handelt, sondern um unterschiedliche Lichtreflexionen durch die lokal veränderte Florrichtung.

5 Untersuchungen, Messungen, Analysen

5.1 Inspektion, Befragung, Auswertung von Unterlagen

Die wichtigsten Erkenntnisse zur Ursachenklärung und Bewertung eines Schimmelpilzschadens sind meist nicht durch aufwendige bautechnische oder mikrobiologische Analysen zu gewinnen. Die entscheidenden Informationen sammelt man durch eine sorgfältige Inspektion des Schadens und des Gebäudes, eine gezielte Informationsbeschaffung durch Befragung sowie Sichten von Dokumenten wie Baubeschreibungen oder bereits angefertigte Gutachten. Einfache orientierende und zerstörungsfreie Feuchtigkeitsmessungen sollten stets parallel während der Inspektion durchgeführt werden.

Inspektion und orientierende Feuchtigkeitsmessungen

- In einem ersten Schritt sollten der Auftraggeber oder die anwesenden Raumnutzer dem Sachverständigen den Schaden zeigen. Der Ort, die Größe und das Aussehen sollten sorgfältig dokumentiert werden, am besten mit Fotos.
- Im Schadensbereich und angrenzenden Bauteilen sollte orientierend die Feuchtigkeit gemessen werden, bei massiven Bauteilen mittels kapazitiver Methode, bei Holzverkleidungen, Gipskartonwänden usw. zunächst ebenfalls mit der kapazitiven Methode sowie ggf. im Bauteil selbst und im Bauteil hinter der Verkleidung mittels der Widerstandsmethode.
  Wichtig ist es, z. B. bei Schäden auf Wänden nahe der Decke auch die Decke zu messen, bei Schäden auf Wänden nahe dem Fußboden auch den Fußboden. Eventuell ist die Feuchtigkeit in Decke oder Fußboden sogar größer und zieht von hier aus in die Wand.
- Soweit möglich, sollte die andere Seite des betroffenen Bauteils inspiziert werden. Handelt es sich um eine Innenwand, dann sollten auch auf der anderen Seite orientierende Feuchtigkeitsmessungen durchgeführt werden.
  Ist das betroffene Bauteil eine Außenwand, dann sollte die Fassade in diesem Bereich auf Schäden bzw. Auffälligkeiten, wie z. B. Risse oder Wasserlaufspuren, hin inspiziert werden.
  Tritt der Schaden auf einer Decke auf, dann sollte der Raum darüber untersucht und eine orientierende Messung im Fußboden durchgeführt werden.
  Befindet sich der Schaden auf der Wand nahe dem Fußboden, dann sollte auch der Raum darunter inspiziert und orientierende Feuchtigkeitsmessungen sollten dort durchgeführt werden.
- Es sollten im nächsten Schritt alle Räume der Etage inspiziert werden, bei großen Objekten zumindest die angrenzenden Räume. Bei der Objekt-

begehung sollte stets darauf geachtet werden, ob auffällige Gerüche auftreten, die ggf. auf weitere Schäden hindeuten, die bisher nicht ins Auge gefallen sind.

- Es sollten schließlich orientierende Feuchtigkeitsmessungen in allen Problembereichen durchgeführt werden. Hierzu gehören die Bereiche in und um Duschen, Badewannen, Waschbecken, Toiletten, Spülen, Spül- und Waschmaschinen. Auch erdberührende Bauteile sollten untersucht werden, bei nicht unterkellerten Räumen die Wände entlang der Fußböden.
  Nicht selten treten an einer kühlen Wand sichtbare Schimmelpilzflecken auf, die durch erhöhte Luftfeuchtigkeit verursacht wurden, die ursprünglich von einem nicht erkannten Feuchtigkeitsschaden im Bad stammt (siehe Kapitel 3.4). Dieser hat sich z. B. im Fußboden unbemerkt in angrenzende Räume ausgebreitet.

Befragung und mögliche Ergebnisse

Wann und wo ist der Schaden zum ersten Mal aufgetreten?

Ist der Schaden **in der kalten Jahreszeit** auf Bauteilen aufgetreten, die oberhalb der Geländeoberkante (GOK) liegen, dann kann dieser durch hygrothermische Effekte verursacht worden sein (Wärmebrücken, mangelnde Raumbeheizung, zu hohe Raumluftfeuchtigkeit).

Ist der Schaden **nicht in der kalten Jahreszeit** erstmals aufgetreten, dann ist ein hygrothermischer Effekt so gut wie ausgeschlossen, es sei denn, der Schaden ist im Sommer in Kellerräumen oder sehr kühlen Räumen aufgetreten, z. B. in einem historischen Gebäude mit extrem dicken Wänden, wie z. B. einer Kirche oder einer Burg.

Gab es in der Vergangenheit einen Wasser- oder Feuchtigkeitsschaden und wie wurde dieser saniert?

Sollte ein Schaden aufgetreten sein, bei dem viel Feuchtigkeit bzw. große Mengen an flüssigem Wasser freigesetzt wurden, und wurde dieser nicht fachmännisch saniert, dann kann es noch viele Monate nach der Sanierung durch Restfeuchte zu einem sichtbaren oder riechbaren Schimmelpilzschaden kommen. Wenn z. B. große Mengen an Wasser in die Fußbodenkonstruktion gelaufen sind, dieses Wasser aber nicht mittels technischer Trocknung entfernt wurde, kann sich im Fußboden oder auch auf der Wand entlang des Fußbodens ein mikrobieller Befall entwickeln.

Wie hat sich der Befall bzw. der Schaden ausgebreitet?

Ist z. B. auf einem Bauteil innerhalb relativ kurzer Zeit ein ausgedehnter Befall entstanden, hat sich dann aber der Schaden nicht mehr vergrößert oder der Befall verstärkt, ist dies ein Hinweis, dass nur vorübergehend erhöhte Feuchtigkeit vorhanden war oder ist. Feuchtigkeitsmessungen können Aufschluss geben, ob das Bauteil inzwischen trocken ist oder immer noch oder bereits wieder feucht ist.

Haben Sie schon etwas unternommen, z. B. sichtbaren Befall abgewaschen?

Sollte der Befall bereits abgewaschen worden sein, eventuell sogar mehrmals, dann ist dieser eigentlich größer als optisch erkennbar. Die ursprüngliche Schadensgröße und der wahre Schadensort sollten bekannt sein, denn sie liefern wichtige Hinweise zur Ursache.

Fragen zum Heiz- und Lüftungsverhalten

Es ist oft nicht zielführend, wenn man die Raumnutzer direkt oder sogar als Erstes zu deren Heiz- und Lüftungsverhalten befragt. Eine solche Frage zu Beginn des Gesprächs kann Misstrauen schüren, das nur schwer wieder zu beseitigen ist. Fragen zum Verhalten suggerieren, dass der Sachverständige sofort ein Fehlverhalten des Nutzers unterstellt. Auch werden die wenigsten Bewohner, die nicht richtig heizen oder lüften, die Wahrheit sagen. Es empfiehlt sich, indirekt oder erst zu einem späteren Zeitpunkt, z. B. beiläufig am Ende der Befragung, nach den Heiz- und Lüftungsgewohnheiten zu fragen.

Sichten von Unterlagen

Bauunterlagen können bei der Ursachenklärung, der Abschätzung des Schadensausmaßes und der Sanierungsplanung helfen, allerdings zeigen diese nur, wie das Gebäude errichtet werden sollte, nicht jedoch die tatsächliche Bauweise.

War z. B. nach Plan eine richtig dimensionierte und konzipierte Dämmung vorgesehen, dann bedeutet dies nicht, dass keine kritische Wärmebrücke vorliegen kann, sondern es ist möglich, dass das Dämmmaterial nicht wie geplant eingebaut wurde und z. B. Lücken aufweist. Deshalb muss man immer versuchen, den tatsächlichen Zustand festzustellen. Dies ist in der Regel nur mittels Messungen möglich (siehe Kapitel 5.2 und 5.3).

Wurden bereits Gutachten angefertigt, dann sollte man diese neutral und objektiv lesen, unabhängig davon, wer sie verfasst hat.

Um ein Gutachten oder ein anderes Schriftstück eines Sachverständigen zu analysieren, sollte man wie folgt vorgehen:

- **Lesen der Aufgabenstellung**
  Es kann sich um ein privat von einer Partei beauftragtes Gutachten handeln, um ein Schiedsgutachten, das von 2 Parteien gemeinsam in Auftrag gegeben wurde, oder ein gerichtlich beauftragtes Gutachten. Es sollte in jedem Fall zu Anfang den Auftraggeber und die Aufgabenstellung benennen. Auf diese Weise ist sofort zu erkennen, ob der Gutachter überhaupt zu Fragen Antworten geben sollte, die im Zusammenhang mit der Bewertung und/oder der Sanierung des Schimmelpilzschadens relevant sind.
- **Lesen der Zusammenfassung**
  Im nächsten Schritt sollte die Zusammenfassung gelesen werden, denn dort sollten die Antworten zu den gestellten Fragen formuliert sein.

- **Lesen der Begründung**
  Wenn Antworten gegeben wurden, dann sollten diese begründet sein. Ein verwertbares Gutachten stellt klar, ob die Schlussfolgerungen auf Basis eigener sachlicher Feststellungen, z. B. Messungen, erfolgten, ob es sich um Schlussfolgerungen aufgrund von Angaben der Beteiligten handelt oder um Vermutungen. Auch ist es möglich, dass der Gutachter im Ausschlussverfahren zu seiner Feststellung kam. Dann muss dies jedoch nachvollziehbar und schlüssig dargestellt worden sein.
- **Überprüfen der Methoden und der Bewertungsgrundlagen**
  Beruhen die Schlussfolgerungen des Gutachtes auf Messungen, dann ist als Nächstes zu prüfen, ob geeignete Messungen mit geeigneten Geräten durchgeführt wurden und ob die Ergebnisse richtig bewertet wurden. Ein komplettes Gutachten gibt deshalb die Methoden, die Ergebnisse und die wissenschaftlichen oder technischen Grundlagen zur Bewertung wieder.

5.2 Feuchtigkeit in Bauteilen/Messung der Materialfeuchte

Bei der Materialfeuchte wird der gesamte Wassergehalt im Material, d. h. die Summe des flüssigen und des gasförmigen Wassers, erfasst. Die Luftfeuchte beschreibt dagegen den gasförmigen Wasseranteil in der Luft.

Die Materialfeuchte wird meist als relative Feuchtigkeit in % bezogen auf die Masse des trockenen Materials angegeben:

$$m_{H_2O} = m_{\text{Baustoff, feucht}} - m_{\text{Baustoff, trocken}}$$

$$u_m = m_{H_2O} / m_{\text{Baustoff, trocken}} \cdot 100\ \%$$

mit

m_{H_2O} = absolute Feuchtigkeit im Material
$m_{\text{Baustoff, feucht}}$ = Masse des feuchten Materials
$m_{\text{Baustoff, trocken}}$ = Masse des trockenen Materials
u_m = Wassergehalt des Materials in % (relative Materialfeuchte)

Tabelle 5.1: Übersicht über Methoden zur Messung der Feuchte in Bauteilen

Methode	Ergebnisse	Einsatzgebiete	Grenzen
Leitfähigkeits- oder Widerstandsmethode: quasi zerstörungsfreie Messung des elektrischen Widerstandes eines Materials	• Es handelt sich um einen qualitativen Wert, der Feuchteunterschiede in einem Material anzeigt. • Bei Holz sind mittels Tabellen auch die tatsächlichen Feuchtegehalte in guter Näherung ermittelbar.	• Die Methode wurde zur Messung von Holz entwickelt. • Sie ist auch für relative Vergleichsmessungen in anderen Materialien geeignet, um zu prüfen, ob unterschiedlich hohe Feuchtewerte an unterschiedlichen Stellen vorliegen.	• Leitfähige Materialien wie Metalle oder Salze stören das Messsignal. • Quantitative Angaben sind nicht sinnvoll, da diese meist nicht der Realität entsprechen.
kapazitive Messung (Hochfrequenzmethode)**:** zerstörungsfreie Messung der Kapazität eines elektrischen Feldes	• Es handelt sich um einen qualitativen Wert, der vom Material und dessen Feuchtegehalt abhängig ist.	• Die Methode ist sehr gut einsetzbar als orientierende Messmethode zur Lokalisierung von Feuchtigkeitsschäden. • Es kann relativ verglichen werden, ob Material weniger oder mehr Feuchte enthält.	• Die Messung wird durch leitfähige Materialien wie Metalle oder Salze stark beeinflusst. • Es kann nicht durch Luftschichten hindurch gemessen werden. Feuchtigkeit in massiven Wänden hinter Paneelen wird nicht erfasst.
Mikrowellenverfahren: zerstörungsfreie Messung reflektierter Mikrowellenstrahlen	• Das Ergebnis ist ein dimensionsloser Messwert, der im Abgleich mit einem Referenzwert Hinweise auf erhöhte Feuchte liefert.	• Die orientierende Methode dient der Lokalisierung von Feuchteschäden bei kompakten Materialien ohne Luftschichten. • Die Eindringtiefe ist abhängig vom Messkopf.	• Das zu messende Bauteil muss dicker sein, als das Messfeld reicht. • Die Messung wird durch leitfähige Materialien beeinflusst.
Neutronensonde: zerstörungsfreie Messung reflektierter Neutronenstrahlung	• Es ergibt sich ein dimensionsloser Messwert, der im Abgleich mit einem Referenzwert Hinweise auf erhöhte Feuchtigkeit liefern kann.	• Die Methode eignet sich bei flächigen Schäden mit lokal sehr hoher Feuchtigkeit.	• Aufgrund der radioaktiven Strahlungsquelle ist speziell geschultes Personal erforderlich. Diese Methode hat keine Vorteile gegenüber anderen, ist aber erheblich aufwendiger.

Fortsetzung Tabelle 5.1

Methode	Ergebnisse	Einsatzgebiete	Grenzen
Calciumcarbid-methode: nicht zerstörungsfreie Messung des Druckanstieges aufgrund einer chemischen Reaktion	• Es wird der Druckanstieg angegeben, der durch chemische Reaktion von Wasser mit Calciumcarbid in einem dichten Gefäß entsteht; die Materialfeuchte wird aus einer Tabelle abgelesen.	• Es handelt sich um eine Standardmethode zur Messung der Feuchte in frisch verlegten Estrichen.	• Bei älteren Baumaterialien gab es im Vergleich zur gravimetrischen Messung deutliche Minderbefunde. Deshalb ist diese Methode für gutachterliche Untersuchungen nicht zu empfehlen.
gravimetrische Messung: nicht zerstörungsfreie Messung der Masse einer Materialprobe vor und nach dem Trocknen	• Durch Wiegen wird der beim Trocknen auftretende Gewichtsverlust einer Materialprobe ermittelt und mit dem Wassergehalt gleichgesetzt.	• Dies ist die genaueste Methode zur Ermittlung des Wassergehaltes in einer Materialprobe.	• Es wird in erster Linie der Gehalt an flüssigem Wasser, nicht aber die verfügbare Feuchte erfasst. Bei manchen Materialien ist die Messgenauigkeit im kritischen Bereich von a_w= 0,8 nicht ausreichend.
Ausgleichs-feuchtemessung: nicht zerstörungsfreie Messung der relativen Feuchte und der Temperatur in einem Bauteil	• Die relative Feuchtigkeit und die Temperatur in einem Bauteil werden direkt angegeben; die Berechnung der absoluten Feuchte ist möglich.	• Dies ist die einzige Methode, mit der der a_w-Wert in einer Materialschicht bzw. einem Bauteil in sehr guter Näherung ermittelt werden kann.	• Bei niedrigen Temperaturen unter 10 °C ist keine hinreichend genaue Messung möglich.

5.2.1 Orientierende, qualitative bis halbquantitative Verfahren

5.2.1.1 Leitfähigkeits- oder Widerstandsmessung

Eine weit verbreitete Methode ist die mittelbare Messung der Materialfeuchte über die Leitfähigkeit bzw. den elektrischen Widerstand eines Materials. Die Leitfähigkeit eines Materials nimmt mit seinem Wassergehalt ungefähr linear zu, der elektrische Widerstand dementsprechend ab.

Sehr gute quantitative Zahlenwerte liefert diese Methode bei der Messung von Materialien aus Vollholz. Für diesen Bereich wurden die Geräte ursprünglich entwickelt. Daher geben die Hersteller in der Regel als Dimension des quantitativen Ergebnisses „Holzfeuchte“ oder „Holzfeuchteäquivalent“ (HFÄ) an. Meist enthält die Bedienungsanleitung Umrechnungstabellen für verschiedene Holzsorten.

Abb. 5.1: Leitfähigkeitsmessgerät (Protimeter); Messung der Feuchtigkeit in einer Mauerwerksfuge

Einsatzmöglichkeiten

Die Messung des elektrischen Widerstandes ist zur Messung von Holzfeuchte sehr gut geeignet, kann aber auch zur orientierenden Messung von Feuchte in anderen Materialien genutzt werden.

Mit der Leitfähigkeitsmethode sind z. B. Spanplatten, nicht allzu harter Wandputz, Gipskarton, Wandoberflächen hinter Wandverkleidungen – mittels langer Stechsonden – oder Randfugen von schwimmenden Estrichen gut messbar.

Geeignet ist die Methode auch zur Erstellung von orientierenden Tiefenprofilen in Bauteilen.

Handhabung und Bewertung

Bei der Bewertung der Messergebnisse ist zu beachten, dass es Materialien gibt, die auch ohne erhöhte Feuchte gut leitfähig sind und die Messwerte beeinflussen. Bei Bodenbelägen kann es z. B. sein, dass diese antistatisch ausgerüstet sind und es deshalb zu einem deutlichen Messsignal kommt. Es kommt auch vor, dass hinter Tapeten Alufolien verklebt sind, die zu einem maximalen Ausschlag der Messanzeige führen.

Gut zu erkennen sind derartige Einflüsse daran, dass es bei elektrisch leitfähigen Materialien keine fließenden Übergangsbereiche gibt. Wird z. B. im gesamten Fußboden ein gleichmäßig hohes Signal gemessen, ist dies ein Hinweis auf elektrische Leitfähigkeit des Bodenbelages, während bei erhöhter Feuchte meist lokale Schwankungen auftreten. Im Zweifelsfall kann z. B. eine lose Teppichboden- oder PVC-Fliese, die eventuell als Rest beim Verlegen übrig geblieben ist, gemessen werden. Der Bodenbelag kann auch angehoben und separat gemessen werden und zusätzlich der Estrich unter dem Belag.

Bei Alufolien auf Kaminen oder in Außenwandecken treten scharfe geometrisch definierte Übergänge zwischen Stellen mit einem sehr starken und

Abb. 5.2: Die Leitfähigkeitsmessung in weichem Wandputz ist möglich.

Abb. 5.3: Die Messung der Feuchte mit Leitfähigkeitsmessung in gefliesten Wänden ist nicht möglich.

einem sehr schwachen Signal auf. Auch salzhaltige Wandmaterialien können das Ergebnis verfälschen. Hier ist zu fragen, warum die Salze auftreten.

Es ist auch zu beachten, dass die Messung nur sinnvoll und aussagekräftig ist, wenn die Messspitzen problemlos in das Material eingedrückt werden können. Ein reiner Oberflächenkontakt reicht für eine aussagefähige Messung nicht aus (Abb. 5.2 und 5.3).

Zur Eingrenzung, ob es sich um einen Kondensationsschaden oder Feuchte im Bauteil handelt, empfiehlt es sich, die Messung mit und ohne Tapete an der gleichen Stelle durchzuführen.

5.2.1.2 Kapazitive Messung, Hochfrequenzmethode (HF-Methode)

Eine leicht zu handhabende Methode ist die dielektrische bzw. kapazitive Messung der Materialfeuchte mit elektronischen Messgeräten, die zum Teil auch als Hochfrequenzmethode (HF-Methode) bezeichnet wird (siehe Abb. 5.4).

Die Anzeige erfolgt entweder quantitativ in dimensionslosen Zahlenwerten, die auch als Digits bezeichnet werden (Gann), oder bei manchen Herstellern (zusätzlich) als Farbanzeige mit Leuchtdioden auf einer Skala von Grün bis Rot (z. B. Protimeter Surveymaster). Manche Geräte geben bei Überschreiten eines bestimmten Wertes ein akustisches Signal, das bei einigen Geräten individuell eingestellt werden kann.

Wie bei der Leitfähigkeitsmessung wird das Messergebnis durch das Material beeinflusst. Die meisten Hersteller liefern Tabellen mit, anhand derer die Materialfeuchte für verschiedene Materialien abgelesen werden kann. Es sei jedoch davor gewarnt, den auf diese Weise ermittelten Zahlenwerten zu trauen. Es handelt sich lediglich um Orientierungswerte mit erheblicher Ungenauigkeit. Deshalb sind Vergleichsmessungen in trockenen Bereichen erforderlich.

Abb. 5.4: Hochfrequenzmessung mit der Gann-Hydromette

Einsatzmöglichkeiten

Diese Methode eignet sich zur Suche nach erhöhter Feuchte und zur Feststellung von deren Ausdehnung in unverkleideten Wänden, gefliesten Wänden und Fußböden. Bei Laminatböden, Parkett, Teppichboden oder Gipskarton-Wandverkleidungen ist der Signalfluss stark gedämmt oder ganz unterbrochen und es ergeben sich Fehl- oder Minderbefunde.

Wenn das Gerät bei Parkettböden oder Laminat erhöhte Werte anzeigt, ist dies ein starkes Indiz, dass es unter dem Belag im Fußboden extrem feucht oder sogar sehr nass sein muss.

Handhabung und Bewertung

Falsch positive Befunde ergeben manche Fliesen, wenn sie entweder elektrisch gut leitfähig sind, da leitfähige Materialien auch stets das Signal stark reflektieren, oder wenn sie hygroskopisch sind, wie z. B. Marmorfliesen, d. h. überdurchschnittlich viel Wasser aufnehmen und speichern, auch wenn in der Umgebung normale Feuchtewerte in Luft und Materialien vorliegen.

Auch Metallteile und -folien in Wänden und Fußböden oder Salze verfälschen das Signal. Es gilt auch hier wie bei der Leitfähigkeitsmethode, dass in diesen Fällen Feuchtebereiche mit scharfer Geometrie und Übergängen festgestellt werden, während tatsächliche Feuchteschäden durch eine unregelmäßige Geometrie und unscharfe Übergänge zwischen feucht und trocken gekennzeichnet sind.

Bei der Messung sollte darauf geachtet werden, dass die Messsonde senkrecht aufgesetzt wird und immer ein Mindestabstand von 7 cm zu anderen Bauteilen, wie z. B. Fußleisten, Innenecken und Außenecken, eingehalten wird.

5.2.1.3 Messung mittels Mikrowellen

Zur qualitativen zerstörungsfreien Messung von Feuchte in tieferen Materialschichten kann auch das Mikrowellenverfahren eingesetzt werden. Ein auf die zu messende Bauteiltiefe abgestimmter Sensor wird im rechten Winkel

Abb. 5.5: Mikrowellen-Feuchtemessgerät

auf die Bauteiloberfläche aufgesetzt. Das Messsignal ist nur qualitativ auswertbar, d. h., man kann Feuchteverteilungen mit dieser Messung erfassen, aber nicht die tatsächlichen Feuchtewerte. Deshalb ist es empfehlenswert, als Referenz eine bekanntermaßen trockene Bauteilstelle als Ausgangswert zu messen.

Einsatzmöglichkeiten

Diese Methode eignet sich zur Suche nach erhöhter Feuchte in unverkleideten Wänden, gefliesten Wänden und Fußböden. Bei Laminatböden, Parkett, Teppichboden oder Gipskarton-Wandverkleidungen ist der Signalfluss ähnlich wie bei der HF-Methode gestört.

Handhabung und Bewertung

Die Eindringtiefe ist abhängig vom Material, dessen Feuchte und dem verwendeten Messkopf. Es gibt Messköpfe, mit denen man unterschiedlich tiefe Schichten messen kann. Die Angaben zu der maximalen Tiefe sind von Hersteller zu Hersteller verschieden. Mit der Messtiefe nimmt allerdings die Genauigkeit ab, da über die gemessene Schicht praktisch gemittelt wird.

Der Messkopf darf nicht so leistungsstark sein, dass die Mikrowellenstrahlung tiefer reicht, als das Bauteil dick ist, da man in diesem Fall keine verwertbaren Ergebnisse erhält.

Aufgrund der Streuung der Mikrowellen ist seitlich ein Abstand von mindestens 10 cm zu anderen Bauteilen einzuhalten, da es ansonsten auch hierdurch zu verfälschten Messergebnissen kommt.

5.2.1.4 Neutronensonde

Bei der Neutronensonde wird von einer radioaktiven Quelle ein Neutronenstrahl emittiert. Die Neutronen werden im Material durch Wassermoleküle abgebremst und die Dichte der abgebremsten Moleküle kann sensorisch erfasst werden.

Das Ergebnis ist ein dimensionsloser Messwert, der mit einem Referenzwert von trockenem Material verglichen wird. Durch diesen Vergleich der Werte erhält man eine Aussage zur Feuchte.

Einsatzmöglichkeiten

Das Gerät darf nur von speziell geschulten und autorisierten Personen eingesetzt werden. Es ist nicht preiswert und nicht so leicht zu handhaben wie z. B. die dielektrischen/kapazitiven Geräte, bietet aber eventuell Vorteile bei der Untersuchung großer Flächen, z. B. Flachdächer oder Parkdecks.

Handhabung und Bewertung

Das Gerät ist für die Untersuchung von Schäden in Gebäuden weniger gut geeignet, da es aufwendig ist und gegenüber den anderen preiswerten und einfacheren Methoden keinen Vorteil hat.

5.2.2 Quantitative Verfahren

5.2.2.1 Calciumcarbidmethode

Mindestens 10 g des zu untersuchenden Materials werden unmittelbar nach der Entnahme aus dem Bauteil direkt vor Ort mit einem Mörser zerkleinert und danach möglichst genau eingewogen. Das zerkleinerte Material wird zusammen mit Stahlkugeln und einer Glasampulle, die Calciumcarbid enthält, in eine Stahlflasche gefüllt. Nach Verschließen der Flasche wird die Flasche geschüttelt, sodass die Stahlkugeln die Glasampulle zerschlagen. Das Calciumcarbid wird freigesetzt und reagiert chemisch mit dem Wasser in der Flasche. Es entsteht Acetylen, was zu einem messbaren Druckanstieg führt. Anhand des Druckanstieges kann die Wassermenge ermittelt werden, die mit dem Calciumcarbid chemisch reagierte.

Einsatzmöglichkeiten

Die Methode hat sich zur Messung der Materialfeuchte in Estrichen als Kontrolle vor Verlegen von Bodenbelägen bewährt.

Handhabung und Bewertung

Da mit dieser Methode eine Materialentnahme verbunden ist, d. h. eine Zerstörung von Bauteiloberflächen, eignet sie sich nicht gut zur Untersuchung von Feuchteschäden in genutzten Räumen.

Außerdem haben Vergleichsmessungen mit der gravimetrischen Methode gezeigt, dass es bei bestimmten Materialien oder auch bei älteren Putzen oder Zementestrich zu erheblichen Minderbefunden kommen kann.

Beispiel

In einem Fall wurden im Putz einer Außenwand mit Leitfähigkeits- und HF-Methode erhöhte Feuchtewerte gemessen und es wurde auch ein mikrobieller Befall im Putz festgestellt, während die Messung mit der Calciumcarbidmethode keinen Hinweis auf erhöhte Feuchte ergab.

In einem anderen Fall wurde im Estrich einer 2 Jahre alten Schule mit HF-Methode, Ausgleichsfeuchtemessung und gravimetrischer Analyse erhöhte Feuchte festgestellt, während die Calciumcarbidmethode keine erhöhte Feuchte anzeigte.

Abb. 5.6: Laborwaage mit Probenmaterial

Abb. 5.7: Laborofen zum Trocknen des Materials

5.2.2.2 Gravimetrische Methode (Darrprobe)

Es wird ein ausreichend großes Stück Material entnommen und sofort gewogen. Die Materialmenge sollte in Abhängigkeit vom Wägebereich und von der Genauigkeit der verfügbaren Waage gewählt werden. Ist keine Waage verfügbar, kann das Material luftdicht verpackt und im Labor sofort nach dem Auspacken gewogen werden. Beim Verpacken dürfen keine relevanten Mengen Luft in der Verpackung mit eingeschlossen werden, da diese Luft Feuchte aus dem Material aufnimmt.

Das Probenmaterial wird im Laborofen bei 105 °C (Holz bei 103 °C, Gips und Anhydridbaustoffe bei 40 °C) so lange getrocknet, bis das Gewicht konstant bleibt.

Es wird davon ausgegangen, dass der festgestellte Gewichtsverlust dem Wassergehalt im Material entspricht. Es ist allerdings zu beachten, dass je nach Material durchaus ausreichend hohe Ausgleichsfeuchtewerte für mikrobielles Wachstum vorliegen können, ohne dass eine nennenswert erhöhte Materialfeuchte mit der Darrprobe gemessen wird (siehe Kapitel 3.2.5).

Tabelle 5.2: Beispiel einer gravimetrischen Messung mit Umrechnung

Probe/ Material	Entnahme-gewicht (g)	Gewicht nach 17 h (g)	Gewicht nach 24 h (g)	Gewichts-verlust (g)	Feuchte-gehalt[1] (%)
01/Estrich	37,8	32,8	32,4	5,4	16,7
02/Estrich	58,4	51,5	51,4	7,0	13,6
03/Estrich	50,8	46,3	45,8	5,0	10,9

[1] Gewichtsverlust • 100: Gewicht nach 24 h

Einsatzmöglichkeiten

Die Methode eignet sich zur genauen Feststellung der Feuchte in Materialproben. Als schnelle Suchmethode ist sie wegen der notwendigen Materialentnahme nicht geeignet. Aber in Verbindung mit den orientierenden Messungen kann sie wertvolle Ergebnisse liefern. Bei hoher Materialfeuchte können mit dieser Methode die Ergebnisse der orientierenden Methoden überprüft werden.

Handhabung und Bewertung

Will man die Verteilung hoher Feuchte in Wandquerschnitten oder Tiefenprofile erstellen, ist die gravimetrische Analyse die genaueste Methode.

Da es nicht für alle Materialien Tabellen über normale Ausgleichsfeuchte und erhöhte Feuchte gibt, ist die Bewertung der Messergebnisse nicht immer einfach. Außerdem sind viele Bewertungsempfehlungen nicht darauf abgestimmt, ab welchem Wert es zu einem mikrobiellen Wachstum kommt, sondern darauf, ob Materialschäden, wie sich ablösende Beschichtungen usw., eintreten könnten.

Im Bereich eines a_w-Wertes von 0,8, was einer relativen Feuchtigkeit von 80 % entspricht, liefert die gravimetrische Messung bei manchen Materialien keine verwertbaren Ergebnisse, da der Anstieg der Feuchte im Material in diesem Bereich so gering ist, dass er messtechnisch kaum erfasst werden kann (siehe Abb. 3.3).

5.2.2.3 Messung der Ausgleichsfeuchte als Kennzeichen der Wasseraktivität

Um zu messen, ob die vorhandene Feuchte für ein mikrobielles Wachstum ausreicht, ist die Messung der Ausgleichsfeuchte die beste Methode.

Jedes Material tauscht mit der Umgebung Feuchte aus. Trockenes Material nimmt Feuchte auf und feuchtes Material gibt Feuchte ab, und zwar so lange, bis Material und Umgebung im Gleichgewicht stehen, d. h., bis genau die gleiche Feuchtemenge an die Umgebung abgegeben wie von ihr aufgenommen wird. Handelt es sich bei der Umgebung um Luft, dann entspricht bei jeder Temperatur ein bestimmter relativer Luftfeuchtegehalt diesem Gleichgewichtszustand.

Bei offenen Systemen, d. h., wenn die Umgebung Feuchte abtransportieren kann, z. B. durch Abgabe an andere Bauteile oder durch Luftaustausch mit anderen Systemen, etwa dem System Außenluft, wird sich kein stabiler Gleichgewichtszustand einstellen, sondern es handelt sich hierbei um dynamische Systeme, deren Feuchtewerte ständig schwanken.

Bei quasi geschlossenen Systemen, z. B. wenn durch diffusionshemmende Materialien der Austausch mit der normalen Raumluft stark behindert ist, liegt nahezu ein Gleichgewichtszustand vor.

Durch Setzen einer Bohrung in das zu untersuchende Material bzw. die zu untersuchende Materialschicht kann man die Ausgleichsfeuchte in dieser Schicht messen.

Einsatzmöglichkeiten

Die Messung der Ausgleichsfeuchte ist eine praktikable, da einfach zu handhabende und mit relativ geringer Bauteilbeschädigung durchführbare Methode, die sehr sinnvoll und aussagekräftig die Messungen mit orientierenden Verfahren ergänzt.

Es gibt nahezu keine Einsatzbeschränkungen, außer wenn Bauteile nicht durch Bohrungen beschädigt werden sollen oder wenn das Setzen von Bohrungen riskant ist, weil mit Rohrleitungen in den Bauteilen gerechnet werden muss, z. B. bei einer Fußbodenheizung. Auch auf Stromkabel ist zu achten.

In der Praxis konnte wiederholt festgestellt werden, dass Messungen bei extrem niedrigen Temperaturen zu stärker verfälschten Messergebnissen führten, und zwar wurde zu hohe relative Feuchte gemessen. Aus diesem Grund ist von Messungen bei Temperaturen unter 10 bis 12 °C abzuraten.

Handhabung und Bewertung

Liegen die Temperaturen am Tag der Messung in etwa im Bereich üblicher Raumtemperaturen, kann man davon ausgehen, dass bei Werten unter ca. 80 % Ausgleichsfeuchte kein mikrobielles Wachstum stattfindet. Es gibt nur wenige Arten, die bei Feuchtewerten deutlich unter 80 % wachsen können, und praktisch keine Mikroorganismen, die unter 70 % Feuchte wachsen.

Liegen die Temperaturen deutlich unter (< 18 °C) oder deutlich über (> 25 °C) einer üblichen Raumtemperatur, dann kann als Bewertungsbasis ein absoluter Feuchtewert von 10 Gramm Wasser pro Kilogramm Luft angesetzt werden, der bei 20 °C einer relativen Feuchte von ca. 68 % entspricht.

> In der Praxis hat es sich bewährt, bei Feuchtigkeitsschäden ohne beachtenswerten mikrobiellen Befall als Maßstab dafür, ob eine technische Trocknung erforderlich ist, einen „**Eingreifwert**" von 11 Gramm Wasser pro Kilogramm Luft anzusetzen. Dies entspricht bei 19 °C einer relativen Feuchte von 80 %. Als **Zielwert** einer technischen Trocknung sollten 10 Gramm Wasser pro Kilogramm Luft (= ca. 68 % bei 20 °C) festgelegt werden.

Es ist bei der Messung darauf zu achten, dass kein Spalt zwischen Sonde und Bohrloch vorhanden ist, um einen Luftaustausch zu verhindern. Gegebenenfalls sollte der Spalt mit Alufolie oder Knetmasse abgedichtet werden.

Bei der Messung muss einige Zeit abgewartet werden, da das Material durch das Bohren häufig deutlich erwärmt wird. Erst wenn Temperatur und Feuchte sich nicht mehr ändern, kann das Messergebnis verwendet werden.

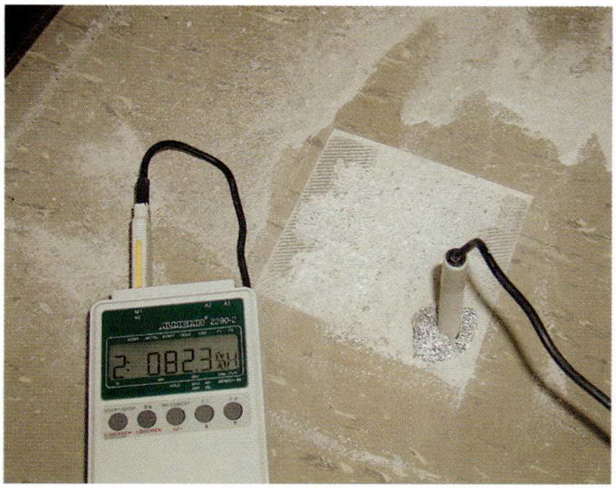

Abb. 5.8: Die Messung der Ausgleichsfeuchte erfolgt mit einem Messgerät der Firma Ahlborn in einem Fußboden. Das Gerät zeigt die relative Feuchte an. Bei diesem Gerät sind auch die Werte der Temperatur, der Taupunkttemperatur und der absoluten Feuchte abrufbar.

Abb. 5.9: Messung der Ausgleichsfeuchte in einer Wand

Tabelle 5.3: Ergebnisse von Ausgleichsfeuchtemessungen in der Innenwand eines Schlafzimmers (von der Außenwand in die einbindende Innenwand eingezogene Feuchte)

Messort	Temperatur (°C)	relative Feuchte (%)	Taupunkt-temperatur (°C)	Wasser-gehalt (g/kg)[1]
Schlafzimmer, Innenwand, 30 cm Höhe, 0,5 m von Außenwand entfernt	20,1	**98**	19,8	**14,5**
Schlafzimmer, Innenwand, 30 cm Höhe, 1 m von Außenwand entfernt	20,1	**94**	19,2	**14,0**
Schlafzimmer, Innenwand, 30 cm Höhe, 1,5 m von Außenwand entfernt	18,9	**90**	17,2	**12,3**
Schlafzimmer, Raumluft	18,9	39	4,7	5,2
Außenluft	8,8	64	2,4	4,4

[1] Gramm pro Kilogramm Luft

Ausgleichsfeuchtemessungen zur Kontrolle von Trocknungsmaßnahmen

Die Trocknungsfirmen messen häufig den Feuchtegehalt der aus den zu trocknenden Gebäudeteilen austretenden Luft. Hat diese keine oder keine nennenswerten Feuchtemengen mehr aufgenommen, gehen sie davon aus, dass die Trocknungsmaßnahme beendet werden kann.

Soll ein Sachverständiger die Maßnahme kontrollieren, sollte er Messungen mit einer anderen Methode durchführen. Eine zuverlässige und gleichzeitig praktikable Methode ist die Messung der Ausgleichsfeuchte in der Dämmlage. Die Calciumcarbidmethode und die gravimetrische Methode sind zur Ermittlung des Feuchtigkeitsgehaltes in Dämmmaterialien nicht geeignet, da sie hierzu nicht ausreichend empfindlich sind. Theoretisch könnte man mit der gravimetrischen Methode die Feuchtigkeit im Beton des Fußbodens kontrollieren. Hierzu müsste allerdings für jede Messung der Fußboden geöffnet und Material entnommen werden.

Bei Ausgleichsfeuchtemessungen kann man die bereits gesetzten Bohrungen wiederholt verwenden, vorausgesetzt, sie wurden nach jeder Messung dicht verschlossen, damit der Bereich um die Messöffnungen nicht stärker trocknet als der restliche Fußboden. Es sollte darauf geachtet werden, dass die Messbohrungen nicht nahe der Randfugen oder nahe der Stellen gesetzt werden, an denen die Trocknungsluft eingeblasen oder abgesaugt wird.

Darüber hinaus sollten die Messungen nicht unmittelbar nach dem Abstellen der Trocknungsgeräte durchgeführt werden oder während diese laufen. Die Trocknungsgeräte sollten 12 bis 24 Stunden vor der Messung abgestellt werden.

Tabelle 5.4: Messung der Ausgleichsfeuchte im Zusammenhang mit Trocknungsmaßnahmen; Messergebnisse vor Beginn (30.8.2004) und nach Abschluss der Trocknungsmaßnahmen (6.10.2004)

Messort	Datum	Temperatur (°C)	relative Feuchte (%)	Taupunkttemperatur (°C)	Wassergehalt (g/kg)[1]
Wohnzimmer, Raumluft	30.8.2004 6.10.2004	21,7 24,3	66,0 43,8	15,1 11,2	10,6 8,2
Wohnzimmer, Fußboden, nahe Innenwand	30.8.2004 6.10.2004	21,9 24,5	95,5 44,5	21,2 11,5	15,8 8,4
Wohnzimmer, Fußboden, nahe Außenwand	30.8.2004 6.10.2004	21,9 24,5	88,4 47,4	19,8 12,6	14,5 9,1
Küche, Fußboden, Raummitte	30.8.2004 6.10.2004	22,4 25,0	92,1 50,1	21,0 14,0	15,6 9,9
Kinderzimmer, Fußboden, Raummitte	30.8.2004 6.10.2004	22,1 24,0	83,7 44,7	19,2 12,8	13,8 9,1
Schlafzimmer, Fußboden, Raummitte	30.8.2004 6.10.2004	21,6 24,3	80,9 39,3	18,2 9,6	13,0 7,3

[1] Gramm pro Kilogramm Luft

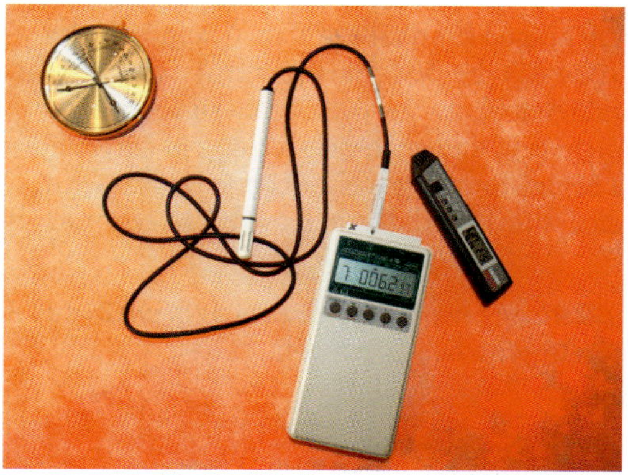

Abb. 5.10: Messgeräte zur Messung der Lufttemperatur und Luftfeuchte

5.3 Messung der Luftfeuchte und anderer Raumklimaparameter

5.3.1 Kurzzeit- bzw. Einzelmessungen

Einsatzmöglichkeiten

Zur Kurzzeitmessung, d. h. zur unmittelbaren Messung von Lufttemperatur und relativer Luftfeuchtigkeit, gibt es auf dem Markt zahlreiche mechanische und elektronische Geräte verschiedenster Preisklassen und Qualität. Die Messergebnisse fallen entsprechend unterschiedlich aus.

Handhabung und Bewertung

Kurzzeitmessungen bzw. einzelne Messwerte zu einem bestimmten Zeitpunkt sind in der Regel ohne große Aussagekraft. Die relative und die absolute Feuchte in Innenräumen sind stark abhängig von der Außenluftfeuchte und der aktuellen Aktivität und Lüftung.

Es hat einen erheblichen Einfluss auf die Messergebnisse, wenn kurz vor dem Messtermin die Wohnung stark gelüftet und geheizt wurde oder verschlossen blieb, z. B. da dies aufgrund der Luftkeimmessungen beim Ortstermin so vorgegeben wurde, und kurz vor dem Termin gekocht und geduscht wurde.

Misst der Sachverständige beim Ortstermin Raumtemperatur und Raumluftfeuchte und stellt fest, dass die Feuchte überdurchschnittlich hoch ist, dann besteht die Gefahr, dass er auf eine zu geringe Lüftungsaktivität schließt, obwohl er selbst vorgegeben hat, dass mindestens 6 Stunden vor dem Ortstermin nicht gelüftet werden darf. Findet der Ortstermin z. B. in einer mittelgroßen 3-Zimmer-Wohnung mit 75 m^2 um 14 Uhr statt und durfte seit 8 Uhr früh nicht gelüftet werden, während die Mutter um 12 Uhr für sich und die Kinder gekocht hat und der um 13 Uhr nach Hause gekommene Ehemann als Erstes duschte, wird der Sachverständige um 14 Uhr eine hohe Luftfeuchte feststellen.

Eine hohe Luftfeuchte kann aber auch durch versteckte Feuchteschäden im Gebäude verursacht sein.

Da der Ortstermin des Sachverständigen für die Betroffenen keine Überraschung darstellt, kann es sein, dass sich die Bewohner nicht an die Vorgaben des Sachverständigen halten und relativ kurz vor dem Ortstermin kräftig lüften, was sie eventuell sonst nicht tun, und auch die Heizung in allen Räumen hochdrehen, während das Schlafzimmer gewöhnlich nie geheizt wird. Die Ergebnisse der Raumklimamessungen werden in diesem Fall sehr unauffällig sein.

Ein unzureichendes Heiz- und Lüftungsverhalten lässt sich deshalb aus Einzelmessungen nicht ableiten und nicht widerlegen.

5.3.2 Langzeitmessungen

Einsatzmöglichkeiten

Raumklima-Langzeitmessungen mittels sog. Datenlogger, die über längere Zeiträume Temperatur und Luftfeuchte in regelmäßigen Intervallen erfassen und speichern, sind relativ gut geeignet, um das Nutzerverhalten zu kontrollieren. Messungen im Schlafzimmer, im Wohnzimmer und gleichzeitig im Außenbereich über mindestens 7, besser 14 Tage zeigen, wie sich die Bewohner verhalten.

Handhabung und Bewertung

Die Gefahr, dass die Bewohner sich während der Messungen anders verhalten, d. h. intensiver lüften und heizen, ist gegeben. Jedoch ist in der Mehrzahl der Fälle zu erkennen, dass in den ersten 2 bis 3 Tagen tatsächlich intensiv geheizt und gelüftet wurde, ab dem dritten oder vierten Tag jedoch nicht mehr. Die Geräte sind relativ unscheinbar und werden meist schnell vergessen und deshalb wird nach kurzer Zeit geheizt und gelüftet wie immer.

Die Messungen sind nur aussagekräftig, wenn die Außenluft deutlich trockener und kühler ist als die Raumluft, da man sonst Lüftungsvorgänge nicht gut anhand der Messdiagramme erkennen kann.

Die Kurven in Abb. 5.11 zeigen einen typischen Verlauf. Es ist erkennbar, dass der Raum relativ sparsam geheizt wurde (Temperaturen die meiste Zeit deutlich unter 20 °C) und dass morgens täglich zwischen 6 und 7 Uhr kurz gelüftet wurde. Dies ist daran zu sehen, dass für kurze Zeit die Raumtemperaturen und mit geringer zeitlicher Verzögerung auch die relative Luftfeuchte abfallen.

Es ist auch zu erkennen, wann die relative Luftfeuchte nur aufgrund des Anstieges der Raumtemperatur abnimmt. In diesem Fall verläuft die grüne Kurve, die die Taupunkttemperatur wiedergibt, waagerecht.

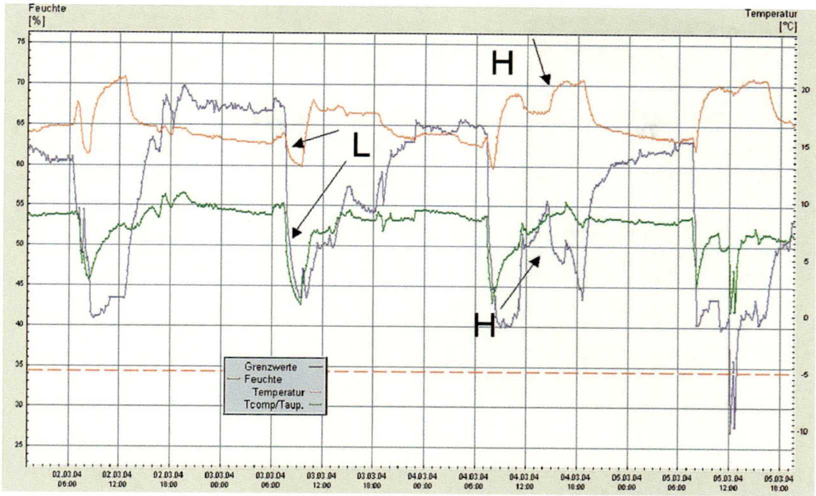

L: Phasen, in denen gelüftet wird: Die Temperatur fällt ab und nahezu gleichzeitig auch die Feuchte.
H: Phasen, in denen die Raumtemperatur erhöht, aber nicht gelüftet wird. Die relative Feuchte nimmt zwar ab, aber nur, weil die Temperatur zunimmt. Erkennbar ist dies auch daran, dass die Taupunktkurve (grün) nicht abnimmt.

Abb. 5.11: Ergebnisse einer Langzeitklimamessung

Abb. 5.12: Datenlogger (Fa. Gann), in einem Büroregal aufgestellt (versteckte Stelle außerhalb der Hauptluftströme, um extreme Schwankungen zu vermeiden)

Abb. 5.13: SiMAP®-Sendestation und WLAN-Messsensoren (Quelle: Enersor GmbH)

5.3.3 Raumklima-Echtzeitmessungen

Eine zukunftsweisende Methode zur Messung von Klimadaten ist die von Si-Tecno Oy (Finnland) entwickelte SiMAP®-Echtzeitmessung mittels kabelloser Sensoren und einer dazugehörigen Sendestation.

Einsatzmöglichkeiten

Je nach Wahl der Sensoren können Temperatur, Temperatur und Feuchte oder CO_2-Werte an fast jeder beliebigen Stelle gemessen werden. Die Sensoren werden abhängig von der Problemstellung im Raum, auf einem Bauteil oder auch in der Konstruktion oder in Belüftungs- und Klimaanlagen positioniert. An irgendeiner Stelle im Gebäude, die sich nicht in der gleichen Etage befinden muss, in der die Werte gemessen werden, wird der sog. Receiver aufgestellt und durch Verbinden mit dem Stromnetz aktiviert. Dieser Receiver empfängt die Signale von bis zu 64 Sensoren gleichzeitig und schickt die Daten im programmierten Zeittakt mittels einer SIM-Datenkarte an einen zentralen Server. Ein spezielles Softwareprogramm bereitet die Daten auf und stellt diese als Diagramm und als Tabellen dar. Die Werte sind via Internet jederzeit einsehbar und kontrollierbar.

Handhabung und Bewertung

Die Echtzeitmessung mit SiMAP®-Geräten bietet folgende Vorteile:

- Es kann jederzeit, z. B. auch direkt nach dem Aufstellen der Geräte, via Laptop die Funktionstüchtigkeit der Sensoren und der Geräte kontrolliert werden. Bei defekten oder falsch programmierten Datenloggern erfährt man dagegen erst nach dem Abholen und Auslesen, ob das Gerät funktioniert hat oder nicht.
- Zum Auslesen von Daten sind keine Ortstermine erforderlich.
- Es können mit einem Receiver bis zu 64 Sensoren gleichzeitig erfasst werden, die in einem Gebäude auch in verschiedenen Etagen und unterschiedlichen Wohnungen platziert wurden.

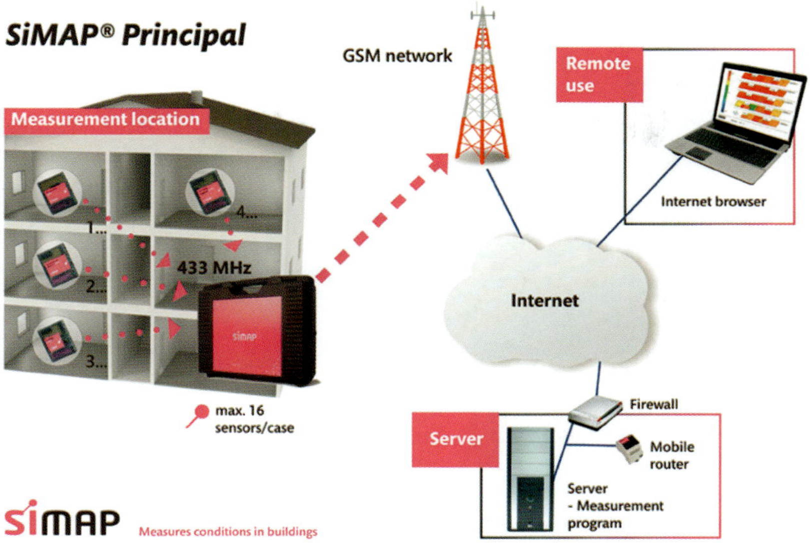

Abb. 5.14: WLAN-Messung in mehreren Etagen eines Mehrfamilienhauses mit einer Messstation (Quelle: Si-Tecno Oy, Helsinki)

- Die Sensoren können problemlos an anderen Stellen aufgestellt werden, ohne dass sie neu programmiert oder geladen werden müssen. Nach Angaben des Herstellers funktionieren die Akkus in den Temperatur- und Feuchtesensoren mindestens 8 Jahre. Die CO_2-Messung ist energieintensiv, daher beträgt für diese Sensoren die Akku-Lebensdauer nur ca. 2 bis 3 Monate.

5.4 Bauteilthermogramme

Um baulich bedingte Wärmebrücken festzustellen, sind Messungen der Bauteiltemperatur erforderlich. Voraussetzung für aussagekräftige Messergebnisse ist ein ausreichend großer Temperaturgradient zwischen innen und außen.

5.4.1 Thermografie

Einsatzmöglichkeiten

Mit dem Begriff Thermografie wird eine Methode bezeichnet, bei der mit einer Infrarotwärmebildkamera eine fotografische Aufnahme vom Gebäude erstellt wird. Da die Wärmebildkamera – wie der Name sagt – aus der erfassten Wärmestrahlung ein Bild produziert, ist die Farbwiedergabe ein Abbild der vorherrschenden Temperaturen.

Man erhält mit relativ wenig Aufwand ein Bild eines gesamten Gebäudes oder einer gesamten Wand und kann sofort erkennen, wo Schwachstellen auftreten, z. B. kritische Wärmebrücken, aber auch Luftundichtheiten der Gebäudehülle oder feuchte Bauteile, da feuchte Bauteile stärker auskühlen (thermodynamische Wärmebrücken).

Abb. 5.15: Fassadenansicht (Quelle: Reiner Diederen, Thermografie und Blower-Door-Messungen, Krefeld)

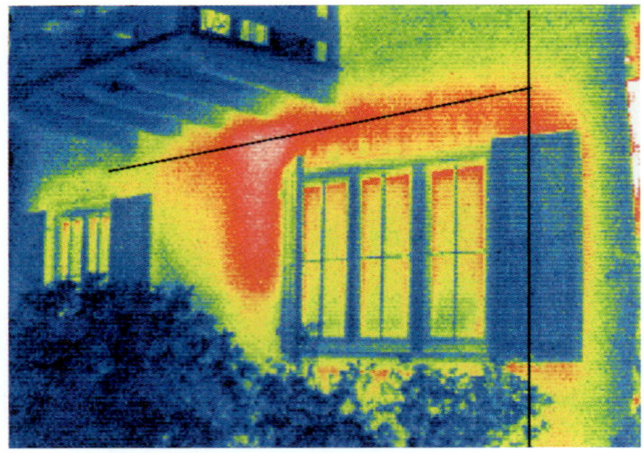

Abb. 5.16: Thermografische Aufnahme derselben Fassade (Quelle: Reiner Diederen, Thermografie und Blower-Door-Messungen, Krefeld)

Je nachdem, ob eine thermografische Aufnahme von außen oder von innen gemacht wurde, werden kritische Bereiche durch erhöhte Temperatur (Aufnahme von außen) oder geringe Temperatur (Aufnahme von innen) erkannt.

Handhabung und Bewertung

Für eine sichere Bewertung empfiehlt es sich, von außen und innen Aufnahmen anzufertigen. Nach Analyse des Gebäudes von außen und Erkennen kritischer Stellen hat es sich bewährt, diese kritischen Stellen nochmals mittels thermografischer Aufnahmen von innen zu untersuchen.

Geeignet ist die Thermografie auch zur Suche nach Leckagen in Heizungsrohren. Zur Messung muss die Heizung rechtzeitig ausgeschaltet werden, sodass bis zum Messzeitpunkt die Bauteile ausreichend abgekühlt sind. Zum Zeitpunkt der Messung wird die Heizung eingeschaltet und mit der Wärmebildkamera die Erwärmung der Heizungsrohre verfolgt. Sollte ein Rohr eine Leckage aufweisen, wird es an der Stelle rund um das Leck zu einem Austritt warmen Wassers kommen, was an einem lokalen Farbschleier außerhalb des Heizungsrohres erkennbar ist.

5.4.2 Punktmessung

Einsatzmöglichkeiten

Mittels Infrarotmessgeräten kann die Wärmestrahlung von Bauteilen Punkt für Punkt gemessen werden. Wie bei der Wärmebildkamera wird die Wärmestrahlung, die vom Bauteil ausgeht, erfasst, allerdings nicht als Bild dargestellt, sondern als Zahlenwert.

Handhabung und Bewertung

Bei der Bewertung der Messergebnisse ist zu beachten, dass nicht die Oberflächentemperaturen, sondern die Wärmestrahlung gemessen wird, die von der Temperatur des Bauteils abhängt. Zusätzlich werden Wärmestrahlen anderer Quellen an der Oberfläche reflektiert und erfasst. Der Grad der Reflexion ist von der Beschaffenheit der Oberfläche abhängig. Bei manchen

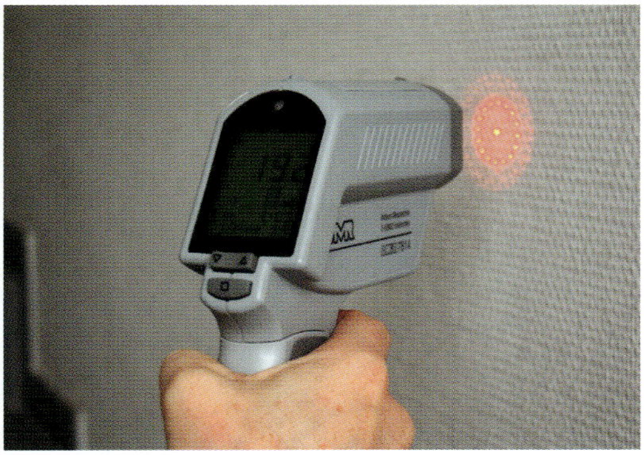

Abb. 5.17: Lasergesteuertes Infrarotmessgerät zur Messung der Oberflächentemperaturen

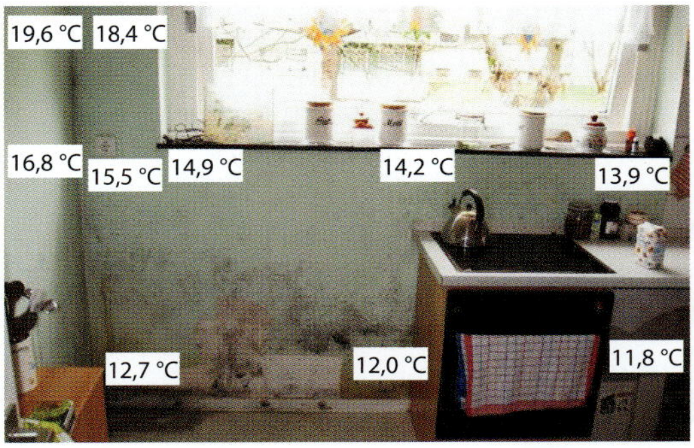

Abb. 5.18: Ergebnisse der Oberflächentemperaturmessungen bei einer Außentemperatur von 2,1°C und einer Raumlufttemperatur von 19,8 °C

Abb. 5.19: Ansicht der Wand von Abb. 5.18 von außen; das Kellerfenster reicht bis zur Zwischendecke Keller/EG und führt zu einer kritischen konstruktiven Wärmebrücke und einer extremen Auskühlung der Wand nahe der Zwischendecke

Werkstoffen wie Glas werden zusätzlich Wärmestrahlen gemessen, die den Werkstoff durchdringen, ohne komplett adsorbiert zu werden. Bei massiven Wänden ist dieser Effekt ausgeschlossen. Ist der Reflexionsgrad bekannt, lassen sich die meisten Geräte so einstellen, dass dieser Messfehler minimiert wird. Zu empfehlen sind Geräte, die mit einem Laser ausgerüstet sind, der die Stelle markiert, die aktuell gemessen wird.

Die Messung der Oberflächentemperaturen mit einem Kontaktthermometer ist sehr präzise, da anders als bei der Infrarotmessung mittels Infrarotkamera oder Infrarotmessgerät die tatsächliche Temperatur der Oberfläche erfasst wird und nicht die Wärmestrahlung, die vom Bauteil ausgeht und an der Oberfläche reflektiert wird.

Der größte Nachteil dieser Methode ist, dass sie sehr mühsam ist, denn man muss das Gerät für jeden Messpunkt so lange an die Wand halten, bis der Wert stabil ist, und dies oft mittels Leiter an Stellen nahe der Decke oder an der Decke selbst. Um sich einen Überblick zu verschaffen, ist diese Methode deshalb weniger gut geeignet.

Die optimale Kombination von Effektivität und Genauigkeit wird erreicht durch Scannen der Oberflächen mit der Infrarotmesspistole und punktuelle Nachmessung auffälliger Bereiche mit dem Kontaktthermometer.

5.4.3 Langzeitthermogramm

Das Problem der thermografischen Aufnahme und der Einzelpunktmessungen besteht darin, dass zur Messung ein Tag mit geringer Außentemperatur erforderlich ist.

Außerdem beeinträchtigt die Trägheit der Gebäude, Wärme aufzunehmen und wieder abzugeben, die Messungen erheblich. Gab es über Nacht einen Temperatureinbruch, dann hat sich dieser noch nicht auf die Gebäudehülle auswirken können und man erhält keine sicheren Werte zur Wärmebrückenanalyse. Umgekehrt würde nach Tagen eisiger Kälte starke Sonneneinstrahlung innerhalb kurzer Zeit wegen der Reflexion der Wäremstrahlung das Wärmebild verändern und somit auch die Schussfolgerungen.

Die Lösung dieses Problems bieten Langzeitmessungen an Oberflächen oder in Bauteilen. Wegen der einfachen Handhabung und der flexiblen Einsatzmöglichkeiten sind Messungen mittels SiMAP®-WLAN-Sensoren eine praktikable Methode. Die Sensoren können an verschiedenen Stellen in oder auf Wänden, in Fußbodenkonstruktionen oder hinter Wand- oder Deckenverkleidungen installiert werde, parallel kann die Lufttemperatur innen und außen erfasst werden. Der Verlauf der Temperaturen kann Aufschluss geben, wo kritische Wärmebrücken vorliegen und wie sich diese auswirken. Auf diese Weise erhält man ein Langzeitthermogramm zu jedem untersuchten Raum.

5.5 Dichtheit von Gebäuden

5.5.1 Dichtheit gegen Niederschlag und Feuchtigkeit

Gebäude müssen so dicht sein, dass weder Wasser noch Feuchtigkeit von außen ins Gebäude eindringen. Dies erfordert dichte Dächer, eine funktionierende Dachentwässerung, eine gegen Schlagregen dichte Fassade, einen gegen Spritzwasser dichten Sockel und Wände sowie eine Bodenplatte im Bereich unter der GOK, die weder drückendes Wasser noch Erdfeuchte in das Gebäude eindringen lassen.

Zur Überprüfung der Dichtheit von Gebäuden gegen Wasser und Feuchtigkeit existierten bis vor Kurzem keine praktikablen Methoden. Vor-Ort-Messungen durch Fachleute, z. B. nach jedem starken Regen, waren wegen der Fahrtkosten und des Zeitaufwandes wirtschaftlich nicht vertretbar.

Die SiMAP®-WLAN-Messtechnik ermöglicht nun die Messung in Problembereichen ohne die Notwendigkeit mehrfacher Ortstermine mit zeitaufwendigen Messungen. Werden die Sensoren z. B. in der Dachkonstruktion oder im Bereich der Bodenplatte eingebaut, dann kann jederzeit, z. B. nach Starkregen oder Sturm, direkt via Internet kontrolliert werden, ob Wasser oder Feuchtigkeit in die Konstruktion bzw. das Gebäude eingedrungen ist. Auch die Verknüpfung mit einem Warnsignal bei Erreichen eines bestimmten Wertes ist möglich. Wenn die Sensoren feststellen, dass Wasser im Dach eingedrungen ist, könnte z. B. eine SMS an bestimmte Personen, wie Haus-

Abb. 5.20 a bis d: Wasser/Feuchte dringt in ein Gebäude ein. Das Dach ist undicht (a). Die Fassade ist undicht (b). Der Sockel ist undicht (c). Der Keller ist nicht abgedichtet (d).

meister, Eigentümer, Verwalter, geschickt werden. Diese könnten sofort tätig werden, bevor ein größerer Schaden entstanden ist (siehe auch Abb. 10.2 und 10.3).

5.5.2 Luftdichtheit

Undichte Stellen in ansonsten gut luftdichten und wärmegedämmten Gebäuden bedeuten einen unerfreulichen und vermeidbaren Wärme- oder Energieverlust. Die aus dem Gebäudeinneren stammende Luft, die bei Undichtheiten in die Gebäudehülle und dort in die Wärmedämmzone gelangt, ist meist mit Feuchte angereichert.

Da bei niedrigen Außentemperaturen in der Dämmung ein Temperaturgradient vorliegt, kann es bei Luftundichtheiten zu Kondensationsschäden und mikrobiellen Schäden kommen.

Abb. 5.21: Installation eines Blower-Door-Ventilators in einer Tür, der für Überdruck sorgt (Quelle: BlowerDoor GmbH, Springe-Eldagsen)

Abb. 5.22: Bei gleichzeitigem Einsatz eines Nebelgenerators werden die undichten Stellen sehr gut erkennbar (vorher Feuerwehr informieren, um unnötigem Alarm durch Nachbarn oder Passanten vorzubeugen). (Quelle: BlowerDoor GmbH, Springe-Eldagsen)

Zur Vermeidung derartiger Schäden, aber auch, um im Verdachtsfall zu klären, ob und wo mit derartigen Schäden zu rechnen ist, kann man Gebäude mit dem sog. Blower-Door-Prüfverfahren® untersuchen. Entwickelt wurde das Verfahren von der Blower Door GmbH.

Hierbei wird im Türrahmen ein Gebläse eingesetzt, das einen Überdruck im Gebäude erzeugt. Es ist wichtig, dass alle anderen Öffnungen verschlossen und dicht oder abgedichtet sind. Um undichte Stellen optisch erkennen zu können, wird im Gebäude mit einem Nebelgenerator Nebel erzeugt. Von außen ist dann sehr gut zu erkennen, wo undichte Stellen in der Gebäudehülle vorliegen.

5.6 Dichtheit wasserführender Leitungen (Leckageortung)

Bei Hinweisen auf Undichtheiten in Abwasser- und/oder Druckwasserleitungen ist eine Leckageortung mit modernen technischen Methoden zu empfehlen. Auch bei Feuchteschäden in Flachdächern und in Fußböden mit Fußbodenheizung gehört zur Schadenserfassung eine fachmännische Leckageortung.

Druckwasserrohre wurden häufig zur Prüfung auf Leckagen abgedrückt. Hierbei besteht allerdings die Gefahr, insbesondere bei älteren Rohren, dass erst dadurch Schäden verursacht werden.

Tabelle 5.5: Übersicht über Leckageortungsmethoden

Methode	Beschreibung	Eignung
akustische Ortung mit Frequenzanalyse oder Korrelationsanalyse	Ortung von Körperschallwellen, die von austretenden Flüssigkeiten ausgehen	Ortung von Leitungs- bzw. Rohrbrüchen in Mauerwerk oder Erdreich mit Austritt größerer Wassermengen, auch bei Kunststoffrohren
Gasdetektoren bzw. Tracer-Gasverfahren	Ein Gemisch aus 5 % Wasserstoff und 95 % Stickstoff wird in Rohrleitungen eingespeist und mit einem Sensor das an der Leckage austretende Gas detektiert.	Ortung auch von kleinen Leckagen in Rohren und Leitungen auch zur Ortung von Leckagen in Flachdächern
Endoskopie	Eine an der Spitze beleuchtete Lichtleitfaser wird zur Inspektion von nicht zugänglichen Bereichen eingesetzt.	optische Inspektion von ansonsten nicht zugänglichen Stellen
Rohrkamera	an einem bis zu 30 m langen Versorgungskabel befestigte Videokamera mit Beleuchtung	Leckagen in Abwasserrohren
Thermografie	Temperaturdifferenzen werden optisch sichtbar gemacht.	Tritt aus Leitungen Flüssigkeit aus, deren Temperatur sich deutlich von der Umgebungstemperatur unterscheidet, kann die Schadensstelle im Thermogramm sichtbar gemacht werden.
Neutronensonde	Messung unterschiedlicher Feuchte auf großen Flächen mit dicken Bauteilen	Leckageortung im Bereich von Flachdächern und anderen großen Flächen

5.7 Salzgehalt

Zur Salzgehaltbestimmung muss Material entnommen und in einem entsprechenden Labor analysiert werden. Bestimmt werden kann der Gesamtsalzgehalt und bei Bedarf auch der Gehalt an Chloriden, Sulfaten und Nitraten.

Ein erhöhter Salzgehalt kann zu Schäden durch Absprengung führen. Durch Salze werden die Ergebnisse von mittelbaren Feuchtemessungen (Leitfähigkeitsmethode, HF-Methode) beeinflusst und Salze liefern auch Hinweise darauf, ob ein Transport salzhaltigen Wassers in der Vergangenheit aufgetreten ist.

Tabelle 5.6: Salzarten, Vorkommen und Wirkungen

Salzarten	Vorkommen	Wirkungen
Sulfate Magnesiumsulfat Natriumsulfat Kaliumsulfat	Kalk- und Zementmörtel, Beton oder kalkhaltige Natursteine auch durch Einwirkung von außen (saurer Regen, Rauchgase) Sulfatausblühungen auf Ziegel sind ein Hinweis, dass beim Brennen schwefelhaltiger Brennstoff verwendet wurde.	• hohe Sprengwirkung • massive Schäden an Putz (Absanden) und Ziegeln (abplatzende Schalen)
Nitrate (= Mauersalpeter) meist Calciumnitrat	bei Einwirkung von Stickstoffverbindungen, z. B. bei der Zersetzung von Jauche oder Urin (in Ställen oder Toilettenanlagen)	• stark hygroskopisch
Chloride Natriumchlorid Calciumchlorid	Natriumchlorid: meist von außen durch Streusalze oder Meerwasser Calciumchlorid: Zusatzstoffe, wie Frostschutzmittel und Erstarrungsbeschleuniger	• stark hygroskopisch • Calciumchlorid in Beton das sog. Friedel'sche Salz mit Sprengwirkung bildend • Gefahr der Korrosion an Metallteilen (Stahl- oder Spannbeton)
Carbonate Calciumcarbonat	häufigste Ausblühung auf Beton	• kaum problematisch, Schäden nur bei hohen Gehalten zu erwarten

Tabelle 5.7: Wertung von Analyseergebnissen bei der Salzgehaltbestimmung (Arendt/Seele, 2000)

SO_4 Sulfat (Masse-%)	Cl Chlorid (Masse-%)	NO_3 Nitrat (Masse-%)	Wertung	
< 0,024	< 0,009	< 0,016	0	unbelastet
< 0,077	< 0,028	< 0,050	I	gering
< 0,240	< 0,090	< 0,160	II	mittel
< 0,770	< 0,280	< 0,500	III	hoch
> 0,770	> 0,280	> 0,500	IV	extrem

5.8 Mikrobiologische Analysen

Es gibt bis heute keine Methode, mit der in jedem Fall zweifelsfrei festgestellt werden kann, ob Bauteile relevant mikrobiell besiedelt sind. Es sind nicht alle Mikroorganismen im Labor anzüchtbar und die im Labor auf Basis einer Materialanalyse gezüchteten Pilz- oder Bakterienkolonien können – zumindest zum Teil – von Sporen bzw. Keimen stammen, die als Verunreinigung auf der Probenoberfläche abgelagert waren, sog. Anflugsporen. Anflugsporen bedeuten jedoch keine mikrobielle Besiedlung, sondern lediglich eine Kontamination, die in der Regel nur die Oberfläche betrifft.

Die Frage, ob Material stark, leicht oder gar nicht mit Pilzen und/oder Bakterien besiedelt ist, muss jedoch beantwortet werden, wenn der Schaden bewertet und schließlich entschieden werden soll, ob Material zu entfernen ist.

Es gibt neben den klassischen mikrobiologischen Methoden auch Nachweisverfahren für bakterielle Endotoxine, Pilztoxine (sog. Mykotoxine), Toxizität des Materials insgesamt (Zelltest nach Prof. Gareis) und Verfahren zum Nachweis bestimmter Pilzbestandteile, wie z. B. die Analyse von Ergosterol, Glukanen oder den Mycometertest. Alle diese Methoden sind aber keine Routineverfahren, sondern aufgrund des Zeit- und Kostenaufwandes auf wissenschaftliche Projekte beschränkt.

Seit einigen Jahren werden auf dem Markt ATP- und ELISA-Schnelltests angeboten, mit denen direkt vor Ort entweder stoffwechselaktive Mikroorganismen (ATP = Adenosintriphosphat) oder einzelne Spezies oder Mykotoxine (ELISA = Enzyme Linked Immunosorbent Assay) nachgewiesen werden können. In der Praxis hat sich gezeigt, dass diese Analysen sehr selektiv sind und deshalb höchstens ergänzend zu den Standardmethoden angewendet werden können. Mit dem ATP-Test werden nicht die abgestorbenen Mikroorganismen detektiert, aufgrund der bisherigen Praxiserfahrung offenbar nicht einmal alle stoffwechselaktiven Mikroorganismen. Die Toxin-/Spezies-Tests zeigen nur das an, wonach gesucht wird, während alle nicht gesuchten Toxine und Spezies aufgrund der hohen Spezifität der Tests nicht erfasst werden.

Für die Sanierung ist der tatsächlich vorhandene Schaden, bestehend aus der Quelle und kontaminierten Bauteilen oder Gegenständen, relevant. Deshalb werden in diesem Kapitel nur Methoden zur Quellenuntersuchung und zur Untersuchung einer möglichen Kontamination beschrieben.

Methoden zur Untersuchung von Luft, wie MVOC-Analysen, Luftkeimmessungen, oder von Staub auf Sporen, Toxine usw. sind Indikatoranalysen und sollten bei positivem Befund der Anlass für eine Quellensuche sein. Diese Methoden sind für den Gutachter wichtig bei der Klärung, ob mit mikrobiellen Schäden zu rechnen ist. Bei eindeutig positiven Befunden einer Luftmessung oder Staubanalyse weiß man zwar, dass ein mikrobieller Befall vorliegen muss. Wo dieser sich befindet, kann mit diesen Methoden jedoch nicht geklärt werden. Sie haben daher im Zusammenhang mit der konkreten Schadensfeststellung keine praktische Bedeutung.

Indikatoranalysen werden teilweise zur Abnahme der Sanierungsarbeiten eingesetzt (siehe Kapitel 10).

Zur Quellen- bzw. Materialuntersuchung gibt es 2 routinemäßig einsetzbare, prinzipielle Methoden:

- Anzüchtung von mikrobiellen Keimen
- mikroskopische Analyse von Proben

Die Anzüchtung von Keimen kann direkt aus Materialproben erfolgen oder auch mittels Abklatschproben, bei denen zur Kultivierung von Mikroorganismen geeignete Nährböden auf das zu untersuchende Material aufgedrückt werden.

Die mikroskopische Analyse kann in manchen Fällen direkt am Material vorgenommen werden oder auch mittelbar mit Folienkontaktproben. Im zweiten Fall wird eine Klebefolie auf die zu untersuchende Oberfläche aufgedrückt und die anhaftenden mikrobiellen Partikel werden anschließend im Mikroskop untersucht.

5.8.1 Abklatschproben

Es werden geeignete Nährböden (sog. Rodac-Platten) auf die zu untersuchenden Oberflächen gleichmäßig mit leichtem Druck aufgedrückt. Bei der Untersuchung von mikrobiellen Schäden in Gebäuden hat sich der Einsatz von Dichloran-Glycerol-18 %- Agar (DG18-Agar) und Malzextraktagar für Schimmelpilze und von Casein-Soja-Agar (CASO-Agar) für Bakterien bewährt.

Die Nährböden sollten anschließend möglichst unverzüglich an das mikrobiologische Labor weitergeleitet werden, wo die auf den Nährböden anhaftenden kultivierbaren Partikel in entsprechenden Brutschränken bei 24 °C angezüchtet werden.

Die Bebrütungszeit beträgt in der Regel bis zu 10 Tagen. Die Kolonien werden gezählt und die Arten oder Gattungen bestimmt. Bei Zwischenauswertungen wird die Entwicklung des Koloniewachstums verfolgt, um auch Kolonien zu erfassen, deren Entwicklung durch später wachsende Arten gehemmt wird. Das Ergebnis wird in Kolonie bildende Einheit/Fläche (KBE/cm^2) angegeben.

Mit Abklatschproben können auf einfache Weise Oberflächen auf Mikroorganismen untersucht werden. Es ist bei der Bewertung zu beachten, dass man hierbei nicht unterscheiden kann zwischen keimfähigen Anflugsporen oder keimfähigen Sporen, die von den im untersuchten Material wachsenden Mikroorganismen stammen. Außerdem sollte beachtet werden, dass möglichst nur senkrechte Flächen beprobt werden, damit kein Altstaub von stark verstaubten Flächen erfasst wird.

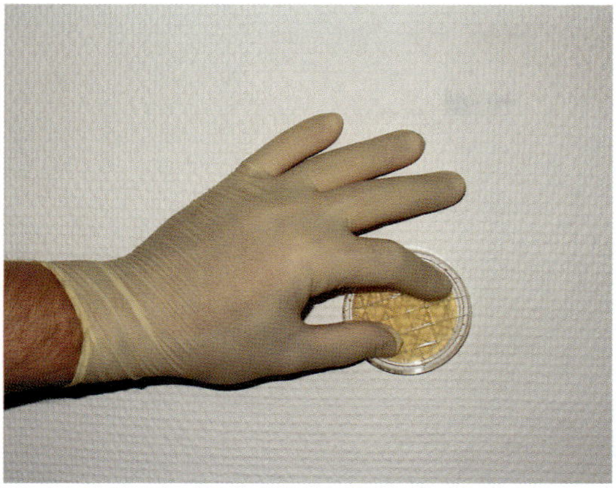

Abb. 5.23: Probenahme: Abklatschprobe

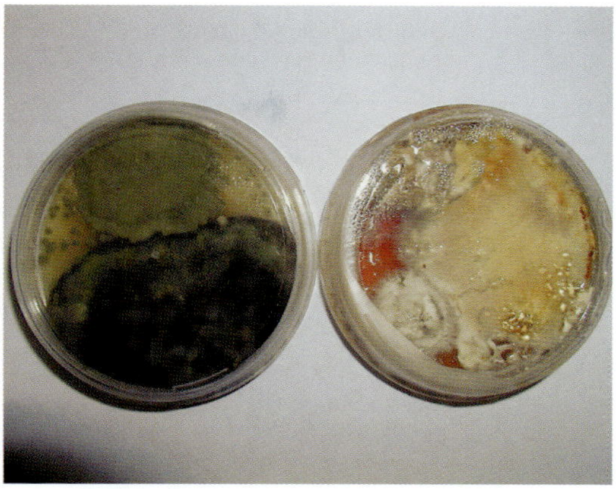

Abb. 5.24: Pilzkulturen, gewachsen auf Abklatsch

Soll untersucht werden, ob ein Bauteil mit Mikroorganismen besiedelt ist, dann sollte nicht die freie Oberfläche beprobt werden, sondern eine tiefere Schicht, z. B. die Rückseite der Tapete, die Wandoberfläche hinter der Tapete oder hinter einer dünnen Oberflächenschicht, nachdem diese mit einem sterilen Werkzeug entfernt wurde.

Soll dagegen untersucht werden, ob eine Kontamination von Oberflächen vorliegt, z. B. nach einer Sanierung, dann sollte direkt die freie, eventuell verunreinigte Oberfläche beprobt werden.

Bewertung

Wenn erhebliche Mengen von Kolonien von Materialoberflächen aus tieferen Schichten stammen, dann kann man davon ausgehen, dass das Material mikrobiell besiedelt ist.

Sind kultivierbare Sporen von einer freien Oberfläche entnommen worden, dann ist zu unterscheiden, ob es sich um übliche Außenluftsporen handelt oder um Sporen, die von einem mikrobiellen Schaden stammen müssen. Werden relevante Mengen von Kolonien von auffälligen Pilzen oder Bakterien nachgewiesen und waren die entsprechenden Gattungen oder Arten im Schadensbereich nicht nachweisbar, kann dies Anlass sein, um nach weiteren, noch nicht lokalisierten Quellen zu suchen. Allerdings werden mikrobielle Schäden immer stichprobenartig untersucht und es ist möglich, dass im bekannten Schadensbereich an anderen als den untersuchten Stellen auch diese Mikroorganismen gewachsen sind.

Trautmann veröffentlichte eine Empfehlung zur Bewertung von Abklatschproben (Trautmann, 2005), die in der nachfolgenden Tabelle wiedergegeben ist. Diese Empfehlung erstellte er auf der Basis jahrelanger Erfahrung als Mikrobiologe in der Untersuchung von Proben aus dem häuslichen Bereich.

Tabelle 5.8: Beurteilungshilfe von Abklatschproben, die auf senkrechten Flächen entnommen wurden (Trautmann, 2005)

Befund	Bewertung
Die Konzentration liegt unter 3 KBE/cm² oder 72 KBE/cm² und es liegen ausschließlich typische Außenluftpilze mit einer chaotischen Artenverteilung vor (= keine einzelne Art dominiert signifikant).	Hintergrundbelastung
Die Mengen sind nicht primär ausschlaggebend. Es dominieren Außenluftpilze und es liegen höchstens geringe Mengen an Indikatoren für Feuchtigkeitsschäden vor. Die Artenverteilung ist chaotisch.	Kontamination mit Hausstaub
Die Mengen sind nicht primär ausschlaggebend. Der Anteil an Indikatoren für Feuchtigkeitsschäden ist relevant. Die Artenverteilung ist chaotisch.	Kontamination mit Keimen von einem Feuchtigkeitsschaden
Rasenbildung. Einzelne Arten dominieren oder es wachsen überwiegend Indikatororganismen für Feuchtigkeitsschäden.	mikrobieller Befall oder starke Kontamination mit Keimen von einem Feuchtigkeitsschaden

Eine Einteilung in Befallsklassen auf der Basis von Konzentrationsbereichen, wie bei Materialproben, die mittels Suspension analysiert wurden, ist bei Abklatschproben nicht sinnvoll, da bereits relativ geringe Mengen, die nicht selten dicht nebeneinander wachsen, Probleme bei der Auswertung bereiten können.

5.8.2 Analyse von Materialproben mit Suspension

Bei dieser Methode wird entweder eine volumenbezogene oder eine flächenbezogene Analyse durchgeführt.

Die Materialprobe wird zerkleinert, gewogen und die mikrobiellen Partikel werden mit einer speziellen Flüssigkeit aus der Probe herausgewaschen. Die auf diese Weise gewonnene Suspension wird in unterschiedlichen Verdünnungsstufen auf Nährböden aufgebracht (DG18 und Malzextraktagar für Pilze, CASO für Bakterien). Die Anfertigung von Verdünnungsreihen ist erforderlich, da vor der Analyse nicht bekannt ist, welche Mengen von Mikroorganismen tatsächlich vorhanden sind, und eine verlässliche Auswertung nur möglich ist, wenn eine bestimmte Menge von Kolonien auf den Nährböden nicht überschritten wird. Entstehen zu viele Kolonien, dann wachsen diese ineinander und übereinander, was dazu führt, dass sie nicht mehr zählbar sind oder sich gegenseitig behindern.

Bei flächigen Proben wird die Oberfläche ausgemessen und die mikrobiellen Partikel werden wie oben beschrieben von der Oberfläche abgespült.

Auch bei Materialproben ist schon bei der Probenahme zu berücksichtigen, ob nur der Befall untersucht werden soll oder ob der Gesamtgehalt an Mikroorganismen inklusive Befall und Kontamination erfasst werden soll.

Abb. 5.25: Probenahme: Dämmmaterial aus einem Fußboden zur mikrobiologischen Analyse

Um zu vermeiden, dass auf der Probe anhaftende Anflugsporen das Ergebnis in unkontrollierter Weise beeinflussen, sollten auch bei Materialproben möglichst nur tiefere Schichten beprobt werden. Die Probenahmewerkzeuge sind vor und nach der Probenahme durch Wischdesinfektion zu reinigen, um eine Querkontamination zu vermeiden. Bei der Probenahme sollten Einmalhandschuhe getragen werden.

Auch sollte die Probe direkt nach der Probenahme in sterilem Material dicht verpackt werden. Es hat sich bewährt, das Material in Alufolie und anschließend in eine dichte Plastiktüte zu verpacken.

Bei der Untersuchung von Randstreifen aus Fußböden ist davon auszugehen, dass auf der freien Oberfläche größere Mengen Schmutz und Staub abgelagert sind, die stets größere Mengen Sporen und Keime enthalten. Deshalb sollte in einem solchen Fall immer die untere Hälfte des Randstreifens als Probe entnommen werden und nicht der verunreinigte Teil.

Bewertung

Zur Bewertung von Materialproben kann man kein einheitliches, für jedes Labor anzuwendendes Schema angeben, da laborspezifische Einflüsse auf den quantitativen Befund einwirken.

Trautmann gibt für Materialproben folgende Bewertungsempfehlungen (Trautmann, 2005):

Tabelle 5.9: Bewertungshilfe für Putz- und Gipskartonproben in KBE/g (Trautmann, 2005)

	Kategorie 1[1)]	Kategorie 2[2)]	Kategorie 3[3)]
Gesamtsporenkonzentration	< 500	500–15.000	> 15.000
Pilze mit sehr guter Sporenbildung	< 300	300–10.000	> 10.000
Pilze mit mittlerer Sporenbildung	< 150	150–5.000	> 5.000
Pilze mit niedriger Sporenbildung	< 70	70–2.000	> 2.000

1) Hintergrundkonzentration
2) Kontamination oder geringes Schimmelpilzwachstum in der Probe
3) Schimmelpilzwachstum in der Probe

Tabelle 5.10: Bewertungshilfe für Tapetenproben in KBE/g (Trautmann, 2005)

	Kategorie 1[1]	**Kategorie 2[2]**	**Kategorie 3[3]**
Gesamtsporenkonzentration	< 1.000	1.000–30.000	> 30.000
Pilze mit sehr guter Sporenbildung	< 600	600–20.000	> 20.000
Pilze mit mittlerer Sporenbildung	< 300	300–10.000	> 10.000
Pilze mit niedriger Sporenbildung	< 150	150–5.000	> 5.000

Tabelle 5.11: Bewertungshilfe für Künstliche-Mineralfaser-Proben in KBE/g (Trautmann, 2005)

	Kategorie 1[1]	**Kategorie 2[2]**	**Kategorie 3[3]**
Gesamtsporenkonzentration	< 4.000	4.000–30.000	> 30.000
typische Pilze der Außenluft	< 2.000	2.000–10.000	> 10.000
Pilze mit sehr guter Sporenbildung	< 2.000	2.000–20.000	> 20.000
Pilze mit mittlerer Sporenbildung	< 1.000	1.000–10.000	> 10.000
Pilze mit niedriger Sporenbildung	< 500	500–5.000	> 5.000

Tabelle 5.12: Bewertungshilfe für Styroporproben in KBE/g (Trautmann, 2005)

	Kategorie 1[1]	**Kategorie 2[2]**	**Kategorie 3[3]**
Gesamtsporenkonzentration	< 5.000	5.000–50.000	> 50.000
Pilze mit sehr guter Sporenbildung	< 2.000	2.000–30.000	> 30.000
Pilze mit mittlerer Sporenbildung	< 1.000	1.000–15.000	> 15.000
Pilze mit niedriger Sporenbildung	< 1.000	1.000–7.000	> 7.000

[1] Hintergrundkonzentration
[2] Kontamination oder geringes Schimmelpilzwachstum in der Probe
[3] Schimmelpilzwachstum in der Probe

Nach diesen Bewertungsempfehlungen müssten bei der Auswertung von Proben viele Parameter berücksichtigt werden: die Schimmelpilztypen (Außenlufttyp oder Indikator für Feuchteschäden), die Fähigkeit der Sporenentwicklung, das Material selbst und außerdem zusätzlich folgende Parameter:

- Ort der Probenahme (Künstliche-Mineralfaser-Probe aus durchlüftetem Dach mit starker Staubbelastung durch direkte Luftanströmung oder als Dämmmaterial aus dem Fußboden)

- Schadensalter (Neubaumaterial mit Verunreinigung des Materials vom Lagerplatz, junger Schaden mit noch wenigen Sporen oder alter Schaden mit bereits vielen abgestorbenen Sporen)
- Zustand der Pilze (starke oder schwache Sporenbildung in Abhängigkeit von den vorliegenden Parametern, z. B. den aktuellen Feuchtewerten)
- gegenseitige Beeinflussung bzw. Behinderung des Wachstums von Mikroorganismen im Material und auf den Nährböden
- Pilzart und entsprechende Wachstumsbedingungen (Arten, die auf nährstoffreichem Laboragar schlecht wachsen, dagegen auf nährstoffarmem Baumaterial sehr gut – oligotrophe Mikroorganismen –, oder umgekehrt – copiotrophe Mikroorganismen)

Für die praktische Arbeit ist es jedoch notwendig, die Bewertung nicht allzu kompliziert zu gestalten. Da diese Einflüsse nicht alle erfasst werden können, sollten die zu erwartenden Ungenauigkeiten dadurch Würdigung finden, dass bei Zugrundelegung eines relativ groben Schemas die möglichen Einflüsse so weit möglich berücksichtigt werden.

Es wird an dieser Stelle vorgeschlagen, die Stärke eines Materialbefalls in 3 Klassen einzuteilen (diese Beurteilung bezieht sich nur auf die Probe und nicht auf den Schaden insgesamt; die Schadensbewertung folgt in Kapitel 7). Damit es zu keiner Verwechslung mit den Kategorien zur Einstufung von Schäden nach den Leitfäden des Umweltbundesamtes (UBA) und des Landesgesundheitsamtes (LGA) Baden-Württemberg kommt, wurde der Begriff „Befallsklasse“ gewählt:

- Befallsklasse 1 (BK 1): kein Befall oder nicht relevanter Befall
- Befallsklasse 2 (BK 2): relevanter mikrobieller Befall nicht auszuschließen
- Befallsklasse 3 (BK 3): relevanter mikrobieller Befall liegt vor

Diese Einteilung wird nicht in jedem Fall den tatsächlichen Sachverhalt treffen, ob eine Besiedlung mit Mikroorganismen vorliegt oder nur eine erhebliche Kontamination, aber dies ist auch nicht die entscheidende Frage. Für die Sanierung ist ausschlaggebend, ob Material entfernt werden sollte oder ob Trocknen, ggf. kombiniert mit Desinfektion, ausreicht. Bei befallenem Material mit geringem mikrobiellem Wachstum, geringen Mengen von Keimen und gesundheitlich nicht bedenklichen Mikroorganismen (BK 1 oder 2) dürfte dann, wenn der Schaden keine besonderen Dimensionen umfasst und die Bewohner auch nicht unter Symptomen leiden, eine Materialentfernung überflüssig sein und es müsste reichen, wenn man durch Trocknen, ggf. auch Desinfektion, das Wachstum stoppt und auf Dauer nachhaltig verhindert, ggf. den Schaden auch von der Umgebung isoliert, z. B. durch Abdichten der Randfugen.

Sind jedoch ausgedehnte Flächen zwar nicht direkt bewachsen, aber mit hohen bis sehr hohen Mengen von Keimen und anderen mikrobiellen Partikeln kontaminiert, darunter ggf. auch Arten/Gattungen, die aus gesundheitlicher Sicht kritisch sind, und liegen gleichzeitig gesundheitliche Beschwerden bei den exponierten Personen vor, dann dürfte die Materialentfernung geboten sein, soweit dies technisch machbar und wirtschaftlich vertretbar ist (siehe Kapitel 7.7).

Alles, was zwischen diesen beiden Fällen liegt, ist individuell unter Berücksichtigung aller erfassbaren Aspekte zu entscheiden, wie in Kapitel 7 dargestellt, wo die Bewertung eines Schadens besprochen wird.

Aufbauend auf den Tabellen 5.9 bis 5.12 wurde folgende Empfehlung zur Festlegung der Befallsklassen BK 1 bis BK 3 erarbeitet (die alleinige Anwendung der Tabelle 5.13 ohne Beachtung der dazugehörigen Hinweise ist nicht fachgerecht und führt zu falschen Bewertungsergebnissen).

Tabelle 5.13: Einstufung der Ergebnisse von Materialanalysen auf Pilze und Bakterien in Befallsklassen auf der Basis der Bewertungsempfehlungen von Trautmann (Trautmann, 2005)

	BK 1 (KBE/g)	**BK 2 (KBE/g)**	**BK 3 (KBE/g)**
Pilze			
Gesamtsporenkonzentration	< 500	500–50.000	> 50.000
Gattung *Penicillium* oder *Aspergillus* (einzeln betrachten), ausgenommen *Aspergillus*-Arten nach Tabelle 5.14	< 300	300–30.000	> 30.000
einzelne Arten/Gattungen	< 100	100–15.000	> 15.000
Bakterien[1]			
Bacillus[2]	Zur Abstufung von BK 1 und BK 2 sind derzeit nicht genügend Daten verfügbar. Die Bewertung sollte mit dem jeweiligen Labor abgesprochen werden.		> 2.000
Actinomyceten[3]			> 20.000
Summe sonstiger Bakterien			> 50.000

[1] Die Angaben zu den Bakterien basieren auf bisher nicht veröffentlichten Empfehlungen von Trautmann, die freundlicherweise zur Verfügung gestellt wurden.
[2] Zu der Gattung *Bacillus* gehören Toxinproduzenten (siehe Lorenz/Trautmann/Dill, 2003, und Andersson, 1999).
[3] Zur Ordnung *Actinomycetales* gehören fakultativ pathogene Arten und potenzielle Antibiotika- und Toxinproduzenten (siehe Lorenz/Trautmann/Dill, 2003).

Hinweise zu Tabelle 5.13:

Die Werte für BK 1 liegen in jedem Fall im Bereich der Hintergrundwerte nach Trautmann (Trautmann, 2005), unabhängig vom Material und von anderen Einflussgrößen.

Der Wert für BK 3 dagegen ist in jedem Fall als Besiedlung aufzufassen, ebenfalls unabhängig vom Material und von anderen Einflussgrößen.

Bei Ergebnissen, die in die BK 2 fallen, ist zunächst unklar, ob es sich um einen Befall oder eine relevante oder auch erhebliche Kontamination handelt. Deshalb müssen in diesem Fall weitere Kriterien berücksichtigt werden, wie:

- das vorliegende Material (ggf. Neueinstufung aufgrund der Empfehlungen von Trautmann)
- die Probenahmestelle (starke Kontamination zu erwarten oder nicht zu erwarten)
- das Auftreten bestimmter Arten, die entweder aus gesundheitlicher Sicht besonders kritisch sind, bei denen nur eine geringe Sporenproduktion zu erwarten ist oder die Indikatoren für Feuchteschäden sind, sodass eine Verunreinigung mit ubiquitären Mikroorganismen bzw. typischen Außenluftspezies unwahrscheinlich ist

Im Zweifelsfall sollten ergänzend mikroskopische Analysen durchgeführt werden.

Allerdings sollte nicht nur mikrobiell relevant besiedeltes Material, sondern auch durch einen nahen Feuchteschaden extrem kontaminiertes Material entfernt werden.

Leider gibt es auch nach Berücksichtigung dieser Aspekte nicht nur Ergebnisse, die eindeutig auf eine ernst zu nehmende mikrobielle Besiedlung oder darauf, dass kein Befall vorliegt, schließen lassen. In diesem Fall sind alle Begleitumstände, wie die Ausdehnung des Schadens, die exponierten Personen usw., bei der abschließenden Bewertung von ganz besonderer Bedeutung (siehe Kapitel 7).

Liegen die Konzentrationen im Bereich der BK 2, dann sollte beim Auftreten relevanter Mengen von Arten, die aus gesundheitlicher Sicht als kritisch einzustufen sind, die als klare Indikatoren für Feuchteschäden gelten oder die relativ geringe Sporenmengen produzieren (siehe Tabellen 5.9 bis 5.12: Pilze mit niedriger Sporenbildung), die Klasse um eine Stufe erhöht werden.

Hierzu sind nach derzeitigem Kenntnisstand folgende Pilze zu zählen:

Tabelle 5.14: Pilzarten, die bei der Bewertung der Ergebnisse von Materialanalysen besonders zu berücksichtigen sind

Art/Gattung	Grund für Einstufung als kritischer Pilz
Acremonium spp.	Indikatoren für Feuchteschäden
Aspergillus fumigatus	fakultativ pathogen, kann Aspergillose verursachen
Aspergillus flavus	dto. (in Mitteleuropa jedoch so gut wie nicht bei Feuchteschäden nachweisbar)
Aspergillus penicilloides	Indikator für Feuchteschäden
Aspergillus restrictus	Indikator für Feuchteschäden
Aspergillus versicolor	Indikator für Feuchteschäden, potenzieller Produzent von Sterigmatocystin
Chaetomium spp.	potenzielle Produzenten von Chaetomin, geringe Sporenbildung
Engyodontium album	Indikator für Feuchteschäden

Fortsetzung Tabelle 5.14

Art/Gattung	Grund für Einstufung als kritischer Pilz
Fusarium spp.	Die Gattung enthält potenzielle Produzenten von Trichothecenen, u. a. T2-Toxin, einem stark wirkenden Mykotoxin (Test mit Labor-Zellkulturen).
Phialophora spp.	Indikator für Feuchteschäden
Scopulariopsis brevicaulis	Indikator für Feuchteschäden
Scopulariopsis fusca	Indikator für Feuchteschäden
Stachybotrys chartarum	potenzieller Produzent von Satratoxin, einem sehr stark wirkenden Mykotoxin (Test mit Labor-Zellkulturen), geringe Sporenbildung
Trichoderma spp.	dto.
Ulocladium spp.	geringe Sporenbildung

Es ist jedoch nicht angemessen, dass bereits Spuren eines dieser Mikroorganismen zu einer Anhebung der Befallsklasse führen. Schwellwerte sollten überschritten sein, wenn die Befallsklasse angehoben wird.

Tabelle 5.15: Vorschlag für Schwellwerte in KBE/g für kritische Arten/Gattungen zum Anheben der Befallsklasse BK 2 auf BK 3

Material	Art/Gattung	
	Aspergillus fumigatus* und *A. flavus*, *Chaetomium spp.*, *Stachybotrys chartarum*, *Ulocladium spp.*, *Trichoderma spp.*, *Fusarium spp.	**alle anderen in Tabelle 5.14 genannten Arten/Gattungen**
Putz, Gipskarton	> 2.000	> 5.000
Tapete, künstliche Mineralfasern	> 5.000	> 10.000
Styropor	> 7.000	> 15.000

Beispiel

Materialprobe aus künstlichen Mineralfasern mit Nachweis von 30.000 KBE Pilz-Gesamtsporenkonzentration, darunter 4.000 *Fusarium spp.* und 6.000 *Stachybotrys chartarum*: relevanter mikrobieller Befall nicht auszuschließen (BK 2)

Fusarium spp. liegen mit 4.000 unter dem Schwellwert von 5.000 KBE/g für die Anhebung von BK 2 auf BK 3, aber *Stachybotrys chartarum* liegt mit 6.000 KBE/g über dem Schwellwert von 5.000 KBE/g für die Anhebung von BK 2 auf BK 3, somit insgesamt BK 3: relevanter mikrobieller Befall liegt vor.

Es bleibt bei den Materialanalysen bzw. bei deren Einstufung die Unsicherheit, ob trotz eines negativen Befundes doch ein mikrobieller Befall vorliegt, der im Labor nicht anzüchtbar ist (z. B. beim Auftreten oligotropher Mikroorganismen oder einer dem Sachverständigen unbekannten Desinfektion vor Probenahme). Deshalb sollte, wenn z. B. das Material muffig riecht, das Material für Mikroorganismen typische Flecken aufweist oder auch das Bauteil vom Spürhund angezeigt wurde, eine Kontrollprobe genommen und/oder ergänzend eine mikroskopische Analyse durchgeführt werden. Bleiben dann immer noch Fragen offen, sollte schließlich ein Fachmann hinzugezogen werden, der ggf. durch Einsatz weiterer Methoden klärt, was der Grund für die Widersprüche zwischen Laborergebnis und Wahrnehmung ist.

5.8.3 Mikroskopische Materialanalyse, Folienkontaktproben

Bei der mikroskopischen Untersuchung von Probenmaterial werden die mikrobiellen Bestandteile in der Probe meist mit Lactophenol angefärbt. Anschließend wird unter dem Mikroskop ausgewertet, ob Sporen bzw. Keime und/oder Myzel von Pilzen und Bakterien erkennbar sind.

Der Vorteil dieser Methode ist, dass zwischen Sporen und Myzel unterschieden werden kann, was die Einschätzung erleichtert, ob im Material Mikroorganismen gewachsen sind oder nicht.

Außerdem werden mit dieser Methode auch die mikrobiellen Partikel erkannt, die auf Nährböden eventuell nicht anwachsen, da sie bereits abgestorben sind oder andere Kultivierungsbedingungen bevorzugen.

Ein weiterer Vorteil ist, dass diese Methode erheblich schneller Ergebnisse liefert als die Auswertung gezüchteter mikrobieller Kolonien, da keine Anzüchtzeiten abzuwarten sind, bis die Probe analysiert werden kann. Die in der Regel erheblich schnellere Bearbeitung ist bei Untersuchungen im Zusammenhang mit Sanierungsarbeiten ein wesentlicher Vorteil.

Nachteile der mikroskopischen Analyse sind, dass nicht alle Arten und Gattungen auseinandergehalten werden können und dass manche Materialien je nach Materialstruktur nur schwer oder gar nicht untersucht werden können. Auch ist nicht zu erkennen, ob lebende Keime vorliegen oder ob alle abgestorben sind, weshalb mit dieser Methode nicht kontrolliert werden kann, ob eine erfolgreiche Desinfektion durchgeführt wurde oder nicht.

So ist die Analyse von Materialstücken mit wenig zerstörter Oberfläche, z. B. Tapete, zusammenhängende Putzstücke, Styropor, relativ gut möglich, während stark zerkleinertes bzw. fragmentiertes Material, z. B. sehr kleine Wandputzpartikel, einer mikroskopischen Analyse nur schwer zugänglich ist. Es empfiehlt sich im Zweifelsfall, vorher mit dem Labor Rücksprache zu halten.

Bewertung

Durch die Unterscheidung zwischen Sporen und Myzel ist eine Abschätzung möglich, ob es sich um eine Kontamination oder einen mikrobiellen Befall handelt. Eine Bewertungsempfehlung, ob ein Materialstück in relevanter oder vernachlässigbarer Weise besiedelt ist, kann derzeit nicht allgemein formuliert werden, da das Ergebnis meist nur in qualitativer Form vorliegt. Es ist zu empfehlen, die Bewertung mit dem Analyselabor abzustimmen und die Gesamtbewertung nicht allein auf die Ergebnisse von mikroskopischen Analysen zu stützen.

5.9 Mikrobielle Methoden zur Überwachung und Endkontrolle von Sanierungsmaßnahmen

In der Praxis wird regelmäßig eine Endkontrolle der Sanierungsarbeiten gewünscht, bei der überprüft werden muss, ob das mikrobiell besiedelte Material entfernt wurde und/oder ob die Dekontamination oder Feinreinigung fachgerecht und ordentlich ausgeführt wurde.

Hierbei gibt es 2 Probleme. Wenn der Sanierungsbereich nach Materialbeseitigung gründlich desinfiziert wurde, dann sind eventuell Mikroorganismen bzw. mikrobielle Partikel vorhanden, aber diese sind im Labor nicht anzüchtbar. Deshalb kann man mit einer Luftkeimmessung, einer Staubanalyse auf kultivierbare Mikroorganismen, einer Abklatschprobe oder einer Materialanalyse mittels Kultivierung nur untersuchen, ob noch anzüchtbare, d. h. lebende Mikroorganismen vorliegen, aber nicht, ob die mikrobielle Kontamination beseitigt wurde.

Mit der mikroskopischen Methode kann man dagegen kontrollieren, ob noch Sporen und Myzel vorhanden sind, aber nicht, ob diese abgestorben oder lebendig sind. Deshalb kann man mit dieser Methode nicht kontrollieren, ob wachstumsfähige Mikroorganismen vorliegen.

Tabelle 5.16: Methoden bei der Abnahme von Sanierungsarbeiten

Überprüfung von	Methode
der Entfernung mikrobiell besiedelten Materials	Materialproben mikroskopieren
dem Erfolg der Desinfektion bzw. Feinreinigung	Abklatschproben, Luftkeimmessungen, Staubanalysen, Materialproben mit Kultivierung untersuchen

Die wichtigste Maßnahme zur Abnahme bzw. Endkontrolle von Sanierungsarbeiten ist jedoch die Objektinspektion nach erfolgtem Rückbau. Nach Abschluss des Rückbaus sollten der mikrobielle Befall und die Kontamination beseitigt sein. Wenn dies fachgerecht und erfolgreich durchgeführt wurde, folgen anschließend nur noch Baumaßnahmen, die mit dem mikrobiellen Befall nichts mehr zu tun haben. Diese müssen deshalb nicht mehr zusätzlich von Experten für mikrobielle Schäden begleitet und kontrolliert werden.

Abb. 5.26: Analyse eines sichtbaren Befalls: Würde man bei Entnahme von zwei Streifen als Kreuz und Analyse als Mischprobe ein repräsentatives Ergebnis erhalten? Was ist mit dem rosa Schimmelpilzfleck im Bereich des roten Kreises?

5.10 Probenahme

Ist der Befall nicht optisch oder am Geruch erkennbar, entscheidet das Ergebnis von Laboranalysen darüber, ob ein relevanter Schimmelpilzschaden vorliegt. Juristen sehen in Laboranalysen in der Regel objektive Beweise auf wissenschaftlicher Grundlage. Sind aber Laboranalysen tatsächlich objektive Fakten oder wird mit für Laien oft unverständlichen Laborberichten nur wissenschaftliche Objektivität vorgegaukelt?

Alle Bemühungen um objektive Feststellungen sind nur dann erfolgreich, wenn alles richtig gemacht wurde. Dies bedeutet, dass das richtige Material an der richtigen Stelle fachgerecht als Probe entnommen wurde und die Anzahl der Proben ausreichend sind, um den Schaden zu erfassen. Eine qualifizierte Probenahme ist zwar nur ein Schritt auf dem Weg zu einer fachlich korrekten Bewertung, allerdings ein sehr wesentlicher.

Sehr häufig wird gefordert, dass eine repräsentative Probe entnommen werden soll. Die Bezeichnung „repräsentativ" ist in erster Linie aus Medienberichten über Ergebnisse von Meinungsforschungsumfragen bekannt.

Es könnte die Aufgabe gestellt werden, die im Bereich eines sichtbaren Befalls auftretenden Arten zu erfassen. Kein mikrobieller Schaden ist homogen, denn auf jeden Fall ist und war die Feuchtigkeit, oft auch die Temperatur, im Schadensbereich unterschiedlich. Legt man keinen Wert auf die quantitativen Relationen zwischen den Arten, sondern interessiert tatsächlich nur die Qualität, dann kann man im Raster Proben nehmen und als Mischprobe analysieren. Man könnte auch Proben in zwei Streifen über Kreuz nehmen (siehe Abb. 5.26) und hätte damit den Parameter Feuchtigkeit, von sehr feucht im Schadenszentrum bis leicht feucht am Schadensrand, berücksichtigt.

In der Praxis ist allerdings die Analyse sichtbarer Schäden nicht das vordringliche Problem. Die Frage nach einem mikrobiellen Befall stellt sich vorrangig bei der Beurteilung nicht visuell erkennbarer Schäden, bevorzugt dann, wenn die Sanierung einen erheblichen finanziellen Aufwand bedeutet. Es gibt im Bereich der Umweltanalytik kaum ein schwerer definierbares System als einen Schimmelpilzschaden ohne sichtbaren oder am Geruch erkennbaren Befall.

Der Schaden ist abhängig von der Anfangskeimzahl, der Qualität der Anfangskeime, der vorherrschenden Temperatur, der Feuchtigkeit und dem Material. Er ändert sich im Laufe der Zeit, und zwar, da die anderen Parameter an jeder Stelle unterschiedlich sein können oder gewesen sind, an jeder Stelle auf andere Weise.

In der Praxis bedeutet dies, dass man die Parameter nicht ansatzweise über die gesamte Schadenszeit definieren oder abschätzen kann. Es sind, unabhängig von der Probenzahl, nur Stichprobenuntersuchungen möglich, die keine klare Schadensdefinition mit Angabe der Arten und der insgesamt vorliegenden Biomasse ermöglichen, sondern nur eine grobe Klassifizierung des Schadens. Um eine Korrelation zwischen Quelle und gesundheitlicher Symptomatik herzustellen, wäre die möglichst genaue Erfassung jedoch erforderlich.

Die sichere Ermittlung der Arten und/oder Gattungen ist bei Materialanalysen im Vorfeld einer Sanierungsentscheidung auch nicht von wesentlicher Bedeutung. Die Entscheidung, ob ein Material befallen ist oder nicht, wird in erster Linie an der Konzentration festgemacht, wobei allerdings nach Trautmann unterschiedliche Beurteilungsstufen je nach Material und Arten anzusetzen sind (siehe Kapitel 5.8.2).

Bei Schimmelpilzschäden sollten bei der Festlegung der Stelle oder der Stellen zur Probenahme und zur Auswahl des Probenmaterials (Tapete, Putz?) folgende Informationen berücksichtigt werden:

- Ergebnisse von Feuchtigkeitsmessungen
- Kenntnisse über bekanntermaßen kritische Bereiche
- Kenntnisse zu der Ursache

Beispiel: Untersuchung einer gedämmten Außenwand

Wenn eine raumseitig mit Polystyrol gedämmte Außenwand auf einen möglichen Schimmelpilzbefall untersucht werden soll, dann weiß man, dass die Ursache in erhöhter Feuchtigkeit durch eine Taupunktverschiebung in Richtung Innenraum begründet sein dürfte. Wird die Wand im Sommer untersucht, wird keine erhöhte Feuchtigkeit messbar sein, aber man kann sich vorstellen, dass die Eckbereiche Außenwand/Außenwand/Decke und/oder Außenwand/Außenwand/Fußboden besonders betroffen sein müssten, je nachdem, ob der Raum unter einem Flachdach im dritten Obergeschoss (OG) liegt oder im Erdgeschoss (EG) über einem nicht geheizten Kellerraum.

Durch eine Inspektion der Fassade kann man Schwachstellen ermitteln, die zu kritischen Wärmebrückeneffekten außerhalb der Bereiche geometrischer Wärmebrücken führen können. Wenn man nun die kritischen Ecken beprobt, eventuell einen weiteren Bereich mit erkennbaren Schwachstellen, ist die Wahrscheinlichkeit, einen Befall zu übersehen, gar nicht mehr so groß. Allerdings ist in diesem Fall die Ausdehnung zweitrangig, da die Dämmung ohnehin entfernt werden sollte, um die Ursache zu beseitigen.

Beispiel: Untersuchung eines Fußbodens

Bei der Untersuchung von Dämmlagen in Fußbodenkonstruktionen mit schwimmendem Estrich ist das Problem grundsätzlich anders als bei der Untersuchung einer Wandwärmedämmung. Im Fußboden ist die Dämmung nämlich nicht die originäre Ursache.

Wenn man einen Schaden im Fußboden zeitnah nach dem Schadensereignis mittels Feuchtigkeitsmessungen untersuchen kann und sicher ist, dass die Feuchtigkeit noch nicht stellenweise relevant abgetrocknet ist, dann kann man das maximale mögliche Schadensausmaß mittels der Feuchtigkeitsmessungen feststellen.

Mikroorganismen werden allerdings bei einem Fußbodenaufbau mit Beton, Polystyrol und Zementestrich nicht unbedingt da am besten wachsen, wo Feuchtigkeit vorherrscht oder vorherrschte, sondern es müssen auch Keime vorhanden gewesen sein. Diese werden meist mit Dreck eingebracht und dieser kann wahllos sehr heterogen im Fußboden verteilt sein.

Probenahme in der Praxis

Neben dem Wunsch, eine möglichst zutreffende Aussage zu machen, sind immer auch die Kosten aufgrund der Zerstörungen durch die Probenahmen und die Kosten für die Analysen zu beachten. Es ist deshalb zu empfehlen, zunächst alle meist leicht erfassbaren Informationen zu sammeln und auszuwerten, bevor man Bauteile zerstörend öffnet und Proben entnimmt.

A: Ausmaß des Schadens abschätzen

Aufgrund der Schadensursache kann man abschätzen, ob ein relevanter Tiefenbefall zu erwarten ist und ob viel oder wenig Wasser ausgetreten ist. Bei einem Schaden aufgrund hygrothermischer Effekte ist der Befall in der Regel entweder auf die Oberfläche oder bestimmte Ebenen begrenzt, z. B. die vom Raum abgewandte Seite einer raumseitig angebrachten Wanddämmung.

B: Klären, ob zur Beantwortung der Fragen eine Materialanalyse benötigt wird

Bei einem sichtbaren Befall ist dessen Analyse für die Erstellung des Sanierungskonzeptes nicht erforderlich. Allerdings sollte man auf Basis der Ursache abschätzen, ob ein Tiefenbefall vorliegt oder nicht. Sind Bauteile erkennbar auch in tieferen Schichten oder auf Rückseiten befallen, z. B. eine Gipskartonwand, sind zur Entscheidung, ob diese Bauteile entfernt werden müssen, ebenfalls keine Analysen erforderlich.

Auch dann, wenn ein Material eindeutig nach Mikroorganismen riecht, sind nach meiner Einschätzung keine Analysen erforderlich – außer der Kunde, Arzt, Jurist oder die Versicherung verlangen dies.

C: Wunsch nach Information versus Kosten

Fragwürdig ist es immer, wenn man mit Probenahme und Analysen Kosten erzeugt, die in keinem Verhältnis zu den Sanierungskosten liegen.

Ist es tatsächlich sinnvoll, mittels Untersuchungen in Höhe von 1.000 € prüfen zu lassen, ob eine Sanierung mit Kosten von ebenfalls 1.000 € durchgeführt werden muss?

Es gibt 3 Möglichkeiten: Entweder ist eine Sanierung nicht nötig und der Gutachter bekommt 1.000 €; eine Sanierung ist nötig und Gutachter wie Sanierer bekommen jeweils 1.000 €; oder es wird für 1.000 € saniert und man erfährt nie, ob die Sanierung erforderlich war.

Wo die Kostengrenze zu ziehen ist, lässt sich schwer sagen. Man sollte den Kunden auf das Problem hinweisen und ihn entscheiden lassen.

D: Probenahme und Materialanalyse, um den Sanierungsbedarf zu klären

Die Notwendigkeit einer Sanierung besteht dann, wenn ein Befall mit einer relevanten Ausdehnung vorliegt. Wenn dies der Fall ist, sollte geklärt werden, ob im betroffenen Raum oder den betroffenen Räumen überhaupt eine Teilsanierung technisch sinnvoll oder möglich ist.

Wenn Wandputz entfernt werden sollte, ist eine Teilsanierung in der Regel kein Problem. Auch bei Leichtbauwänden ist es möglich, eine Wand im unteren oder oberen Bereich auszutauschen. Bei Tapeten wird eine Teilsanierung aus optischen Gründen oft nicht möglich sein.

Bei Fußböden mit Schäden in der Dämmlage ist die Frage, ob eine Teilsanierung sinnvoll ist, nicht nur davon abhängig, wie groß der Schaden ist, sondern auch von der Raumgröße.

In einem Tagungsraum mit 40 m^2 kann eine Teilsanierung sinnvoll sein (z. B. Austausch des Materials in einem Streifen entlang der Wände), während in einem kleinen Raum, wie einem Gäste-WC, einem kleinen Bad oder einer Abstellkammer, eine Teilsanierung von Fußböden nicht infrage kommen dürfte.

Bei sehr **kleinen Räumen** ist, je nachdem, welche weiteren Informationen vorliegen, eventuell eine Probe sogar ausreichend.

Zur Absicherung kann man sowohl im Bereich der höchsten Feuchtigkeit eine Probe nehmen als auch in der Raummitte oder in der diagonal gegenüberliegenden Ecke.

Bei **größeren Räumen** reichen maximal Proben aus den Ecken, der Raummitte und in einem Abstand von 20 bis 50 cm (je nach Raumgröße) von den Raumecken aus.

Ob es sinnvoll ist, alle Ecken zu beproben, hängt von der Ursache ab. Falls nur entlang der Wände ein Befall nachweisbar ist, aber nicht mehr in 20 bis 50 cm Abstand, dann ist eine Randsanierung offenbar ausreichend. Ist der Bereich entlang einer Wand betroffen und auch die Raummitte, dann muss der Fußboden entfernt werden. Ist jedoch bis 20 cm Abstand von einer einzelnen Wand ein Befall nachweisbar, aber sonst nicht, könnte man ent-

Abb. 5.27: Neubau mit Versicherungsschaden im EG (Kosten: 60.000 €)

Abb. 5.28: Der Estrich und die Dämmung im EG werden entfernt.

scheiden, den Fußboden bis zur Mitte zu sanieren oder weitere Proben zu untersuchen.

Sind **mehrere Räume** oder sogar **mehrere Etagen** betroffen, dann hat es sich bewährt, ausgewählte Räume umfangreich zu untersuchen, je Etage mindestens einen, und in anderen Räumen mittels Stichproben zu kontrollieren, ob eine Übertragung der Erkenntnisse auf andere Räume, die ganze Etage oder alle Etagen möglich ist.

E: Probenahme und Materialanalyse, um Befall nachzuweisen

Die unter D beschriebene Vorgehensweise ist oft dann nicht ausreichend, wenn sog. Dritte beteiligt sind. Dritte sind erfahrungsgemäß immer andere Parteien, die die Kosten der Sanierung tragen müssten, wie z. B. Objekteigentümer oder Versicherungen. Insbesondere Versicherungen versuchen nicht selten, eine fachgerechte Sanierung zu minimieren oder zu verhindern.

Um nachzuweisen, dass ein Befall auf eine versicherte Ursache zurückzuführen ist, bleibt oft nur noch die Möglichkeit, dies mittels Referenzproben aus Bereichen zu klären, die nicht im Schadensbereich lagen.

Beispiel (siehe Abb. 5.27 und 5.28)

In einem Neubau trat wenige Wochen nach Einzug im EG ein sehr unangenehmer muffiger Geruch auf. Außerdem litt die Ehefrau bei Aufenthalt im Haus unter Atemwegsproblemen. Als Ursache wurde ein nicht fachgerecht installierter WC-Spülkasten ausgemacht. Dieser hatte nach Einbau über ein ganzes Wochenende den Wasserzulauf nicht abgeschaltet, und es lief Wasser vom Bad im OG über den Flur und die Treppe bis ins EG. Das EG wurde komplett überflutet. Eine technische Trocknung erfolgte nicht.

Insgesamt 8 Proben aus dem EG wiesen ausnahmslos einen massiven mikrobiellen Befall auf. Außerdem roch das Dämmmaterial deutlich nach Mikroorganismen. Aufgrund des Geruchs war auch ohne Analyse bereits klar, dass ein massiver Befall vorliegt, die Materialanalysen wurden jedoch seitens der Haftpflichtversicherung der Sanitärfirma verlangt.

Es wurde empfohlen, den Estrich und die Dämmung im gesamten EG auszutauschen. Die Versicherung zweifelte daraufhin an, dass der Befall von dem Wasserschaden kam, sondern vermutete normale Neubaurestfeuchte als eigentliche Ursache des Befalls.

Um dies zu klären, wurden aus den Räumen im OG, in die kein Wasser gelaufen war, weitere Proben als Referenz entnommen. Zum Glück für den Betroffenen waren diese nicht mikrobiell besiedelt.

5.11 Schimmelpilz-Spürhund

Wenn der Verdacht besteht, dass ein versteckter mikrobieller Befall vorliegt, es aber nicht gelingt, den Schaden zu lokalisieren, dann kann ein Schimmelpilz-Spürhund sehr nützlich sein, der zeigt, wo mikrobieller Geruch auftritt.

Die Ergebnisse der Spürhundbegehung müssen sorgfältig ausgewertet werden und in der Regel sind begleitende Laboranalysen erforderlich, denn der Spürhund wird Stellen, an denen Materialien nur mit Geruchsstoffen kontaminiert sind, z. B. weil dort ein Blumentopf oder ein Mülleimer stand, ebenso anzeigen wie Bauteile mit einer mikrobiellen Besiedlung.

Der Spürhund zeigt immer die Stelle mit dem stärksten Geruch an. Er kann nicht mitteilen, ob z. B. ein ganzer Fußboden nach Mikroorganismen riecht und an einigen Stellen stärker oder ob dieser nicht riecht und an einigen Stellen schwach.

Es muss deshalb davor gewarnt werden, die Anzeigen des Spürhundes ohne Überprüfung mit Laboranalysen für Sanierungsempfehlungen zu verwenden.

Ein gut ausgebildeter und trainierter Spürhund ist nur an wenigen Standorten in Deutschland verfügbar. Jedoch ist es schwer zu erkennen, ob die angebotene Leistung seriös und qualitativ hochwertig ist. Der Bundesverband Schimmelpilzsanierung BSS e. V. erarbeitet derzeit mit Unterstützung durch das Umweltbundesamt in einer speziell dafür gegründeten Arbeitsgruppe von erfahrenen Fachleuten Richtlinien zur Ausbildung und zur Prüfung von Spürhunden.

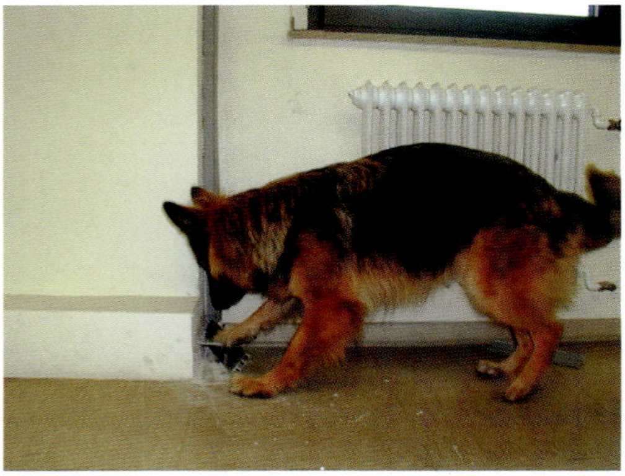

Abb. 5.29: Speziell auf mikrobielle Geruchsstoffe trainierter Spürhund im Einsatz

6 Ursachen

Die Ursache für mikrobielles Wachstum in Gebäuden bzw. in oder auf Baumaterialien oder Einrichtungsgegenständen ist stets erhöhte Feuchtigkeit. Materialien, die aufgrund eines sehr hohen pH-Wertes das Keimen und Wachsen von Pilzen und Bakterien behindern oder verhindern, sind Ausnahmen. Zu Materialien, die anfangs nicht oder nur schwer besiedelt werden, gehören frischer Zementestrich, frischer Beton, Kalkfarbe oder Calciumsilikat. Die wachstumshemmende Wirkung dieser alkalischen Materialien verliert sich aber im Laufe der Zeit, da der pH-Wert aufgrund chemischer Prozesse stetig abnimmt. Deshalb ist letztendlich zur Klärung der Ursache mikrobieller Schäden die Quelle erhöhter Feuchtigkeit zu erkunden.

Wie in Kapitel 2.4.4 bereits erläutert, benötigen Mikroorganismen keine Nässe, d. h. flüssiges Wasser, sondern ein sog. a_w-Wert von ca. 0,8 reicht aus. Dies entspricht einer relativen Feuchtigkeit unmittelbar an der Oberfläche oder in Hohlräumen, Poren oder Kapillaren von Materialien von 80 %.

Die Ursachen für erhöhte Feuchtigkeit sind vielfältig, lassen sich jedoch in die 3 folgenden Kategorien einteilen:

A: Feuchtigkeit oder Wasser dringt von außen ins Gebäude ein (siehe Kapitel 6.1.1).

B: Feuchtigkeit oder Wasser wird im Gebäude freigesetzt (siehe Kapitel 6.1.2).

C: Aufgrund hygrothermischer Effekte tritt trotz normaler Feuchtigkeitsverhältnisse erhöhte relative Feuchtigkeit an Oberflächen auf (siehe Kapitel 6.1.3).

Abb. 6.1: Beim Montieren der Deckenlampe wurde die Abdichtungsfolie des Flachdaches durchbohrt. In der Lampe sind Schimmelpilze gewachsen und seitlich wächst ein Makropilz heraus.

Abb. 6.2: Typisches Schadensbild für eine undichte Stelle im Flachdach

Abb. 6.3: Flachdach mit stellenweise abgelöster Dachpappe

6.1 Klassifizierung nach der Feuchtigkeitsquelle

6.1.1 Ursachen-Kategorie A: Feuchtigkeit oder Wasser von außen

A1: Niederschlagswasser dringt über Leckagen im Dach ein

Indikation

- Bei ausgebauten Dächern treten meist Feuchtigkeitsflecken an Decken oder Schrägen auf, bevorzugt im Bereich von Dachdurchdringungen, wie Kaminen, Entlüftungsrohren, Lichtkuppeln oder Dachfenstern.
- Bei nicht ausgebauten Dachböden bilden sich sichtbare Feuchtigkeitsflecken auf dem Fußboden im Dachboden, ggf. auch Flecken an der Decke in der obersten ausgebauten Etage.

Ursachen

- Die Dachabdeckung bzw. -abdichtung oder Randanschlüsse, Anschlüsse an Schornsteinen, Lichtkuppeln, Dachfenstern, Antennen oder Entlüftungen sind undicht.
- Die Dachentwässerung funktioniert nicht, z. B. aufgrund verstopfter Rinnen oder Fallrohre.

Maßnahmen

- Die undichte Stelle muss sofort repariert werden, da bei erneutem Regen sehr große Mengen an Wasser in das Gebäude eindringen können.
- Im Bereich der Feuchtigkeitsflecken sind die Materialien auf sichtbaren Befall zu untersuchen, z. B. Gipskarton-Deckenverkleidungen auf der Rückseite. Bei abgehängten Decken ist der Bereich zwischen Deckenplatten und Decke zu inspizieren.
- In vielen Fällen ist bei Dachleckagen die Einwirkdauer der Feuchtigkeit kurz und es ist kein beachtenswerter mikrobieller Befall entstanden. Wurde der Schaden nicht sofort bemerkt oder die Ursache nicht unmittelbar beseitigt, kann es insbesondere in Dämmlagen zu einem relevanten mikrobiellen Befall gekommen sein. Ist bereits mehrfach Wasser eingedrungen oder ist dies nicht auszuschließen, sollten die betroffenen Materialien vorsorglich entfernt oder auf Pilze und Bakterien untersucht werden.

Abb. 6.4: Regen gelangt in den stillgelegten Schornstein und läuft im Keller aus der Revisionsöffnung.

Abb. 6.5: Regenwasser dringt zwischen Schornstein und Dachabdeckung ins Gebäude ein und führt im Dachboden zu sichtbaren Schäden am Schornstein.

Abb. 6.6 a und b: Durchfeuchtung eines am Haus angebauten nicht mehr benutzten Schornsteins (a) und die Folgen im Gebäude (b)

A2: Niederschlagswasser dringt über den Schornstein ein

Indikation

- Wasser dringt zwischen Dach und Schornstein ins Gebäude ein: Es zeigen sich Verfärbungen, Wasserränder oder Wasserlaufspuren im Bereich der Schornsteine im oberen Geschoss.
- Regenwasser dringt in den Schornstein ein: Es erfolgt ein Wasseraustritt aus den Revisionsöffnungen, oft sogar in der untersten Etage (siehe Abb. 6.4), oder es tritt messbare Feuchtigkeit im Bereich des Schornsteins, jedoch kein sichtbarer Hinweis auf.

Ursachen

- Es liegt eine Leckage zwischen Dach und Schornstein oder ein Eindringen von Wasser in den Schornstein vor.

Maßnahmen

- Es ist unbedingt zu klären, ob tatsächlich Wasser von oben eingedrungen oder ob es durch Kondensation aus dem Abgas entstanden ist. Dies ist dann möglich, wenn von Holz, Kohle usw. auf Gas als Energieträger umgestellt wurde (siehe B6).
- Bei einer Leckage zwischen Dach und Schornstein muss die undichte Stelle sofort repariert werden. Im Bereich der Feuchtigkeitsflecken sollten die betroffenen Materialien wie Putz oder Verkleidungen vorsorglich entfernt oder mit mikrobiellen Analysen auf Pilze und Bakterien untersucht werden.
- Ist Wasser ist in den Schornstein eingedrungen und wird der Schornstein nicht mehr benutzt, sollte dieser bis unterhalb des Daches abgetragen und das Dach verschlossen werden. Wird der Schornstein noch benutzt, muss die Schornsteinöffnung mit einer Schutzabdeckung gegen Niederschlag ausgestattet werden.

Abb. 6.7: Regenwasser wird nicht vom Gebäude weggeführt. Die Folgen sind ein Algenbewuchs im Außenbereich und ein Schimmelpilzschaden im Innenbereich aufgrund der Wanddurchfeuchtung.

Abb. 6.8: Versiegelte Fläche mit Gefälle Richtung Balkontür

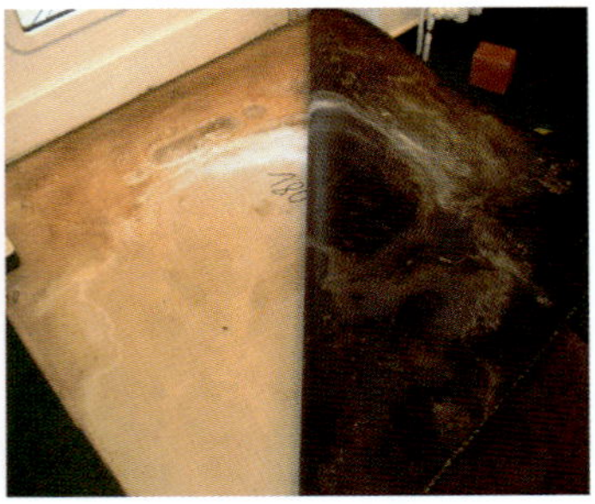

Abb. 6.9: Über die Balkontür ins Gebäude eindringendes Wasser führte zu einem Befall unter dem Bodenbelag, aber auch in der Dämmung unter dem Estrich.

A3: Niederschlagswasser sammelt sich auf Balkonen und Terrassen und drückt gegen die Gebäudewand oder dringt in die Bodenplatte ein

Indikation

- Es tritt erhöhte Feuchtigkeit auf, ggf. auch Feuchtigkeitsflecken oder sichtbarer mikrobieller Befall an den angrenzenden Wänden.
- Erhöhte Feuchtigkeit zeigt sich im Fußboden im Bereich der Balkon- oder Terrassentür oder entlang der Fensteranlagen.

Ursachen

- Die Anschlüsse oder die Abdichtung zum Gebäude können mangelhaft bzw. beschädigt sein.
- Die Niederschlagsentwässerung kann defekt sein.

Maßnahmen

- Es sind Feuchtigkeitsmessungen in den Wänden und im Fußboden nahe dem Anschlussbereich vorzunehmen. Mit einer Bauteilöffnung, eventuell auch mit dem Versuch einer Simulation von Niederschlag, kann überprüft werden, ob die Entwässerung funktioniert und/oder Feuchtigkeit in die Bauteile eindringt.
- Es muss geklärt werden, ob die betroffenen Wand- und Fußbodenmaterialien mikrobiell besiedelt sind. Ist Feuchtigkeit in den Fußboden eingedrungen, sollte die Dämmung im Fußboden auf Pilze und Bakterien analysiert werden.

Abb. 6.10 a bis c: Ursachen von Schlagregen gegen undichte Fenster oder Türen

Abb. 6.11 a bis c: Auswirkung von Schlagregen gegen undichte Fenster oder Türen

A4: Schlagregen gegen undichte Fenster oder Türen

Indikation

- Im Bereich der Tür- und Fensterleibungen oder unterhalb von Fensterbänken ist ein mikrobieller Befall sichtbar.
- Die Schäden entstehen nicht nur im Winter, sondern unabhängig von der Jahreszeit.
- In tieferen Schichten oder nur zeitweise, insbesondere nach starkem Regen, liegt erhöhte Feuchtigkeit vor.

Ursachen

- Es muss geprüft werden, ob undichte Stellen zwischen Mauerwerk und Rahmen, zwischen Fensterbänken und Fenstern oder im Bereich von Rollladenkästen existieren.
- Es ist zu klären, ob Regenwasser auf den Fensterbänken stehen bleibt oder ob es abläuft.

Maßnahmen

- Die Feuchtigkeit in der Wand muss gemessen werden.
- Es ist zu überprüfen, ob ein mikrobieller Tiefenbefall vorliegt. Der Wandputz im Bereich des Schadens kann vorsorglich entfernt werden.
- Fensterbänke sollten ausgebaut werden, um den Bereich darunter und unter den Fensterrahmen auf mikrobiellen Befall hin zu inspizieren.

Abb. 6.12: Starke Rissbildung ausgehend von der Befestigung des Regenfallrohrs

Abb. 6.13: Wasser kann sich auf den Absätzen sammeln. Wie an den Flecken zu erkennen ist, geschieht dies nach jedem starken Regen.

Abb. 6.14: Lückenhafter Schlagregenschutz mit Kunststoffschindeln

A5: Schlagregen gelangt über die Fassade ins Gebäude

Indikation

- Auf den Außenwänden zeigt sich sichtbarer mikrobieller Befall, nicht nur im Bereich der typischen Wärmebrücken, sondern auch mitten auf Flächen. Der Befall entsteht nicht nur zur kalten Jahreszeit.
- Es liegt eine lokale Durchfeuchtung der Außenwände bzw. der Gebäudehülle vor. Die Feuchtigkeit ist insbesondere nach starkem Regen oder Schlagregen messbar, nach Phasen trockenen Wetters jedoch nicht.
- Salzausblühungen, sichtbare Schäden am Fassadenputz wie Risse und Abplatzungen oder das Ablösen der Fassadenfarbe sind weitere Indikatoren.
- Putz hat sich innen von der Wand gelöst. Farbschichten lösen sich ab, Putze versanden.

Ursachen

- Risse haben sich durch Setzungen, Temperatureinfluss, fehlende Dehnungsfugen oder fehlerhafte Auflager gebildet.
- Fugen, Mauerwerk, Fassadenfarbe oder -putz nehmen bei Regen Feuchtigkeit auf.
- Die Anschlüsse von Simsen, Friesen usw. sind undicht.
- Wasser gelangt hinter das Verblendmauerwerk bzw. in die Dämmschicht.

Maßnahmen

- Die Fassade muss inspiziert und ggf. eine Wassereindringprüfung (Karsten'sches Prüfröhrchen) vorgenommen werden.
- Es sind Feuchtigkeitsmessungen im Bauteil vorzunehmen.
- Im Bereich erhöhter Feuchtigkeit ist eine Analyse von Wandputz- und ggf. Fußbodenmaterial (Dämmung unter Estrich) erforderlich.
- Mikrobiell befallene Materialien müssen entfernt werden.
- Es ist eine Fassadensanierung vorzunehmen. Hierzu zählen je nach Ursache die Rissabdichtung, die Hydrophobierung, die Ausbesserung von Fugen und die Beschichtung mit geeigneten Fassadenfarben.

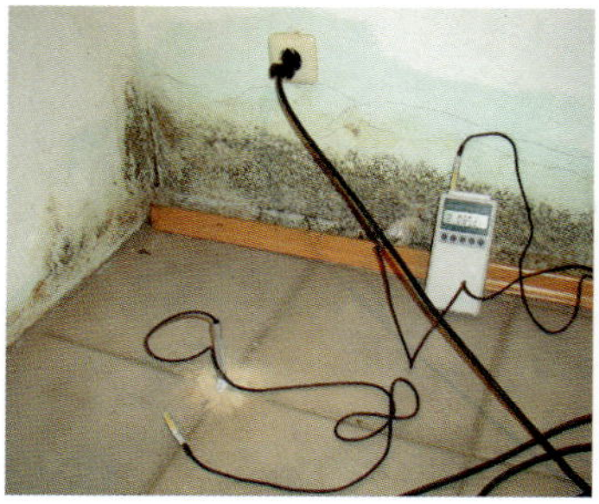

Abb. 6.15: Regenwasser lief über die Treppe in Richtung Eingangstür einer Souterrainwohnung und unter dem Türrahmen in den Fußboden. Es kam in allen Räumen zu Schimmelpilzbefall im Fußboden und auf allen Wänden nahe dem Fußboden.

Abb. 6.16: Die Fläche vor dem Gebäude ist versiegelt und neigt sich in Richtung Gebäude. Niederschlagswasser wird nicht vom Gebäude ab-, sondern zu diesem hingeführt.

Abb. 6.17: Im Bereich der Kellerfenster bzw. in den Lichtschächten sammelt sich nach Regenfällen Wasser, das nicht abfließen kann, da die Entwässerung der Schächte nicht funktioniert. Das Wasser drückt gegen die Wand und dringt durch eine Stelle in das Gebäude.

A6: Niederschlagswasser fließt in Richtung Gebäude und dringt ins Gebäude ein

Indikation

- Es liegt hohe Feuchtigkeit vor, eventuell sogar stehendes Wasser im Fußboden bei nicht unterkellerten Gebäuden.
- Feuchtigkeit steigt in den Außen- und/oder Innenwänden flächig oder lokal hoch.
- Eventuell zeigt sich sichtbarer Befall auf den Wänden nahe dem Fußboden, flächig oder lokal auf Außenwänden und/oder Innenwänden.
- Bei unterkellerten Gebäuden zeigt sich eine Durchfeuchtung der Außenwände im Keller mit meist höchsten Feuchtigkeitswerten auf Höhe der Geländeoberkante (GOK).
- Es sind versiegelte Flächen bis ans Gebäude mit Gefälle zum Gebäude hin oder zumindest ohne Gefälle vom Gebäude weg vorhanden.

Ursachen

- Wasser fließt zum Gebäude und belastet Bauteile als drückendes Wasser, die nicht dagegen durch eine entsprechende Abdichtung geschützt sind.

Maßnahmen

- Das Gefälle außen muss geändert und eine Drainage entlang des Gebäudes anlegt werden, z. B. mit Kiesbett und Drainagerohr.
- Die meist sichtbar geschädigten Wandbereiche müssen saniert werden. Auch der Fußboden bzw. die Zwischendecke entlang der geschädigten Wand sind auf Feuchtigkeit und Mikroorganismen zu untersuchen und im Schadensfall entsprechend fachgerecht zu sanieren.

Abb. 6.18: Spritzwasser gegen die Fassade führte zu sichtbarem Algenbefall außen und einer Wanddurchfeuchtung.

Abb. 6.19: Spritzwasser führte zu Algenbildung und Feuchtigkeit in der Wand im unteren Bereich der Türleibung.

Abb. 6.20: Sichtbare Auswirkungen von Spritzwasser auf der Wand

A7: Spritzwasser

Indikation

- Ein Feuchtigkeitsschaden und/oder mikrobieller Befall ist meist nur in einer Außenwand nahe dem Niveau der GOK vorhanden.
- Eine erhöhte Feuchtigkeit im Bauteil und der Zeitpunkt der Schadensentstehung sind nicht von der Jahreszeit abhängig.
- Entlang der betroffenen Außenwand befindet sich außen eine versiegelte Fläche; es sind Flecken auf der Fassade erkennbar, die auf Spritzwasser hindeuten.

Ursachen

- Regen prasselt nahe der Gebäudehülle auf eine versiegelte Oberfläche und spritzt gegen die Außenwand. Ist diese nicht ausreichend gegen Spritzwasser geschützt, dringt Feuchtigkeit in die Wand ein.

Maßnahmen

- Die Fassade ist im Sockelbereich mit geeigneter Beschichtung gegen Spritzwasser zu schützen oder die Bodenversiegelung entlang der Fassade muss entfernt und geeignete Materialien, wie z. B. Kies, müssen eingebaut werden.
- Der Putz der betroffenen Wand ist im Schadensbereich zu erneuern oder auf Mikroorganismen zu analysieren, um zu klären, ob die Entfernung des Putzes erforderlich ist.

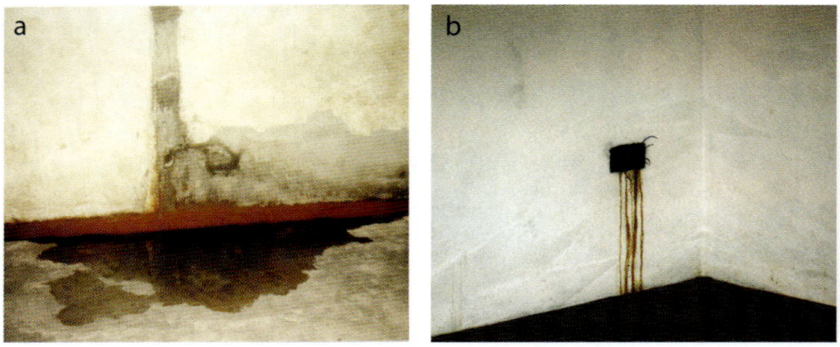

Abb. 6.21 a und b: Der Grundwasserspiegel wurde bei der Planung falsch angesetzt. Der Keller eines gewerblichen Objektes nahe dem Rhein läuft nicht nur bei Hochwasser voll, sondern ständig (a). Im Keller eines neu gebauten Einfamilienhauses läuft das Wasser aus der Außenwand im Bereich der Steckdose (b).

Abb. 6.22: Hochwasser am Rhein führte zu einem Anstieg des Grundwasserspiegels.

A8: Drückendes Wasser

Indikation

- Erdberührende Bauteile sind durchfeuchtet.
- Die Feuchtigkeit nimmt in Außenwänden nach außen und im Fußboden nach unten zu. Welche Bauteile betroffen sind, ist von der Ursache abhängig.

Ursachen

- Die Vertikalsperre fehlt oder ist mangelhaft: Hohe Feuchtigkeit zeigt sich stellenweise oder flächig in Außenwänden.
- Die Horizontalsperre fehlt oder ist mangelhaft: In den Außenwänden und eventuell den Innenwänden nahe dem Fußboden ist hohe Feuchtigkeit vorhanden.
- Die Hohlkehle fehlt oder ist mangelhaft: Die Feuchtigkeit in den Außenwänden ist nahe dem Fußboden am höchsten.
- Die Durchdringungen sind nicht dicht: Hohe Feuchtigkeit liegt im Bereich von Rohrdurchführungen oder anderen Durchdringungen vor.
- Die Bodenplatte ist nicht abgedichtet: Der Fußboden ist messbar feucht.
- Die Dehnungsfugen (nur bei Betonkonstruktionen) sind undicht: Feuchtigkeit zeigt sich im Fußboden.
- Die Arbeitsfugen (nur bei wasserundurchlässigem Beton [WU-Beton]) sind undicht: Feuchtigkeit tritt im Fußboden auf.

Maßnahmen

- Mit Feuchtigkeitsmessungen in Wänden und Fußboden sind die Ursachen zu klären und das Schadensausmaß festzustellen.
- Der Bemessungswasserstand, der höchste bei Langzeituntersuchungen ermittelte Grund- oder Hochwasserstand, muss überprüft werden.
- Ausschachten und Bauteilöffnungen sind vorzunehmen, um Abdichtungen gegen drückendes Wasser zu inspizieren. Zum Beispiel sind Wandverkleidungen und Bodenaufbauten zumindest stellenweise zu entfernen.
- Feuchte Materialien sind präventiv zu entfernen oder auf Mikroorganismen zu analysieren.
- Die Sanierung ist durch eine Fachfirma für Kellerabdichtungen vorzunehmen. Mögliche Maßnahmen je nach Ursache sind Außenabdichtung, Verpressen usw.

Abb. 6.23: Ein Schaden in der städtischen Versorgungsleitung vor dem Haus verursachte diesen Feuchteschaden.

Abb. 6.24: In einem Altbau-Keller lief bei starkem Regen Wasser aus einer Ecke zwischen Außenwand und einer Innenwand.

Abb. 6.25: Mittels Simulation konnte die Ursache zum Schaden auf Abb. 6.24 geklärt werden. Immer wenn Wasser in die Dachentwässerung einer Garage des Nachbarn eingespeist wurde, lief wenige Minuten später Wasser in den Keller des Nachbarhauses. Ursache war ein unterirdisch gebrochenes Entwässerungsrohr.

A9: Defekte Versorgungsrohrleitungen oder Entwässerungsrohre im Außenbereich

Indikation

- Es liegen Schäden wie bei drückendem Bodenwasser vor, ohne dass solches vorhanden ist.
- Es bestehen Schäden, die lokal im Bereich bekannter Rohre auftreten und sehr hohe Feuchtigkeit aufweisen.
- Bei defekten Regenfallrohren oder verstopften Einläufen können die Schäden auch in Bereichen oberhalb der GOK auftreten.
- Eventuell liegt eine Überflutung des Kellers vor.
- Bei Abwasser besteht eine entsprechende Geruchsbelastung.

Ursachen

- Die Druckwasserleitungen oder Abwasserrohre vor dem Gebäude sind defekt.
- Die Regenentwässerungsrohre unter der Erde oder im Bereich der GOK sind defekt.
- Es liegt ein Rückstau in Bodeneinläufen (verstopfter Kanal) vor.
- Die Rückstauklappe ist defekt.

Maßnahmen

- Leckagen sind mittels Ausschachtung zu lokalisieren und umgehend instand zu setzen.
- Feuchte Materialien im Gebäude wie Wandputze oder Fußbodenmaterialien sind präventiv auszubauen oder auf Mikroorganismen zu analysieren.
- Die Ursachenbeseitigung muss durch eine spezielle Fachfirma erfolgen. Möglicherweise sind Rohre betroffen, die im Verantwortungsbereich eines Nachbarn, der Kommune oder des Versorgers liegen.

Abb. 6.26: Hochwasserschaden in Dresden 2002

Abb. 6.27: Nach einem Starkregen flossen große Mengen an Niederschlagswasser über den Haupteingang eines Krankenhauses in das Erdgeschoss. Das umgebende Gelände ist komplett versiegelt und weist ein starkes Gefälle zum Gebäude hin auf. Eine Drainage vor dem Eingang war im Bauplan nicht vorhanden.

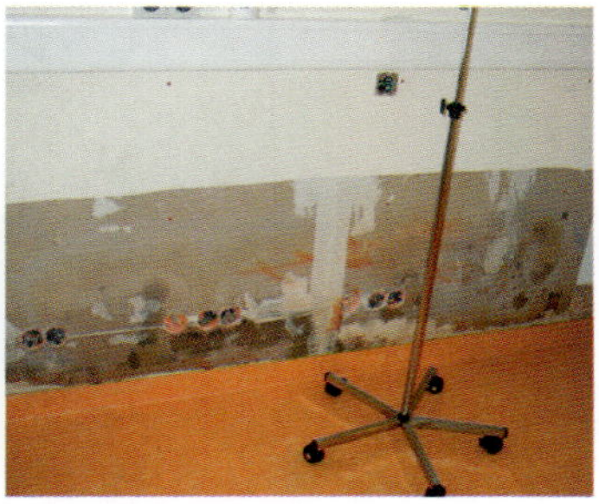

Abb. 6.28: Das Ergebnis war ein massiver Schimmelpilzbefall im Fußboden und auf allen Wänden im EG.

A10: Oberflächenwasser (Überflutung) dringt ins Gebäude ein

Indikation

- In diesem Fall ist der Keller oder das Erdgeschoss (EG) überflutet.

Ursachen

- Ursachen können Hochwasser, Löschwasser usw. sein.

Maßnahmen

- Da das Wasser meist mit Abwasser, Erde und Schmutz kontaminiert ist, sind alle durch Feuchtigkeit geschädigten organischen Materialien auszubauen.
- Vor Wiederaufbau ist sicherzustellen, dass keine Restfeuchte mehr in den Wänden oder im Fußboden vorhanden ist.

Abb. 6.29: Die Wand ist nicht zum Erdreich hin abgedichtet.

Abb. 6.30: Alte Keller sind meist nicht gegen Erdfeuchte abgedichtet. Deshalb sollten diese nicht mit Bodenbelägen, Tapeten oder anderen Materialien „verschönert" werden.

Abb. 6.31: Feuchtigkeit steigt von der Bodenplatte bis zur horizontalen Sperre auf.

A11: Erdfeuchte

Indikation

- Erdberührende Bauteile sind durchfeuchtet. Die Feuchtigkeit nimmt in Außenwänden nach außen und im Fußboden nach unten zu.
- Die Verteilung kann je nach Ursache unterschiedlich sein.

Ursachen

- Die Vertikalsperre fehlt oder ist mangelhaft: Feuchtigkeit zeigt sich stellenweise oder flächig in den Außenwänden.
- Die Horizontalsperre fehlt oder ist mangelhaft: Feuchtigkeit zeigt sich in den Außenwänden und eventuell auch in den Innenwänden nahe dem Fußboden.
- Die Hohlkehle fehlt oder ist mangelhaft: Es liegt Feuchtigkeit in den Außenwänden nahe dem Fußboden vor.
- Die Durchdringungen sind nicht dicht: Feuchtigkeit ist im Bereich von Rohrdurchführungen oder anderen Durchdringungen vorhanden.
- Die Bodenplatte ist nicht abgedichtet: Feuchtigkeit zeigt sich im Fußboden.
- Die Dehnungsfugen (nur bei Betonkonstruktionen) sind undicht: Lokale Feuchtigkeit tritt im Fußboden auf.

Maßnahmen

- Es sind Feuchtigkeitsmessungen in den Wänden und im Fußboden vorzunehmen, um die Ursache zu klären und das Schadensausmaß festzustellen.
- Mit Ausschachtungen und Bauteilöffnungen werden Abdichtungen gegen Erdfeuchte inspiziert.
- Feuchte Materialien sind präventiv zu entfernen oder auf Mikroorganismen zu analysieren.
- Die Sanierung sollte durch eine Fachfirma für Kellerabdichtungen erfolgen. Maßnahmen sind je nach Ursache Außenabdichtung, Injektion usw.

Abb. 6.32: Die Wohnung im Souterrain ist im Sommer an schwülwarmen Tagen angenehm kühl. Die Außenluft ist warm und feucht. Durch Lüften gelangen große Mengen an Luftfeuchtigkeit in die Räume.

Abb. 6.33: Im Sommer entstandener hygrothermisch bedingter Schimmelpilzbefall an der Außenwand nahe dem Fußboden in einer Souterrainwohnung

Abb. 6.34: Kondensation an einer Kellerdecke im Sommer durch Eintrag von hoher Luftfeuchtigkeit von außen

A12: Luftfeuchtigkeit von außen

Indikation

- Hohe Oberflächenfeuchtigkeit zeigt sich während der warmen Jahreszeit auf erdberührenden Bauteilen im Kellergeschoss, in Souterrainräumen oder auf extrem dicken Außenwänden in historischen Gebäuden wie Kirchen mit sichtbarem Schimmelpilzbefall.

Ursachen

- Warmfeuchte Außenluft gelangt in kühle Räume mit kühlen Oberflächen. Die absolute Luftfeuchtigkeit ist im Sommer bei hohen Temperaturen gewöhnlich hoch. Gelangt diese Außenluft in kühle Räume, wird die Luft dort abgekühlt und die relative Feuchtigkeit steigt. Erreicht diese an kühlen Oberflächen 80 % und mehr, kann es zu mikrobiellem Wachstum kommen, bei Erreichen von 100 % sogar zur Kondensation.

Maßnahmen

- Tritt das Problem nur bei extrem schwülwarmer Wetterlage an nur wenigen Tagen oder über wenige Wochen auf, dann sollten die Räume nur noch frühmorgens belüftet und ansonsten Fenster und Türen nach draußen geschlossen gehalten werden.
- Tritt das Problem systematisch im Sommer auf, muss entweder die Raumlufttemperatur oder die Bauteiltemperatur durch Beheizung angehoben oder die Luft technisch entfeuchtet werden.

Abb. 6.35: Schleichender Schaden durch ein Leck in der Heizung

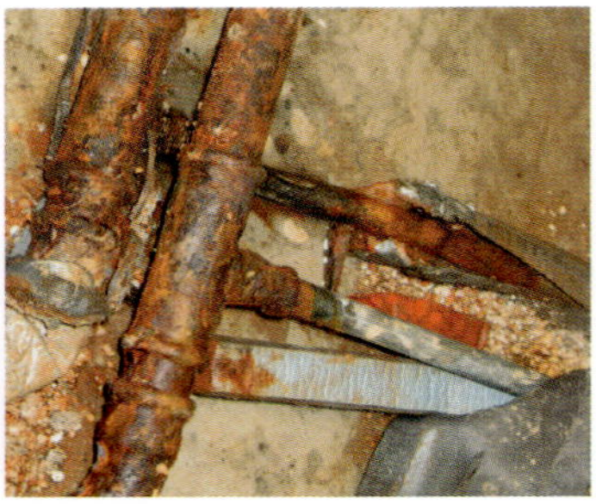

Abb. 6.36: Ein korrodiertes Heizungsrohr in einem Neubau führte zu einem großflächigen Schaden im EG.

Abb. 6.37: Rohrschaden in einem Leitungsschacht

6.1.2 Feuchtigkeit oder Wasser wird im Gebäude freigesetzt

B1: Leckagen in Wasserleitungen, Abflussleitungen oder Heizungsrohren

Indikation

- Durch Haarrisse, Korrosionsschäden, Rohrbrüche oder undichte Anschlüsse können große Mengen an Wasser austreten. Tritt das Ereignis schlagartig auf, kommt es zu einer Überflutung. Entwickelt sich das Leck allmählich, können Feuchtigkeitsschäden entstehen, die lange nicht bemerkt werden. Oft werden diese sichtbar, wenn in den Wänden (Innenwänden wie Außenwänden) Feuchtigkeit aus dem Fußboden aufsteigt und es auf den Wänden entlang des Fußbodens zu einem sichtbaren Schimmelpilzbefall, eventuell auch nur hinter Fußleisten, oder in der Wohnung zu einem muffigen Geruch kommt.

Ursachen

- Die Ursachen können in Korrosion, undichten Pressverbindungen oder mechanischer Beschädigung begründet sein.

Maßnahmen

- Als Erstes ist die Ursache zu beseitigen und es ist unverzüglich mit Trocknungsmaßnahmen zu beginnen.
- Da in der Regel Fußböden flächig betroffen sind, sind diese umfassend auf Feuchtigkeit zu untersuchen. Eine Fußbodenhohlraumtrocknung im Unterdruckverfahren sollte veranlasst werden, es sei denn, dass der Fußbodenaufbau sowieso zu entfernen ist, z. B. bei Abwasserschäden.
- Bei Freisetzung großer Mengen an Wasser wird es noch nicht zu einem relevanten mikrobiellen Befall im Fußboden gekommen sein. Allerdings ist bei einem schleichenden Schaden ein massiver Befall des Fußbodenmaterials fast immer vorhanden. Bei Rohrbrüchen kann beides vorliegen. Einem schlagartig auftretenden massiven Leck kann ein schleichendes Leck vorangegangen sein. Im Zweifelsfall sind der Fußboden und auf den Fußboden aufgeständerte Leichtbau-Baustoffe auf Mikroorganismen zu analysieren.

Abb. 6.38: Ein Defekt an einer Pumpe der Hebesumpfanlage im EG einer Schule führte zu einem ausgedehnten Schaden im Fußboden des Klassenzimmers nebenan (siehe Abb. 6.39).

Abb. 6.39: Fußboden im Klassenzimmer neben der Hebesumpfanlage

Abb. 6.40: Schaden durch einen „abgerutschten" Schlauch einer Waschmaschine

B2: Defekt an wasserführenden Systemen wie Waschmaschinen- oder Geschirrspülerschläuchen, defekte Hebesumpfpumpe usw.

Indikation

- Da es sich bei Schläuchen um wasserführende Leitungen handelt, die außerhalb der Bauteile verlegt sind, werden die Schäden meist sofort bemerkt. Bei längerer Abwesenheit, z. B. im Urlaub, sollten Schläuche nicht unter Druck stehen.
- Schäden durch defekte Hebesumpfanlagen führen meist ebenfalls zu einem kurzfristig bemerkbaren Schaden.

Ursachen

- Ursachen sind entweder fehlerhafte Anschlüsse oder Materialversagen.

Maßnahmen

- Die Wasserzufuhr ist sofort zu unterbrechen und auf dem Fußboden stehendes Wasser zu entfernen.
- Es muss kontrolliert werden, ob Wasser in die Konstruktion eingedrungen ist. In diesem Fall ist unverzüglich eine technische Trocknung durchzuführen.
- Sollte der Schaden durch eine defekte Hebesumpfanlage entstanden sein, dann wurde Abwasser freigesetzt und betroffene saugende Materialien sind in der Regel zu entfernen.
- Bei Schäden, die nicht sofort erkannt wurden, wie z. B. auf Abb. 6.38, 6.39 und 6.40, liegt meist ein mikrobieller Befall vor und das befallene Material muss entfernt werden.

Abb. 6.41: Beim Duschen läuft viel Wasser die Wand herunter. Wenn sich zwischen dem Ventil und den Fliesen eine offene Fuge befindet, gelangt das Wasser in die Konstruktion.

Abb. 6.42: Die Fugen sind verschimmelt und die Abdichtung zwischen den Fliesen und der Wanne fehlt. Hier muss ein Zusammenhang bestehen.

Abb. 6.43: Schimmelpilzschaden unter einer Duschwanne, verursacht durch eine undichte Silikonabdichtung zwischen Duschwanne und Wandfliesen; Schimmelpilze auf Fliesenfugen können durch Oberflächenwasser, aber auch durch Feuchtigkeit in der Wand entstanden sein

B3: Undichte Stellen im Nassbereich, z. B. defekte Abdichtung der Duschwanne oder der Badewanne, im Bereich der Überläufe oder Fugen im Duscharmaturenbereich

Indikation

- Es ist ein muffiger Geruch im Bad wahrnehmbar.
- Auf den Fliesenfugen im Duschbereich zeigt sich Schimmelpilzbefall.
- Schimmelpilzbefall ist im angrenzenden Raum auf der Wand zur Dusche oder Badewanne zu erkennen.

Ursachen

- Es liegt Materialermüdung vor.
- Die Sanitärausstattung (Duschwannenabdichtung, Badewannenabdichtung, Abdichtung der Armaturen zu den Fliesen) ist nicht dicht eingebaut.
- Der Fliesenspiegel ist nicht mangelfrei. Fliesen sind gebrochen, Fliesenfugen defekt oder es wurden Bohrungen angebracht, aber nicht abgedichtet.

Maßnahmen

- Es handelt sich um schleichende Schäden, bei denen über lange Zeit Wasser in die Bauteile gelangen kann. Deshalb wird sich in den meisten Fällen im betroffenen Wandbereich, aber auch im Fußboden des Raumes mit dem Schaden und in den angrenzenden Räumen ein mikrobieller Befall entwickelt haben. Dies muss untersucht und das befallene Material entfernt werden.

Abb. 6.44: Beim Nassreinigen von Fußböden kann über offene Randfugen Wasser in die Fußbodenkonstruktion gelangen.

Abb. 6.45: Durch exzessives Nassreinigen entstand in einer Schule ein ausgedehnter massiver Schaden im Fußboden. Die Putzfachkräfte kippten täglich einen Eimer um und schoben das Wasser Richtung Randfugen. Da es dort verschwand, musste man es nicht mit Lappen aufnehmen.

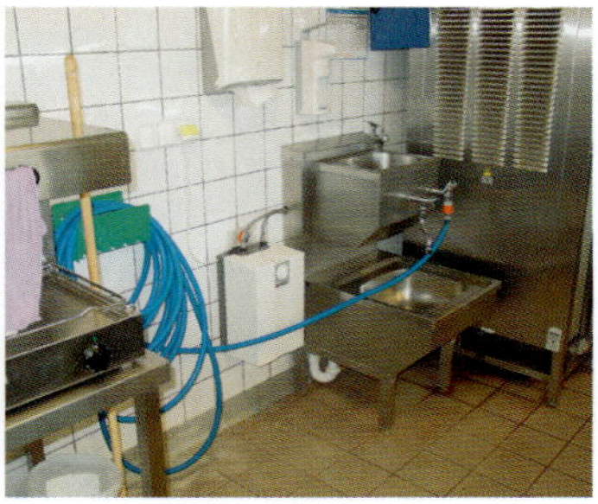

Abb. 6.46: In diesem Küchenbereich wurde mit viel Wasser gearbeitet. Der Feuchtigkeitsschaden im Fußboden war die Folge.

B4: Freisetzung von Wasser beim Reinigen der Räume

Indikation

- Entweder wird die Freisetzung von Wasser beim Reinigen von Räumen bemerkt und sofort gemeldet, sodass umgehend gehandelt werden kann, oder sie wird vertuscht. Dann kann es zu einem massiven Feuchtigkeitsschaden im Fußboden kommen, ohne dass mit gutachterlichen Messungen die Ursache zu finden ist.

Ursachen

- Die Ursachen sind in Unachtsamkeit, Missgeschick oder Ignoranz zu sehen.

Maßnahmen

- Erforderliche Maßnahmen sind je nach Problemstellung zu treffen.
- Handelt es sich um einen Unfall, der sofort gemeldet wird, ist zu ermitteln, ob technische Trocknungsmaßnahmen erforderlich sind.
- Wurde der Vorfall nicht gemeldet oder wurde systematisch über lange Zeit Wasser in den Fußboden transportiert, ist vermutlich der Fußboden mikrobiell besiedelt und das Material muss entfernt werden.

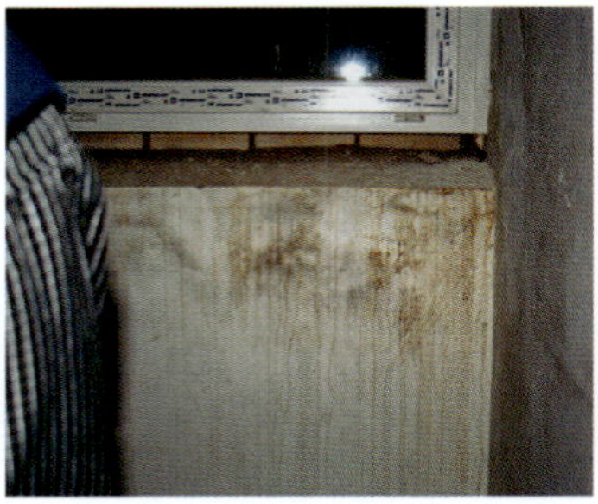

Abb. 6.47: In diesen Neubau dringt während der Bauphase Feuchtigkeit über die noch nicht fertig eingebauten Fenster ein.

Abb. 6.48: Schimmelbefall hinter der Deckenverkleidung in einem Neubau bereits vor Einzug der Nutzer

Abb. 6.49: Bereits vor dem Verlegen des Estrichs ist in einem Neubau Schimmelbefall entstanden. Es waren fast alle Räume des viergeschossigen Gebäudes betroffen.

B5: Neubaurestfeuchte

Indikation

- Neubaurestfeuchte wird oft durch gesundheitliche Symptome ohne sichtbaren Befall, selten durch Geruchsbelastung bemerkt.
- Eventuell liegt ein Schimmelpilzbefall hinter Fußleisten vor Außen- und/ oder Innenwänden vor. Relativ häufig treten im Bereich der Wärmebrücken sekundäre Schäden auf, die als einzige sichtbar sind und oft dem Nutzer angelastet werden.

Ursachen

- In Neubauten ist in den ersten 2 bis 3 Jahren mit Restfeuchte aus Wänden und Fußböden zu rechnen. Die größten Mengen an Wasser enthalten meist Ortbeton-Bauteile. Am längsten ist die Feuchtigkeit in Fußböden vorhanden, wenn der Boden nach oben durch einen dichten Belag und nach unten keine Feuchtigkeit abgeben kann, z. B. wenn es sich um die Bodenplatte zum Erdreich handelt.
- Auch während der Bauphase kommt es nicht selten zu erhöhter Feuchtigkeit, da das Gebäude nicht ausreichend gegen Niederschlag geschützt wird, oder es werden teils bereits verschimmelte Bauteile eingebaut.

Maßnahmen

- Es sind Feuchtigkeitsmessungen mit der „Methode der Ausgleichsfeuchtemessung" im Fußboden durchzuführen, um einerseits sicherzustellen, dass tatsächlich erhöhte Neubaufeuchtigkeit vorliegt, und andererseits ist der Grad der Feuchtebelastung zu ermitteln.
- Ist die Feuchtigkeit überdurchschnittlich, aber nicht allzu hoch (bis 80 % bei 20 °C bzw. unter 11 Gramm Wasser pro Kilogramm Luft), dann ist das Gebäude gezielt durch „Überheizen" und intensives Lüften zu entfeuchten.
- Liegt die Feuchtigkeit über 11 Gramm Wasser pro Kilogramm Luft, sind die betroffenen Bauteile technisch zu trocknen.
- Liegt im Fußboden ein massiver mikrobieller Befall vor, dann sollte dieser entfernt werden. Oft sind nur Randbereiche der Fußböden betroffen.
- Sichtbarer Befall ist zu entfernen. Bei Verdacht auf einen relevanten Befall im Fußboden, z. B. aufgrund gesundheitlicher Symptome, ist dieser auf Mikroorganismen zu analysieren.

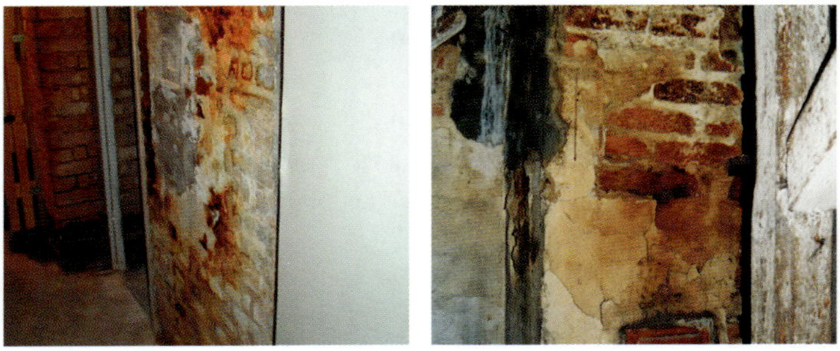

Abb. 6.50 a und b: Versottende Schornsteine

Abb. 6.51: Kondensiertes Wasser läuft bis in den Keller aus und durchfeuchtet hier den Schornstein und die angrenzende Wand.

B6: Kondensatbildung im Schornstein (Versottung)

Indikation

- Es zeigen sich Feuchtigkeitsschäden im Schornsteinbereich, die sich meist durch braune Flecken oder auch durch Schimmelpilzbefall bemerkbar machen.
- Wird der Schornstein benutzt, dann sind Feuchtigkeitsschäden in der Regel auf eine Kondensatbildung im Schornstein zurückzuführen. Ist dagegen der Schornstein schon länger stillgelegt, wird es sich um eingedrungenes Regenwasser handeln (siehe Ursachen-Kategorie A2).

Ursachen

- Werden Heizungen von Kohle, Holz oder Öl auf Gas umgestellt, dann ändert sich die Zusammensetzung des Abgases dramatisch. Je kg verbranntem Gas entstehen ca. 2 bis 3 l Wasser. Bei trockenem Holz werden beim Verbrennen weniger als 0,1 l Wasser je kg, bei Heizöl ca. 0,2 l je kg und bei Kohle zwischen 0,1 (Steinkohle) und 0,5 l (Braunkohle) freigesetzt. Zusätzlich ist die Abgastemperatur bei Gas geringer, was den Effekt der Kondensation vor Austritt des Abgases ins Freie verstärkt.

Maßnahmen

- Der Schonstein ist zu sanieren. Verfärbtes und/oder mit Schimmelpilz befallenes Material ist zu entfernen, da die braunen Verfärbungen neue Farbe oder Tapeten durchdringen können.
- Es sollte ein Metallrohr in den Schornstein eingezogen werden, das die Abgasgeschwindigkeit vergrößert und aufgrund der hohen Wärmeleitfähigkeit bis zum Austritt relativ schnell warm wird. Hierdurch wird die Kondensation verhindert. Sollte dennoch Kondensation auftreten, verhindert das Metallrohr, dass Feuchtigkeit ins Mauerwerk eindringt.

Abb. 6.52: Produktionsbereich einer Brauerei

Abb. 6.53: Schimmelpilzbefall oberhalb der Kessel in der Brauerei

Abb. 6.54: Schwimmbad im Haus, das unweigerlich Feuchtigkeit freisetzt

B7: Erhebliche Freisetzung von Feuchtigkeit bei der Nutzung

Indikation

- Es liegt ein Oberflächenbefall mit Schimmelpilzen im Bereich der Wärmebrücken vor. Bei hoher Feuchtebelastung können auch andere Bauteiloberflächen betroffen sein, eventuell sogar Inventar. Die Schäden sind in der Regel eher klein. Großflächige Schäden deuten darauf hin, dass weitere Ursachen vorliegen.

Ursachen

- Bei Wohnungen ist eine zu hohe Feuchtebelastung meist dann gegeben, wenn kleinere Wohnungen sehr intensiv genutzt werden, d. h., wenn mehrere Bewohner häufig duschen oder baden und viel gekocht wird. Wird die Feuchtigkeit nicht durch technische Entlüftung ins Freie transportiert, entstehen in den kühlsten Räumen im Bereich der Wärmebrücken Schäden. Verstärkt wird der Effekt z. B. durch das Trocknen sehr nasser Wäsche in Wohnräumen. Die Feuchtigkeitsmenge, die von Pflanzen und Aquarien freigesetzt wird, wird meist überschätzt.
- Bei gewerblichen Objekten ist zu hohe Feuchtigkeit durch die Nutzung in Büroräumen ausgeschlossen. In Produktionsbereichen sind die Ursachen sehr unterschiedlich.

Maßnahmen

- Der Oberflächenbefall ist wie in Kapitel 9.5 beschrieben zu sanieren.
- Mit Langzeitmessungen ist die Feuchtebelastung der Räume zu kontrollieren und ggf. rechnerisch die Menge an freigesetzter Feuchtigkeit abzuschätzen.
- Sofern möglich, sollte die Feuchteproduktion reduziert werden.
- Ist die Reduzierung der Feuchteproduktion nicht möglich oder mit einer Einbuße an Lebensqualität verbunden, dann sollte eine technische Entlüftung dort installiert werden, wo die Feuchtigkeit freigesetzt wird und auf kürzestem Wege ins Freie transportiert werden kann, z. B. durch eine Dunstabzugshaube über dem Herd und einen Ventilator im Bad.
- Reicht eine gezielte Entlüftung nicht aus, dann muss entweder die Raumtemperatur angehoben oder die Raumluft technisch entfeuchtet werden.

Abb. 6.55: Die auskragende Wand vergrößert die Oberfläche außen. Im Winter kühlt diese Wand auf der Innenseite stark aus.

Abb. 6.56: Schaden zu Abb. 6.55 auf der Innenseite der Außenwand, entstanden durch starke Auskühlung im Winter

Abb. 6.57: Außenwandecke, die eine starke Wärmebrücke darstellt und wegen eines Einbauschrankes nicht von der warmen Raumluft angeströmt wird

6.1.3 Feuchtigkeitsschäden ohne relevante Feuchtigkeitsquellen

C1: Kühle Oberflächen/Wärmebrücken

Indikation

- Es liegt ein mikrobieller Oberflächenbefall im Bereich der Wärmebrücken vor. Je nach Art und Stärke des Wärmebrückeneffektes können Schäden im Eckbereich oder auch flächige Schäden auftreten. Verstärkt wird der Effekt, wenn kritische Bereiche durch Einrichtungsgegenstände zugestellt sind, sodass die Heizungsluft die Wandfläche nicht anströmt.
- Großflächige Schäden deuten darauf hin, dass weitere Ursachen vorliegen.

Ursachen

- Die relative Luftfeuchtigkeit ist von der Temperatur abhängig. Je niedriger die Temperatur ist, desto höher ist die relative Feuchtigkeit. Zu jedem Wert der absoluten Luftfeuchtigkeit gibt es genau eine bestimmte Temperatur, bei der die Feuchtigkeit 80 % erreicht (siehe Tabelle 3.2), und eine Temperatur, bei der sich das gasförmige Wasser in flüssiges umwandelt (Kondensationspunkt, Taupunkttemperatur). Dieser Effekt führt bei ausreichend langem Kontakt von Raumluft mit kühlen Oberflächen zu erhöhter Feuchtigkeit an der Oberfläche des Bauteils. Kühle Oberflächen sind entweder im Winter die typischen Wärmebrücken als Teil der Gebäudehülle, im Sommer kühle erdberührende Bauteile (siehe Ursachen-Kategorie A12) oder schlecht gedämmte Kaltwasserleitungen, Bauteile in Klimaanlagen und andere technisch gekühlte Flächen.

Maßnahmen

- Der Oberflächenbefall ist wie in Kapitel 9.5 beschrieben zu sanieren.
- Mittels Thermografie sind die Bauteile zu analysieren oder durch Langzeitmessungen sind das Raumklima und gleichzeitig die Oberflächentemperaturen und Bauteilfeuchtewerte zu kontrollieren, um sicherzustellen, dass thermische Effekte zu dem Schaden führten.
- Kühle Flächen sind fachgerecht zu dämmen. Als Übergangslösung kann man die Flächen oder den gesamten Raum stärker erwärmen und den Feuchtegehalt durch Belüftung oder Luftentfeuchter senken.
- Bei thermodynamischen Wärmebrücken ist die Ursache der Auskühlung abzustellen.

Abb. 6.58: Das Fenster ist täglich 24 Stunden gekippt und die Rollladen sind dauerhaft geschlossen. Der Mieter weigert sich, die Rollladen zu öffnen.

Abb. 6.59: Das Kondenswasser auf der Fensterseite zeigt, dass die Luftfeuchtigkeit sehr hoch ist. Der Befall in der Leibung ist typisch für eine Fensterkipplüftung ohne ausreichende Luftströmung. Es ist keine Zuluft in den Raum vorhanden.

Abb. 6.60: Der Ventilator ist stark verdreckt. Die Belüftung des Bades ohne Fenster ist deshalb nicht mehr ausreichend.

C2: Anreicherung von Feuchtigkeit in der Raumluft sowie auf oder in Bauteilen aufgrund unzureichenden Transports der Feuchtigkeit ins Freie

Indikation

- In der Regel zeigen sich sichtbare Schäden auf Oberflächen im Bereich der Wärmebrücken (siehe auch Ursachen-Kategorie C1). Bei hoher Feuchtebelastung können auch andere Bauteiloberflächen betroffen sein, eventuell sogar Inventar. Die Schäden sind in der Regel eher klein. Großflächige Schäden deuten darauf hin, dass weitere Ursachen vorliegen.

Ursachen

- Durch normale Nutzung wird ständig Feuchtigkeit freigesetzt. Diese Feuchtigkeit muss aus dem Gebäude ins Freie transportiert werden. Ist der Luftwechsel, d. h. die Menge an Raumluft, die je Zeiteinheit gegen Außenluft ausgetauscht wird, zu gering, nimmt die Menge an Feuchtigkeit im Gebäude oder in Räumen zu. Erreicht die Feuchtigkeit an den kühlsten Oberflächen den kritischen Punkt von 80 %, dann ist mit einem Schimmelpilzwachstum zu rechnen.

Maßnahmen

- Sichtbare Schäden sind entsprechend den Empfehlungen in Kapitel 9.5 zu sanieren.
- Befallenes Inventar ist zu entsorgen oder fachgerecht zu sanieren.
- Die Raumbelüftung muss durch ein anderes Lüftungsverhalten der Nutzer oder mittels technischer Lösungen, z. B. Ventilatoren in Bad und Küche, deutlich verbessert werden.

Abb. 6.61: Calciumsilikatplatte mit sichtbarem Schimmelpilzbefall

Abb. 6.62: Dämmlagen sollten zum Raum hin luftdicht eingebaut werden. Diese Forderung ist in diesem Fall nicht unbedingt erfüllt.

Abb. 6.63: Aus der Lüftungsöffnung des hinterlüfteten Dachs tritt Feuchtigkeit aus. Dies zeigt, dass es zu Kondensat in der Dämmebene gekommen ist.

C3: Kondensation von Feuchtigkeit in Dämmschichten und auf Dämmmaterialien

Indikation

- Oft werden die Schäden optisch nicht wahrgenommen und es tritt auch kein Geruch auf. In sehr vielen Fällen kommt es bei den Bewohnern zu gesundheitlichen Beschwerden, insbesondere bei einer raumseitigen Dämmung in viel genutzten Räumen, z. B. im Schlafzimmer.

Ursachen

- Dämmschichten dienen dazu, die Wärme im Gebäude zu halten, indem der Wärmestrom von innen nach außen behindert wird. Eine geringe Wärmeleitfähigkeit bedeutet einen hohen Dämmwert. Aus physikalischen Gründen liegt die Temperatur an der Dämmlage deshalb auf der Raumseite nahe an der Raumlufttemperatur, die Temperatur auf der Außenseite nahe an der Außentemperatur. In anderen Worten: Innerhalb der Dämmung ist der Temperaturgradient sehr groß und damit auch die Gefahr, dass bei geringen Außentemperaturen in der Dämmlage der Taupunkt erreicht wird. Dies wird unweigerlich zeitweise der Fall sein.

Maßnahmen

- Liegt ein Schaden in einer raumseitigen Dämmung einer Außenwand vor, dann sollte die Dämmung komplett entfernt werden. Die Wand sollte außen gedämmt werden. Ist dies nicht möglich, sollte auf eine Dämmung verzichtet werden. Raumseitige Dämmungen mit diffusionsoffenen Werkstoffen sind bei Einhaltung aller Vorgaben der Hersteller, z. B. im Hinblick auf den korrekten Einbau an der richtigen Stelle sowie erlaubte Farbanstriche, Tapeten und andere Beschichtungen, möglich, allerdings ist ihre Dämmwirkung nur gering.
- Tritt das Problem im Dachbereich auf, dann ist zu überprüfen, ob die Dampfbremse auf der Raumseite funktioniert und die Dämmung ausreichend gut belüftet ist. Dies sollte durch einen Sachverständigen für das Dachdeckerhandwerk überprüft werden.

6.2 Baulich oder durch Nutzung bedingte Ursachen

In der Praxis wird regelmäßig eine andere Klassifizierung vorgenommen, nämlich gebäudebedingte Schäden im Gegensatz zu durch Nutzer bedingten Schäden. Dieser gedankliche Ansatz birgt die Gefahr, dass nicht mehr objektiv die Ursache gesucht wird, sondern der „Schuldige". Dies zu klären ist aber nicht Aufgabe des Sachverständigen, sondern der Juristen.

Es ist zumindest im Unterbewusstsein für den Gutachter ein Unterschied, ob er nahezu alles, was nicht durch Mängel am Gebäude verursacht wurde, als nutzerbedingt oder als nutzungsbedingt einstuft.

Beispiel

Eine 5-köpfige Familie wurde von einer Kommune des Ruhrgebiets in einem Asylbewerberhaus untergebracht, und zwar im nachträglich ausgebauten Dachgeschoss eines 40 Jahre alten Mehrfamilienhauses. Die Mitglieder dieser Familie entwickelten in der Wohnung gesundheitliche Symptome, die den behandelnden Umweltmediziner veranlassten, eine Wohnungsuntersuchung durchführen zu lassen. Hierbei stellte sich heraus, dass sich im Außenwandbereich an den typischen Stellen, d.h. den Raumecken und -kanten, sichtbarer Schimmelpilzbefall entwickelt hatte. Als Ursache konnte eine zu geringe Raumtemperatur festgestellt werden. Wäre die Wohnung nicht bewohnt gewesen, hätte es keine Freisetzung von Feuchtigkeit durch Atmen, Kochen usw. gegeben, und es wäre kein Schimmelpilzbefall entstanden. Auch wenn geheizt worden wäre, hätte sich kein Schimmelpilzbefall gebildet.

In obigem Beispiel war zu klären, ob der Schaden durch die Nutzer oder durch eine normale Nutzung verursacht worden war. In diesem Fall war die Sachlage klar, denn in der Wohnung gab es keine Heizung. Diese war beim Ausbau vergessen worden und wurde auch nicht nachträglich eingebaut. Somit handelt es sich um einen Schimmelpilzschaden, der zwar durch die Nutzung entstanden ist, aber auch aufgrund eines massiven Mangels der Wohnung.

Schwieriger ist die Feststellung der Verantwortlichkeit dann, wenn eine Heizung vorhanden ist, diese aber nicht durchgehend funktioniert. Dies wird bei Gutachten teils übersehen und kann nur mit einer messtechnischen Langzeitkontrolle der Heizungsanlage ermittelt werden (siehe Kapitel 5.3.2).

Viele bauliche Mängel sind unmittelbar zu erkennen, wie Risse in der Fassade, Rohrleckagen usw. Bei anderen baulichen Mängeln sind Messungen erforderlich. Ob eine Raumecke eine kritische Wärmebrücke ist oder nicht, ist in der Regel nicht zu erkennen und nicht anhand von Baubeschreibungen oder Bauplänen festzustellen.

Wenn Gutachter lediglich Berechnungen aufgrund vorliegender Pläne durchführen, dann kann dies zu theoretisch durchaus richtigen Ergebnissen führen, die aber mit der Wirklichkeit oft nichts gemein haben.

Ausschlaggebend für die tatsächlich wirksame Wärmedämmung ist nicht das, was geplant war, sondern das, was umgesetzt wurde. Ausführungsfehler beim Bau sind nichts Ungewöhnliches. Vor allem bei modernen, sehr dichten und sehr gut gedämmten Häusern entstehen extreme Wärmebrücken, wenn z. B. das Dämmmaterial verrutscht oder nicht gemäß den Vorgaben dicht zusammengefügt worden ist oder möglicherweise eine ganze Dämmplatte fehlt, deren Einbau vergessen oder versäumt wurde.

Auch eine undichte Stelle, über die kalte Luft in die Hülle eindringt, oder erhöhte Feuchtigkeit in Wänden oder Dämmschalen (thermodynamische Wärmebrücke, siehe Kapitel 3.3.2) können ohne Zutun des Nutzers zu Schäden führen.

Derartige Schwachstellen sind jedoch meist erst mit der problemorientiert gewählten und richtig durchgeführten Messung zu erkennen.

7 Beurteilung von Schäden

7.1 Ziele der Beurteilung

Einen Schimmelpilzschaden zu beurteilen bedeutet, auf Basis des Schadens die Fragen des Auftraggebers zu beantworten. Die Fragestellung kann sehr unterschiedlich sein. Daher können die Vorgehensweise, die Analysemethoden und die erforderliche Qualifikation des Gutachters differieren, wie die folgende Tabelle 7.1 zeigt.

Tabelle 7.1: Fragestellungen zum Schaden, Qualifikationen des Gutachters und Vorgehensweisen

Istzustand/Fragestellung	**erforderliche Qualifikation des Gutachters**	**Vorgehensweise**
Der Schaden ist lokalisiert, seine Ausdehnung bekannt: **Was ist die Schadensursache?**	bauphysikalische und bautechnische Fachkenntnisse	Sichtung; Befragung; Auswertung von Dokumenten; Feuchtigkeitsmessungen und andere bautechnische Untersuchungen
Geruch oder Analyseergebnisse zeigen, dass ein Schaden vorliegen muss: **Wo befindet sich der (versteckte) Schaden?**	Fachkenntnisse und Erfahrung im Bereich mikrobieller Schäden und bauphysikalische Fachkenntnisse	Objektanalyse; Feuchtigkeitsmessungen; Bauteilöffnungen; mikrobiologische Analysen; ggf. Einsatz eines speziellen Spürhundes
Es wurde ein Schaden lokalisiert, dessen Ausdehnung unklar ist: **Wie weit dehnt sich der Schaden aus?**	praktische Erfahrung im Bereich der Feuchtigkeitsschäden und der mikrobiellen Schäden, bautechnische Fachkenntnisse	Ursachenanalyse; Abschätzung der Menge an freigesetztem Wasser; Feuchtigkeitsmessungen; Bauteilöffnungen; mikrobiologische Analysen
Schadensursache und -ausdehnung sind bekannt: **Welche Maßnahmen sind zur Sanierung erforderlich?**	Fachkenntnisse im Bereich der Sanierung von Schimmelpilzschäden	Feststellung der Bauteilkonstruktion und der vorliegenden Baustoffe; Techniken festlegen; Gefährdungsbeurteilung erstellen; Maßnahmen zur Materialentfernung, zur Feinreinigung, zum Arbeitsschutz und zum Umgebungsschutz festlegen

Fortsetzung Tabelle 7.1

Istzustand/Fragestellung	erforderliche Qualifikation des Gutachters	Vorgehensweise
Sanierungsmaßnahmen stehen fest: **Welche Kosten verursacht die Sanierung?**	Fachkenntnisse im Bereich der Sanierung von Schimmelpilzschäden und der Auftragsabwicklung	Sanierungskonzept auf Umsetzbarkeit prüfen; Aufmaß nehmen; Kalkulation der Kosten zu den einzelnen Sanierungsschritten mit Personalaufwand, Geräte- und Materialbedarf
Es wurde ein mikrobieller Schaden lokalisiert: **Welche Gesundheitsgefahr geht vom Schaden aus?**	hygienische Kenntnisse, mikrobiologische und medizinische Kenntnisse	Schadensgröße und -zustand feststellen; Häufigkeit und Art der Raumnutzung klären (Archiv, Büro, Wohnraum, Krankenhaus usw.)
Wie schnell muss gehandelt werden?	hygienische Kenntnisse, mikrobiologische und medizinische Kenntnisse	Einstufung des Schadens nach den Kategorien im ersten Leitfaden des Umweltbundesamts (UBA 1), S. 43–45

Für die Eigentümer können Antworten auf folgende Fragen von entscheidender Bedeutung sein:

- Handelt es sich um Schäden mit einer ausschließlich optischen Beeinträchtigung?
- Ist eine massive Materialschädigung zu erwarten?
- Ist mit statischen Problemen zu rechnen?
- Liegt eine relevante Geruchsbelastung vor oder ist diese zukünftig zu erwarten?
- Können vorhandene gesundheitliche Beschwerden durch den Schaden verursacht worden sein?
- Besteht die Gefahr, dass der Schaden zu gesundheitlichen Schäden führt?
- Führt eine Sanierung, bei der der Schaden nicht entfernt, sondern eingehaust wurde, zu einer Wertminderung des Objektes, vergleichbar mit einem „Unfallfahrzeug"?

7.2 Optische Schäden

Relativ einfach ist die Bewertung optischer Schäden, da sie visuell wahrgenommen werden.

Zur Festlegung der weiteren Schritte muss die Ursache des Schadens geklärt werden und es sind die zur Beseitigung des optischen Problems erforderlichen Maßnahmen aufzuzeigen.

Typische Beispiele für optische Schäden sind Flechten oder Algen auf Fassadenflächen, Feuchteflecken oder Rostflecken ohne Schimmelbefall und even-

Abb. 7.1 a bis d: Typische Beispiele für optische Beeinträchtigung

tuell auch kleinere Schimmelflecken in Räumen, die nicht genutzt werden (siehe Abb. 7.1 a bis d).

Kleinere Schimmelflecken, die entsprechend den Leitfäden des Umweltbundesamtes (UBA 1) oder des Landesgesundheitsamtes Baden-Württemberg (LGA 1) als **Schäden der Kategorie 1** eingestuft werden, können als **optisches Problem** angesehen werden, da sie für gesunde Personen keine Gefährdung bedeuten. Es ist zwar nicht sicher auszuschließen, dass sehr sensibilisierte Personen, wie z. B. Schimmelpilzallergiker, auch von diesen Schäden beeinträchtigt werden, aber zu erwarten ist dies im Normalfall nicht. Allerdings muss sichergestellt sein, dass neben den kleinen sichtbaren Schimmelflecken kein weiterer nicht sichtbarer, tiefer gehender oder versteckter Befall vorliegt.

Die Bewertung einer rein optischen Beeinträchtigung kann sich auf Dokumentation und Beschreibung des Schadens mit Aufzeigen der Ursache beschränken.

Abb. 7.2 a und b: Am 21.5.1980 stürzte das Dach der Kongresshalle in Berlin an der Gebäudevorderseite ein und ein Journalist wurde unter den herabstürzenden Trümmern begraben. Als Ursache wurden konstruktive Mängel ermittelt, die zur Korrosion und schließlich zum Versagen tragender Stahlteile führten. (Quelle: Foto Petra Tietze [a]; Landesarchiv Berlin/Ludwig Ehlers, F Rep 290 Nr. 0225492 [b])

7.3 Materialschädigung mit Funktionsbeeinträchtigung

Feuchtigkeitsschäden können auf verschiedene Weise zu Funktionsbeeinträchtigungen an Bauteilen führen. So wird durch Feuchtigkeit in Bauteilen die Wärmeleitfähigkeit erhöht, was in Dämmmaterialien zu einer deutlichen Reduzierung der Dämmwirkung führen kann. Zum Beispiel führt eine um 5 % erhöhte Feuchte in Mauerwerk zu einer um 50 % verminderten Dämmwirkung.

Auch die statischen Eigenschaften von Bauteilen können massiv beeinträchtigt werden. Wenn statisch belastete Bauteile durch Feuchte geschädigt sind, z. B. Stahlbauteile durch Korrosion oder tragende Balken durch Holz zerstörende Pilze, kann eine akute Gefährdung vorliegen. Wie anhand des Beispiels in Abb. 7.2 b zu sehen ist, können durch Feuchte verursachte Schäden an Gebäuden sehr problematisch sein, da diese Schäden oft nicht oder zu spät erkannt werden und dann unbemerkt eine akute Gefährdung besteht. Deshalb sollten bereits bei dem geringsten Verdacht, dass eine Funktionsbeeinträchtigung statischer Bauteile möglich ist, unverzüglich Fachleute für Statik, Bauwerkstoffe oder für Holz zerstörende Pilze eingeschaltet werden. Wenn eine akute Gefährdung zu befürchten ist, sollte das entsprechende Gebäude vorsorglich sofort gesperrt werden.

7.4 Geruchsbelastung

In fast allen Beweisfeststellungsfragen bei gerichtlichen Auseinandersetzungen zwischen Mietern und Vermietern oder Käufern und Verkäufern wird nur nach der gesundheitlichen Gefährdung gefragt. Allerdings ist auch eine Belastung durch unangenehmen Geruch häufig bereits unzumutbar. Selbst wenn keine Stoffe auftreten oder nachgewiesen werden können, die giftig sind oder auf andere Weise das Immunsystem bekanntermaßen negativ beeinflussen können, ist eine Geruchsbelastung auch ein gesundheitliches Problem. Denn da, wo man sich wegen eines inakzeptablen Geruchs nicht wohlfühlt, werden sich ggf. Stress-Symptome einstellen, die zweifelsfrei ein medizinisches Problem darstellen.

Es ist sehr schwierig, eine gemeldete Geruchsbelastung zu bewerten, da viele Geruchsstoffe nur schwer oder gar nicht zu messen sind. Der beauftragte Fachmann muss sich deshalb meist auf die eigene Wahrnehmung stützen. Diese ist nicht zufriedenstellend objektivierbar, denn das Geruchsempfinden ist von Mensch zu Mensch völlig unterschiedlich ausgeprägt. So haben Frauen im Allgemeinen ein stärker ausgeprägtes Geruchsempfinden als Männer (Schlachta, 2000). Auch beurteilen verschiedene Personen Gerüche unterschiedlich als angenehm, neutral oder unangenehm und einige nehmen einen besonders starken Geruch wahr, wo andere gar nichts riechen. Darüber hinaus gibt es zeitliche Schwankungen, z. B. senkt Hunger die Geruchsschwelle, während Sättigung diese ansteigen lässt (Plattig, 1999).

Zur Erfassung von Gerüchen wurden zwar Regeln aufgestellt (u. a. VDI-Richtlinien 3881, 3882, 3883, 3940), allerdings gelten diese technischen Regeln nicht bei mikrobiellen Innenraumquellen, sondern sie wurden zur Feststellung von Geruchsemissionen aus Produkten oder zur Bewertung von Gerüchen erstellt, die von Produktionsbereichen ausgehen. Derartige Untersuchungen sind sehr aufwendig und somit kostspielig und wären bei mikrobiellen Schäden in Wohnungen schon aus finanziellen Gründen nicht vertretbar. So wird ein geschultes Probandenkollektiv von mindestens 4 Personen, bei Grundsatzuntersuchungen von 8 bis 15 Personen gefordert.

Der Sachverständige sollte bei der Untersuchung von Feuchteschäden und mikrobiellen Schäden die beschriebene Geruchswahrnehmung dokumentieren und ebenso wie das eigene Geruchsempfinden bei der Bewertung würdigen.

Wenn ein mikrobieller Geruch wahrgenommen wird, muss davon ausgegangen werden, dass eine entsprechende Quelle, d. h. ein mikrobieller Befall, vorliegt, die entfernt werden muss. Materialien, die die Geruchsbelastung verursachen oder zur Geruchsbelastung beitragen, sollten aus Innenräumen entfernt werden (siehe auch Kapitel 4.2).

7.5 Gesundheitliche Aspekte

Aufgrund praktischer Erfahrungen und wissenschaftlicher Studien ist bekannt, dass mikrobielle Schäden gesundheitliche Beschwerden verursachen können. Das heißt, Mikroorganismen können krank machen und mikrobielle Schäden müssen deshalb saniert werden. Es ist aber bis heute nicht zufriedenstellend geklärt, wann welche Mikroorganismen krank machen und wodurch.

Wenn aber nicht sicher ist, welche Symptome durch welche mikrobiellen Stoffe ausgelöst werden oder werden können, kann die tatsächliche Gesundheitsgefährdung nicht messtechnisch belegt, sondern nur anhand von Indizien in lediglich sehr grober Näherung abgeleitet werden.

Selbst nach der Untersuchung von mehr als 16.000 Wohnungen, durchgeführt vom Institut für Innenraumdiagnostik, mit mikrobiellen Schäden und gleichzeitig kranken Bewohnern ist es nicht gelungen, die Anzahl und Stärke der Symptome in einen klaren Zusammenhang zu bringen mit der festgestellten Schadensgröße und/oder der Art der mikrobiellen Besiedlung. Es gibt genügend Fälle, in denen mittelgroße bzw. nicht allzu große Schäden festgestellt wurden und über massive gesundheitliche Beschwerden berichtet wurde, die nach Sanierung abgeklungen sind. Ebenso kommen auch ausgedehnte Schäden vor, bei denen die Exponierten nur leichte Symptome oder auch gar keine Beschwerden hatten.

Dies ist nur erklärbar, wenn nicht alle Mikroorganismen krank machen können oder krank machende Stoffe freisetzen oder wenn die Personen sehr unterschiedlich empfindlich reagieren. Es ist davon auszugehen, dass beides eine Rolle spielt.

Ein typisches Beispiel ist der oft genannte Schimmelpilz *Stachybotrys chartarum*, dessen Gefährdungspotenzial an dem stark giftigen Satratoxin festgemacht wird, das dieser Pilz produzieren kann. Bei wissenschaftlichen Arbeiten zeigte sich, dass nur bestimmte Stämme dieser Art imstande sind, dieses Gift zu produzieren und dieses auch nur unter bestimmten Bedingungen.

Hinweise darauf, dass potenzielle Mykotoxinbildner vor allem unter „Stressbedingungen“ Toxine produzieren, ergaben sich aufgrund von Laborversuchen mit einem Pilzstamm der *Aspergillus-ustus*-Gruppe. Der aus einem Bürogebäude isolierte Pilzstamm war dann in besonderem Maße in der Lage, ein Mykotoxin zu produzieren, wenn er auf 10 °C gekühlt oder wenn seinem Nährboden mit Paraffin ein Stoff zugesetzt wurde, den er nicht zur Aufnahme von Nährstoffen zersetzen kann (Lorenz/Trautmann/Dill/Gareis, 2003).

Viele offene Fragen verursachen die Bakterien, die in der Mehrzahl der Fälle neben den Schimmelpilzen in hohen Mengen die durch Feuchte geschädigten Baumaterialien besiedeln. Die meisten dieser Bakterien können mit bezahlbarem Aufwand nicht identifiziert werden. Es gibt aber bereits klare Hinweise, dass einige Bakterien Giftstoffe produzieren und/oder freisetzen können, wie *Streptomyces griseus* die antibiotische Verbindung Valinomycin, oder die sog. gramnegativen Bakterien Endotoxine. Auch besteht der Anfangsverdacht, dass manche „Gebäude-Bakterien“ in seltenen Fällen Infektionen verursachen können. So wurden Actinomyceten der Gattungen *Nocardia*, *Nocardiopsis* oder *Mycobacterium* nachgewiesen, denen fakultativ infektiöse Arten angehören (siehe Lorenz/Trautmann/Dill, 2003).

Da aus den genannten Gründen das Ausmaß der Gefährdung derzeit nicht unmittelbar durch Messung bzw. Analyse krank machender Substanzen ermittelt werden kann, erfordert die Beurteilung von Schäden im Hinblick auf die gesundheitliche Relevanz eine gesamtheitliche Betrachtung.

In vielen Fällen sind Kompromisse zu akzeptieren und es muss zugegeben werden, dass es bei Sachverständigen je nach Praxiserfahrung unterschiedliche Standpunkte gibt, bei denen oft nicht sachlich zu entscheiden ist, wer recht hat.

Trotz der genannten Unsicherheiten ist die Schlussfolgerung falsch und deshalb unzulässig, dass Schimmelpilzschäden kein gesundheitliches Risiko darstellen.

Wie die Ergebnisse einer Feldstudie klar zeigten, hatte ein großer Teil von „Umweltpatienten", bei denen als Ursache ein Schimmelpilzproblem angenommen wurde, die gesundheitlichen Probleme von diesen Schäden.

Ergebnisse einer Feldstudie

Bei der im Folgenden dargestellten Studie wurden ausschließlich Schäden in Wohnungen ausgewertet.

Von den vom Dr. Lorenz-Institut für Innenraumdiagnostik im Jahr 2004 bearbeiteten Fällen wurden alle ausgewählt, in denen jeweils mindestens ein Bewohner unter rheumatischen Beschwerden litt. In fast allen Fällen wurde von den Bewohnern über Atemwegsprobleme berichtet, zum Teil auch über Hautreizungen.

Im Zeitraum Juli bis Dezember 2005 wurden die Betroffenen durch eine vorher eingewiesene MTA telefonisch befragt. Zur Befragung wurde ein Formular eingesetzt. Es wurde abgefragt, ob inzwischen ein Umzug erfolgt ist, ob saniert wurde, wenn ja, wie saniert wurde und wie sich die Beschwerden bei den einzelnen Bewohnern entwickelten (siehe Tabelle 7.2).

Tabelle 7.2: Auswertung von 114 Fällen, in denen mindestens eine Person unter rheumatischen Beschwerden litt[a)]

	gesundheitliche Beschwerden bei den Exponierten		
Maßnahme (in Klammern die Anzahl der Betroffenen)	**keine Veränderung**	**spürbare bis deutliche Besserung**	**vollständiges Abklingen**
Auszug (89)	9 (10 %)	57 (64 %)	23 (26 %)
komplett saniert (48)	7 (15 %)	36 (75 %)	5 (10 %)
teilweise saniert (32)	6 (19 %)	22 (69 %)	4 (12 %)
ohne Materialentfernung[1)] (30)	15 (50 %)	10 (33 %)	5 (17 %)
nicht saniert (50)	38 (76 %)	11 (22 %)	1 (2 %)
[1)] nur Ursache beseitigt und feuchtes Material getrocknet			

[a)] Die Zahlen beziehen sich auf die Anzahl der Bewohner mit Beschwerden (insgesamt 249) und nicht auf die Anzahl der Fälle.

Tabelle 7.3: Auswertung von 114 Fällen, in denen mindestens eine Person unter rheumatischen Beschwerden litt[a]

	Besserung der rheumatischen Beschwerden (%)			**Besserung der Atemwegsbeschwerden und Hautreizungen (%)**		
	keine	**teilweise**	**vollständig**	**keine**	**teilweise**	**vollständig**
Auszug	27	48	25	12,5	55	32,5
komplett saniert	53	40	7	13,0	63	24,0
teilweise saniert	46	23	31	26,0	48	26,0
saniert, aber kein Material entfernt	80	7	13	50,0	22	17,0
nicht saniert	81	16	3	83,0	15	2,0

[a] Die Prozentzahlen beziehen sich auf die Anzahl der Bewohner mit Beschwerden (insgesamt 249) und nicht auf die Anzahl der Fälle.

Die Befragung ergab eindeutig, dass in den Fällen, in denen der Auszug erfolgte, 90 % der Patienten über eine deutliche Besserung der Beschwerden berichteten (hiervon 26 % über ein vollständiges Abklingen), während bei den Personen, die keine Sanierung durchführten, nur in 22 % der Fälle eine Besserung der Beschwerden eintrat.

Über ein vollständiges Abklingen der Beschwerden berichtete nur einer der 50 Befragten, die nicht sanierten.

Nach einer kompletten Sanierung berichteten 85 % über mindestens eine deutliche Besserung (75 % Besserung, 10 % komplettes Abklingen), nach teilweiser Sanierung immerhin noch 81 %, während eine Sanierung ohne Materialentfernung nur in jedem zweiten Fall zu einer Besserung führte.

Es ist insbesondere bei kostenintensiven Sanierungsmaßnahmen häufig der Streitpunkt, ob das mikrobiell besiedelte Material zu entfernen ist oder nicht. Wie man an den Ergebnissen dieser Studie sehen kann, ist ohne Materialentfernung durchaus damit zu rechnen, dass die Bewohner weiterhin unter Symptomen leiden.

Interessant ist der Vergleich der einzelnen Beschwerdebilder. Eine Trocknung des Feuchtigkeitsschadens und Kaschierung des mikrobiellen Befalls führte relativ häufig zu einem Abklingen der Atemwegsbeschwerden, während die rheumatischen Beschwerden nicht in dem Maße abklangen wie nach einer Sanierung mit Materialentfernung oder einem Auszug (siehe Tabelle 7.3).

In Bezug auf die rheumatischen Beschwerden tritt ohne Materialentfernung bei 80 % keine Besserung auf, vergleichbar mit den Fällen, in denen gar nichts gemacht wurde (81 %).

Überraschen mag zunächst das Ergebnis, dass bezüglich der rheumatischen Beschwerden die komplette Sanierung bei nur 7 % der Betroffenen zur vollständigen Beschwerdebesserung führte, während dies nach einem Auszug bei 25 % der Betroffenen der Fall war.

Das Ergebnis wird allerdings dadurch beeinflusst, dass in den Fällen einer kompletten Sanierung das Durchschnittsalter der Betroffenen erheblich höher lag als in den Fällen des Auszugs oder einer nur teilweisen Sanierung, denn von den Personen, die eine Sanierung durchführten, waren 68 % älter als 50 Jahre, während nur 18 % der Personen, die die Wohnung wechselten, mehr als 50 Jahre alt waren. Dies hat 2 Gründe: Ältere Personen sind weniger bereit zu einem Wohnungswechsel als jüngere und außerdem sind sie häufiger Eigentümer als Mieter. Mieter werden jedoch höchstens Teillösungen durchführen können, wenn der Vermieter die Notwendigkeit einer Sanierung nicht einsieht. Altersbedingte rheumatische Beschwerden durch Verschleiß werden deshalb in den Fällen einer kompletten Sanierung deutlich häufiger die tatsächliche Ursache der rheumatischen Beschwerden sein als in den Fällen mit Auszug oder Teilsanierung.

Die Erfahrung zeigte wiederholt und auch diese Studie macht deutlich, dass die Beseitigung der Feuchtigkeit in manchen Fällen nicht ausreicht, um die gesundheitlichen Probleme zu lösen, sondern eine Entfernung des besiedelten Materials vorgenommen werden muss, wie es in den Sanierungsleitfäden des Umweltbundesamts (UBA 2) und des Landesgesundheitsamts Baden-Württemberg (LGA 2) gefordert wird.

Tendenziell kann man 2 Richtungen einschlagen. Man kann im Zweifelsfall sehr vorsichtig bewerten, um keine unnötigen Sanierungsmaßnahmen verantworten zu müssen, und nimmt in Kauf, dass Exponierte weiterhin unter Beschwerden leiden. Oder man stuft die mögliche Gesundheitsgefährdung als bedeutsamer ein als eventuell unnötige Sanierungskosten.

Die ersten Leitfäden des LGA Baden-Württemberg und des UBA wählen tendenziell den zweiten Weg (LGA 1, UBA 1). In beiden Leitfäden wird deutlich dargestellt, dass das Vorsorge- und Minimierungsgebot anzuwenden ist.

In diesen Leitfäden werden die mikrobiellen Schäden in 3 Kategorien eingeteilt (siehe Tabelle 7.4).

Tabelle 7.4: Einteilung in Schadenskategorien nach Empfehlungen in LGA 1 und UBA 1

Kategorie 1	**Kategorie 2**	**Kategorie 3**
Normalzustand und geringfügiger Schaden keine bzw. sehr geringe Biomasse (z. B. geringe Oberflächenschäden < 20 cm²)	geringer bis mittlerer Schaden Die Freisetzung von Pilzbestandteilen sollte unterbunden und die Ursache mittelfristig ermittelt und saniert werden. mittlerer Biomasse, oberflächliche Ausdehnung < 0,5 m²; tiefere Schichten sind nur lokal begrenzt betroffen	großer Schaden Die Freisetzung von Pilzbestandteilen sollte sofort unterbunden werden, die Ursache des Schadens ist unverzüglich zu ermitteln und zu beseitigen. Die Betroffenen sind auf geeignete Art und Weise zu informieren, eine umweltmedizinische Betreuung sollte erfolgen. Nach abgeschlossener Sanierung hat eine Kontrolluntersuchung stattzufinden. große Biomasse, große flächige Ausdehnung > 0,5 m²; auch tiefere Schichten können betroffen sein
Beim Auftreten von Schimmelpilzen, denen eine besondere gesundheitliche Bedeutung zugeordnet wird, sollte die nächsthöhere Kategorie gewählt werden. Auch wird empfohlen, dass der Sachverständige bei einem aktiven Befall prüft, ob die Kategorie um einen Wert erhöht wird.		

Im Hinblick auf die Entscheidung, ob Material entfernt werden muss und ob Sofortmaßnahmen erforderlich sind, spielt die Ausdehnung des Schadens eine untergeordnete Rolle, denn mikrobiell besiedeltes Material sollte immer entfernt werden, egal ob es sich um eine kleine oder große Ausdehnung handelt. Die Sofortmaßnahmen sollten sich in erster Linie danach richten, ob und wie intensiv Personen exponiert sein können und wie gesund diese Personen sind. Das Schadensausmaß kann insbesondere dann entscheidend sein, wenn der Aufwand zum Rückbau erheblich ist oder auch wenn der Laborbefund nicht eindeutig ist.

In den Fällen, in denen keine besonderen Risikogruppen exponiert werden und keine anderen Besonderheiten zu berücksichtigen sind, sind die Empfehlungen des UBA und der LGA Baden-Württemberg bei der Bewertung sehr gut anwendbar. Es ist jedoch an dieser Stelle davor zu warnen, stur das Schadenskategorie-Schema der Leitfäden LGA 1 und UBA 1 anzuwenden. Wer mikrobielle Schäden mit dem Zollstock misst und bei einem 0,49 m² großen Schimmelfleck noch kein Problem sieht, aber ab einem 0,51 m² großen Schimmelfleck Räume oder ganze Gebäudeteile sperren lässt, der hat nicht ansatzweise verstanden, wie die Empfehlungen in den Leitfäden gemeint sind.

Zusammenfassend ist zu sagen, dass Schimmelpilzschäden wegen der möglichen gesundheitlichen Beeinträchtigung weder verharmlost werden dürfen noch dass ein Anlass zu panischen Reaktionen oder zu unüberlegtem Aktionismus besteht.

Bei einer anstehenden Sanierung sind die gesundheitlichen Aspekte im Hinblick auf folgende Punkte zu bewerten:

- Wie dringlich sind die Maßnahmen, bzw. sind Sofortmaßnahmen erforderlich?
- Wie groß ist der erforderliche Sanierungsumfang? Muss nur getrocknet werden oder ist auch Material zu entfernen?
- Welche Maßnahmen zum Umgebungsschutz sind erforderlich?
- Welche Maßnahmen zum Arbeitsschutz sind erforderlich?

7.6 Dringlichkeit der Maßnahmen – Sofortmaßnahmen

In manchen Fällen, nämlich wenn besonders gefährdete Personen exponiert werden können oder wenn die exponierten Personen massive gesundheitliche Beschwerden berichten, sind Sofortmaßnahmen durchzuführen.

Im Zweifelsfall sind Sofortmaßnahmen durchzuführen und nicht die Ergebnisse einer gutachterlichen Untersuchung abzuwarten, denn es kann ein fragwürdiger Eindruck erweckt werden, wenn der Gutachter nach 3 Monaten oder mehr Bearbeitungszeit im Gutachten feststellt, dass die betroffenen Räume „ab sofort“ nicht mehr betreten werden dürfen.

Die Untersuchungszeit kann aber entgegen der Erwartungshaltung mancher Auftraggeber nicht beliebig verkürzt werden, wenn eine qualitativ hochwertige Arbeit erwartet wird.

Welche Sofortmaßnahmen durchzuführen sind, ist individuell zu entscheiden. Die Durchführung von Sofortmaßnahmen ist in Kapitel 9.2 beschrieben.

Das Ziel von Sofortmaßnahmen ist immer entweder die Verminderung oder die Verhinderung der Exposition von Betroffenen.

Besteht die reale Möglichkeit, dass es zu Infektionen kommt (bei exponierten Personen mit geschwächtem Immunsystem und fakultativ infektiösen Keimen), dann sollten Maßnahmen zur Expositionsverhinderung durchgeführt werden. In allen anderen Fällen sind Maßnahmen zur Verminderung ausreichend. Wenn die Sanierung umgehend erfolgen soll, sind nur Maßnahmen mit geringem Aufwand sinnvoll. Sollte aber die Sanierung erst mittel- bis langfristig möglich sein, sind auch Sofortmaßnahmen mit größerem Aufwand, z. B. Abschottung, Unterdruck (siehe Kapitel 9.2), vertretbar.

Neben technischen Sofortmaßnahmen können auch organisatorische Maßnahmen durchgeführt werden, z. B. können einzelne Personen mit Symptomen aus dem betroffenen Bereich herausgenommen werden. Auch die ärztliche Beratung oder Beobachtung kann eine Sofortmaßnahme darstellen.

Wann Sofortmaßnahmen erforderlich oder zu empfehlen sind, kann anhand des Schemas in der folgenden Abb. 7.3 entschieden werden.

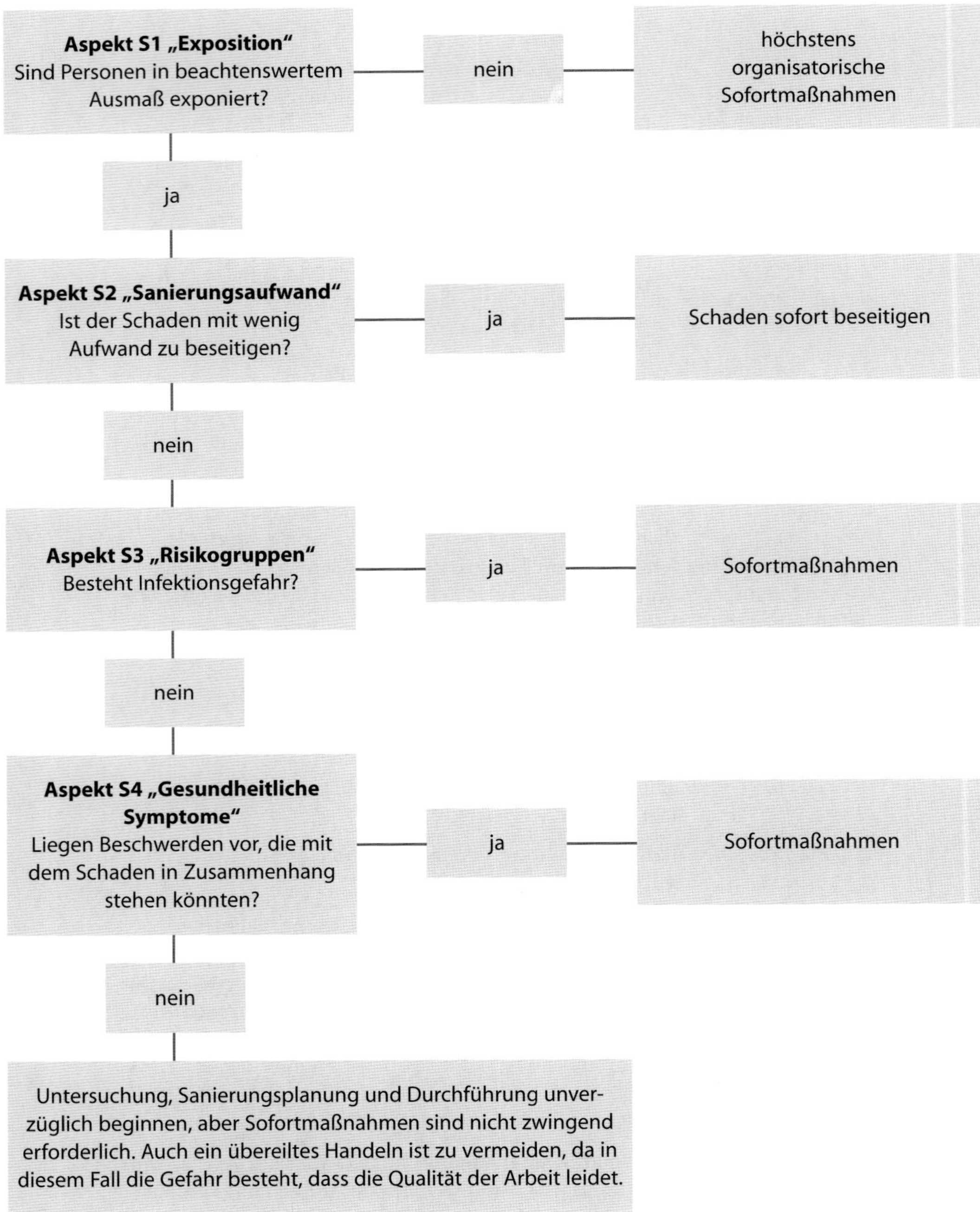

S: Sofortmaßnahme

Abb. 7.3: Ablaufschema zur Entscheidung über Sofortmaßnahmen

7.6.1 Aspekt S1: Exposition

Bei Schäden in nicht oder nur sporadisch und dann auch nur kurze Zeit genutzten Räumen, d. h., wenn keine Personen nennenswert exponiert werden können, sind Sofortmaßnahmen in den meisten Fällen nicht notwendig. In der Hauptsache dürfte es sich hierbei um Lager- und Archivräume handeln.

Die Dauer der Exposition kann wie folgt klassifiziert werden:

- Langzeitexposition: > 1 Stunde am Tag
- Kurzzeitexposition: bis maximal 1 Stunde am Tag
- sporadische Exposition: 5 bis maximal 15 Minuten am Tag

Bei massiven mikrobiellen Schäden (Kategorie 3 nach UBA 1 oder LGA 1) in Nutzräumen, wie Archiven, Lagern usw., könnten folgende organisatorische Maßnahmen ergriffen werden:

- Die Aufenthaltsdauer sollte auf das unbedingt Notwendige begrenzt werden.
- Nur noch eingewiesene, gesunde Personen sollten die Räume betreten; empfindliche Personen bzw. Allergiker oder aus anderen Gründen gefährdete Personen, wie Schwangere, Asthmatiker, Rheumatiker, sollten sich diesen Räumen fernhalten.
- Die befugten Personen sollten beim Betreten der Räume Atemschutzmasken (Feinstaubmasken, mindestens Filterklasse P2) und spezielle Arbeitskleidung (z. B. Einmalschutzanzüge) tragen.
- Nicht mikrobiell besiedelte Gegenstände, die aus diesen Räumen geholt werden, sind zu reinigen, bevor sie in andere Räume gebracht werden (siehe Kapitel 9.3.2).
- Gegenstände, die mit Mikroorganismen besiedelt sind, sollten entsorgt oder zumindest nicht in andere Räume gebracht werden, bevor der Befall nicht fachmännisch beseitigt wurde.

7.6.2 Aspekt S2: Sanierungsaufwand

Es nicht sinnvoll, länger darüber nachzudenken, wie schnell gehandelt werden muss, wenn die Behebung des Problems schnell erfolgen kann. Deshalb sollten kleine Schimmelpilzschäden, die mit wenig Aufwand entfernt werden können, auch sofort beseitigt werden.

Die Einschätzung, was wenig Aufwand ist und was nicht, wird individuell unterschiedlich ausfallen. In erster Näherung lässt sich sagen, dass es sich dann um nur geringen Aufwand handelt, wenn die Entfernung des mikrobiell besiedelten Materials weniger als einen halben Arbeitstag dauert, von nur einer Person vorgenommen werden kann und kein Spezialwerkzeug erfordert. Fast alle sichtbaren Oberflächenschäden sind demnach mit geringem Aufwand zu beseitigen.

Es sollte jedoch zweifelsfrei feststehen, dass die Ursache ebenfalls beseitigt wurde und dass keine weiteren nicht sichtbaren oder versteckten Schäden vorliegen. Beides wird bei sehr kleinen visuell sichtbaren Schäden leider manches Mal vernachlässigt. Die Folge ist, dass der Schaden erneut auftritt und/oder dass die Geruchs- bzw. Gesundheitsprobleme nicht beseitigt wurden.

Deshalb sind neben der sofortigen Entfernung des mikrobiellen Schadens auch Maßnahmen zur Ursachenbeseitigung erforderlich und das Schadensausmaß ist stets fachmännisch zu klären, wie es in Kapitel 5 beschrieben ist. Stellt sich heraus, dass der sichtbare Schimmelpilzbefall nur die „Spitze des Eisberges" ist, dann handelt es sich auch nicht um einen kleinen, leicht zu entfernenden Schaden.

Wie man kleine Schäden richtig beseitigt, ist in Kapitel 9.1 beschrieben.

7.6.3 Aspekt S3: Risikogruppen

Es gibt praktisch nur 2 fakultativ pathogene Pilzarten, die mit Feuchteschäden in Zusammenhang gebracht werden, und zwar *Aspergillus fumigatus* und *Aspergillus flavus*. In gemäßigten Klimazonen tritt *Aspergillus flavus* jedoch als Besiedler von Gebäudeteilen und Einrichtungsgegenständen, im Unterschied zu tropischen Ländern, so gut wie nicht auf. *Aspergillus fumigatus* wird in feuchten Baumaterialien nur selten nachgewiesen und wenn, dann meist in geringen Mengen. Allerdings kann es nicht ausgeschlossen werden, dass er bei Feuchteschäden auftritt, und in Risikobereichen sollte dies auch mit berücksichtigt werden. Häufiger ist *Aspergillus fumigatus* in Blumenerde, Gartenerde und vor allem in Komposthaufen zu finden.

Es ist zu beachten, dass der Begriff „pathogen" (krank machend) in der Regel nicht ganz korrekt verwendet wird, denn es wird zumeist nur die Gefahr einer Infektion damit bezeichnet. Andere krank machende Effekte (wie z. B. eine Allergie) werden bisher bei dieser Einstufung außer Acht gelassen. Treffender ist deshalb die Verwendung des Begriffes „fakultativ infektiös".

Völlig ungeklärt ist das Bild bei den Bakterien. Das Auftreten fakultativ infektiöser Actinomyceten ist zwar nicht belegt, aber es gibt Hinweise, dass dies möglich ist (siehe Lorenz/Trautmann/Dill, 2003).

Die Einschränkung „fakultativ" (bei Möglichkeit) bedeutet im Unterschied zu „obligat" oder „obligatorisch" (zwingend), dass diese Mikroorganismen normalerweise zu keinen Infektionen führen, sondern nur in bestimmten Fällen, nämlich bei Personen mit einem kranken, schwachen oder geschwächten Immunsystem (immunsupprimierte Personen). Manchmal wird auch synonym der Begriff „opportunistisch pathogen" verwendet.

Dies heißt, dass nur prädisponierte Personen gefährdet sind, wie sie in der Regel in Krankenhäusern, Arztpraxen oder Altersheimen anzutreffen sind.

Die Gegenwart entsprechender Risikopersonen ist jedoch auch in Wohnungen nicht auszuschließen, in denen sich ebenfalls Kranke aufhalten können. Bei Schimmelpilzschäden in Wohnräumen sollte deshalb auch danach gefragt werden, ob eine besondere medizinische Situation vorliegt, d. h. Personen mit einer Erkrankung des Immunsystems exponiert sind oder Personen, die gerade einer immunmodulatorischen Therapie unterliegen.

Oft werden auch Schulen und Kindergärten als besonders problematische Bereiche eingestuft. Allerdings halten sich in Schulen und Kindergärten in der Regel keine Personen mit einer massiven Immunerkrankung auf, weshalb dort nicht die Maßnahmen wie in Krankenhäusern, Arztpraxen oder Altersheimen, sondern solche wie in Wohnungen erforderlich sind. Es ist jedoch häufig ein hoffnungsloses Unterfangen, den beteiligten Eltern und Lehrern diesen Sachverhalt zu vermitteln. Zu beachten ist bei Schäden in Gebäuden mit Kindern selbstverständlich genauso wie in Wohnräumen, ob bereits gesundheitliche Beschwerden vorliegen.

7.6.4 Aspekt S4: Gesundheitliche Symptome

Da die Belastungssituation messtechnisch nicht zufriedenstellend erfasst werden kann, sollte bei der Festlegung der Dringlichkeit und der Notwendigkeit von Maßnahmen die geschilderte und in der Regel nicht objektivierbare gesundheitliche Situation der Personen, die sich in den betroffenen Räumen oder im betroffenen Gebäude aufhalten, ausschlaggebend sein.

Es sollte dokumentiert werden, ob nur leichte oder schwere gesundheitliche Probleme bei oder nach Nutzung der betroffenen Räume vorliegen und wie markant die Häufung dieser Beschwerden ist. Diese Dokumentation sollte von einem qualifizierten Innenraumdiagnostiker gemeinsam mit einem Mediziner erfolgen. Dies kann der behandelnde Arzt sein, soweit er im entsprechenden Bereich qualifiziert ist, der Betriebsarzt oder auch ein Mitarbeiter des Gesundheitsamtes.

Bei mehreren exponierten Personen (Schulklassen, Kindergartengruppen, Büro mit vielen Mitarbeitern) kann das Auftreten von Beschwerden statistisch ausgewertet werden.

Je nach Anzahl der Betroffenen und Stärke der Beschwerden können die Dringlichkeitsstufen DS1 bis DS6 wie in Tabelle 7.5 gezeigt festgelegt werden.

Tabelle 7.5: Dringlichkeitsstufen für Sofortmaßnahmen

	keine Beschwerden, nur Geruchsbelästigung	**leichte Befindlichkeitsstörungen**	**gesundheitliche Beschwerden (Atemwege, Hautprobleme usw.)**
nur einzelne Betroffene (< 5 %)	DS1	DS2	DS3
wenige Betroffene (5–10 %)	DS2	DS3	DS4
deutliche statistische Häufung (11–30 %)	DS3	DS4	DS5
viele Betroffene (> 30 %)	DS4	DS5	DS6

DS1: langfristig Handlungsbedarf, Geruchsquelle lokalisieren, abdichten oder beseitigen

DS2: langfristig Handlungsbedarf, Entwicklung beobachten, soweit möglich durch geeignete Maßnahmen Belastung minimieren

DS3: mittelfristig Benutzung möglich, jedoch einzelne Personen wenn möglich in andere Räume umsetzen, durch geeignete Maßnahmen Belastung minimieren

DS4: kurzzeitige bzw. kurzfristige Benutzung möglich, jedoch einzelne Personen in andere Räume umsetzen, durch geeignete Maßnahmen Belastung minimieren

DS5: Räume nur noch sehr eingeschränkt benutzen und während der Benutzung für Minimierung der Belastung sorgen (Fenster weit öffnen, Zwangsbelüftung, Quelle abdichten, Partikel binden)

DS6: Räume ab sofort nicht mehr benutzen

Bei nur einzelnen Betroffenen (Büro mit nur wenigen Mitarbeitern, Wohnungen) sollte das Votum eines Umweltmediziners ausschlaggebend sein.

Diese Empfehlungen sollten unabhängig davon durchgeführt werden, ob ein mikrobieller Schaden der Kategorie 2 oder 3 nach UBA 1 oder LGA 1 vorliegt. Sollten in zeitlichem und örtlichem Zusammenhang mit dem Aufenthalt in Innenräumen relevante gesundheitliche Beschwerden auftreten, dann sollte dies immer zum Handeln veranlassen. Wird allerdings kein Feuchteschaden oder relevanter mikrobieller Befall der Kategorie 2 oder 3 lokalisiert, muss es andere Ursachen für die Beschwerden geben, z. B. chemische Schadstoffquellen, wie Lösemittel, Formaldehyd usw., die ermittelt und beseitigt werden müssen.

7.7 Erforderlicher Sanierungsumfang

Ziel aller Maßnahmen sollte sein, das Material komplett zu beseitigen, welches in relevanter Größenordnung mikrobiell besiedelt ist und deshalb eine gesundheitlich relevante Schadstoffquelle darstellt. Außerdem muss Material, das zwar feucht, aber nicht mikrobiell besiedelt ist, möglichst rasch getrocknet werden, damit sich zukünftig kein relevanter mikrobieller Befall entwickeln kann.

Wie in Kapitel 7.5 bereits ausführlich beschrieben, ist es nicht hinreichend bekannt, welche Stoffe tatsächlich Beschwerden verursachen, und schon gar nicht, welche Dosis erforderlich ist. Man kann deshalb nur feststellen, ob Material mikrobiell besiedelt ist oder nicht, und nicht, welche Gesundheitsgefährdung konkret von diesem Material ausgeht. Aber auch die Feststellung, ob Material mikrobiell besiedelt ist, ist oft nicht einfach, denn es gibt keine Methode, um in jedem Fall die tatsächliche mikrobielle Belastung von Materialien zweifelsfrei nachzuweisen.

Die standardmäßig verfügbare Methode ist die Analyse der aus einer Materialprobe ausgewaschenen, anzüchtbaren mikrobiellen Partikel. Jeder im Labor anzüchtbare Keim bildet auf dem Labornährboden eine sog. Kolonie. Die Anzahl der auf dem Labornährboden keimenden mikrobiellen Partikel wird deshalb in Kolonie bildenden Einheiten (KBE) angegeben. Einerseits können bei einer insgesamt großen mikrobiellen Biomasse (bestehend aus Pilzmyzel, Sporenträgern, lebenden anzüchtbaren und nicht anzüchtbaren Pilzsporen, abgestorbenen Pilzsporen, anzüchtbaren und nicht anzüchtbaren Bakterienkeimen, bakteriellen Zellbestandteilen) verhältnismäßig geringe Mengen anzüchtbarer Sporen bzw. Keime im Material vorhanden sein. Andererseits kann es sein, dass verhältnismäßig viele Sporen oder Keime im Material vorhanden sind, aber die mikrobielle Biomasse insgesamt verhältnismäßig gering ist. Zusätzlich kann es bei unfachmännischen Probenahmen sein, dass stark mit Anflugsporen kontaminiertes Material untersucht wird und aufgrund der Ergebnisse ein mikrobieller Befall angenommen wird, obwohl das Probenmaterial nur kontaminiert war. Letzteres kann durch eine fachmännische Probenahme vermieden werden. Mit den übrigen Unsicherheiten muss der Sachverständige, der Schimmelpilzschäden untersucht, allerdings leben. Er kann sie nicht umgehen, aber er muss sie kennen, um letztendlich mit seiner Bewertung der Realität so nahe wie möglich zu kommen.

Da mikrobieller Befall in Materialien nicht grundsätzlich mit dem bloßen Auge erkennbar ist, gibt es auch keine Methode, um die Ausdehnung von Schäden ohne großen Probenaufwand zweifelsfrei festzustellen. Aber es ist dem Auftraggeber aus finanziellen Gründen nicht zumutbar, dass von jedem Verdachtsmaterial rasterartig etliche Proben untersucht werden. Der Sachverständige muss deshalb oft anhand fachmännisch ausgewählter exemplarischer Proben ausgedehnte Schäden bewerten.

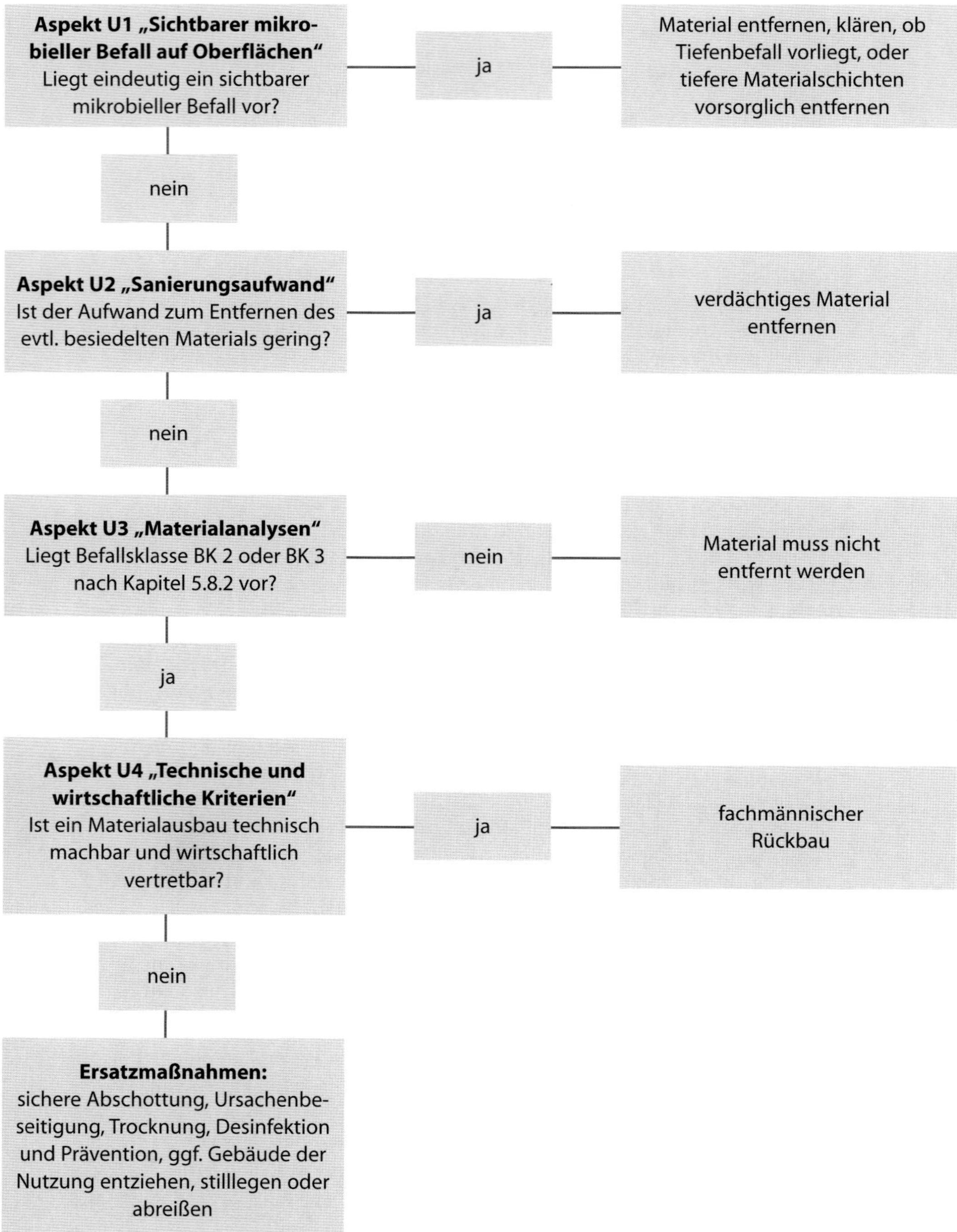

U: Umfang der Sanierung

Abb. 7.5: Ablaufschema zur Festlegung des Umfanges der Sanierung

Aufgrund der beschriebenen Unsicherheiten müssen bei der Bewertung von mikrobiellen Schäden mehrere Informationen verarbeitet werden, um die Ausdehnung des Schadens abzuschätzen und auch, um festzulegen, wo welche Materialien zu entfernen sind oder ob andere Maßnahmen ausreichen (siehe Abb. 7.4).

7.7.1 Aspekt U1: Sichtbarer mikrobieller Befall auf Oberflächen

Um zu entscheiden, ob ein sichtbar mikrobiell besiedeltes Material zu entfernen ist, sind keine Materialanalysen nötig. Es ist für den Handwerker nicht erforderlich, dass er die Arten kennt, die im Schadensbereich vorliegen. Wenn er vorsorglich die üblichen Maßnahmen zum Arbeitsschutz und Umgebungsschutz durchführt, kann auf Analysen verzichtet und umgehend mit der Sanierung begonnen werden. Vorsorgliche, eventuell unnötig vorgenommene Schutzmaßnahmen können geringere Mehrkosten verursachen als die mikrobiologische Untersuchung des Schadens.

Ist es nicht sicher, ob ein Tiefenbefall vorliegt, oder gibt es Hinweise, dass die Ausdehnung in der Fläche weit über die sichtbar besiedelte Fläche hinausgeht, dann ist entweder das Verdachtsmaterial vorsorglich zu entfernen oder Laboranalysen sind durchzuführen, um zu klären, ob dies notwendig ist (siehe auch Aspekt U2).

7.7.2 Aspekt U2: Sanierungsaufwand

Ist Material messbar feucht, riecht es muffig oder gibt es andere Anzeichen für eine Schädigung durch Feuchte, kann es bei kleineren Schäden aus wirtschaftlicher Sicht günstiger sein, das Material auszutauschen, ohne zu wissen, ob tatsächlich ein mikrobieller Befall vorliegt und dies nötig gewesen wäre.

Beispiel

Kosten für Materialaustausch: 500 €
Kosten für Untersuchung des Schadens: 400 €

Fall 1: keine Analyse, sondern vorsorgliches Entfernen
Gesamtkosten = Sanierungskosten = 500 €

Fall 2: Materialanalyse, Material muss entfernt werden
Gesamtkosten = Kosten für Analyse und Sanierung = 900 €

Fall 3: Materialanalyse, Material muss nicht entfernt werden
Gesamtkosten = Analysekosten = 400 €

Allerdings sind dann, wenn Verdachtsmaterialien vorsorglich entfernt werden, die Maßnahmen zum Arbeitsschutz so zu wählen, als ob ein mikrobieller Befall vorläge. Dies betrifft jedoch keine kleinen Schäden, bei denen nicht mit einer nennenswerten Staubfreisetzung bei der Sanierung zu rechnen ist.

In Risikobereichen sollten Maßnahmen zum Umgebungsschutz durchgeführt werden. In diesen Fällen sind mikrobiologische Analysen und eventuell vorsorgliche Abschottungs- und/oder Desinfektionsmaßnahmen zur Beseitigung der möglichen Infektionsgefahr in der Regel unumgänglich.

7.7.3 Aspekt U3: Materialanalysen

Wie das Ergebnis einer Materialanalyse zu beurteilen und einzustufen ist, wurde in Kapitel 5.8.2 beschrieben.

Ist aufgrund der mikrobiologischen Analyse, des Geruchs und des Zustandes des Probenmaterials oder des Schadensalters von keinem relevanten mikrobiellen Befall auszugehen (Befallsklasse BK 1), dann muss das Material nicht entfernt werden.

Sollten jedoch BK 2 oder BK 3 vorliegen, sind weitere Kriterien zu berücksichtigen, wie die Ausdehnung des Schadens, der erforderliche Aufwand und der gesundheitliche Zustand der Bewohner bzw. exponierten Personen.

7.7.4 Aspekt U4: Technische und wirtschaftliche Kriterien

Ob Material, das in relevantem Maße mikrobiell besiedelt ist (BK 3) oder bei dem ein relevanter mikrobieller Befall nicht auszuschließen ist (BK 2), entfernt werden sollte, ist eine schwierige Entscheidung, da es gegenläufige Beurteilungskriterien gibt.

Ein mikrobieller Befall mit sehr geringer Ausdehnung enthält insgesamt eine nur geringe mikrobielle Biomasse und die Materialentfernung wäre in diesem Fall nicht so wichtig wie bei einem großflächigen Schaden. Andererseits ist der Sanierungsaufwand bei kleinen Schäden in der Regel gering, weshalb im Zweifelsfall das Entfernen des Materials problemlos zu empfehlen ist. Bei ausgedehnten Schäden ist von einer insgesamt größeren Biomasse auszugehen, weshalb das Material entfernt werden sollte. Hier wiederum fällt es nicht leicht, den Materialaustausch zu fordern, wenn die Kosten erheblich sind, vor allem im Zweifelsfall (BK 2).

Die abschließende Empfehlung erfordert Fachkenntnisse, die nicht in ein Schema gepresst werden können. Denn jeder Fall stellt sich anders dar und es sind ggf. spezielle Kriterien bei der Bewertung zu berücksichtigen, die für den Einzelfall gelten, aber nicht verallgemeinert werden können. Deshalb ist das nachfolgende Bewertungsschema als Orientierungshilfe zu verstehen und darf nicht ungeprüft 1 : 1 in die Praxis übernommen werden.

Tabelle 7.6: Bewertungsschema als Orientierungshilfe zur Bewertung von mikrobiellen Schäden unter Berücksichtigung der Laborergebnisse von Materialanalysen (Befallsklassen BK) und des Schadensausmaßes (Schadenskategorien SK nach UBA 1/LGA 1)

<table>
<tr><th>Befallsklasse</th><th>Schadenskategorie[1] nach UBA 1/LGA 1</th><th>Empfehlung</th></tr>
<tr><td>BK 2</td><td>SK 2</td><td>Im Allgemeinen reicht das Trocknen aus. Ist der Aufwand gering[2], dann sollte das Material vorsorglich entfernt werden.</td></tr>
<tr><td>BK 2</td><td>SK 3</td><td rowspan="2">Das Material sollte entfernt werden. Ist der Aufwand erheblich oder gibt es technische Schwierigkeiten, können unter Berücksichtigung aller Aspekte, wie z.B. ob die Betroffenen unter Symptomen leiden oder nicht, andere Maßnahmen, wie Abschottung und/oder Dekontamination[3], durchgeführt werden. Die Entscheidung sollte ein qualifizierter Sachverständiger treffen.</td></tr>
<tr><td>BK 3</td><td>SK 2</td></tr>
<tr><td>BK 3</td><td>SK 3</td><td>Das Material muss entfernt werden. Nur in sehr wenigen Fällen, in denen dies technisch kaum machbar ist, und auch, wenn die Kosten in keinem Verhältnis zum Wert des Objektes stehen, sind alternative Maßnahmen zuzulassen, die jedoch sicher funktionieren müssen.</td></tr>
</table>

[1] SK 1: Oberflächliche Schäden mit nur sehr geringer Ausdehnung können immer ohne großen Aufwand entfernt werden und dies sollte dann auch geschehen (siehe Aspekt U2).

[2] Siehe Kapitel 9.1

[3] Siehe Kapitel 9.6

7.8 Maßnahmen zum Umgebungs- und zum Arbeitsschutz

Welche Maßnahmen zum Umgebungsschutz wann und wie durchzuführen sind, kann Kapitel 9.3 entnommen werden.

Die Grundlagen zum Arbeitsschutz, die Erstellung einer Gefährdungsbeurteilung in Abhängigkeit von der Schadensgröße, aber insbesondere von der zu erwartenden Staubfreisetzung, die aus Arbeitsschutzgründen zu empfehlenden Techniken und die Möglichkeiten des persönlichen Schutzes werden in Kapitel 9.4 behandelt.

7.9 Schadensbeurteilung in Ausnahmesituationen

7.9.1 Schäden durch Abwasser/Oberflächenwasser

Eine besondere Gefährdungssituation kann vorliegen, wenn der Feuchteschaden durch Abwasser oder auch durch Hochwasser verursacht wurde. Denn in diesem Fall ist zusätzlich mit der Gegenwart von Mikroorganismen zu rechnen, die sonst nicht in feuchten Baumaterialien anzutreffen sind. Eine Auflistung der zu erwartenden zusätzlichen Mikroorganismen kann der Technischen Regel für Biologische Arbeitsstoffe 220 (TRBA 220, „Sicherheit und Gesundheit bei Tätigkeiten mit biologischen Arbeitsstoffen in abwassertechnischen Anlagen") entnommen werden. Im Leitfaden LGA 2 wurde diese Liste mit weiteren häufig in Abwasser vorkommenden Mikroorganismen ergänzt (siehe Kapitel 1.3.3).

In Kapitel 3.1.2 des Leitfadens LGA 2, Seite 14, wird hierzu angemerkt:

„Viele Mikroorganismen können Infektionen bei Aufnahme über den Mund verursachen. Einige Mikroorganismen können auch auf dem Luftweg über Aerosole, die teilweise über mehrere Stunden in der Luft verbleiben können, übertragen werden (z. B. Enteroviren). Deshalb ist bei erheblichem Abwasserkontakt meist von einer Schutzstufe 2 (von 4 Schutzstufen) nach Biostoffverordnung bei Gefährdung durch toxisch wirkende Arbeitsstoffe auszugehen."

Bei stark durch verunreinigtes Abwasser kontaminierten Bereichen kann es sinnvoll sein, vor Beginn der Arbeiten Desinfektionsmaßnahmen durchzuführen, um die Infektionsgefahr zu beseitigen oder zu reduzieren.

7.9.2 Sanierungskosten größer als der Wert des Objektes

Auch wenn die Frage nur selten im Raum steht, ob sich die Sanierung noch lohnt oder ob ein Abriss die wirtschaftlichere Variante darstellt, ist diese Möglichkeit nicht ganz auszuschließen.

Ein typisches Beispiel für meist nicht wirtschaftlich zu sanierende Gebäude sind Containerbauten, die häufig zur Erweiterung der Nutzfläche von Schulen oder Kindergärten errichtet wurden. Die Gebäudehülle dieser Bauten ist oft nach einer Nutzung von 15 bis 25 Jahren geschädigt. Es dringt dann Feuchte in die Dämmung ein oder durch zunehmende Undichtheiten gelangt feuchte Luft in die Dämmmaterialien und es kommt zu Kondensationsschäden. Ähnliches gilt für manche Fertighäuser, die nach 20 bis 30 Jahren Nutzung mit ausgedehnten mikrobiellen Schäden in den Außenwänden, Dachdämmungen und Fußböden kaum noch wirtschaftlich saniert werden können. Sanierungen sind in diesen Fällen nur teure Übergangslösungen mit der ständigen Gefahr, dass die Schäden erneut auftreten.

Auch bei Altbauten mit beträchtlichem Renovierungsstau ist der Sinn einer Sanierung aus wirtschaftlicher Sicht manchmal infrage zu stellen.

Abb. 7.5: Bohrkerne in einer Fassade eines denkmalgeschützten Gebäudes – unzulässige optische Beeinträchtigung?

7.9.3 Denkmalschutz, Baugenehmigungen

Sonderprobleme treten dann auf, wenn Vorgaben zum Denkmalschutz zu berücksichtigen sind.

Nicht nur Fassadenarbeiten, wie das Anbringen einer außen liegenden Wärmedämmung, sondern auch bereits Öffnungen zum Einbau von Ventilatoren sind bei denkmalgeschützten Gebäuden problematisch.

Des Weiteren kann die zuständige Behörde auch die Verwendung moderner Materialien bei der Sanierung untersagen. Dies kann bei Gebäuden, bei denen auch die Inneneinrichtung, z. B. alte Parkettböden, unter Denkmalschutz steht, zu besonderen Schwierigkeiten führen. In diesen Fällen ist es unerlässlich, das Sanierungskonzept in Abstimmung mit der zuständigen Denkmalschutzbehörde zu erstellen.

Bei der Untersuchung von denkmalgeschützten Gebäuden im Zusammenhang mit Feuchteschäden darf nicht vergessen werden, dass bereits die Probenahme eine nicht zulässige Veränderung bedeuten könnte. Werden durch die Probenahme sichtbare Schäden verursacht, sollte diese vorher mit der zuständigen Behörde abgestimmt werden (siehe Abb. 7.5).

Probleme kann auch die Sanierung von Gebäuden bereiten, die zwar keine Baudenkmäler darstellen, aber auf Grundstücken stehen, für die es keine Baugenehmigung mehr gibt.

Beispiel

In einem Einfamilienhaus am Niederrhein wurde wegen gesundheitlicher Beschwerden bei den Bewohnern nach versteckten mikrobiellen Schäden gesucht.

Fündig wurde man mit Einsatz eines Schimmelpilz-Spürhundes unter dem Wohnzimmerfußboden. Ein bereits vor längerer Zeit errichteter Anbau an das bereits deutlich mehr als 100 Jahre alte Haupthaus war auf einer alten Jauchegrube errichtet worden. Die Jauche war damals nicht entfernt, sondern die Grube mit Bauschutt verfüllt und darauf der Anbau errichtet worden. Im und unter dem Fußboden des Wohnzimmers wurden mittels mikrobiologischer Analysen hohe Konzentrationen von Pilzen und Bakterien nachgewiesen.

Der Besitzer wollte die alte Grube versiegeln, das Gebäude abreißen und im Abstand von 20 Metern auf dem gleichen Grundstück ein neues Wohnhaus errichten.

Erst nachdem mehrere Sachverständige und Behörden das Problem diskutiert und bewertet hatten, wurde diese Ersatzmaßnahme schließlich genehmigt.

7.9.4 Die Sanierung ist aus technischen Gründen schwierig

Eine Sanierung kann dann einen größeren technischen Aufwand erforderlich machen, wenn das Bauteil nicht oder nur schwer zugänglich ist oder der laufende Betrieb nicht unterbrochen werden kann.

Problematisch ist z. B. die Abdichtung von Kellerwänden, die von außen nicht zugänglich sind, etwa wenn ein Altbau mit einem nicht unterkellerten Anbau erweitert wurde. In diesem Fall sind nur Maßnahmen mit großem technischem Aufwand möglich, wie z. B. eine Flächeninjektion der gesamten Wand.

Bei Feuchteschäden in gewerblich genutzten Gebäuden kann es wirtschaftlich sein, einen größeren technischen Aufwand zu betreiben, wenn hierdurch der fortlaufende Betrieb nicht unterbrochen werden muss. Es kann z. B. sinnvoll sein, Fußböden in genutzten Bereichen über die Betondecken vom Keller aus technisch zu trocknen.

7.9.5 Der Schaden bezieht sich primär auf mobile Gegenstände

In feuchten und kühlen Räumen gelagerte Gegenstände können mikrobiell besiedelt werden, z. B. in Kellern gelagerte Kartons, Schuhe oder Kleidung.

In diesem Fall reicht es aus, soweit die Räume an sich keine mikrobiellen Schäden aufweisen, die besiedelten Gegenstände zu entsorgen und die Stellen, mit denen diese Gegenstände Kontakt hatten (z. B. die Stelle des Fußbodens, auf der die Kartons standen), sachgerecht zu reinigen und ggf. zu desinfizieren.

In Lagerräumen oder Archiven kommt es immer wieder dazu, dass Dokumente verschimmeln, die nicht entsorgt werden dürfen.

Abb. 7.6: Sichtbar mit Schimmelpilzen besiedelte Aktenordner in einem Archiv

Als Sofortmaßnahme sollten die Räume gesperrt und keine Dokumente daraus mehr in andere Räume, z. B. in die Büroräume, gebracht werden. Da die Reinigung der Dokumente eine schwierige Aufgabe ist, die aus Gründen des Arbeitsschutzes, des Umgebungsschutzes und wegen der einzusetzenden Techniken nicht vor Ort erledigt werden kann, sollte ein auf die Reinigung von mikrobiell besiedelten Gegenständen spezialisierter Fachbetrieb die Dokumente übernehmen und fachgerecht dekontaminieren. Parallel dazu könnten die Archivräume saniert werden. Vor allem sollten Maßnahmen zur Ursachenbeseitigung durchgeführt werden, die darin bestehen können, dass die Räume zur Lagerung von Dokumenten für ungeeignet erklärt und besser geeignete Räume ausgewählt oder errichtet werden.

8 Planung und Vorbereitung der Sanierung

8.1 Planung

Nicht jede Planung ist eine offizielle Planung. Ist in der Ausschreibung oder dem Auftrag klar vorgegeben, was zu tun ist, welches Ziel erreicht werden soll und welche sonstigen Leistungen zu erbringen sind, dann muss der Sanierungsbetrieb zwar die Durchführung planen, aber er übernimmt trotzdem keinen Planungsauftrag im eigentlichen Sinne.

Wird er jedoch gefragt, wie die Ursache beseitigt werden kann oder welches Material wo entfernt werden soll, und erarbeitet er hierzu Vorschläge, dann ist er als Planer tätig.

Der Unterschied zwischen „Arbeiten nach Anweisung" oder „Übernahme von Planungsaufgaben" besteht darin, dass man im zweiten Fall für das Ergebnis eigener Vorschläge die Verantwortung übernehmen und für Planungsfehler geradestehen muss. Dies kann im Falle von Schadensersatzleistungen sehr unangenehm werden, wenn die Betriebshaftpflicht im Schadensfall den berechtigten Standpunkt vertritt, dass nur die handwerkliche Ausführung, nicht aber Planungsarbeiten versichert waren.

Die Planung der Sanierung eines Schimmelpilzschadens setzt voraus, dass das Schadensausmaß und die Schadensursache bekannt sind. Dies festzustellen ist in der Regel die Aufgabe der Sachverständigen.

Auf Basis dieser Feststellungen kann die **Planung der Sanierung** erfolgen. Sie umfasst folgende Schritte:

- Prüfung der Notwendigkeit von Sofortmaßnahmen und deren Ausführung
- genaue Festlegung der Sanierungsziele
- Ausarbeitung der Schritte, die nötig sind, um die Sanierungsziele zu erreichen
- Erstellen der Gefährdungsbeurteilung
- begleitende Maßnahmen, die zum Schutz der Umgebung erforderlich sind
- Erstellen eines Planes zur Kontrolle des Sanierungserfolges
- Erstellen eines Baustellenplanes zum Einrichten der Baustelle und zur Planung der Logistik
- Erstellen eines Zeitplanes zur Koordination der Aufgaben
- Information aller möglicherweise Betroffenen vor Beginn der Arbeiten
- vorbereitende Arbeiten
- Beginn der Sanierung

Sofortmaßnahmen

Die Zielsetzung von Sofortmaßnahmen ist die Verhinderung eines größeren Schadens. Sie können die Beseitigung oder Verminderung der Gesundheitsgefährdung von Personen umfassen, die Verhinderung der Schadensvergrößerung und die Entstehung von neuen zusätzlichen Schäden.

Die Entscheidung, ob Sofortmaßnahmen durchgeführt werden sollen und wenn ja, welche, ist eine Planungsaufgabe, die meist nicht vom Auftraggeber getroffen werden kann. Ein qualifizierter Sachverständiger oder eine qualifizierte und erfahrene Fachfirma kann sie jedoch meist nach wenigen Minuten fällen.

Sofortmaßnahmen müssen umgehend erfolgen und dürfen nicht über einen längeren Zeitraum überlegt und geplant werden. Dies birgt die Gefahr, dass man „des Guten zu viel tut", dies aber erst später feststellt. Das richtige Maß zu finden ist hier eine schwierige Aufgabe.

Beispiel

Um die Entstehung eines Schimmelpilzbefalls aufgrund eines vorhandenen Wasserschadens zu verhindern, werden unverzüglich umfangreiche technische Trocknungsmaßnahmen eingeleitet.

Ergebnis A: Es kam dennoch zu einem Befall. Der Planer hat offenbar zu wenig getan. Oder war der Befall nicht zu verhindern? Dann waren die aufwendigen und teuren Maßnahmen unnötig.

Ergebnis B: Es kam nicht zu einem Befall. Ob der Aufwand, um den Befall zu verhindern, überzogen war und das gleiche Ergebnis mit geringeren Kosten hätte erreicht werden können, ist schwer zu ermitteln. Um die Antwort zu finden, müsste man den Schaden nochmals herstellen.

Tipps zur Bewertung, ob und ggf. welche Sofortmaßnahmen erforderlich sind, sind in Kapitel 7.6 zu finden.

8.1.1 Festlegen der Sanierungsziele

Fachliche Sanierungsziele sind:

- die nachhaltige Beseitigung der Ursache(n)
- die Beseitigung des Schadens, d. h. des befallenen Materials und der erhöhten Feuchtigkeit im nicht befallenen Material
- die Beseitigung der Kontamination

Wird vom Auftraggeber gefordert oder angekündigt, den Sanierungserfolg durch einen Gutachter feststellen zu lassen, oder ist zu vermuten, dass dies so sein wird, dann sollte der Auftragnehmer vor Annahme des Auftrages auf einer schriftlichen Klausel im Vertrag bestehen. Diese sollte besagen, dass durch die Sanierung kein steriler Zustand oder Keimfreiheit hergestellt werden kann, sondern der sog. Normalzustand, d. h. bezogen auf Analyseergebnisse Werte im Rahmen einer durchschnittlichen Hintergrundbelastung. Mehr zu vereinbaren oder zuzusagen wird große Probleme bereiten, denn Pilze und Bakterien sind Bestandteil jeden Hausstaubes und jeder Luft, auch der Außenluft. Bei jedem Luftaustausch zwischen Gebäude und Außenbereich werden somit Sporen eingetragen.

Die Vermeidung einer Kontamination der Umgebung während der Sanierung oder die Verhinderung einer gesundheitlichen Gefährdung Dritter sind keine primären Ziele, sondern gehören zwingend zu einer fachmännischen mangelfreien Sanierung.

Die Ziele legt aber weder der Gutachter noch der Sanierungsfachbetrieb fest, sondern der Auftraggeber, der die Maßnahme bezahlen muss. Der Auftragnehmer darf nicht jede Forderung des Auftraggebers akzeptieren, auch wenn nachvollziehbar ist, dass der Auftraggeber die Kosten minimieren möchte. Zum Beispiel muss der Auftragnehmer sein Veto einlegen, wenn der Auftraggeber Maßnahmen beauftragen möchte, die eine gesundheitliche Gefährdung bedeuten.

Die Entscheidung, wann ein Sanierungsauftrag abzulehnen ist, ist eine Gratwanderung. Bei klassischen Gewerken wie dem Elektrohandwerk, dem Dachdeckerhandwerk oder dem Heizungsbau ist es im Wesentlichen geregelt, welche Kundenwünsche abgelehnt werden müssen. Bei der Sanierung eines Schimmelpilzschadens finden sich hierzu keine klaren Regelungen.

Beispiele

War der Schaden durch kritische bauliche Wärmebrücken verursacht, dann kann nur eine fachgerechte Fassadendämmung diesen Gebäudemangel beseitigen. Entscheidet sich jedoch der Eigentümer dagegen und nimmt erhöhte Heizkosten in Kauf, ist es nicht Aufgabe des Sanierers, den Eigentümer mit „missionarischem Eifer" von der besseren Lösung zu überzeugen.

Ist die Sanierung aller betroffenen Räume nicht gewünscht, da z. B. die finanziellen Mittel nicht ausreichen, dann sollte der Sanierer helfen, eine vernünftige Zwischenlösung zu finden.

Eine stattliche Anzahl an Schäden wird über die Versicherungswirtschaft abgewickelt. Bei Feuchtigkeits- oder Wasserschäden durch Dachleckagen oder Rohrleitungsleckagen springt, je nach Art der Versicherung und abgeschlossenem Vertrag, die Versicherung ein oder sollte dies tun. Die Versicherung ist im Schadensfall verpflichtet, den Zustand wieder herzustellen, wie er vor Schadenseintritt vorlag. Dies gilt bei Kraftfahrzeugen und entsprechend bei Gebäuden. Die Instandsetzung lediglich des aus Sicherheitsgründen Erforderlichen oder des für Laien Sichtbaren an einem Fahrzeug nach einem Unfall würde nicht akzeptiert. Denn kein Halter würde bei Verkauf seines Fahrzeugs finanzielle Nachteile in Kauf nehmen wollen für Mängel infolge eines Unfalls, den ein anderer verursacht hat oder der als Kaskoschaden versichert war. Wird ein Schimmelpilzbefall nicht beseitigt, sondern nur getrocknet, dann ist dies ein bleibender Mangel, der, auch wenn er gut eingekapselt sein sollte, bei einem Verkauf der Immobilie erwähnt werden müsste, ähnlich wie bei einem Unfallfahrzeug. Es wäre dem Käufer nicht zu verdenken, wenn er die für die Beseitigung des Befalls erforderlichen Kosten vom Kaufpreis würde abziehen wollen.

Es wird von so manchen Versicherungsnehmern versucht, durch vorgetäuschte Schäden Renovierungskosten zu sparen oder einen Schaden künstlich größer zu machen, um kostenlos ein „schönes Bad" zu bekommen. Andererseits weisen Versicherungen in manchen Fällen berechtigte Ansprüche von Versicherten ab oder versuchen, mit allen, teils auch unfairen Mitteln, eine billige Scheinsanierung zu verkaufen und die ordentliche Arbeit von Fachbetrieben zu verhindern. Die Auseinandersetzungen zwischen einer Versicherung und dem Versicherungsnehmer sind grundsätzlich nicht das Problem der Sanierungsfirma, sie gerät jedoch hin und wieder zwischen die Fronten.

8.1.2 Erforderliche Schritte zur Erreichung der Sanierungsziele

Die mindestens erforderlichen Schritte zu einer erfolgreichen Sanierung sind in der Regel die Ursachenbeseitigung, die Schadensbeseitigung und die Dekontamination.

Es hängt von der Ursache und von der sonstigen Qualifikation des Sanierungsbetriebes ab, ob er mit der Beseitigung der Ursache beauftragt wird. Die Ursachenbeseitigung, wie z. B. Anbringen der Wärmedämmung, Kellerisolierung, Dachreparatur, Rohrabdichtung oder -austausch, gehört zwar zur Sanierung, da sie ansonsten nicht erfolgreich sein wird, sie zählt jedoch nicht zur Schimmelpilzsanierung im Sinne einer Schadstoffsanierung. Zu den Aufgaben des Experten für die Sanierung von Schimmelpilzschäden gehören vielmehr die Materialbeseitigung und die Dekontamination. Ein relevanter Aspekt bei der Planung der einzelnen Schritte ist die Auswahl der geeigneten Technik. Diese muss einerseits bezahlbar und im vernünftigen Rahmen praktisch umsetzbar sein; andererseits sollte sie so gewählt werden, dass aus Arbeitsschutzgründen möglichst keine mikrobiell kontaminierten Stäube freigesetzt werden. Diese beiden Aspekte widersprechen einander jedoch nicht unbedingt.

Eine geschickt geplante Sanierung, z. B. mit gezielter Luftführung und effektiver Absaugung an der Stelle der Materialentfernung (siehe Kapitel 9.12.2), sorgt dafür, dass die Arbeiter keine Vollmasken tragen müssen, die eine starke Behinderung bedeuten und deshalb ein schnelles Arbeiten verhindern. Außerdem wird deutlich weniger Aufwand bei der Feinreinigung erforderlich sein. Ein weiteres Ergebnis einer guten Planung kann ein geringerer Aufwand für den Umgebungsschutz sein. Die Auswahl der effektivsten Sanierungstechniken, wie sie in Kapitel 9 dargelegt sind, kann nicht pauschal empfohlen werden, sondern erfordert Fachkenntnisse.

8.1.3 Erstellen der Gefährdungsbeurteilung

Nach Auswahl der Technik und Planung der einzelnen Schritte ist die Gefährdungsbeurteilung zu erstellen, wie sie in der Biostoffverordnung (BioStoffV) vorgeschrieben ist. Mit der Gefährdungsbeurteilung wird festgelegt, welche Arbeitsschutz- und Umgebungsschutzmaßnahmen anzuwenden sind, ob z. B. eine Schleuse zu errichten ist oder ob Atemschutz oder eine technische Belüftung erforderlich sind. Diese Maßnahmen verursachen Zeitaufwand, Materialeinsatz und somit Kosten, die im Angebot berücksichtigt werden müssen. Deshalb muss die Gefährdungsbeurteilung, zumindest konzeptionell, als kostenlose Vorleistung erstellt werden.

Ärgerlich ist es, wenn ein Unternehmen nach einer sorgfältigen Vor-Ort-Inspektion, nach Aufmaß, Analyse vorliegender Gutachten, Erstellen der Gefährdungsbeurteilung und des Angebotes von einem Mitbewerber unterboten wird, der sich diese Mühen nicht machte, vom potenziellen Auftraggeber jedoch eine Kopie des Angebotes erhalten hat.

Wie eine Gefährdungsbeurteilung zu erstellen ist, ist in den Berufsgenossenschaftlichen Informationen der Berufsgenossenschaft der Bauwirtschaft 858 (BGI 858) einfach nachvollziehbar dargestellt. Der Anhang enthält ein Musterformular für eine Gefährdungsbeurteilung und für eine Betriebsanweisung. Die Umsetzung der Empfehlungen in die Schriftform ist trotz der Musterformulare schwierig. Sanierungsarbeiten, die aus mehreren Schritten bestehen, z. B. dem Ausräumen des Raumes, der Aufstellung der Schleusen, der Beseitigung der Tapete oder des Bodenbelags mit Estrich und Dämmung sowie der Feinreinigung, und bei denen sehr unterschiedliche Staubbelastungen auftreten, sollten, wenn möglich, unterschiedlichen Gefährdungsklassen zugeordnet werden. Es ist dann erforderlich, dass zwischen Arbeiten mit einer starken Staubfreisetzung und somit einer höheren Gefährdungsklasse sowie Arbeiten mit geringer Staubfreisetzung und Einstufung in eine niedrige Gefährdungsklasse so lange gewartet wird, bis der luftgetragene Staub sedimentierte oder durch Lüften beseitigt wurde. Verkürzen kann man die „Wartezeit" durch Reinigen der Luft mittels Luftreinigern. Würden alle Sanierungsschritte einer einzigen Gefährdungsklasse zugeordnet, wäre die höchste Gefährdungsklasse zu wählen und streng genommen wäre bei allen Arbeiten der entsprechende Atemschutz zu tragen.

Ein sehr effektives Werkzeug zur Erstellung der Gefährdungsbeurteilung, das flexibel eine differenzierte Zuordnung zu verschiedenen Gefährdungsklassen innerhalb einer Gefährdungsbeurteilung ermöglicht, ist die Expertensoftware „Schimmel-Guide".

Das Programm bietet viele weitere Hilfen. So lassen sich Informationen abrufen, um über Sofortmaßnahmen zu entscheiden oder darüber, ob und wann Material zu entfernen ist. Mit dem Programm lässt sich auch nahezu jedes „Baustellenschild" in beliebigem Druckformat ausdrucken.

8.1.4 Planung der Umgebungsschutzmaßnahmen

Umgebungsschutzmaßnahmen dienen dem Schutz von Personen und anderer Räume oder Gebäudeteile vor Kontamination. Die Maßnahmen können organisatorischer oder technischer Art sein (siehe Kapitel 9.3). Die Wahl der Technik und die Ergebnisse der Gefährdungsbeurteilung legen fest, ob z. B. eine Abschottung oder eine Schleuse erforderlich oder eine Unterdruckanlage zu betreiben ist.

Es sind allerdings weitere Punkte zu beachten und bei der Planung zu berücksichtigen. Wenn sich während der Sanierung im Gebäude oder sogar in der Etage Personen aufhalten, dann sind diese über die Maßnahmen genau zu informieren, um sie für den Fall einer ungewollten Exposition vorzubereiten und die Maßnahmen im „Notfall" festzulegen. Es hat sich als vorteilhaft erwiesen, wenn man den möglicherweise Betroffenen einen festen Ansprechpartner nennt, der ggf. über Handy fast jederzeit erreichbar ist.

Die ausgebauten Materialien müssen entsorgt werden. Dies erfordert reißfeste und dichte Verpackungen. Diese Behälter müssen bis zum Container transportiert werden, ohne dass die Transportwege kontaminiert werden. Entsprechend sind kurze Wege und ein günstiger Standort für den Container zu planen.

8.1.5 Baustellenplan, Messplan, Zeitplan

Es hat sich bei großen Sanierungsprojekten bewährt, rechtzeitig zu vereinbaren, nach welchem Arbeitsschritt welche Kontrollen oder sogar Messungen durchgeführt werden sollen. Oft müssen die Räume vor Messungen entsprechend präpariert werden. Zum Beispiel muss der Raum zunächst gelüftet, dann geschlossen werden und mindestens 6 Stunden geschlossen bleiben, bevor die Messungen erfolgen. Um einen reibungslosen Ablauf sicherzustellen, sollten alle an der Sanierung Beteiligten, somit vor allem die Mitarbeiter der Sanierungsfirma, an einem „runden Tisch" gemeinsam den Kontroll- und Zeitplan erstellen.

Ein Baustellenplan, auf dem Entsorgungswege, Schleusen, Abschottungen, gesperrte Bereiche usw. vermerkt sind, sollte rechtzeitig vor Beginn der Sanierung in Abstimmung mit allen Beteiligten erstellt und an diese verteilt werden.

8.2 Vorbereitende Arbeiten

Nach Fertigstellung aller erforderlichen Pläne und vor Beginn der Sanierungsarbeiten vor Ort sind folgende vorbereitenden Arbeiten vorzunehmen:

- Es ist eine Bedarfsliste zu erstellen und Materialien sind bereitzustellen.
- Material und Geräte sind auf Funktionstüchtigkeit und Sauberkeit zu kontrollieren. Die sehr sorgfältige Reinigung der Geräte, wie Schleuse, Staubsauger, Fräsen, Ventilatoren, Schläuche usw., nach und vor jeder Sanierung ist bei Schadstoffsanierungen, wie der Sanierung von Schimmelpilzschäden, von besonderer Bedeutung, um eine Verschleppung von Schadstoffen von einem Sanierungsfall zum anderen sicher zu verhindern.
- Auf Basis der Gefährdungsbeurteilung ist die Betriebsanweisung zu erstellen. Die Expertensoftware „Schimmel-Guide" erstellt diese automatisch.
- Die Inhalte der Betriebsanweisung sind den Mitarbeitern vor Beginn der Arbeiten im Rahmen einer Einweisung bzw. Belehrung zu vermitteln. Diese Einweisung muss dokumentiert werden.

8.3 Leitung und Aufsicht der Arbeiten

Umfangreiche Projekte zur Beseitigung mikrobiologischer Schäden mit einem hohen Grad an Komplexität, vor allem bei einer Sanierung in Risikobereichen, wie z. B. einem Krankenhaus, oder bei Beteiligung mehrerer Gewerke sollten unter einer fachlich kompetenten Leitung durchgeführt werden.

In der Praxis wird der Bauleiter in den meisten Fällen nicht die ausreichende Kompetenz zur professionellen Koordination einer mikrobiellen Schadstoffsanierung haben. Der ggf. einzuschaltende Sicherheits- und Gesundheitskoordinator besitzt in der Regel keine speziellen Kenntnisse oder Erfahrungen im Zusammenhang mit einer Schimmelpilzsanierung. Wie Fälle aus der Praxis zeigen, ist es hilfreich, der Bauleitung einen sog. Fachbauleiter zur Seite zu stellen, der diese Lücke schließt.

Folgende Qualifikationen belegen die fachliche Eignung:

- eine Ingenieurausbildung in den Fachrichtungen Bauingenieurwesen oder Architektur
- eine Ausbildung zum Bautechniker
- eine Meisterprüfung in einem Bauhaupt- oder -nebengewerk
- der Nachweis der besonderen Sachkunde für die Sanierung von Schimmelpilzschäden, z. B. entsprechender Sachkundenachweis durch den Bundesverband Schimmelpilzsanierung e. V. (BSS)
- der Nachweis der besonderen Sachkunde als Sanierungskoordinator

Der Leitende übernimmt insbesondere folgende Aufgaben:

- die Umsetzung des vorgegebenen Sanierungskonzepts mit Einweisung aller Beteiligten durch Bekanntgabe und Erläuterung der erstellten Betriebsanweisung
- eine spezielle Einweisung im Hinblick auf die Anforderungen des Arbeitsschutzes und des Umgebungsschutzes unter Beachtung der bauordnungsrechtlichen Belange
- die zeitliche Planung der Arbeiten (Bauzeitenplan) und Überwachung des zeitlichen Ablaufes
- die Einweisung in die einzelnen Sanierungsabschnitte und Zwischenabnahmen

Der Leitende stellt sicher, dass bei den Arbeiten zur Beseitigung von mikrobiell belasteten Baustoffen mindestens eine Arbeitskraft ständig zugegen ist, die den Nachweis der besonderen Sachkunde bereits erbracht hat, und dass die beschäftigten Arbeiter eingewiesen werden. Außerdem sorgt er dafür, dass die erforderlichen Materialien und Geräte einschließlich der erforderlichen persönlichen Schutzausrüstung (PSA) vor Ort verfügbar sind und eingesetzt werden.

Wie die Erfahrung zeigt, ist es von erheblichem Vorteil, wenn der Fachbauleiter speziell geschult ist, z. B. den Lehrgang „Koordination Schimmelpilzsanierung“ des BSS erfolgreich absolviert hat.

9 Sanierung

9.1 Kleinschadensanierung

Gemäß den Leitfäden des Umweltbundesamtes UBA 1 und des Landesgesundheitsamtes Baden-Württemberg LGA 1 sind Schäden mit einer Ausdehnung von bis zu 20 cm^2 ohne mikrobiellen Befall tieferer Schichten, d.h. Schäden, die sich auf die Oberfläche beschränken, Schäden der **Kategorie 1** (siehe Kapitel 1.3.1) und werden als **„Normalzustand"** bzw. **„geringfügiger Schaden"** bezeichnet.

Es ist nicht zu erwarten, dass kleine „Schimmelflecken" ein gesundheitliches Problem darstellen, soweit keine Person mit einer ausgeprägten Schimmelpilzallergie mit einem solchen Schaden direkten Kontakt hat. Aus optischen Gründen werden Betroffene jedoch auch einen kleinen Schimmelpilzbefall entfernen wollen. Damit aus einem Kleinschaden nicht im Laufe der Zeit ein großer Schaden wird, sollte zumindest die Ursache geklärt und beseitigt werden.

Zur Sanierung kleiner Schäden der Kategorie 1 nach UBA 1 und LGA 1 sind keine speziellen Maßnahmen zum Umgebungsschutz und Arbeitsschutz erforderlich. Deshalb kann ein Kleinschaden vom Laien beseitigt werden. Ohne die Hilfe eines Fachmanns ist er jedoch eventuell nicht imstande, die Ursache zu klären.

Abb. 9.1 a und b: Typische Kleinschäden im Bereich einer Fensterleibung und im Bereich einer Wärmebrücke

Auch wenn zur Beseitigung kleiner Schäden keine besonderen Maßnahmen erforderlich sind, sollten bei deren Beseitigung einige einfache Regeln beachtet werden, die keinen Mehraufwand bedeuten, die aber eine leicht vermeidbare Belastung der Sanierer verhindern.

Vorgehensweise bei der Sanierung von Kleinschäden:

- Es muss sicher sein, dass der Schaden ausschließlich an der Oberfläche auftritt und der sichtbare Befall nicht ein kleines optisches Merkmal eines großen Schadens ist. Sobald es Hinweise auf eine größere Ausdehnung des Schadens gibt, sollte eine Fachkraft hinzugezogen werden.
- Der Schimmelpilzbefall sollte nicht abgebürstet werden, da hierbei die mikrobiellen Stoffe und Partikel in die Luft gelangen, eingeatmet werden und im Raum verteilt werden können.
- Vor der Entfernung des befallenen Materials sollte dieses befeuchtet werden. Alternativ kann der Befall zunächst mit einem feuchten Tuch abgewischt werden. Das Tuch sollte entsorgt werden.

Das befallene Material sollte **nicht mit bloßen Händen** entfernt werden. Kunststoffhandschuhe verhindern, dass eventuell vorhandene Keime in offene Wunden geraten. Kleine Risse in der Haut können bereits zu einer Entzündung führen.

Das entfernte Material sollte direkt **dicht verpackt** werden, z. B. in eine Plastiktüte. Diese sollte sofort verschlossen und mit dem Hausmüll entsorgt werden. Bei **Arbeiten über Kopf** empfiehlt sich zum Schutz der Augen eine **Schutzbrille**. Es ist ratsam, dass der direkte Arbeitsbereich (Fensterbank, Boden usw.) mit einer Folie oder einer Pappe abgedeckt wird.

Es wird bei einem Schimmelpilzbefall gerne zu chemischen Mitteln gegriffen, wie sie u. a. in Baumärkten angeboten werden. Die Verwendung solcher Mittel ist nicht erforderlich, wenn das befallene Material entfernt wurde und die befallene Stelle nicht mehr feucht wird.

Wer auf Chemie nicht ganz verzichten möchte, kann die Stelle, an der der Befall auftrat und beseitigt wurde, mit einer 70%igen alkoholischen Lösung behandeln. Dieses Mittel kann selbst gemischt werden. Hierzu werden ¾ Spiritus mit ¼ Wasser verdünnt. Diese Lösung ist brennbar und sollte auf keinen Fall in größeren Mengen eingesetzt werden, da ansonsten Explosionsgefahr besteht.

Sollte nach der Entfernung von sichtbar befallenem Oberflächenmaterial, z. B. einer befallenen Tapete, erkannt werden, dass auch die darunter liegende Schicht befallen ist, dann ist zu klären, ob nicht doch ein Tiefenbefall vorliegt.

Die Ursache von mikrobiellem Befall ist stets erhöhte Feuchte. Bevor die Stelle, von der Tapete oder Farbe entfernt wurde, neu tapeziert oder gestrichen wird, sollte sie trocken sein, damit der Befall nicht wieder auftritt. Die Trocknung kann bei kleinen Schäden gewöhnlich durch Belüften erfolgen.

Die Dauer ist abhängig vom Feuchtegehalt und kann einige Tage umfassen. Durch den Einsatz kleiner Heizlüfter kann der Prozess beschleunigt werden.

Wurden kleine Schäden sorgsam entfernt, ist keine spezielle Feinreinigung des Raumes erforderlich. Vorsorglich kann der Raum nach Abschluss der Maßnahmen in der Art eines gründlichen Hausputzes gereinigt werden.

9.2 Sofortmaßnahmen

Wird in einem genutzten Gebäude ein mikrobieller Befall festgestellt, sollten unverzüglich Maßnahmen zur Minimierung oder Verhinderung der Exposition der Raumnutzer durchgeführt werden.

In Kapitel 7.6 wird erläutert, wann Sofortmaßnahmen zum Umgebungsschutz erforderlich sind. Im Folgenden wird beschrieben, wie diese Maßnahmen durchzuführen sind.

Es ist zu unterscheiden zwischen **organisatorischen** und **technischen Maßnahmen.**

Organisatorische Sofortmaßnahmen sind:

- Information der Betroffenen
- Möglichkeit einer arbeitsmedizinischen/umweltmedizinischen Beratung oder Betreuung schaffen und anbieten
- Umquartieren besonders empfindlicher Personen (Allergiker, Asthmatiker, Personen mit deutlichen Beschwerden in den geschädigten Räumen)
- Aufenthaltsdauer beschränken
- Räume verstärkt und häufiger reinigen und/oder lüften
- Räume, Gebäudeteile oder gesamtes Gebäude sperren

Technische Sofortmaßnahmen sind:

- Befall abschotten oder binden
- Räume abschotten
- Gebäudeteile abschotten
- Luftreiniger einsetzen
- durch technische Entlüftung Unterdruck herstellen, um unkontrollierte Verbreitung zu verhindern

Bei Schäden in **Risikobereichen**, wie Krankhäusern, in denen die Gefahr einer Infektion nicht gänzlich ausgeschlossen werden kann, ist zu überlegen, ob eine Desinfektion zur Beseitigung des Infektionsrisikos erfolgen sollte.

9.2.1 Abschottung der Befallsbereiche/Räume

Die Abschottung des Schadens kann mit einer dichten Folie erfolgen. Diese hat ggf. einen Anstieg der Feuchtigkeit hinter der Abschottung und ein verstärktes mikrobielles Wachstum zur Folge und kann daher nur eine zeitlich befristete Maßnahme sein.

Zum Abschotten von Räumen kann man die Fugen zwischen Türblatt und Rahmen mit Klebeband abdichten. Bei glatten Böden kann die Fuge zwischen Tür und Boden ebenfalls mit Klebeband abgeklebt werden. Bei Teppichböden kann man den unteren Spalt mit einem Tuch abdichten.

Derart abgeschottete Räume sind nicht mehr zugänglich, ansonsten müsste ständig neu abgeklebt werden. Besser ist deshalb der Einbau einer Staubschutzwand oder -tür. Wie eine entsprechende Tür zu installieren ist, wird in Kapitel 9.11.5 beschrieben.

Der abgeschottete Raum sollte möglichst belüftet oder mit einem Lufttrockner entfeuchtet werden. Ansonsten kann sich der Schaden vor Beseitigung der Ursache erheblich vergrößern.

9.2.2 Desinfektion

Da von Mikroorganismen, die in feuchten Baumaterialien wachsen, keine allgemeine Infektionsgefahr ausgeht, ist die Abtötung der Mikroorganismen durch Desinfektion nur aus 2 Gründen ggf. sinnvoll:

- weiteres Ausbreiten des Befalls verhindern
- Beseitigung eines Infektionsrisikos in Risikobereichen, d. h. dort, wo sich Personen mit einer erheblichen Immunschwäche aufhalten, wie Krankenhäusern, Arztpraxen, Wohnungen von entsprechend kranken Personen

Näheres hierzu findet sich auch in Kapitel 9.8.

9.2.3 Aufstellen von Luftreinigern

Ist es nicht möglich, betroffene und belastete Bereiche zu meiden, dann kann vorübergehend bis zur Sanierung mit einem Luftreinigungsgerät die Belastung der Raumluft mit mikrobiellen Partikeln und Geruchsstoffen wirksam reduziert werden.

Das eingesetzte Gerät sollte zu keiner Geräuschbelastung führen, durch ein anerkanntes Institut geprüft sein, mit einem Feinstaubvorfilter, einem HEPA-Filtersystem sowie einem Aktivkohlefilter ausgestattet sein.

9.2.4 Unterdruck erzeugen

Wie Messungen zeigten, können Emissionen von Schimmelpilzschäden in Kellerräumen durch thermische Effekte (Auftrieb warmer Luft im Gebäude) bis in die oberen Geschosse gelangen. Das Abschotten von Kellerräumen reicht meist nicht aus, denn über Rohrschächte, Fugen und andere Hohlräume findet die belastete Luft den Weg in die oberen Etagen.

Die Belastung oberer Räume kann sehr wirkungsvoll mit einer Entlüftungsanlage im Keller verhindert werden. Wichtig ist, dass im Keller ein Unterdruck erzeugt wird. Aus diesem Grund müssen Fenster und Türen zum Treppenaufgang geschlossen bleiben. Bei Kellern durchschnittlicher Größe reicht es erfahrungsgemäß aus, wenn ein Ventilator mit mittlerer Leistung,

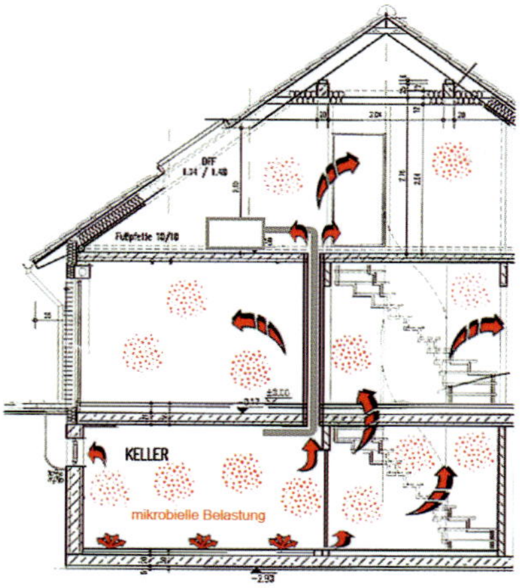

Abb. 9.2: Die belastete Kellerluft strömt über Fugen, Ritzen und Türspalten in die oberen Etagen und führt dort zu einer Exposition. Wie Praxisfälle zeigten, kann dies gesundheitliche Beschwerden auslösen.

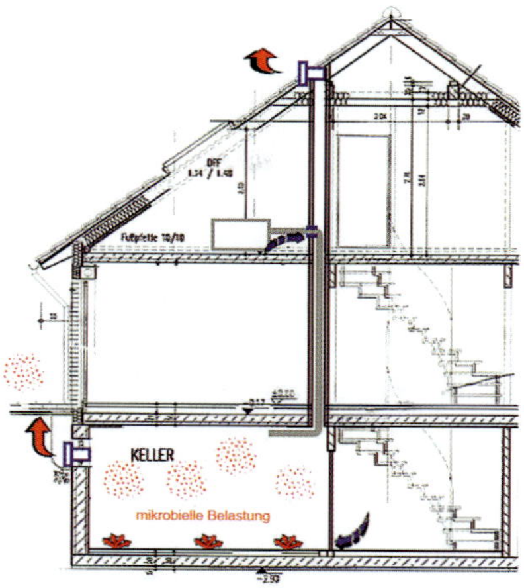

Abb. 9.3: Die Luft wird mit einem Lüfter aus dem Schadensbereich ins Freie transportiert. Sie sollte allerdings nicht direkt unterhalb von Fenstern wieder austreten. Eventuell ist an der Abluftseite des Ventilators ein Kunststoffrohr anzuschließen, um die Abluft vom Gebäude wegzuführen.

wie er z. B. zur Entlüftung von Badezimmern eingesetzt wird, in ein Fenster eingebaut wird. Man kann den Ventilator in eine Holzplatte montieren und die Holzplatte im Fensterrahmen einbauen.

9.3 Umgebungsschutz während der Sanierung

Unter Umgebung sind sowohl an den Sanierungsbereich angrenzende Räume im Gebäude als auch benachbarte Grundstücke oder Gebäude zu verstehen. Ein besonderes Augenmerk ist auf den Umgebungsschutz zu richten, wenn sich in der Nachbarschaft ein Krankenhaus, eine Arztpraxis oder ein Altersheim befindet.

Organisatorische Maßnahmen zum Umgebungsschutz während der Sanierungsarbeiten sind:

- Sperren der Sanierungsbereiche für Unbefugte (Warn- bzw. Hinweisschilder)
- Festlegen einer Anlaufstelle/eines Ansprechpartners, falls es zu Problemen kommt
- Information der Raumnutzer, ggf. der Nachbarschaft
- Baustelle regelmäßig reinigen, insbesondere am Ende des Arbeitstages
- ausgebaute Gegenstände direkt nach Ausbau dicht verpacken und umgehend verschlossen entsorgen

Technische und **bauliche Maßnahmen** während der Sanierungsarbeiten sind:

- Freisetzung von Staub während der Sanierung durch Befeuchten, direkte Absaugung, Abschottung, Schwarz-Weiß-Bereich vermindern oder verhindern
- fachgerechte Feinreinigung nach Abschluss des Rückbaus

9.3.1 Freisetzung von Staub während der Sanierung vermindern/verhindern

Bei der Sanierung werden Materialien entfernt und es werden Staub und Aerosole freigesetzt. Am effektivsten ist der Einsatz von Arbeitstechniken, bei denen möglichst wenig Staub freigesetzt wird, indem dieser z. B. direkt an der Entstehungsstelle abgesaugt wird. Entsprechende Geräte werden in Kapitel 9.11 erläutert.

Wenn an der Sanierung unbeteiligte Personen mit Staub belastet werden könnten, sollte der zu sanierende Bereich mit Staubschutzwänden oder Schleusen so abgeschottet werden, dass die Emissionen nicht in die Umgebung gelangen. Verschiedene entsprechende Methoden werden in Kapitel 9.11.5 vorgestellt.

Folgende Maßnahmen verhindern Emissionen aus dem Sanierungsbereich:

- Errichten einer Staubschutztür mit Folien und Holzlatten
- Bau einer Staubschutztür mit Fertigelementen, z. B. Alustangen mit Federmechanismus, und Einbau einer Reißverschlusstür
- Verwenden einer flesta®-Lufttür
- Bau einer Schleuse mit Folien und Latten
- Bau einer Schleuse unter Verwendung von Fertigteilen
- Einbau einer Fertigschleuse

Neben einer Abschottung mit Staubschutztüren oder Schleusen sollte der Sanierungsbereich bei hoher Staubbelastung technisch entlüftet werden. Die Abluft muss vor dem Ausblasen gefiltert werden.

9.3.2 Verschleppung verhindern

Es sollte, soweit möglich, kein belastetes Material durch saubere Räume transportiert werden. Auch wenn es dicht verpackt ist, werden die Arbeiter mit der Kleidung unvermeidlich Staub verschleppen und es kann passieren, dass ein Müllsack reißt oder ein Behälter aus der Hand fällt und der Deckel sich löst. Eine Entsorgung von Inventar aus dem Sanierungsbereich über Fenster oder Türen direkt ins Freie ist der sicherste Weg.

Bevor Inventar aus dem Schadensbereich in andere Bereiche transportiert wird, sollte es gereinigt werden, indem alle glatten Oberflächen feucht abgewischt und textile Oberflächen gründlich abgesaugt werden. Polster werden ggf. mit Schaum gereinigt.

Beispiel: nicht ordnungsgemäßer Transport belasteten Materials

Bei der Sanierung eines stark durch Feuchte geschädigten und massiv mit Mikroorganismen besiedelten Kellers in einem Verwaltungsgebäude wurde mit großem Aufwand der Keller zum Erdgeschoss abgeschottet und alle beteiligen Personen wurden in Arbeitsschutz und Umgebungsschutz eingewiesen. Es wurde festgelegt, dass über einen Lichtschacht, über den man mit einer Leiter in den Keller gelangen konnte, der mikrobiell besiedelte abgeschlagene Putz direkt ins Freie transportiert wird.

Die Handwerker füllten den Putz in Eimer, transportierten diese über den Schacht ins Freie und schütteten den Inhalt mit viel Schwung in einen Baucontainer. Da die Sanierung an heißen Sommertagen durchgeführt wurde, standen im ersten Obergeschoss die Fenster der dort benutzten Büroräume offen. Die beim Einfüllen des belasteten Bauschutts in den Container entstehenden Staubwolken zogen an der Fassade entlang nach oben und schließlich auch in die genutzten Büroräume. Verständlicherweise und zu Recht gab es sofort lautstarke Proteste der Mitarbeiter, die zum Teil Hustenanfälle bekamen und auf deren Akten und Möbeln sich in kurzer Zeit eine Staubschicht ansammelte.

9.3.3 Reinigung nach erfolgtem Rückbau

Nach Entfernen und Entsorgen der befallenen Materialien muss vor Abbau der Abschottungen oder Schleusen der Schadensbereich fachgerecht gereinigt werden (siehe Kapitel 9.6).

9.3.4 Klima- und Belüftungsanlagen

Während der Sanierungsarbeiten sollten Klima- und Belüftungsanlagen abgeschaltet und abgeklebt werden, insbesondere wenn diese Abluft und Zuluft mischen und diese Mischluft wieder ins Gebäude transportieren. Ist das Abschalten nicht möglich, sollten die Ansaugkanäle abgeklebt werden.

Es sollte im Vorfeld ein Lüftungstechniker hinzugezogen werden, um zu klären, ob das Abkleben der Absaugöffnungen aus anlagetechnischen Gründen möglich ist. Meistens kann der Lüftungstechniker dein Einfluss auf das Gesamtsystem durch eine Einstellung der Gesamtluftmenge ausgleichen.

Bei massiven mikrobiellen Belastungen in Gebäuden, die über eine Raumlufttechnische Anlage (RLT-Anlage) verfügen, sollte überprüft werden, ob diese mikrobiell kontaminiert ist.

Bei einer kontinuierlich betriebenen Anlage können die Zuluftkanäle nicht mit mikrobiellen Partikeln aus dem Schadensbereich kontaminiert sein, da diese nicht entgegen dem Zuluftstrom in die Kanäle gelangen können.

Die Abluftkanäle werden dagegen ständig mit belasteter Luft durchströmt worden sein. Allerdings stellt sich hier die Frage, ob sich nennenswerte Mengen dieser Stäube im Abluftkanal festsetzen konnten, und falls ja, ob diese das Gebäude belasten können, wenn die Strömungsrichtung nach außen gerichtet ist.

Bei Anlagen, bei denen der Zuluft teilweise Abluft zugeführt wird, kann es durch mikrobielle Emissionen aus dem Schadensbereich zu einer Kontamination in den Kanälen kommen, über die die Luft wieder in die Innenräume geleitet wird. Dies sollte kontrolliert werden.

Unabhängig von mikrobiellen Schäden in Gebäuden können RLT-Anlagen mit Mikroorganismen besiedelt oder erheblich mit Schmutz verunreinigt werden. Eine regelmäßige Kontrolle und ggf. Reinigung ist deshalb dringend zu empfehlen. Für RLT-Anlagen in gewerblichen Gebäuden werden entsprechend der VDI-Richtlinie 6022 regelmäßige Hygieneinspektionen empfohlen.

9.3.5 Abdeckmaßnahmen

Um umfangreiche Reinigungs- bzw. Dekontaminationsmaßnahmen zu vermeiden, sollten nicht betroffene Fußböden, Inventar, Wand-, Boden- und Deckenanschlüsse abgedeckt werden. Geeignet sind reißfeste Folien, die überlappend verklebt werden. Die Folien können auch mit Holzlatten fixiert werden.

Nach Abschluss der Arbeiten sind die Abdeckfolien vorsichtig zu entfernen, einzuschlagen und für die Entsorgung dicht zu verpacken.

9.3.6 Ablüften und Filtern von Stäuben

Während der Arbeiten sollten die Räume gut belüftet werden, um freigesetzte Stäube direkt in den Außenbereich zu entsorgen. Bei geöffneten Fenstern ist darauf zu achten, dass keine unmittelbar daneben liegenden Fenster geöffnet sind, über die die in den Außenbereich abgelüfteten Stäube wieder ins Gebäude eindringen können.

Effektiver als die Belüftung über Fenster ist die Verwendung von Unterdruckgeräten, wie sie z. B. auch bei einer Asbestsanierung eingesetzt werden.

Die Raumluft aus dem Sanierungsbereich wird mit einem Ventilator abgesaugt und über einen HEPA-Filter mit Schläuchen ins Freie transportiert. Auf diese Weise wird der Sanierungsbereich nicht nur belüftet, sondern es wird ein Unterdruck erzeugt, der sicherstellt, dass bei Leckagen im Abschottungsbereich oder durch das Öffnen der Staubschutztür die belastete Luft nicht in den Weißbereich gelangen kann.

9.4 Arbeitsschutzmaßnahmen

9.4.1 Gesetzliche Grundlagen

Arbeitsschutzmaßnahmen gelten dem Schutz derjenigen Personen, die beruflich mit gesundheitlich problematischen Stoffen und/oder unfallträchtigen Arbeitstechniken umgehen müssen.

Das Arbeitsschutzgesetz (ArbSchG) i. d. F. 1996 sagt hierzu:

„§ 1 Zielsetzung und Anwendungsbereich

(1) Dieses Gesetz dient dazu, Sicherheit und Gesundheitsschutz der Beschäftigten bei der Arbeit durch Maßnahmen des Arbeitsschutzes zu sichern und zu verbessern. Es gilt in allen Tätigkeitsbereichen.“

Bei der Festlegung von Arbeitsschutzmaßnahmen wird häufig nur an die ausführenden Handwerker gedacht. Auch Sachverständige sind jedoch betroffen, wenn sie z. B. das Objekt begehen, Proben nehmen oder Sanierungsmaßnahmen begutachten und abnehmen (siehe auch Kapitel 2.2 der

Technischen Regeln für Gefahrstoffe 524). Es ist nicht erforderlich, schon vor dem ersten Betreten eines zu untersuchenden Objektes im hermetisch geschlossenen Schutzanzug aufzutreten. Allerdings sollte der Sachverständige, wenn er Bauteile zur Probenahme öffnet, vorsorglich eine Atemschutzmaske und Handschuhe tragen. Er öffnet häufig Wandverkleidungen oder Estriche und weiß vorher nicht, was ihm bei und nach der Öffnung entgegenströmt. Zwar hat er meist nur einige Minuten Kontakt mit dem Schaden, aber die Konzentration mikrobieller Partikel in der Raumluft kann im Moment der Bauteilöffnung beträchtlich sein.

Die Arbeitsschutzmaßnahmen richten sich in erster Linie nach der möglichen Exposition der Handwerker. Die Exposition ist abhängig von dem Material, mit dem umgegangen wird, von den eingesetzten Techniken und der Dauer der Arbeiten.

Auch wenn das Hauptziel der Arbeitsschutzmaßnahmen die Minimierung oder Vermeidung der Belastung der Beschäftigten ist, dürfen Umgebungsschutzmaßnahmen nicht vernachlässigt werden, denn der Sanierer ist auch dem Gesundheitsschutz Unbeteiligter verpflichtet.

Das ArbSchG i. d. F. 1996 führt hierzu aus:

„§ 15 Pflichten der Beschäftigten

(1) Die Beschäftigten sind verpflichtet, nach ihren Möglichkeiten sowie gemäß der Unterweisung und Weisung des Arbeitgebers für ihre Sicherheit und Gesundheit bei der Arbeit Sorge zu tragen. Entsprechend Satz 1 haben die Beschäftigten auch für die Sicherheit und Gesundheit der Personen zu sorgen, die von ihren Handlungen oder Unterlassungen bei der Arbeit betroffen sind.“

Bei Sanierungsarbeiten in gewerblich genutzten Räumen sind die Raumnutzer unter Berücksichtigung der Arbeitsstättenverordnung (ArbStättV) vor einer gesundheitlichen Gefährdung zu schützen (siehe auch Kapitel 1.4).

Wie auch in § 5 ArbSchG deutlich wird, sind Unterweisung und Weisung des Arbeitgebers Grundlagen des Arbeitsschutzes.

ArbSchG i. d. F. 1996:

„§ 5 Beurteilung der Arbeitsbedingungen

(1) Der Arbeitgeber hat durch eine Beurteilung der für die Beschäftigten mit ihrer Arbeit verbundenen Gefährdung zu ermitteln, welche Maßnahmen des Arbeitsschutzes erforderlich sind.“

Bei bestimmten Tätigkeiten ist die Gefahr für Leib und Leben sofort zu erkennen und es ist keine große Überzeugungsarbeit zu leisten, um die Mitarbeiter dazu zu bewegen, Arbeitsschutzvorgaben einzuhalten, die teils nicht angenehm sind und bei der Arbeit behindern können.

Bei der Sanierung von Schimmelpilzschäden, insbesondere wenn der Schaden nicht mit dem Auge erkennbar ist, ist die Einsicht, dass Maßnahmen zum Schutz der Arbeiter erforderlich sind, erfahrungsgemäß nicht immer im erforderlichen Maße vorhanden. Aus diesem Grund haben der Arbeitgeber und der Vorgesetzte eine besondere Verantwortung. Sie sollten die Gefahren kennen und ernst nehmen. Bleibt das Verständnis aus, müssen sie notfalls die Mitarbeiter mit klaren Anweisungen zu den erforderlichen Maßnahmen zwingen.

Bei der Festlegung der Maßnahmen sind Ergebnisse der Gefährdungsbeurteilung zu berücksichtigen, aber auch allgemeine Grundsätze, wie das ArbSchG i. d. F. 1996 in § 4 regelt:

„§ 4 Allgemeine Grundsätze

Der Arbeitgeber hat bei Maßnahmen des Arbeitsschutzes von folgenden allgemeinen Grundsätzen auszugehen:

1. *Die Arbeit ist so zu gestalten, dass eine Gefährdung für Leben und Gesundheit möglichst vermieden und die verbleibende Gefährdung möglichst gering gehalten wird;*
2. *Gefahren sind an ihrer Quelle zu entfernen;*
3. *bei den Maßnahmen sind der Stand der Technik, Arbeitsmedizin und Hygiene sowie sonstige gesicherte arbeitswissenschaftliche Erkenntnisse zu berücksichtigen;*
4. *Maßnahmen sind mit dem Ziel zu planen, Technik, Arbeitsorganisation, sonstige Arbeitsbedingungen, soziale Beziehungen und Einfluss der Umwelt auf den Arbeitsplatz sachgerecht zu verknüpfen;*
5. *individuelle Schutzmaßnahmen sind nachrangig zu anderen Maßnahmen;*
6. *spezielle Gefahren für besonders schutzbedürftige Beschäftigtengruppen sind zu berücksichtigen;*
7. *den Beschäftigten sind geeignete Anweisungen zu erteilen;*
8. *mittelbar oder unmittelbar geschlechtsspezifisch wirkende Regelungen sind nur zulässig, wenn dies aus biologischen Gründen zwingend geboten ist.“*

Zur Rangfolge der Schutzmaßnahmen gibt es die Grundregel, zunächst die Gefährdung durch technische Maßnahmen zu minimieren, dann durch organisatorische und schließlich durch persönliche Schutzmaßnahmen. Diese Regel wird auch als „**TOP-Regel**“ bezeichnet (TOP = technisch, organisatorisch, persönlich, siehe auch Berufsgenossenschaftliche Information für Sicherheit und Gesundheit bei der Arbeit [BGI] „Handlungsanleitung zur Gefährdungsbeurteilung bei Tätigkeiten mit biologischen Arbeitsstoffen bei der Gebäudesanierung“ [BGI 858]).

Am einfachsten ist es, mit technischen Mitteln die Gefahr bereits vor der Entstehung zu verhindern oder bei der Entstehung zu minimieren (siehe § 4 Nr. 2 ArbSchG). In einem nächsten Schritt wird eine technisch nicht vermeidbare Exposition durch Kontaktvermeidung (z. B. getrennte Aufbewahrung der kontaminierten Arbeitskleidung) oder Expositionszeitreduzierung (möglichst kurzer Aufenthalt im Gefahrenbereich) minimiert und erst als Letztes mittels persönlicher Schutzausrüstung (PSA) reduziert, da das Tragen von PSA in der Regel sehr lästig ist und bei der Ausführung der Arbeiten deutlich behindert. Außerdem sind beim Einsatz von PSA weitere Regeln zu beachten (siehe Kapitel 9.4.5).

9.4.2 Verordnungen und zugehörige technische Regeln

Die im ArbSchG sehr allgemein formulierten Grundsätze werden in gesetzlichen Verordnungen und technischen Regeln konkretisiert.

9.4.2.1 Biostoffverordnung

Bei der Sanierung von Schimmelpilzschäden bzw. mikrobiellen Schäden sind die Vorgaben der Biostoffverordnung (BioStoffV) anzuwenden.

Nach § 1 BioStoffV gilt diese Verordnung für Tätigkeiten mit biologischen Arbeitsstoffen einschließlich Tätigkeiten in deren Gefahrenbereich. Ausgenommen sind nur Tätigkeiten entsprechend dem Gentechnikrecht.

In § 2 Abs. 1 BioStoffV werden die biologischen Arbeitsstoffe definiert. Hierzu gehören Mikroorganismen einschließlich gentechnisch veränderter Mikroorganismen, Zellkulturen und humanpathogener Endoparasiten, die beim Menschen Infektionen, sensibilisierende oder toxische Wirkungen hervorrufen können.

In § 2 Abs. 2 BioStoffV sind Mikroorganismen als mikrobiologische Einheiten (zellulär oder nicht zellulär) definiert, die zur Vermehrung oder zur Weitergabe von genetischem Material fähig sind.

Die BioStoffV deckt somit einen weiten Teil der Problematik ab, mit der bei der Sanierung von Schimmelpilzschäden (bei denen neben Schimmelpilzen in der Mehrzahl der Fälle auch Bakterien auftreten) zu rechnen ist.

Stäube, die keine lebenden oder abgestorbenen mikrobiellen Zellen enthalten, sondern mikrobielle Stoffe wie Mykotoxine, Glucane, Endotoxine oder antibiotische Stoffe, würden bei dieser Definition nicht unter die BioStoffV fallen, sondern unter die Gefahrstoffverordnung (GefStoffV), da diese Stoffe nicht vermehrungsfähig sind und kein genetisches Material enthalten. In § 1 der GefStoffV i. d. F. vom 26. November 2010, zuletzt geändert am 28. Juli 2011, ist jedoch festgelegt, dass sie nicht für biologische Arbeitsstoffe im Sinne der BioStoffV gilt:

„(4) Sofern nicht ausdrücklich etwas anderes bestimmt ist, gilt diese Verordnung nicht für

1. biologische Arbeitsstoffe im Sinne der Biostoffverordnung und
2. private Haushalte.“

Die BioStoffV unterscheidet zwischen gezielten und nicht gezielten Tätigkeiten (§ 2 Abs. 4 und 5). Mit gezielten Tätigkeiten sind u. a. Arbeiten gemeint, bei denen Mikroorganismen als Arbeitsmittel eingesetzt werden, z. B. wenn Mikroorganismen gezielt gezüchtet werden. Sind nicht alle Arten bekannt oder ist das Ziel der Arbeit nicht auf Mikroorganismen ausgerichtet oder ist die Belastung nicht hinreichend bekannt, dann handelt es sich um nicht um eine gezielt Tätigkeit. Da keines dieser 3 Kriterien bei der Sanierung von Schimmelpilzschäden zutrifft, ist die Sanierung eines Schimmelpilzschadens somit eine nicht gezielte Tätigkeit.

Wesentlich für die Festlegung der erforderlichen Arbeitsschutzmaßnahmen ist die Einteilung der biologischen Arbeitsstoffe in 4 Risikogruppen, wobei die Einteilung ausschließlich auf der Basis des von den Mikroorganismen ausgehenden Infektionsrisikos erfolgt.

Tabelle 9.1: Risikogruppen nach der BioStoffV

Risikogruppe	**Definition**	**Pilze und Bakterien, die bei Feuchteschäden auftreten können**	**Anmerkungen**
1	biologische Arbeitsstoffe, bei denen es unwahrscheinlich ist, dass sie beim Menschen eine Krankheit verursachen	alle Pilze und Bakterien, die nicht der Risikogruppe 2 angehören	–
2	biologische Arbeitsstoffe, die eine Krankheit beim Menschen hervorrufen können und eine Gefahr für Beschäftigte darstellen können; eine Verbreitung des Stoffes in der Bevölkerung ist unwahrscheinlich; eine wirksame Vorbeugung oder Behandlung ist normalerweise möglich	*Aspergillus fumigatus, Aspergillus flavus*	Viele Actinomyceten gehören in diese Gruppe und es kann nicht ausgeschlossen werden, dass diese bei Feuchteschäden auftreten.
3	biologische Arbeitsstoffe, die eine schwere Krankheit beim Menschen hervorrufen können und eine ernste Gefahr für Beschäftigte darstellen können; eine Verbreitung in der Bevölkerung kann bestehen, doch ist normalerweise eine wirksame Vorbeugung oder Behandlung möglich	keine	bei Feuchteschäden nicht zutreffend Zu dieser Risikogruppe gehören z. B. die Erreger der Tuberkulose (*Mycobacterium tuberculosis*) oder der Lepra (*Mycobacterium leprae*).
4	biologische Arbeitsstoffe, die eine schwere Krankheit beim Menschen hervorrufen und eine ernste Gefahr für Beschäftigte darstellen; die Gefahr einer Verbreitung in der Bevölkerung ist unter Umständen groß; normalerweise ist eine wirksame Vorbeugung oder Behandlung nicht möglich	keine	bei Feuchteschäden nicht zutreffend Zu dieser Risikogruppe gehören z. B. das Ebola-Virus oder das Lassa-Virus.

Bei Schäden in Gebäuden treten fast nur Pilzarten auf, die der Risikogruppe 1 zuzuordnen sind. Bei Schimmelpilzschäden kann als Pilz der Risikogruppe 2 eigentlich nur *Aspergillus fumigatus* in seltenen Fällen auftreten, denn *Aspergillus flavus*, eine weitere Art der Risikogruppe 2, die im Zusammenhang mit Schimmelpilzschäden erwähnt wird, tritt in unseren Klimazonen so gut wie nicht bei Feuchteschäden in Gebäuden auf.

Noch nicht geklärt ist, ob Actinomyceten auftreten, die der Risikogruppe 2 angehören. Da dies nicht mit Sicherheit auszuschließen ist, sollte das Auftreten relevanter Mengen dieser Bakterien vorsorglich auf die gleiche Weise beurteilt werden wie das Auftreten der Schimmelpilze der Risikogruppe 2.

Die Empfehlung der BGI 858 geht jedoch davon aus, dass immer nur die Maßstäbe der Risikogruppe 1 anzusetzen sind, da Mikroorganismen der Risikogruppe 2 nur für Personen mit einem extrem geschwächten Immunsystem eine Infektionsgefahr bedeuten und solche Personen nicht aktiv bei der Sanierung eines Schimmelpilzschadens beteiligt werden dürfen. Dieser Ansatz ist pragmatisch und wird dem tatsächlichen Risiko gerecht (siehe Kapitel 7.5).

Im Leitfaden UBA 2 wird in Kapitel 4.1.3.1 außerdem bei einer Kontamination mit Abwasser davon ausgegangen, dass Krankheitserreger der Risikogruppe 2 auftreten können, und es wird deshalb empfohlen, bei erheblichem Abwasserkontakt Maßnahmen der Schutzstufe 2 (siehe UBA 2, Tabelle 11.2) anzuwenden.

Wird bei Abwasserschäden eine fachgerechte Desinfektion des mit Abwasserkeimen kontaminierten Materials und des Abwassers selbst zu Beginn der Sanierung durchgeführt, dann ist infolge der dann nicht mehr vorhandenen Infektionsgefahr eine Einstufung in die Risikogruppe 2 nicht erforderlich und die Einhaltung der Maßnahmen nach Schutzstufe 1 ist ausreichend.

9.4.2.2 Gefahrstoffverordnung

Nach § 1 GefStoffV gilt diese nicht für Stoffe, die biologische Arbeitsstoffe im Sinne des § 2 Abs. 1 der BioStoffV sind. Auf jeden Fall zu beachten sind die Technischen Regeln für Gefahrstoffe (TRGS) im Hinblick auf den Umgang mit chemischen Desinfektionsmitteln, mit brennbaren Stoffen und mit Brennern beim Abflämmen. Für Sanierungen und Arbeiten in kontaminierten Bereichen gelten die TRGS 524 „Schutzmaßnahmen für Tätigkeiten in kontaminierten Bereichen".

In Kapitel 2.2 der TRGS 524 ist definiert, dass diese nicht nur bei Sanierungsarbeiten an sich zutreffen, sondern auch bei den folgenden mit der Sanierung im Zusammenhang stehenden Tätigkeiten:

- der Begehung der Gebäude zur Inspektion
- der Probenahme
- der Einrichtung von Baustellen
- der Reinigung kontaminierter Geräte
- dem innerbetrieblichen Transport, der Zwischenlagerung und der Entsorgung kontaminierter Materialien

Ein Kernpunkt der TRGS 524 sind die Sicherheitsgrundsätze in Kapitel 4.4:

- Exposition vermeiden bzw. minimieren
- Menge gefahrstoffhaltiger Hilfsmittel vermeiden, ersetzen bzw. minimieren
- sachgemäßer Umgang mit Gefahrstoffen (einschließlich kontaminierten Abbruch- oder Sanierungsmaterials)
- Beschäftigte ausreichend qualifizieren
- technische Sicherheit gewährleisten
- allgemeine Sicherheitsorganisation gewährleisten
- Brand- und Explosionsschutz gewährleisten (auch explosionsfähige Atmosphäre im Arbeitsbereich vermeiden)
- Hygienemaßnahmen einhalten
- arbeitsmedizinische Betreuung sicherstellen
- sachgerechter Einsatz und Umgang mit PSA

In den TRGS 524 sind in Kapitel 4.6.2 die allgemeinen Sicherheitsgrundsätze mit typischen Beispielen aufgeführt. Die folgenden Tabellen geben nicht alle diese Beispiele wieder, sondern nennen nur die Maßnahmen, die bei der Sanierung von mikrobiellen Schäden zu berücksichtigen sind.

Tabelle 9.2: Allgemeine Sicherheitsgrundsätze nach TRGS 524

Sicherheitsgrundsätze	**Beispiele**
1. Exposition vermeiden bzw. minimieren	Verfahren anwenden, bei denen möglichst wenig Staub oder Aerosole freigesetzt werden
	wenn möglich, den Staub direkt an der Entstehungsstelle absaugen und Abluft gefiltert ins Freie führen
	Verhindern der Ausbreitung von Aerosolen und/oder Staub durch Abschotten und Absaugen
	Arbeitsbereich belüften
	PSA einsetzen
	Vermeiden unnötiger Tätigkeiten im Gefahrenbereich
2. Menge gefahrstoffhaltiger Hilfsmittel vermeiden, ersetzen bzw. minimieren	nur Desinfektionsmittel einsetzen, wenn dies erforderlich ist
	wenn Desinfektionsmittel eingesetzt werden, bei vergleichbarer Wirkung möglichst das weniger gesundheitsschädliche anwenden und die Menge so gering halten wie möglich

Fortsetzung Tabelle 9.2

Sicherheitsgrundsätze	**Beispiele**
3. sachgemäßer Umgang mit Gefahrstoffen (einschließlich kontaminierten Abbruch- oder Sanierungsmaterials)	Betriebsanweisungen erstellen qualifizierte Arbeitskräfte einsetzen geeignete Behältnisse für die Entsorgung bereitstellen Reinigung der Werkzeuge und Arbeitsmittel
4. Beschäftigte ausreichend qualifizieren	Schulung, Weiterbildung, Fachlehrgänge regelmäßige Unterweisung
5. technische Sicherheit gewährleisten	explosionsgeschützte Arbeitsmittel bei Einsatz entsprechender Desinfektionsmittel (z. B. Ethanol) bei Einsatz von Propangasflaschen für ausreichende Belüftung sorgen und vorschriftsgemäße Lagerung der Gasflaschen nach Gebrauch sicherstellen
6. allgemeine Sicherheitsorganisation gewährleisten	unbefugten Zutritt vermeiden bei Einsatz von brennbaren Stoffen (z. B. Ethanol) und Arbeiten mit offenen Flammen geeignete Löschmittel vorhalten
7. Brand- und Explosionsschutz gewährleisten	größere Schadensbereiche nicht mit Alkohol desinfizieren und Zündquellen vermeiden Be- und Entlüftung
8. Hygienemaßnahmen einhalten	Trink-, Ess-, Schnupf- und Rauchverbot Hände waschen Einmal-Overalls täglich wechseln und entsorgen
9. arbeitsmedizinische Betreuung sicherstellen	Beratung zur möglichen Gefährdung durch Mikroorganismen und durch Desinfektionsmittel Beratung zur PSA (Belastung, Beanspruchung, Pausenregelung) Beratung zur Hygiene, zum Hautschutz und zur speziellen Ersten Hilfe ggf. arbeitsmedizinische Vorsorgeuntersuchungen
10. sachgerechter Einsatz und Umgang mit PSA	Eignung der Beschäftigten prüfen Unterweisung Pausenregelung und Tragzeitbegrenzung einhalten sachgerechte Wartung, Pflege und Aufbewahrung

Tabelle 9.3: Personenbezogene Sicherheitsgrundsätze nach TRGS 524

Sicherheitsgrundsätze	**Beispiele**
1. Beschäftigungsbeschränkungen beachten	Jugendliche nicht beschäftigen werdende oder stillende Mütter nicht beschäftigen
2. sachkundiges Personal beschäftigen	Spezielle Zertifizierung zur Sanierung von mikrobiellen Schäden ist unbedingt zu empfehlen.
3. gesundheitlich geeignetes Personal einsetzen	kein Personal mit Allergien oder anderen immunologischen Erkrankungen, chronischen Atemwegserkrankungen, Hauterkrankungen einsetzen Arbeitsmedizinische Erstuntersuchung sowie regelmäßige Nachuntersuchungen sind zu empfehlen.

9.4.3 Gefährdungsbeurteilung nach BGI 858

In der 2005 erstmals erschienenen BGI 858 werden praktikable Hinweise gegeben, wie eine Gefährdungsbeurteilung und eine Betriebsanweisung erstellt werden können. Sie enthält Musterformulare zu beiden.

Die BGI 858 geht grundsätzlich davon aus, dass bei Schimmelpilzschäden die Schutzstufe 1 zutrifft. Innerhalb der Schutzstufe 1 werden auf Basis der beiden Kriterien „zu erwartende Staub- oder Sporenfreisetzung“ und „Dauer der Tätigkeit“ Gefährdungsklassen festgelegt (siehe Abb. 9.4).

Im Anhang 2 der BGI 858 sind Tätigkeiten und die dabei zu erwartende Sporenkonzentration in einer Tabelle aufgelistet (siehe Tabelle 9.4).

Tabelle 9.4: Tätigkeiten und dabei zu erwartende Sporenkonzentration bei Sanierungsarbeiten (BGI 858)

beispielartige Tätigkeiten	**zu erwartende Sporenkonzentration bei sichtbarem oder begründetem Verdacht auf Schimmelpilzbefall**
Sanierung im Wandbereich	
Fugen, Dichtungen entfernen	schwach
Putz/Mauerwerk trocken entfernen, reinigen	stark
Putz entfernen mit Putzfräse mit integrierter Absaugung oder mit Sprühextraktionsverfahren	mittel
Trockenbauwände entfernen bzw. ausbessern	stark
Entfernung von Trockenbauwänden, die mit Selbstklebefolie abgedeckt sind	schwach

Fortsetzung Tabelle 9.4

beispielartige Tätigkeiten	**zu erwartende Sporenkonzentration bei sichtbarem oder begründetem Verdacht auf Schimmelpilzbefall**
Selbstklebefolie aufbringen	mittel
Selbstklebefolie auf zuvor abgesaugte Trockenbauwand aufbringen	schwach
Sanierung von Lehmziegelbauten	stark
Tapeten trocken entfernen	stark
Tapeten nach Behandlung mit Sporenbinder oder nach Einkleistern entfernen	schwach
Sanierung der Fenster	
Fensterstock ausbauen, abschleifen	mittel
Fensterstock vor Ausbau absaugen und mit Sporenbinder behandeln	schwach
Sanierung im Deckenbereich	
Zwischendecken, abgehängte Decken (ggf. mit Dämmung) entfernen	stark
Schüttmaterial ausbauen (Lehm, Stroh …)	stark
Sanierung im Fußbodenbereich	
Teppichboden trocken entfernen	mittel
Teppichboden vor dem Entfernen einschäumen	schwach
Parkett, Korkboden, Linoleum entfernen	mittel
Estrich und Dämmung trocken entfernen	stark
ungeeignete Trocknungsverfahren, z. B. Überdruckverfahren	stark
sonstige Tätigkeiten	
Dämmmaterial aus „nachwachsenden Rohstoffen" (Papier, Zellulose, Schafwolle, Holzfaserplatten usw.) entfernen, sanieren	stark
Dämmmaterial aus künstlichen Mineralfasern ausbauen	stark siehe auch TRGS 521
Entrümpelung	stark
Saunasanierung	stark
Hausschwammsanierung ohne sichtbare Fruchtkörper	schwach
Hausschwammsanierung, Fruchtkörper sichtbar	stark
Archivgut ausräumen	mittel

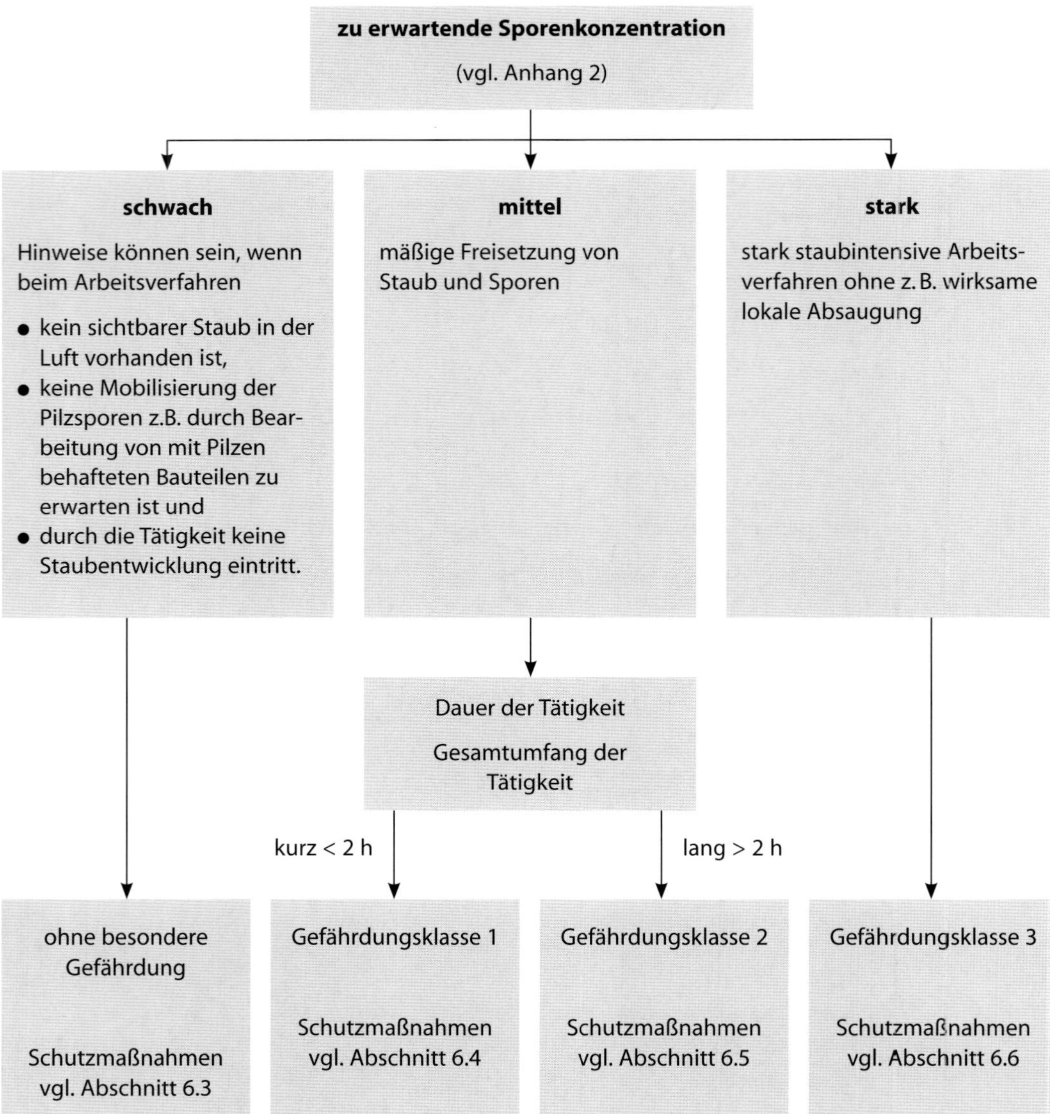

Abb. 9.4: Gefährdungsbeurteilung bei Tätigkeiten mit Schimmelpilzen in Abhängigkeit von der Dauer der Exposition sowie der zu erwartenden Sporenbelastung (Quelle: BGI 858)

Da diese Handlungsanleitung Mindestforderungen enthält, sollten die Empfehlungen nicht ungeprüft schematisch angewendet werden, sondern es ist im Einzelfall zu prüfen, ob auf Grundlage der zutreffenden Verordnungen und Technischen Regeln über die Mindestforderungen hinausgehende Maßnahmen zu ergreifen sind.

In § 7 BioStoffV ist geregelt, dass die Gefährdungsbeurteilung durch den Arbeitgeber zu erfolgen hat. In der Praxis wird es vorkommen, dass der Arbeitgeber die Gefährdungsbeurteilung ohne eine entsprechende spezielle Schulung oder die Einschaltung eines Sachverständigen nicht erstellen kann. Die Verpflichtung des Arbeitgebers, sich fachkundige Unterstützung zu holen, ist in § 8 BioStoffV beschrieben. Hier ist festgelegt, dass sich der Arbeitgeber bei der Gefährdungsbeurteilung fachkundig beraten lassen muss, sofern er nicht selbst über die erforderlichen Kenntnisse verfügt.

Das Problem in der Praxis ist, dass die Gefährdungsbeurteilung vor der Erstellung des Angebots zur Sanierung erfolgen muss, denn die Sanierungskosten sind abhängig von den Sanierungstechniken und der Dauer der Arbeiten. Die Kosten für technische Arbeitsschutz- und Umgebungsschutzmaßnahmen müssen zur Angebotserstellung abgeschätzt werden können.

Nach § 12 BioStoffV ist vorgeschrieben, dass auf Grundlage der Gefährdungsbeurteilung vor Aufnahme der Tätigkeiten eine arbeitsbereichs- und stoffbezogene Betriebsanweisung zu erstellen ist. Darin ist auf die mit den vorgesehenen Tätigkeiten verbundenen Gefahren für die Beschäftigten hinzuweisen.

Im Anhang 2 der BGI 858 wird ausgeführt, dass bei einigen Tätigkeiten mit starker Staubentwicklung die Sporenkonzentration stärker ansteigt als die Staubkonzentration. Des Weiteren ist angeführt, dass bei Exposition am Arbeitsplatz mit TKW < 50.000 KBE/m^3 (TKW = Technischer Kontrollwert) Schimmelpilzsporen keine Gefährdung der Beschäftigten gegeben ist, und zwar unabhängig von der Dauer der Tätigkeit, wobei dieser Wert auf Erfahrungen aus dem Abfallbereich beruht.

Eine differenzierte Beurteilung nach den vorliegenden Arten wird nicht vorgenommen, sondern es wird lediglich darauf hingewiesen, dass bei begründetem Verdacht auf Toxin produzierende Schimmelpilze, wie *Stachybotrys chartarum*, zumindest von der Gefährdungsklasse 1 auszugehen ist. Es besteht hierbei allerdings die Gefahr, dass ausschließlich dieser Pilz berücksichtigt wird, der jedoch nur als Beispiel genannt ist.

Anhang 6 der BGI 858 umfasst eine Tabelle, in der die erforderlichen Schutzmaßnahmen in Abhängigkeit von der Gefährdungsklasse aufgelistet sind. Die Angaben in Klammern bezeichnen den jeweiligen Abschnitt der BGI 858, in dem der Punkt erläutert wird.

Die von der Verlagsgesellschaft Rudolf Müller herausgegebene **Software „Schimmel-Guide“** ermöglicht eine schnelle und effektive Erstellung der Gefährdungsbeurteilung. Anders als bei den Vorlagen in der BGI 858 berücksichtigt die Software auch andere Gefahren, wie den Einsatz von Chemikalien oder Brennern zum Abflämmen, soweit zutreffend. Auf Basis der Gefährdungsbeurteilung erstellt die Software automatisch einen Vorschlag zur Betriebsanweisung. Gefährdungsbeurteilung und Betriebsanweisung werden als Word-Dateien erstellt und können beliebig verändert werden.

9.4.4 Gefährdungsklassen und Maßnahmen

Tabelle 9.5: Schutzmaßnahmen, abhängig von der Gefährdungsklasse (BGI 858, Anhang 6)

Maßnahmen	**keine besondere Gefährdung**	**Gefährdungsklasse 1**	**Gefährdungsklasse 2**	**Gefährdungsklasse 3**
grundsätzlich durchzuführende Maßnahmen	(6.3) Anforderungen der TRBA 500			
Vermeidung der Kontamination unbelasteter Bereiche		(6.4.2) Empfehlung z. B.: • Beräumung des näheren Schadensumfeldes	siehe technische Schutzmaßnahmen	
		• Abdeckung von Mobiliar		
		• staubdichte Abtrennung des Arbeitsbereiches		
technische Schutzmaßnahmen				
Staub- und Aerosolminimierung		(6.4.1) erforderlich		
Lüftung			(6.5.1) ausreichende, ggf. technische Be- und Entlüftung	(6.6.1) ausreichende, technische Be- und Entlüftung bei Abluftführung → keine Gefährdung Dritter

Fortsetzung Tabelle 9.5

Maßnahmen	**keine besondere Gefährdung**	**Gefährdungs-klasse 1**	**Gefährdungs-klasse 2**	**Gefährdungs-klasse 3**
Schwarz-Weiß-Trennung		(6.4.3) Organisation des Arbeitsschutzes getrennte Aufbewahrung der Arbeits- und Straßenkleidung	(6.5.2) • Kennzeichnung des kontaminierten Bereiches • Übergang vom Schwarz- in den Weißbereich über eine Schwarz-Weiß-Trennung, z. B. durch Abdichtung der Räume • verunreinigte Kleidung nicht im Weißbereich ablegen • Reinigung von Werkzeugen im Schwarzbereich (z. B. absaugen)	(6.6.2) je nach Kontamination über eine Ein- oder Mehrkammerschleuse
Betriebsanweisung/Unterweisung		(6.4.4) erforderlich		
PSA		(6.4.5)	(6.5.3)	(6.6.3)
Atemschutz		P2-Filter, Empfehlung: TM2P	P2 Empfehlung: P2 mit Gebläse TH2P	TM3P und staubdichte Schutzbrille oder Vollmaske
Augenschutz		bei Spritzwasserbildung oder Arbeiten über Kopf		erforderlich
Schutzkleidung		Empfehlung: partikeldichte, luftdurchlässige Einwegschutzkleidung, Kategorie III, Typ 5 mit Kapuze	partikeldichte, luftdurchlässige Einwegschutzkleidung, Kategorie III, Typ 5 mit Kapuze in Einzelfällen wasserdichte Schutzkleidung	
Handschutz		bei Feuchtarbeit flüssigkeitsdichte Handschuhe		
Fußschutz		Es ist ein der Baustelle entsprechendes Schuhwerk einzusetzen. Dieses muss zusätzlich abwaschbar sein.		

9.4.5 Persönliche Schutzausrüstung (PSA)

Persönliche Schutzausrüstungen sollen durch Schutz freier Hautflächen, der Augen und der Atemwege die Durchführenden vor gesundheitlichen Gefährdungen schützen.

Die PSA-Benutzerverordnung (PSA-BV) „Verordnung über Sicherheit und Gesundheitsschutz bei der Benutzung persönlicher Schutzausrüstungen bei der Arbeit“ regelt die Bereitstellung der PSA.

PSA-Benutzerverordnung (PSA-BV) i. d. F. 1996:

„§ 1 Anwendungsbereich

(1) Diese Verordnung gilt für die Bereitstellung persönlicher Schutzausrüstungen durch Arbeitgeber sowie für die Benutzung persönlicher Schutzausrüstungen durch Beschäftigte bei der Arbeit.

(2) Persönliche Schutzausrüstung im Sinne dieser Verordnung ist jede Ausrüstung, die dazu bestimmt ist, von den Beschäftigten benutzt oder getragen zu werden, um sich gegen eine Gefährdung für ihre Sicherheit und Gesundheit zu schützen, sowie jede mit demselben Ziel verwendete und mit der persönlichen Schutzausrüstung verbundene Zusatzausrüstung.

§ 2 Bereitstellung und Benutzung

(1) Unbeschadet seiner Pflichten nach den §§ 3, 4 und 5 des Arbeitsschutzgesetzes darf der Arbeitgeber nur persönliche Schutzausrüstungen auswählen und den Beschäftigten bereitstellen, die

1. *den Anforderungen der Verordnung über das Inverkehrbringen von persönlichen Schutzausrüstungen entsprechen,*
2. *Schutz gegenüber der zu verhütenden Gefährdung bieten, ohne selbst eine größere Gefährdung mit sich zu bringen,*
3. *für die am Arbeitsplatz gegebenen Bedingungen geeignet sind und*
4. *den ergonomischen Anforderungen und den gesundheitlichen Erfordernissen der Beschäftigten entsprechen.*

(2) Persönliche Schutzausrüstungen müssen den Beschäftigten individuell passen. Sie sind grundsätzlich für den Gebrauch durch eine Person bestimmt. Erfordern die Umstände eine Benutzung durch verschiedene Beschäftigte, hat der Arbeitgeber dafür zu sorgen, dass Gesundheitsgefahren oder hygienische Probleme nicht auftreten. […]“

9.4.5.1 Handschutz

Nach BGI 858 gilt:

„Der Handschutz muss abgestimmt auf die mechanische, chemische und biologische Belastung ausgewählt werden.

Bei Feuchtarbeiten sind flüssigkeitsdichte Handschuhe einzusetzen. Handschuhe aus Leder-/Textil-Kombination sowie medizinische Einmalhandschuhe sind ungeeignet. Im Allgemeinen empfiehlt es sich, Handschuhe aus Nitril- bzw. Butylkautschuk zu verwenden. Die Beschäftigten sollen individuell jeweils mehrere Paare geeignete Handschuhe zur Verfügung haben, damit ver-

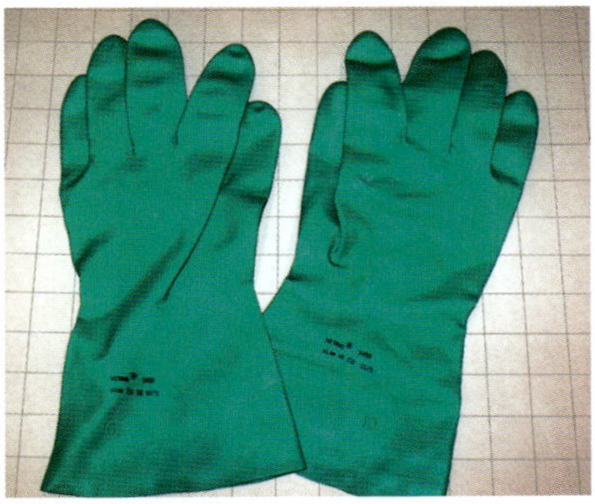

Abb. 9.5: Nitrilkautschuk-Schutzhandschuhe mit Stulp

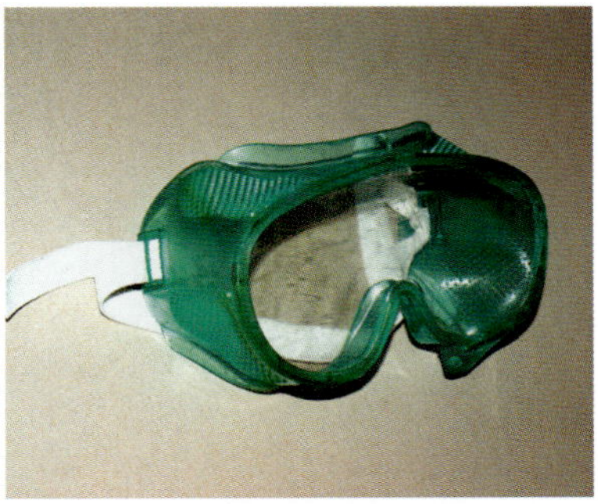

Abb. 9.6: Schutzbrille

Abb. 9.7: Vollständige PSA mit Einweg-Schutzanzügen und Vollmasken mit Gebläse im Einsatz

Abb. 9.8: Gebotsschild „Schutzkleidung tragen"

verschmutzte oder feuchte Handschuhe nach Reinigung und Trocknung im Wechsel verwendet werden können. Es können auch Zwirnunterziehhandschuhe verwendet werden."

Der sog. Stulp ist wichtig, da der Handschuh problemlos über den Ärmel des Schutzanzuges gezogen werden sollte.

9.4.5.2 Augenschutz

Nach BGI 858 gilt:

„Ist Augenschutz erforderlich, etwa bei der Gefahr von Spritzwasserbildung, Arbeiten über Kopf mit Staubentwicklung usw., so ist mindestens eine Korbbrille zu verwenden. Der Augenschutz kann auch durch das Tragen einer Vollmaske gewährleistet sein."

9.4.5.3 Schutzkleidung

Nach BGI 858 gilt:

„Als Schutz vor Staubbelastung und direktem Hautkontakt ist partikeldichte, luftdurchlässige (sogenannte atmungsaktive) Einwegschutzkleidung, Kategorie III, Typ 5 zu empfehlen. Eine Verschleppung von Stäuben über die Haare ist z. B. durch das Tragen einer Kapuze zu minimieren.

In Einzelfällen kann wasserdichte Schutzkleidung erforderlich sein, z. B. bei Kontakt mit verunreinigten Abwässern.“

9.4.5.4 Atemschutz

Die Berufsgenossenschaft (BG) Bau hat für die Belastung von Atemwegen durch biologische Arbeitsstoffe mit dem sog. Technischen Kontrollwert (TKW) einen Richtwert von 50.000 Kolonie bildenden Einheiten (KBE) pro Kubikmeter Luft festgesetzt. Dieser TKW ist nicht medizinisch begründet, sondern basiert auf Erfahrungswerten aus dem Bereich der Abfallsortierung und Kompostierung. Wird der TKW überschritten oder besteht der Verdacht, dass er überschritten wird, dann ist eine Atemschutzausrüstung zu wählen und zu benutzen, die die Einhaltung dieses Wertes gewährleistet.

Messungen der BG während einer Schimmelpilzsanierung ergaben folgende Werte:

Tabelle 9.6: Keimbelastung im Arbeitsbereich und am Beschäftigten bei der Entfernung von Wandmaterial in Abhängigkeit von der angewandten Technik (Messungen der BG BAU, nach Dr. Ursula Schies, BG Bau)

Arbeitstechnik zum Entfernen von Wandmaterial	Belastung im Arbeitsbereich (KBE/m³)	Belastung direkt am Beschäftigten (KBE/m³)
Stemmverfahren	35.000.000	40.000.000
Putzfräse	47.000	390.000
Sprühextraktionsverfahren	15.000	121.000

Jede Atemschutzausrüstung hat einen anderen Wirkungsgrad. Dieser wird angegeben als sog. Faktor für das Vielfache des Grenzwertes (VdGW).

Tabelle 9.7: Gerätespezifische Schutzfaktoren nach BGR 190 als VdGW und Eignung für den Einsatz bei der Sanierung von Schimmelpilzschäden (nach Dr. Ursula Schies, BG Bau)

Atemschutzgerät	VdGW	maximale Konzentration (KBE/m³)	Kommentar
Halbmaske mit P2-Filter, FFP2	10	500.000	ausreichender Schutz bei richtigem Einsatz einer Putzfräse oder Anwendung des Sprühextraktionsverfahrens
Vollmaske mit P2-Filter	15	750.000	
Helm/Haube mit Gebläse TH2P	20	1.000.000	

Fortsetzung Tabelle 9.7

Atemschutzgerät	VdGW	maximale Konzentration (KBE/m³)	Kommentar
Halbmaske mit P3-Filter, FFP3	30	1.500.000	
Maske mit Gebläse TM2P	100	5.000.000	
Helm/Haube mit Gebläse TH3P	100	5.000.000	
Vollmaske mit P3-Filter	400	20.000.000	
Maske mit Gebläse TM3P	500	25.000.000	bei Stemmarbeiten ohne Staubabsaugung oder andere Maßnahmen zur Reduzierung nicht ausreichend

Legt man die von der BG Bau ermittelten Belastungswerte zugrunde, dann sind zum Erreichen des TKW bei Verwendung einer Putzfräse oder der Sprühextraktion Halbmasken mit P2-Filter ausreichend, während beim Abstemmen trockenen Putzes mit Elektromeißel auch eine Maske mit Gebläse und TM3P-Filter trotz Schutzfaktor 500 keinen ausreichenden Schutz gewährleistet.

In der Praxis existieren gewöhnlich keine Messwerte oder sind erst etliche Tage nach Beendigung der Sanierungsarbieten bei Vorliegen des Laborberichts bekannt. Deshalb ist es erforderlich, den Atemschutz auf Basis von Annahmen und Erfahrungswerten auszuwählen.

Tabelle 9.8: Abkürzungen im Zusammenhang mit Atemschutzgeräten

Abkürzung	Beschreibung
P	Partikelfilter
FFP = Filtering Face Piece	Einwegfeinstaubmaske
S = Solid	feste Teilchen
L = Liquid	Schutz gegen flüssige Teilchen
P1, FFP1	geringes Abscheidevermögen
P2, FFP2	mittleres Abscheidevermögen
P3, FFP3	hohes Abscheidevermögen

Tabelle 9.9: Gefährdungsklassen nach BGI 858

Gefährdungs-klasse	Art der Belastung	erforderliche Schutzmaßnahmen
0	wenig Staubbelastung	kein Atemschutz
1	mittlere Staubbelastung, maximal 2 h Arbeitszeit	P2-Filter; Empfehlung der BG Bau: TM2P-Maske
2	mittlere Staubbelastung, Arbeitszeit über 2 h	P2; Empfehlung der BG Bau: TH2P-Haube
3	hohe Staubbelastung	TM3P und staubdichte Schutz-brille oder Vollmaske[1)]

1) Diese Empfehlung der BG Bau steht nicht im Einklang mit den Messwerten der BG, die ergaben, dass bei einer hohen Staubfreisetzung eine TM3P-Maske mit Schutzfaktor 500 eventuell keinen ausreichenden Schutz bietet (siehe Tabelle 9.7), allerdings wurden die Messungen nach Veröffentlichung der BGI 858 durchgeführt.

Atemschutzgeräte

Feinstaubmaske (siehe Abb. 9.9)

Vorteile:
- preiswert
- relativ bequem zu tragen

Nachteil:
- geringe Filterwirkung, liegt oft schlecht an, sodass Luft zwischen Haut und Maske eindringt

Halbmaske (siehe Abb. 9.10)

Vorteil:
- nicht so unangenehm wie eine Vollmaske, obwohl der Atemluftwiderstand vergleichbar ist

Nachteil:
- kein Augenschutz; eventuell muss zusätzlich eine Schutzbrille getragen werden

Vollmaske (siehe Abb. 9.11)

Vorteil:
- bessere Filterwirkung als eine Halbmaske

Nachteil:
- starke Behinderung bei der Arbeit, Einschränkung des Sichtfeldes

Turbohaube (siehe Abb. 9.12)

Vorteile:
- sehr angenehm zu tragen aufgrund ständiger Versorgung mit Frischluft
- kein Atmen gegen den Filter

Nachteil:
- teuer in der Anschaffung

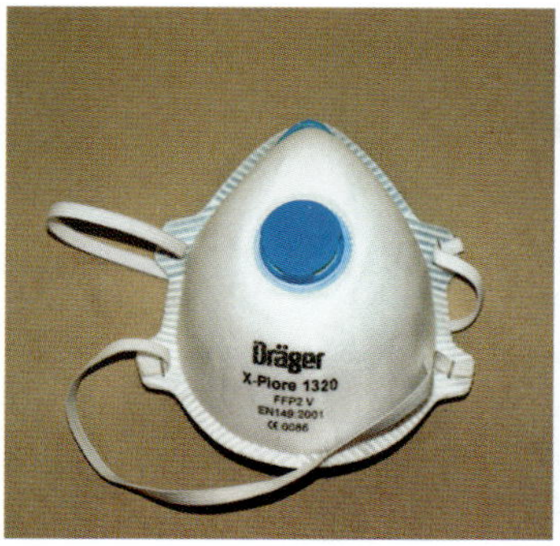

Abb. 9.9: FFP3-Einweg-Schutzmaske

Abb. 9.10: Halbmaske

Abb. 9.11: Vollmaske

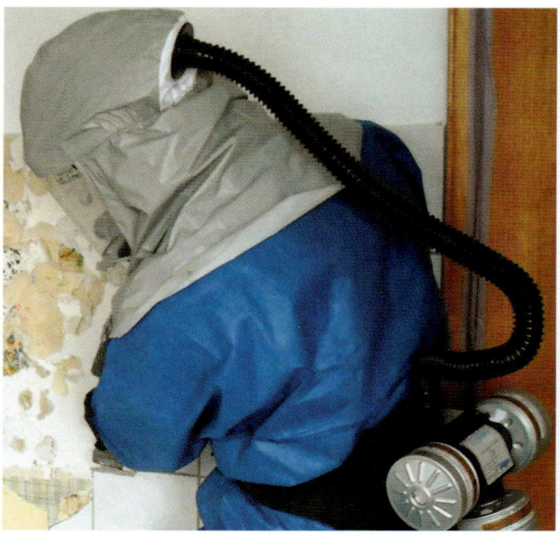

Abb. 9.12: Turbohaube (Quelle: Schulz Bautrocknung, Menden)

Abb. 9.13: Atemschutz-Isoliergeräte sind bei der Feuerwehr nötig, aber nicht bei einer Schimmelpilzsanierung. (Quelle: HEAT GmbH, Düsseldorf)

Isoliergerät (siehe Abb. 9.13)

Vorteil:

- beste Schutzwirkung; wirkt unabhängig von der Umgebungsatmosphäre

Nachteile:

- teuer in der Anschaffung
- starke Behinderung bei der Arbeit
- abschreckende Wirkung für Dritte; Isoliergeräte signalisieren, dass eine besonders starke Luftbelastung mit „giftigen" Stoffen vorliegt
- Einsatzdauer frei tragbarer Geräte mit Luftversorgung durch Flaschen stark eingeschränkt
- eingeschränkte Bewegungsfreiheit bei nicht frei tragbaren Geräten durch Sauerstoffversorgung über Schläuche

Regeln und Empfehlungen der BG Bau zum Tragen von Atemschutzgeräten

- Grundsätzlich sind Halbmasken den FFP-Einwegmasken vorzuziehen.
- Optimal sind gebläseunterstützte Masken oder Turbohauben, da durch das Gebläse nicht gegen den Filter geatmet werden muss.
- Die Filter der Atemschutzmasken sind mindestens arbeitstäglich auszutauschen.
- FFP-Masken sollten spätestens nach Arbeitspausen gewechselt werden.
- Die Masken sollen eng anliegen, sodass keine Spalte entstehen, über die die belastete Luft ungefiltert die Atemorgane erreicht.
- Filter, deren Leistung durch Alterung bei der Lagerung abnimmt, sollten generell nach Überschreiten dieser Frist nicht mehr verwendet werden.
- Für das Aufsetzen der Maske ist generell die Benutzerinformation (Gebrauchsanweisung) zu beachten.
- Atemschutzmasken der Klasse P1 und solche mit der Kennzeichnung S dürfen nur gegen Feststoffpartikel (Staub, Rauch) eingesetzt werden, die aus Lösungen oder Dispersionen von Feststoffpartikeln in Wasser beim Zerstäuben entstehen, wenn dabei die Luftverunreinigung lediglich diesen Feststoffpartikeln zuzuschreiben ist.
- Bei hohen Staubkonzentrationen, insbesondere mit hohen Feinstaubanteilen, sollten Geräte bevorzugt werden, deren Atemwiderstand durch Staubeinspeicherung nicht schnell anwächst (Kennzeichnung durch D). Allgemein ist zu beachten, dass die Anstrengung beim Atmen mit zunehmender Partikelfilterklasse zunimmt.
- Kombinationsfilter, die bei Produkten verwendet werden müssen, die verschiedene Wirkstoffe aufweisen, müssen entsprechend gekennzeichnet sein. Solche Filter müssen die sicherheitstechnischen Anforderungen für jeden einzelnen entsprechenden Gasfiltertyp der angegebenen Gasfilterklassen erfüllen und können dementsprechend eingesetzt werden.
- Gasfilter sollten grundsätzlich nur gegen Gase und Dämpfe eingesetzt werden, die der Geräteträger bei Erschöpfung des Filters (Filterdurchbruch) riechen oder schmecken kann. Für den Einsatz von Gasfiltern gegen Gase und Dämpfe, deren Durchbruch der Geräteträger nicht feststellen kann, sind betriebsspezifische Einsatzregeln aufzustellen und zu beachten oder aber es sind Isoliergeräte zu benutzen. Ist in Behältern und engen Räumen, z. B. Bunkern, Kesselwagen, Rohrleitungen, Gruben, Kanälen, durch Lüftung nicht sichergestellt, dass die Beschäftigten gegen die Einwirkung von Gasen, Dämpfen, Nebeln oder Stäuben ausreichend geschützt sind, sind Isoliergeräte einzusetzen.
- Bestehen Zweifel darüber, welcher Filtertyp unter bestimmten Einsatzbedingungen (z. B. bei Vorliegen von Gasgemischen) genommen werden soll, muss der Filterhersteller gefragt werden.

9.4.6 Hygiene- und Hautschutzplan

Anhang 3 der BGI 858 enthält folgenden Hygiene- und Hautschutzplan:

Tabelle 9.10: Hygiene- und Hautschutzplan nach BGI 858

was	wann	womit	wie	wer
Hautschutz	vor der Arbeit, nach jeder Hautreinigung	Hautcreme aus Tube oder Spender gemäß betriebsärztlicher Empfehlung	Hände und Finger sorgfältig eincremen und einziehen lassen	jeder
Hautreinigung	nach Verschmutzung, vor den Mahlzeiten, nach Arbeitsabschnitten	Wasser, pH-neutrale, hautschonende Seife	Händewaschen, mit Einweghandtüchern abtrocknen	jeder
Hautpflege	nach jeder Arbeitsschicht	Hautcreme aus Tube oder Spender gemäß betriebsärztlicher Empfehlung	Hände und Finger sorgfältig eincremen und einziehen lassen	jeder
Reinigung der wieder verwendbaren Arbeitskleidung	1- bis 2-mal wöchentlich oder nach Kontamination	Waschmaschine bei 60–95 °C, übliches Waschmittel	Nassverfahren	Fa. XY
Atemschutzmasken reinigen/desinfizieren (gemäß Herstellerangaben)	täglich, nach Gebrauch	gemäß Herstellerangaben	Flächendesinfektion, nicht abtrocknen, einwirken lassen	Herr/ Frau XY
Filterwechsel der Atemschutzmaske	nach Erfordernis, mindestens arbeitstäglich			jeder
hygienische Hand- und Hautdesinfektion	nach direktem Kontakt mit fäkalienhaltigen Abwässern ohne sichtbare Verschmutzung	z. B. alkoholisches Händedesinfektionsmittel (gemäß DGHM-Liste)	ca. 3 ml auf trockener Haut verreiben und ca. 30 s einwirken lassen, nicht abtrocknen	jeder
DGHM: Deutsche Gesellschaft für Hygiene und Mikrobiologie				

Abb. 9.14: Warnschild „Explosionsgefahr"

Abb. 9.15: Warnschild zum Absperren von Bereichen mit Ozonanwendung

9.4.7 Einsatz chemischer Stoffe

9.4.7.1 Explosionsgefahr

Größere Mengen an brennbaren Chemikalien, insbesondere Alkohole, sollten nicht eingesetzt werden, da dies zu einer Explosionsgefahr führt (siehe Abb. 9.14).

9.4.7.2 Ozon und Singulett-Sauerstoff

Ozon ist ein sehr reaktives und giftiges Gas mit einem typischen Geruch, wie er z. B. in Solarien auftritt. Ozon entsteht, wenn molekularer Sauerstoff O_2 mit atomarem Sauerstoff O reagiert und ein aus 3 Sauerstoffatomen bestehendes Molekül bildet O_3. Der Ozongeruch in Solarien ist auf die Bildung von O_3 durch die Einwirkung von UV-Strahlung zurückzuführen.

Beim Einsatz von Ozongeneratoren zur Geruchsbeseitigung ist zu beachten, dass Ozon sehr giftig ist. Die mit Ozon behandelten Bereiche sind deshalb zu sperren und entsprechend zu kennzeichnen und es muss beim Betreten des Raumes eine gegen Ozon schützende Atemschutzmaske getragen werden (siehe Abb. 9.15).

Händler bieten zur Geruchsbeseitigung auch Geräte an, die sog. Singulett-Sauerstoff erzeugen und freisetzen. Bei Singulett-Sauerstoff handelt es sich um quantenmechanisch angeregte Sauerstoffmoleküle und somit um einen sehr reaktiven Sauerstoff, der nach heutigem Kenntnisstand nicht gesundheitsschädlich ist. Hergestellt werden kann Singulett-Sauerstoff fotochemisch aus Triplett-Sauerstoff oder chemisch aus Peroxiden, z. B. durch Reaktion von Wasserstoffperoxid mit Hypochlorit.

Bei dem Test eines Singulett-Sauerstoff-Generators zeigte sich, dass der typische Ozongeruch entstand, und die sofort durchgeführte Messung bestätigte, dass das Gerät neben Singulett-Sauerstoff hohe Mengen an Ozon freisetzte. Deshalb sollte der Anbieter verbindlich garantieren, dass die Geräte kein Ozon freisetzen. Tritt beim Betrieb der Geräte der typische Ozongeruch auf, sollte das Gerät sofort abgeschaltet und der Raum gelüftet und für einige Zeit nicht betreten werden.

9.4.7.3 Atemschutz bei Verwendung von Desinfektionsmitteln

Werden zum Abtöten mikrobieller Keime Flüssigkeiten eingesetzt, sind ggf. Schutzmasken gegen Gase zu tragen.

Insbesondere wenn Mittel, die Alkohole, Wasserstoffperoxide oder andere gesundheitsgefährdende Stoffe enthalten, in der Luft mittels sog. Foggern vernebelt werden, müssen eigens dafür wirksame Filter ausgewählt werden.

Tabelle 9.11: Zur „Desinfektion" von Schimmelpilzschäden häufig eingesetzte Mittel und die erforderlichen Atemschutzfilter

Mittel	erforderlicher Atemschutzfilter
Wasserstoffperoxid	Filter gegen nitrose Gase, Typ NO-P3, Kennfarbe Blau-Weiß
Alkohole wie Ethanol, 2-Propanol (Isopropanol)	Gasfilter Typ A (organische Gase und Dämpfe mit Siedepunkt > 65 °C), Kennfarbe Braun

Bei fertigen Mischungen verschiedener Stoffe muss ein Filter gewählt werden, der alle Stoffe filtert. Auskunft zum erforderlichen Atemschutz gibt das jeweilige Sicherheitsdatenblatt. Zur Auswahl des richtigen Filters können auch die Filterhersteller Angaben machen.

Nicht alle Hersteller benennen die tatsächlichen Gefährdungen, sondern verharmlosen die Wirkung des eigenen Produktes. So gibt es z. B. Angaben wie „enthält sauerstoffaktive Bleichmittel". Dies ist der Versuch, die Angabe, dass Wasserstoffperoxid enthalten ist, zu vermeiden. Mittel, die Wasserstoffperoxid enthalten, können z. B. nicht bedenkenlos ohne Verwendung von Atemschutzmasken vernebelt werden. Im Zweifelsfall ist der Rat der Berufsgenossenschaft einzuholen.

9.4.8 Maßnahmen beim Einsatz von Brennern zum Abflämmen

Beim Einsatz von Gasbrennern zum Abflämmen mikrobiell belasteter Flächen gilt die Unfallverhütungsvorschrift (UVV) 279 „Verwendung von Flüssiggas". Gewöhnlich dürfen Flüssiggas-Anlagen entsprechend § 6 UVV nicht unterhalb der Erdgleiche betrieben werden, da die Gase schwerer sind als Luft und sich am Boden absetzen.

Bei einer Sanierung eines Schimmelpilzschadens in Kellerräumen können sich die Gase unbemerkt in den Räumen absetzen. Dies führt zu einer extremen Explosionsgefahr.

Eine Sonderregelung hinsichtlich des Betreibens von Flüssiggasanlagen gilt aber für Bauarbeiten, wenn dabei gewisse sicherheitsrelevante Kriterien eingehalten werden.

Unfallverhütungsvorschrift der Berufsgenossenschaft Handel und Warendistribution BGV D 34 „Verwendung von Flüssiggas" BGV D 34 i. d. F. 1997:

„§ 22 Flüssiggasanlagen für Bauarbeiten

(1) Abweichend von § 6 Abs. 6 dürfen für Bauarbeiten Druckgasbehälter und Verbrauchsanlagen in Räumen und Bereichen unter Erdgleiche aufgestellt werden, wenn dies aus betriebstechnischen Gründen notwendig ist und natürliche oder technische Lüftung die Bildung einer gefährlichen explosionsfähigen Atmosphäre sowie die Bildung eines gesundheitsgefährlichen Abgas/Luft-Gemisches und Sauerstoffmangel verhindert und die Flüssiggasanlage unter ständiger Aufsicht steht."

Die Definition des Begriffes „Räume unter Erdgleiche" findet sich in den Technischen Regeln Druckgase (TRG 280):

„2.13 Räume unter Erdgleiche

Räume unter Erdgleiche sind Räume, deren Fußboden allseitig tiefer liegt als die anschließende Geländeoberfläche."

Abb. 9.16: Auf dem Betonkellerboden mit sichtbarem Befall auf der Oberfläche ist nur die anhaftende Schmutzschicht mikrobiell besiedelt und nicht der Beton in der Tiefe. Eine fachgerechte Dekontamination der Oberflächenschicht ist ausreichend.

9.5 Entfernen befallener Bausubstanz

Beton (siehe Abb. 9.16)

Mikrobieller Befall

Beton besteht weitgehend aus anorganischen Materialien und wird deshalb nicht in der Tiefe befallen, sondern höchstens an der Oberfläche im Bereich von Beschichtungen, Schalölresten oder Verschmutzungen.

Arbeitsschritte

- bei Befall der Oberfläche die befallene Schicht (Schmutzschicht, Farbschicht, Schalöl) nach dem D-MIR®-Verfahren (siehe Kapitel 9.12.2), mit einer Fräse oder mittels Sprühextraktion entfernen
- bei Kontamination der Oberfläche mit Partikeln (Anflugsporen usw.) diese absaugen
- falls aus Brandschutzgründen möglich, die Betonfläche abflämmen, um noch anhaftende Partikel zu verbrennen, danach nochmals absaugen

Arbeitsschutz

- beim Oberflächenabtrag mit D-MIR®-Verfahren oder Sprühextraktion: Gefährdungsklasse 0
- beim Abfräsen mit integrierter Absaugung: Gefährdungsklasse 1 oder 2
- beim Absaugen: Gefährdungsklasse 0
- beim Abflämmen: Gefährdungsklasse 1 oder 2; immer Schutzbrille tragen, da es durch die Hitze zu Abplatzungen kommen kann; Gasflaschen nicht in Kellerräumen unbeaufsichtigt stehen lassen; in Pausen ins Freie oder einen sehr gut belüfteten Raum tragen

Beachten

Es muss sich tatsächlich um Bauteile handeln, die komplett aus Beton bestehen. Estriche, unter denen sich Pappe, Folie und/oder Dämmmaterial befindet, können mikrobiell besiedelt sein und sind in diesem Fall auszubauen.

Bei langfristigen Feuchtigkeitsschäden kann es zur Korrosion von Stahlteilen im Beton gekommen sein. Dies kann statische Probleme verursachen.

Abb. 9.17: Sichtbarer Schimmelpilzbefall auf der Unterseite eines Teppichbodens und auf dem darunter liegenden PVC-Belag

Bodenbeläge, PVC, Linoleum, Teppichböden (siehe Abb. 9.17)

Mikrobieller Befall

Normalerweise sind glatte Bodenbeläge, aber auch Teppichböden, auf der Unterseite befallen. Ein Befall ausschließlich auf der Oberfläche glatter Böden tritt praktisch nur auf, wenn anhaftende Schmutzschichten befallen wurden. Ein Befall auf der Oberfläche von Teppichböden ist meist mit einem Befall im Material und auf der Unterseite verbunden.

Bei einem Befall der Unterseite sind in der Regel auch der Kleber, die Nivelliermasse, die Trockenestrichelemente (z. B. Spanplatten) oder sogar tiefere Schichten mikrobiell befallen, z. B. die Dämmung unter dem Estrich.

Arbeitsschritte

- oberflächlich befallene oder stark verschmutzte Beläge absaugen
- Beläge mit Cuttermesser zerschneiden, Stück für Stück ablösen und direkt verpacken
- Staub an der Arbeitsstelle durch zweite Person mit einem Industriesauger Staubklasse H absaugen lassen
- alten Kleber und ggf. Nivelliermasse nach dem D-MIR®-Verfahren abfräsen oder händisch entfernen; elastische Kleber müssen meist händisch entfernt werden

Arbeitsschutz

beim Ablösen verklebter Beläge ohne wirksame Staubabsaugung: Gefährdungsklasse 3

- beim Ablösen verklebter Beläge mit direkter Staubabsaugung: Gefährdungsklasse 1 oder 2
- beim Entfernen nicht verklebter Beläge ohne Staubabsaugung: Gefährdungsklasse 1 oder 2
- beim vorsichtigen Entfernen nicht verklebter Beläge mit direkter Staubabsaugung: Gefährdungsklasse 0
- beim Abfräsen des Klebers und der Nivelliermasse mit dem D-MIR®-Verfahren: Gefährdungsklasse 0
- beim Abfräsen des Klebers und der Nivelliermasse mit integrierter Absaugung: Gefährdungsklasse 1 oder 2
- beim Abfräsen des Klebers und der Nivelliermasse ohne Absaugung oder beim händischen Entfernen: Gefährdungsklasse 3

Beachten

Bei Feuchteschäden durch Leckagen einer Fußbodenheizung kann es aufgrund der Wärme in kurzer Zeit zu einem sehr starken Befall gekommen sein, ggf. auch mit mesophilen Mikroorganismen, wie Aspergillus fumigatus.

Ältere Fußbodenmaterialien können Asbest enthalten, schwarze Kleber aus den 1950er- und 1960er-Jahren PAK (Polyzyklische Aromatische Kohlenwasserstoffe). Soweit dies nicht sicher ausgeschlossen werden kann, sind entsprechende Fachleute einzuschalten.

Abb. 9.18: Stark mikrobiell befallenes Dämmmaterial im Fußboden

Dämmmaterialien (siehe Abb. 9.18 und 9.19)

Mikrobieller Befall

Dämmmaterialien, ob Mineralwolle, Styropor, Kork oder Perlit, können mikrobiell besiedelt werden. Der Befall ist meist visuell nicht erkennbar, sondern nur mittels Laboranalysen feststellbar. Die Angabe in manchen Büchern, dass diese Materialien „mikrobiell resistent" seien, bezieht sich lediglich darauf, dass sie durch Mikroorganismen praktisch nicht abgebaut werden können, jedoch nicht auf die grundsätzliche Möglichkeit eines Befalls. Mineralwollfasern werden durch anhaftende organische Stoffe und Staub auf der Oberfläche befallen, bei Polystyrol wachsen die Mikroorganismen sehr gut entlang der Korngrenzen der Kunststoffkügelchen, da deren Oberflächen mit Kohlenwasserstoffverbindungen überzogen sind. Das ursprünglich rein mineralische Perlit wird zum Einsatz als Dämmmaterial mit Silikon imprägniert.

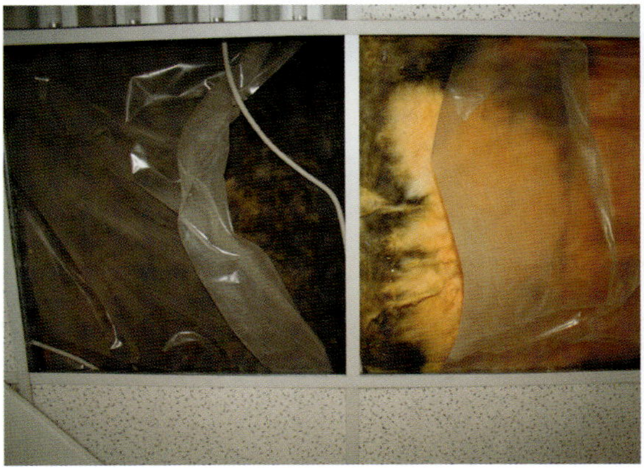

Abb. 9.19: Dämmwolle in einer abgehängten Decke mit extremer Verfärbung (links), allerdings ohne mikrobiellen Befall, sondern ausschließlich verursacht durch Staub aufgrund einer undicht verlegten Folie

Arbeitsschritte

- Dämmwolle oder Dämmplatten nach dem Freilegen in verpackbare Stücke zerkleinern oder zerschneiden; die Stücke direkt vor Ort dicht verpacken
- Dämmmaterialien aus loser Schüttung mit einem Sauggerät sammeln
- Untergrund sorgfältig absaugen oder, wenn es aus Brandschutzgründen möglich ist, wie z. B. bei Beton, abflämmen

Arbeitsschutz

- Die Anzahl an freigesetzten Partikeln kann sehr groß sein und ist sehr schwer abzuschätzen, deshalb vorsorglich immer: Gefährdungsklasse 3.

Beachten

Ältere Mineralwolle-Dämmstoffe können sog. WHO-Fasern enthalten, die als krebserregend eingestuft sind. Dies muss bei der Gefährdungsbeurteilung berücksichtigt werden.

Bei Schüttungen in Fußböden von Altbauten kann es sich um Schlacken handeln, die Schwermetalle und andere Schadstoffe enthalten. Dies muss bei der Entsorgung beachtet werden.

Abb. 9.20: Sichtbarer Schimmelpilzbefall auf der Decke unter der Tapete. Die gesamte Holzbalken-Deckenkonstruktion ist freizulegen und auf mikrobiellen Befall und Befall mit Holz zerstörenden Pilzen zu analysieren.

Decken, Zwischendecken (siehe Abb. 9.20 und 9.21)

Mikrobieller Befall

Bei Betondecken kann der Anstrich oder die Tapete befallen werden. Bei Verkleidungen (Paneele, abgehängte Decken usw.) kann ein Befall hinter der Verkleidung vorliegen und bei Holzbalkendecken in der Dämmung bzw. der Schüttung.

Arbeitsschritte

Die Vorgehensweise zum Abtragen von Farbschichten findet sich unter dem Stichwort „Farbe", zum Entfernen von Tapeten unter dem Stichwort „Tapete" und zum Entfernen von Verkleidungen unter dem Stichwort „Verkleidungen von Wänden und Decken".

Bei einem Befall von Holzbalkendecken sind folgende Arbeitsschritte zu empfehlen:

- Bodenbelag entfernen (siehe unter dem Stichwort „Bodenbeläge"), danach Dielenbretter demontieren
- Schüttung entweder mit Sauger entfernen oder mit Schaufel aufnehmen und direkt in Säcke füllen
- Deckenunterbau (verputzte Spalierhölzer) von unten händisch demontieren

Abb. 9.21: Freigelegte Holzbalkendecke mit mikrobiellem Befall. Es ist zu prüfen, ob ein Befall mit Holz zerstörenden Pilzen vorliegt; die Statik ist ebenfalls zu überprüfen.

- Holzbalken gründlich auf Befall mit Schimmelpilzen und Holz zerstörenden Pilzen inspizieren
- liegt kein Befall vor, Balken gründlich absaugen, ggf. vorsorglich mit 10%iger Wasserstoffperoxidlösung behandeln
- liegt ein Schimmelpilzbefall vor, betroffene Stellen abhobeln, danach Balken absaugen
- liegt ein Befall mit Holz zerstörenden Pilzen vor, Arbeit einstellen und Fachmann für Holzschutz hinzuziehen

Arbeitsschutz

- bei der Demontage von Deckenelementen immer: Gefährdungsklasse 3
- bei Arbeiten an Decken stets Schutzbrille tragen (Arbeiten über Kopf)

Beachten

Es ist bei Holzbalkendecken mit Holz zerstörenden Pilzen zu rechnen. Bei entsprechendem Verdacht ist ein Fachmann für Holz zerstörende Pilze hinzuzuziehen. Bei einem Befall tragender Holzbalken kann Einsturzgefahr bestehen.

Abb. 9.22: Sichtbarer mikrobieller Befall auf der Silikonfuge entlang der Badewanne

Dichtungen (siehe Abb. 9.22)

Mikrobieller Befall

Dichtungen im Sanitärbereich sind häufig sichtbar mikrobiell befallen. Beschränkt sich der Befall auf die Oberfläche einer Dichtung, ist dies in erster Linie ein optisches Problem und meist einfach zu beheben. Allerdings werden Dichtungen oft dann massiv wiederkehrend besiedelt, wenn im Bauteil hinter der Dichtung, z. B. in der Wand im Dusch- oder Wannenbereich, ein Feuchtigkeitsschaden und ein mikrobieller Schaden vorliegen. In diesem Fall ist der Befall der Dichtung nur die Spitze des Eisberges.

Arbeitsschritte

- Schimmelpilzbefall mit Seifenlauge oder Haushaltsreiniger und Schwamm oder Tuch abwaschen, um lose mikrobielle Partikel und Sporen zu entfernen
- Dichtungsmaterial mit Cuttermesser oder anderem Schneidwerkzeug staubarm heraustrennen
- Material vor Ort verpacken und mit dem Haus- oder Gewerbemüll entsorgen

Arbeitsschutz

- in der Regel keine besondere Gefährdung, somit: Gefährdungsklasse 0

Beachten

Bei stark mit Schimmelpilzen befallenen Silikondichtungen in Bädern liegt oft ein Feuchtigkeitsschaden in den Bauteilen vor, von dem die Feuchtigkeit und das mikrobielle Wachstum ausgehen. Dies kann daran erkannt werden, dass das Dichtungsmaterial immer wieder relativ schnell besiedelt wird. Sollte nach dem Entfernen der Dichtung aus der Fuge ein muffiger Geruch strömen oder der Bereich hinter der Dichtung verdächtig verfärbt sein, sollten das gesamte Schadensausmaß und die Ursache geklärt werden.

Abb. 9.23: Der Estrich musste wegen eines flächigen Befalls in der darunter liegenden Dämmlage entfernt werden.

Estrich (siehe Abb. 9.23)

Mikrobieller Befall

Zementestrich und Gussasphaltestrich werden selten mikrobiell befallen, jedoch das Material über (Spachtelmasse, Kleber, Belag) oder unter dem Estrich (Trennpappe, Dämmung).

Relativ schnell können bei erhöhter Feuchtigkeit Trockenestriche wie Spanplatten oder gipshaltige Estrichplatten befallen werden.

Als Besonderheit sind in Altbauten sog. Steinholzestriche anzutreffen. Diese sind stark hygroskopisch und können mikrobiell besiedelt werden. Allerdings wird häufig hohe Feuchtigkeit im Steinholzestrich gemessen, ohne dass ein mikrobielles Problem oder ein Feuchtigkeitsschaden vorliegt.

Arbeitsschritte

- bei Trockenestrich die Materialien Stück für Stück demontieren und die Stücke direkt vor Ort dicht verpacken
- Nassestrich mit Elektromeißel in verpackbare Teile zerkleinern und direkt verpacken
- nach Entfernen des Estrichs die Dämmmaterialien ausbauen (siehe unter dem Stichwort „Dämmmaterialien“)
- soweit unter dem Estrich keine Dämmschicht, sondern nur eine Trennpappe vorhanden ist, diese zerschneiden, verpacken und entsorgen

Arbeitsschutz

- starke Staubfreisetzung ist stets zu erwarten, deshalb: Gefährdungsklasse 3

Beachten

Bei Schäden im Bereich einer Fußbodenheizung kann es aufgrund der Wärme zu einem sehr starken Befall gekommen sein, ggf. auch mit mesophilen Mikroorganismen.

Steinholzestriche können Asbest enthalten.

Abb. 9.24: Der Anstrich einer Ziegelkellerwand ist sichtbar mikrobiell befallen.

Farbe (Wand- oder Deckenfarbe) (siehe Abb. 9.24)

Mikrobieller Befall

Fast alle Farben enthalten organische Stoffe und können besiedelt werden. Rein mineralische Farben können durch Staubschichten oberflächlich besiedelt werden. Ein stark alkalischer Anstrich, z. B. Kalk, wird nicht besiedelt, allerdings nimmt im Laufe der Zeit der pH-Wert ab, sodass bei älteren Anstrichen ein Befall möglich ist.

Arbeitsschritte

- Farbschicht nach dem D-MIR®-Verfahren abtragen oder zumindest mit Fräse mit integrierter Absaugung oder durch Sprühextraktion entfernen
- kleinere Farbreste mit Elektroschaber mit Absaugung oder händisch entfernen; wenn möglich, den Staub durch eine zweite Person mit Sauger direkt an der Entstehungsstelle absaugen lassen

Arbeitsschutz

- bei Anwendung des D-MIR®-Verfahrens oder Farbabtrag mit Sprühextraktion: Gefährdungsklasse 0
- Abfräsen der Farbe mit Fräse mit integrierter Absaugung: Gefährdungsklasse 1 oder 2
- Elektroschaber oder händisches Entfernen mit effektiver Absaugung: Gefährdungsklasse 1 oder 2
- mechanisches Entfernen ohne Absaugung: Gefährdungsklasse 3

Beachten

Bei gestrichenen Betonflächen ist in fast allen Fällen nur die Farbe mikrobiell besiedelt. Der Beton sollte nicht neu gestrichen werden, solange er noch feucht ist.

Bei gestrichenen Ziegelwänden sind oft auch die Fugen mikrobiell befallen, nicht jedoch die Backsteine bzw. Ziegelsteine. Diese enthalten keine organischen Bestandteile und somit keine Nährstoffe. Es ist nicht verhältnismäßig, Wände abzureißen, weil die Mauerwerksfugen besiedelt sind (siehe unter dem Stichwort „Fugen").

Bei Farbe auf Putzschichten sollte geprüft werden, ob der Putz mikrobiell besiedelt ist. Alternativ kann der Putz vorsorglich entfernt werden.

Abb. 9.25: Massiv mikrobiell befallener Holzfensterrahmen

Fenster (siehe Abb. 9.25)

Mikrobieller Befall

Kunststofffenster oder Metallfenster werden nicht besiedelt, höchstens die Dichtungen oder Schmutzschichten auf den Rahmen. Bei Holzfenstern kann sich ein mikrobieller Befall entwickeln, der sich auf die Oberfläche begrenzen kann, aber auch das Holz in der Tiefe angegriffen haben kann. Im zweiten Fall können Holz zerstörende Pilze vorliegen.

Hinter dem Fensterrahmen kann ebenfalls ein massiver mikrobieller Befall vorliegen.

Arbeitsschritte

- Metall- oder Kunststofffenster: Fensterelemente feucht abwaschen
- oberflächlich befallene Holzfenster: Befall absaugen, Fenster abwaschen, anschließend abschleifen und neu streichen
- befallene Holzfenster: Fenster vorsichtig demontieren; da die Gefahr besteht, dass hinter dem Rahmen ein massiver Befall vorliegt, sollte eine zweite Person freigesetzten Staub an der Entstehungsstelle mit Staubsauger der Staubklasse H absaugen

Arbeitsschutz

- bei vorsichtigem Ausbau ohne Befall hinter dem Fensterrahmen: Gefährdungsklasse 0
- bei Befall hinter dem Fensterrahmen und Absaugung des freigesetzten Staubes: Gefährdungsklasse 1 oder 2
- bei Befall hinter dem Fensterrahmen ohne Absaugung des freigesetzten Staubes: vorsorglich Gefährdungsklasse 3

Beachten

Es sind keine Besonderheiten zu beachten.

Abb. 9.26: Ein massiver Feuchtigkeitsschaden in der Wand führte zu Salzausblühungen im Bereich der Fugen.

Fliesen (siehe Abb. 9.26)

Mikrobieller Befall

Fliesen werden nicht befallen, höchstens das Fugenmaterial oder der Fliesenkleber.

Arbeitsschritte

bei Wandfliesen:

- Böden mit Fasermatten oder anderem dämmenden Material abdecken, um mechanische Beschädigung des Belages durch herunterfallendes Material zu vermeiden
- Fliesen sowie Fliesenkleber abstemmen

bei Fußbodenfliesen:

- Fliesen zusammen mit Fliesenkleber mechanisch entfernen
- Bodenfläche nach Entfernen der Fliesen absaugen oder, soweit aus Brandschutzgründen möglich, abflämmen

Arbeitsschutz

- wirksame Absaugung des Staubes kaum möglich, deshalb: Gefährdungsklasse 3

Beachten

Bei gefliesten Leichtbauwänden empfiehlt es sich, die Fliesen nicht separat zu entfernen, sondern die Wandteile aus Gipskartonplatten und Fliesen im Stück auszubauen, da der stärkste Schimmelpilzbefall oft zwischen Fliesen und Gipskarton vorliegt und man so eine massive Sporenfreisetzung verhindert.

Abb. 9.27: Geflieste Wand in einem Badezimmer im Duschbereich mit durch mikrobiellen Befall verfärbten Fugen

Fugen (siehe Abb. 9.27)

Mikrobieller Befall

Fugen, wie Fliesenfugen, können oberflächlich befallen werden, wenn diese über längere Zeit immer wieder feucht sind, oder es kann auch ein Befall hinter den Fliesen vorliegen, der über die Fugen bis an die Wandoberfläche wächst.

Arbeitsschritte

- bei Wandfliesen zuerst Folien auslegen, um herunterfallendes Fugenmaterial zu sammeln
- Schimmelpilzbefall mit Seifenlauge oder Haushaltsreiniger und Schwamm oder Tuch abwaschen, um mikrobielle Partikel und Sporen zu entfernen
- Fugenmaterial mit Handwerkzeug oder Elektrowerkzeug vorsichtig auskratzen
- ausgekratztes Material vor Ort verpacken und mit dem Haus- oder Gewerbemüll entsorgen

Arbeitsschutz

- in der Regel keine besondere Gefährdung: Gefährdungsklasse 0
- bei nennenswerter Staubfreisetzung: Gefährdungsklasse 1 oder 2

Beachten

Bei stark mit Schimmelpilzen befallenen Fugen liegt oft ein Feuchtigkeitsschaden in der gefliesten Wand oder dem gefliesten Fußboden vor. Deshalb sollte der Fußboden oder die Wand mittels Messungen auf Feuchtigkeit und mit mikrobiologischen Analysen auf Mikroorganismen untersucht werden.

Abb. 9.28: Schaumstoff-Randstreifen zur akustischen Entkopplung des Estrichs mit den Wänden (Quelle: Fa. Peridomus)

Fußboden-Randstreifen (siehe Abb. 9.28)

Mikrobieller Befall

Randstreifen aus Schaumstoff, Pappe oder aus Mineralwolle, wie insbesondere in älteren Häusern verbaut, können mikrobiell besiedelt werden. Der Befall kann sich auf den Randbereich beschränken, aber der Befall des Randstreifens kann auch Teil eines sehr großen Schadens in der Dämmung unter dem Estrich sein.

Arbeitsschritte

- Randfugen z. B. durch Abschneiden von Laminat oder Fliesen so weit freilegen, dass der Randstreifen an allen Stellen herausgezogen werden kann (siehe auch Kapitel 9.12.3)
- Oberfläche des Randstreifens absaugen
- Randstreifen an einer Stelle greifen und nach und nach herausziehen; hierbei eine zweite Person an der Arbeitsstelle den Staub absaugen lassen
- nach Entfernen des Randstreifens die Randfuge mit Sauger der Filterklasse H reinigen
- ggf. reichlich 10%ige Wasserstoffperoxidlösung mittels „Gießer“ in die Fuge füllen
- soweit noch erhöhte Restfeuchte im Fußboden vorhanden ist, diesen technisch trocknen
- Fuge anschließend abdichten oder entsprechend dem Verfahren zur Randstreifensanierung nach Dr. Führer verfüllen (siehe Kapitel 9.12.3)

Arbeitsschutz

- bei sorgfältigem Entfernen des Randstreifens und Absaugen des Staubes während der Arbeit: Gefährdungsklasse 0
- bei Gefahr, dass deutliche Mengen an mikrobiellen Stoffen freigesetzt werden: Gefährdungsklasse 1 oder 2

Beachten

Es sollte geklärt werden, ob ausschließlich der Randfugenbereich nennenswert mikrobiell besiedelt ist und nicht auch die restliche Dämmung des Fußbodens.

Besonders in Neubauten wurden immer wieder mikrobielle Schäden lokalisiert, die sich auf den Randstreifen beschränkten und nur wenige Zentimeter unter den Fußboden in die Dämmung reichten. Es ist nicht vertretbar, bei derartigen Schäden den gesamten Fußboden zu erneuern. Allerdings ist ohne Laboranalysen nicht sicher, wie weit sich der Schaden im Fußboden fortsetzt.

Abb. 9.29: Leichtbauzwischenwand in einer Kindertagesstätte mit massivem Befall auf beiden Seiten der Gipskartonplatten

Leichtbauwände (siehe Abb. 9.29)

Mikrobieller Befall

Leichtbauwände können massiv und flächig mikrobiell besiedelt werden. Die schlechter belüftete Rückseite ist meist erheblich stärker betroffen als die Fläche in Richtung Raum. Auch Bereiche unterhalb des Fußbodens sind immer wieder sehr stark betroffen.

Arbeitsschritte

- Böden und nicht geschädigte Wandflächen mit Folien abdecken, um Kontamination zu vermeiden
- Leichtbaubeplankung vorsichtig Teil für Teil demontieren und nicht mit Gewalt wegreißen
- falls Demontage nicht durch Entfernen von Nägeln oder Schrauben möglich ist und die Platten geschnitten werden müssen, keine drehenden elektrischen Schneidgeräte benutzen; entweder mit der Hand schneiden oder sägen oder oszillierendes Schneidgerät verwenden; hierbei Staub an der Entstehungsstelle durch zweite Person absaugen lassen
- ausgebaute Materialien direkt dicht verpacken; müssen die Bauteile zum Verpacken zerteilt werden, darauf achten, dass nicht unnötig Staub freigesetzt wird

Arbeitsschutz

- Abschätzung der Stärke des Befalls von Rückseiten kaum möglich, deshalb vorsorglich: ausreichende Absaugung des Staubes beim Ausbau nicht möglich; es kann nicht abgeschätzt werden, was sich in der Leichtbauwand hinter der Beplankung befindet; meist enthalten die Wände Mineralfaser-Dämmmaterialien, die Freisetzung von Fasern ist zu erwarten, deshalb Gefährdungsklasse 3

Beachten

Es können außer Mikroorganismen noch andere Schadstoffe in der Wand vorhanden sein, wie z. B. Asbest oder Mineralwolle aus kritischen Fasern. Es können elektrische Kabel in den Leichtbauwänden verlegt sein, die nicht immer senkrecht oder waagerecht verlaufen, sondern eventuell sogar diagonal. Beim Zersägen der Wandteile sind deshalb die Sicherungen im Sanierungsbereich auszuschalten.

Abb. 9.30: Kalksandstein-Außenwand mit mikrobiellem Oberflächenbefall. Auf dem Foto ist ein Messsensor zur Ermittlung der Ausgleichsfeuchte zu sehen. Die Messungen ergaben, dass die Wand durchfeuchtet ist.

Mauerwerk (siehe Abb. 9.30)

Mikrobieller Befall

Mauerwerk besteht in der Regel aus anorganischen Materialien wie Ziegel, Kalksandstein oder Beton.

Deshalb werden diese Materialien nicht in der Tiefe befallen. Wie zahlreiche Analyseergebnisse zeigten, ist zum Teil jedoch das Fugenmaterial einige Millimeter, manchmal auch Zentimeter tief mikrobiell besiedelt. Es ist jedoch nicht angemessen, das gesamte Mauerwerk deshalb zu entfernen.

Arbeitsschritte

- Mauerwerk nach Freilegen komplett absaugen, um lose Partikel zu entfernen
- Fugenmaterial ggf. so tief wie möglich auskratzen (siehe unter dem Stichwort „Fugen“)
- Bauteil nochmals absaugen
- falls aus Brandschutzgründen möglich, das Mauerwerk abflämmen, um möglichst viele der eventuell noch anhaftenden Partikel zu verbrennen
- nochmals absaugen

Arbeitsschutz

- beim Absaugen: Gefährdungsklasse 0
- beim Auskratzen der Fugen: Gefährdungsklasse 0, 1 oder 2 (siehe unter dem Stichwort „Fugen“)
- beim Abflämmen: Gefährdungsklasse 1 oder 2; immer Schutzbrille tragen, da es durch die Hitze zu Abplatzungen kommen kann; Gasflaschen nicht in Kellerräumen unbeaufsichtigt stehen lassen, sondern in Pausen ins Freie oder einen sehr gut belüfteten Raum tragen

Beachten

Innenliegende dünne massive Wände sollten im Falle einer Durchfeuchtung vorsorglich komplett entfernt werden, insbesondere wenn die Mauerwerksfugen massiv befallen sind.

Abb. 9.31: Massiver mikrobieller Befall auf einer Außenwand mit Tiefenbefall. Die Laboranalyse ergab, dass der Putz bis aufs Mauerwerk massiv mikrobiell befallen ist.

Putz (siehe Abb. 9.31)

Mikrobieller Befall

Relativ neuer Putz mit hohem Zementanteil und wenig Poren wird nicht leicht mikrobiell besiedelt. Alle anderen Putze, insbesondere wenn diese älter sind, sind bei lang anhaltender Durchfeuchtung fast immer massiv besiedelt. Meist riechen die Putze dann muffig. Im Zweifelsfall sind mikrobiologische Materialanalysen durchzuführen, um das Schadensausmaß festzustellen. Lehmputz enthält oft auch ohne schadhafte mikrobielle Besiedlung einen relativ hohen Anteil an Pilzsporen. Bei Auswertung von Lehmputzproben sind deshalb in erster Linie die nachgewiesenen Arten zu beachten.

Arbeitsschritte

- Fußboden mit Folie flächig abdecken, um herunterfallendes Material zu sammeln und Boden nicht unnötig zu kontaminieren; empfindliche Böden vorher mit Fasermatten oder anderem dämmenden Material abdecken, um mechanische Beschädigung des Belages zu vermeiden
- Sanierung mit optimierter Absaugung und Luftführung nach dem D-MIR®-Verfahren empfehlenswert
- alternativ den Putz mittels Sprühextraktion oder mit Putzfräse und integrierter Absaugung entfernen
- Wandfläche nach Entfernen des Putzes absaugen oder, soweit aus Brandschutzgründen möglich, abflämmen

Arbeitsschutz

- Putz mit dem D-MIR®-Verfahren oder mittels Sprühextraktion abtragen: Gefährdungsklasse 0
- Putz mit Fräse mit integrierter Absaugung abtragen: Gefährdungsklasse 1 oder 2
- Putz mit elektrischem Gerät oder händisch ohne Absaugung entfernen: Gefährdungsklasse 3
- beim Abflämmen: Gefährdungsklasse 1 oder 2; immer Schutzbrille tragen, da es durch die Hitze zu Abplatzungen kommen kann; Gasflaschen nicht in Kellerräumen unbeaufsichtigt stehen lassen, sondern in Pausen ins Freie oder einen sehr gut belüfteten Raum tragen

Beachten

Es sind keine Besonderheiten zu beachten.

Abb. 9.32: Hygrothermisch bedingter Feuchtigkeitsschaden auf einer Tapete hinter einem Sofa. Es liegt kein Tiefenbefall vor. Es reicht aus, die Tapete zu entfernen und die Wandoberfläche mittels Feinreinigung zu dekontaminieren.

Tapeten (siehe Abb. 9.32)

Mikrobieller Befall

Papiertapeten werden bei anhaltend erhöhter Feuchtigkeit praktisch immer mikrobiell besiedelt. Bei Kunststofftapeten oder Tapeten mit Latex- oder Kunststoffanstrich ist oft auf der Rückseite der Tapete und dann auch auf der Wand hinter der Tapete ein mikrobieller Befall vorhanden.

Arbeitsschritte

- Fußboden mit Folie flächig abdecken, um herunterfallendes Material zu sammeln und Boden nicht unnötig zu kontaminieren
- Tapete nass mit Tuch oder Schwamm abwaschen, um lose mikrobielle Partikel zu entfernen; hierbei die Tapete so befeuchten, dass sie sich leicht von der Wand löst
- Tapete vorsichtig von der Wand lösen und abgelöste Stücke sofort in dichte Säcke verpacken
- kann die Tapete nicht durch Befeuchten leicht von der Wand gelöst werden, bei Entfernen der Tapete im Bereich des Schimmelpilzbefalls die freigesetzten Stäube an der Entstehungsstelle durch eine zweite Person absaugen lassen
- Wandfläche nach Ablösen der Tapete abwaschen, um Reste an Keimen zu beseitigen, oder, wenn die Wand porös ist, die Fläche mit starkem Sauger absaugen, sobald die Wand getrocknet ist

Arbeitsschutz

- bei staubarmem Entfernen nasser Tapeten: Gefährdungsklasse 0
- beim Entfernen von Tapeten, die sich nicht ablösen lassen, mit gleichzeitiger Absaugung der freigesetzten Partikel: Gefährdungsklasse 1 oder 2
- beim Entfernen von Tapeten, die sich nicht ablösen lassen, ohne Absaugung der freigesetzten Partikel: Gefährdungsklasse 3
- bei Arbeiten über Kopf Schutzbrille tragen

Beachten

Bei einem Befall auf einer feuchten Wand hinter der Tapete muss eventuell der Putz entfernt werden. Es ist zu klären, ob ein Tiefenbefall vorliegt, oder der Putz sollte präventiv entfernt werden.

Abb. 9.33: Auf der Innenseite mikrobiell befallener Türrahmen einer Tür zwischen Flur und Badezimmer. Es lag ein massiver Feuchtigkeitsschaden im Duschbereich vor, der sich über den Fußboden ausbreitete und am Türrahmen zu erkennbarer Schädigung auch auf der Raumseite führte.

Türen (siehe Abb. 9.33)

Mikrobieller Befall

Bauteile aus Holz oder Holzwerkstoffe können auf der Raumseite, aber auch auf der Rückseite mikrobiell befallen sein.

Arbeitsschritte

- bei sichtbarem Befall die betroffenen Stellen vorher feucht abwaschen oder zumindest absaugen
- Tür vorsichtig demontieren
- bei Befall auf der Rückseite oder Verdacht auf einen Befall auf der Rückseite die freigesetzten Partikel durch zweite Person mit Sauger der Staubklasse H absaugen lassen

Arbeitsschutz

- Ausbau einer nur oberflächlich befallenen Tür nach Abwaschen der losen Partikel: Gefährdungsklasse 0
- vorsichtiger Ausbau einer Tür, die eventuell auf der Rückseite befallen ist, mit direkter Absaugung der freigesetzten Partikel: Gefährdungsklasse 1 oder 2
- bei starkem Befall auf Vorder- und Rückseite ohne Absaugung der freigesetzten Partikel: vorsorglich Gefährdungsklasse 3
- bei Arbeiten über Kopf Schutzbrille tragen
- Staubschutzwände rund um den Sanierungsbereich installieren, um zu verhindern, dass Staub in unbelastete Bereiche gelangt

Beachten

Es sind keine Besonderheiten zu beachten.

Abb. 9.34: Massiver sichtbarer Schimmelpilzbefall auf einer Decke hinter einer Paneele

Verkleidungen von Wänden und Decken (siehe Abb. 9.34)

Mikrobieller Befall

Bei Feuchtigkeitsschäden in Wänden oder Decken sind oft die Verkleidungen auf der Rückseite stark mikrobiell besiedelt. Soweit auf der Oberfläche bereits ein Befall auftritt, ist mit einer Besiedlung der Rückseite unbedingt zu rechnen. Typische Materialien sind Gipskartonplatten, Spanplatten, Vollholz- oder Kunststoffpaneelen oder Polystyrolplatten mit und ohne Kunststoffbeschichtung. Auch wenn Vollholzplatten nicht mikrobiell im Querschnitt befallen sind, ist eine Reinigung der Materialien in der Regel nicht wirtschaftlich machbar.

Arbeitsschritte

- Fußboden mit Fasermatten oder anderem dämmenden Material und mit dichten Folien abdecken, um mechanische Beschädigung und Kontamination zu vermeiden
- Deckenverkleidungen vorsichtig Teil für Teil demontieren und nicht mit Gewalt wegreißen
- freigelegte Wand- oder Deckenfläche nach Entfernen der Verkleidung absaugen
- soweit aus Brandschutzgründen möglich, nach dem Absaugen die freigelegten Flächen ggf. abflämmen

Arbeitsschutz

- sichere Absaugung des Staubes beim Ausbau kaum möglich; es kann nicht abgeschätzt werden, was sich hinter der Verkleidung befindet und eventuell schlagartig freigesetzt wird, deshalb vorsorglich: Gefährdungsklasse 3
- bei Arbeiten über Kopf stets Schutzbrille erforderlich

Beachten

Es muss immer überprüft werden, was sich hinter der Verkleidung befindet (Dämmwolle oder sogar Asbest usw.). Bei dem Verdacht, dass außer Schimmelpilzen bzw. Mikroorganismen auch andere Schadstoffe vorhanden sind, muss dies vor dem Ausbau geklärt werden.

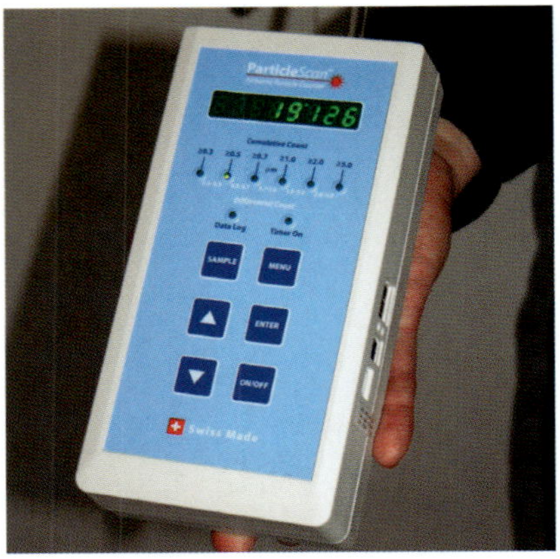

Abb. 9.35: Partikelzähler ParticleSan™Pro (Fa. INCEN AG, Schweiz) (Quelle: ENERSOR GmbH, Düsseldorf)

9.6 Reinigung/Dekontamination

Da die Gefahr eines erneuten massiven Befalls mit einer hohen Keimbelastung steigt und darüber hinaus in gleichem Maße abgestorbene wie lebende Partikel gesundheitliche Symptome verursachen können, sind die nach der Materialentfernung noch vorhandenen mikrobiell verunreinigten Stäube zu entfernen.

Die Feinreinigung ist der letzte Abschnitt jeder Schimmelpilzsanierung. Allerdings sollten die Staubschutztüren und die Schleusen erst dann abgebaut werden, wenn die Feinreinigung erfolgreich beendet wurde. Die Flächen der Abschottungsfolien und der Schleusenwände sind durch Abwaschen bzw. feuchtes Abwischen mit zu reinigen.

Ist die Raumluft durch vorangegangene Sanierungsarbeiten noch stark mit luftgetragenen Partikeln belastet, z. B. wenn Arbeiten der Gefährdungsklasse 3 ausgeführt wurden, muss einige Zeit gewartet werden, bis sich der Staub abgesetzt hat, da ansonsten Atemschutz erforderlich sein kann. Die Wartezeit kann nicht pauschal angegeben werden, da die Sedimentation von verschiedenen Faktoren abhängt, wie z. B. der Raumbelüftung, der Luftbewegung sowie der Menge und Größe der Partikel in der Luft. Allerdings sollte die Baustelle mindestens 1 Nacht ruhen. Kleinste Partikel schweben oft lange in der Luft und können durch ausreichend dimensionierte Luftreiniger beseitigt werden. Im Zweifelsfall sollte die Luftbelastung mit einem Partikelzähler gemessen werden (siehe Abb. 9.35).

Hat die Belastung das Hintergrundniveau erreicht, können die weiteren Arbeiten problemlos ohne besondere Arbeitsschutzmaßnahmen (= Gefährdungsklasse 0) durchgeführt werden.

Die Feinreinigung erfolgt ähnlich wie die Reinigung von Inventar durch feuchtes Abwaschen glatter Flächen oder durch Absaugen.

Folgende Vorgehensweise hat sich bewährt:

- Abdeckfolien mit der verschmutzten Seite nach innen einschlagen und die zusammengefalteten Folien dicht in Plastiksäcke verpacken
- zuerst den Fußboden absaugen, dann Decke und Wände, abschließend nochmals den Fußboden

Abb. 9.36: Feuchtes Abwischen mit Wasser und fettlösendem Reinigungsmittel; die Vollmaske wäre eigentlich nicht erforderlich (Quelle: Lehrfilm des BSS e. V., Verlagsgesellschaft Rudolf Müller, 2007)

- alle glatten Flächen, einschließlich Schleusen- oder Staubschutzwand, feucht abwischen

Ungeeignete Methoden sind Kehren, trockenes Abbürsten, trockenes Abreiben oder Anblasen der Flächen mittels Druckluft ohne Absaugung der belasteten Luft. Hierbei werden die Partikel größtenteils nur aufgewirbelt und setzen sich an den bereits gereinigten Flächen wieder ab. Außerdem kommt es zu einer unnötigen und eventuell starken Luftbelastung für die Arbeiter.

9.6.1 Raumreinigung/Feinreinigung nach Materialausbau

9.6.1.1 Feuchtes Abwischen

Um mikrobiell kontaminierten Staub bzw. Verschmutzungen abzuwaschen, ist es nicht erforderlich, dem Waschwasser Desinfektionsmittel oder sonstige Spezialchemikalien hinzuzufügen. Ein Fett lösendes Reinigungsmittel im Wasser oder eine Seifenlauge ist ausreichend (siehe Abb. 9.36).

Das Waschwasser sollte häufiger gewechselt werden; auch die Lappen oder Schwämme sollten ausgetauscht werden, sobald sie nicht mehr ausgewaschen werden können. Nach der Reinigung sollten alle verwendeten Tücher, Lappen oder Schwämme in Plastiktüten dicht verpackt und in der Tonne für Restmüll entsorgt werden.

Die Waschwasserbehälter sollten gründlich gereinigt werden.

Bei nicht ebenen Flächen wie Gittern oder Teilen mit Kanten oder Ecken kann die Verschmutzung mit einer Bürste beseitigt werden. Es sollte immer reichlich Reinigungsflüssigkeit verwendet werden, um den Schmutz im Wasser zu binden und um zu verhindern, dass Partikel in die Luft gelangen, eingeatmet oder verteilt werden.

Beim Abwaschen sollten Handschuhe getragen werden. Besteht die Gefahr, dass Spritzwasser auftritt, ist ein Schutzanzug zu empfehlen. Atemschutz ist nicht erforderlich. Eine Schutzbrille sollte bei Arbeiten über Kopf vorsorglich getragen werden. Auch Spritzer des Reinigungswassers mit Reinigungsmittel oder Seifenlauge können zu Augenreizungen führen.

9.6.1.2 Absaugen

Zum Absaugen muss stets ein Staubsauger der Filterklasse H verwendet werden. Der Staubsauger muss nach der Reinigung gesäubert werden. Der Beutel ist zu entsorgen, die Filter müssen gereinigt oder ausgetauscht werden.

Aufsätze mit Bürsten ermöglichen es, fester haftende Ablagerungen mit der Bürste zu lösen und direkt abzusaugen.

Bei größeren Flächen wird immer von oben nach unten gereinigt. Werden Räume durch Absaugen gereinigt, sollte im ersten Schritt der meist stark verschmutzte Fußboden abgesaugt werden, anschließend die Decke und die Wände, bevor der Fußboden erneut gereinigt wird. Da es kaum vermeidbar ist, dass beim Saugen Staub aufgewirbelt wird, kann zur Reduzierung der Luftbelastung und zur Beseitigung luftgetragener Partikel während des Saugens ein ausreichend dimensionierter Luftreiniger betrieben werden. Bei sachgemäßem Einsatz von Saugern sind Atemschutz und gesonderter Hautschutz nicht erforderlich.

9.6.1.3 Reinigung mit Hochdruckreiniger

Bei der Verwendung von Hochdruckreinigern werden Bauteile feucht und es wird kontaminiertes Wasser freigesetzt. Außerdem tritt kontaminiertes Spritzwasser auf. Daher sollten Hochdruckreiniger in Räumen nicht eingesetzt werden. Sie können zur Reinigung von Inventar genutzt werden, das ins Freie oder in spezielle Räume gebracht werden kann, wo das Abwasser kontrolliert abgeführt wird und das Spritzwasser zu keiner Kontamination führt bzw. am Ende der Arbeiten mit Frischwasser abgespült werden kann.

9.6.1.4 Abflämmen

Das Abflämmen ist keine Maßnahme zur Reinigung, sondern eine Dekontaminationsmaßnahme, bei der mikrobielle Biomasse an Oberflächen und einige Millimeter tief verbrannt wird.

Die Temperaturen im Flammkern betragen 1.000 bis 1.500 °C. Hält man die Flamme auf eine Oberfläche, werden auch in tieferen Schichten Temperaturen von einigen Hundert Grad erreicht. Bei dieser Temperatur werden alle organischen Stoffe verbrannt, da die Zündtemperaturen organischer Stoffe zwischen ca. 200 und maximal 500 °C liegen, z. B. die von Holz zwischen 280 und 340 °C, die von Kunststoffen zwischen 200 und 300 °C.

Bei mindestens 300 bis 350 °C werden alle organischen Stoffe verbrennen. Im Gegenzug besteht eine entsprechende Brandgefahr. Deshalb muss sehr sorgfältig darauf geachtet werden, dass das abzuflämmende Bauteil keine brennbaren Stoffe wie Holzbauteile oder Kunststoffrohre und keine schmelzenden Stoffe wie Elektrokabel enthält und keine Explosionsgefahr z. B. durch Gasleitungen besteht.

Abb. 9.37: Abflämmen einer Wand nach Entfernen der Gipskartonverkleidung (Quelle: Lehrfilm des BSS e.V., Verlagsgesellschaft Rudolf Müller, 2007)

Das Abflämmen sollte durch langsames Führen der Brennerflamme über die Oberfläche erfolgen und mindestens einmal wiederholt werden.

Es hat sich bewährt, die Flächen mit einer Kreide oder einem Baubleistift in Raster einzuteilen und die abgeflämmten Teilflächen mit einem Querstrich zu markieren. Nach dem zweiten Durchgang ist die Teilfläche mit einem Kreuz versehen; so können keine Stellen übersehen werden.

Es können Brenner eingesetzt werden, wie sie von Dachdeckern zum Erhitzen von Teerwerkstoffen oder von Gärtnern zum Abbrennen von Moos usw. verwendet werden.

Beim Arbeitsschutz ist zu beachten, dass es durch die Materialerhitzung zu Abplatzungen und Absprengungen kleiner Teilchen oder Splitter kommt. Auch werden alle losen Partikel durch die starke Strömung, die die Flamme erzeugt, in die Luft geschleudert. Somit sind die Arbeiten entsprechend den Maßnahmen nach Gefährdungsklasse 3 durchzuführen. Die Fläche sollte vor dem Abflämmen gründlich abgesaugt werden und es sind eine Atemschutzmaske, am besten eine Turbohaube, ein Schutzanzug, nicht entflammbare Handschuhe und eine Schutzbrille zu tragen.

Des Weiteren ist darauf zu achten, dass die Räume möglichst gut gelüftet werden und die Gasflasche während der Arbeitspausen nicht unbeaufsichtigt in schlecht gelüfteten Räumen wie Kellerräumen verbleibt. Die Flasche sollte in den Pausen entsprechend den einschlägigen Arbeitsschutzvorschriften ins Freie transportiert werden oder in einen sehr gut gelüfteten Raum, in dem offene Flammen und Funken sicher ausgeschlossen werden können. Vorsorglich sollte ein geeigneter Feuerlöscher am Arbeitsplatz bereitstehen.

Der Sanierungsbereich sollte mit einer Staubschutzwand abgeschottet werden. Wenn möglich, sollte durch technische Entlüftung ein Unterdruck erzeugt werden.

Abb. 9.38: Spezialreinigungsraum für Inventar und Hausrat (Quelle: von Tülff GmbH Hygiene gegen Allergie, Kaufungen)

9.6.1.5 Spezialreinigung durch Fachfirmen

Komplexe Dekontaminationsmaßnahmen an mikrobiell belastetem Hausrat sollten durch spezialisierte Fachfirmen durchgeführt werden, die das erforderliche Fachwissen, geschultes Personal, geeignete Räume und Maschinen mit Absaugeinrichtungen besitzen. Entsprechende Fachfirmen verfügen über spezielle Techniken zur Beseitigung von Keimen oder chemischen Kontaminationen (siehe Abb. 9.38).

Vor Durchführung der Arbeiten sollten Analysen zur Belastungssituation (Befall, Emissionen) vorgenommen werden, aus denen sich das Sanierungsziel und die geeignete Technik ergeben. Es sollte geprüft werden, inwieweit der zu dekontaminierende Gegenstand durch die Reinigungstechnik geschädigt werden kann.

Bei umfangreichen Aufträgen oder Unsicherheit im Hinblick auf die Wirksamkeit sollte eine Testdekontamination durchgeführt und das Ergebnis labortechnisch überprüft werden, um die Wirksamkeit der Maßnahmen zu bestätigen. Bei umfangreicheren Sanierungen hat es sich bewährt, chargenweise Kontrollen durchzuführen.

9.6.2 Sanierung/Reinigung fester Einbauten und von Inventar

Grundsätzlich ist zu unterscheiden, ob die Gegenstände mikrobiell direkt besiedelt oder nur mit Anflugsporen und anderen mikrobiellen Partikeln und ggf. mit mikrobiellen Geruchsstoffen kontaminiert sind.

Bei einem relevanten Befall ist es meist nicht möglich, die Gegenstände mit vertretbarem Aufwand zu „retten“. Ausnahmen bilden wertvolle Kunstgegenstände, Antiquitäten oder unersetzliche Dokumente. Die Sanierung befallener Gegenständen muss in der Regel durch eine Spezialfirma ausgeführt werden. Adressen von Spezialisten sind z. B. beim Bundesverband Schimmelpilzsanierung BSS e. V. (http://www.bss-schimmelpilz.de) erhältlich.

Abb. 9.39: Glas wird nicht befallen und kann problemlos gereinigt werden.

Bei einer Kontamination ohne Besiedlung handelt es sich im Prinzip um eine Verschmutzung mit Staub. Wird der Staub entfernt, ist auch die Kontamination beseitigt. Es ist hierbei zu bedenken, dass jeder Hausstaub, unabhängig davon, ob im Gebäude ein Schimmelpilzbefall vorliegt oder nicht, Schimmelpilzsporen enthält. Liegt ein massiver Schimmelpilzbefall vor, dann enthält der Staub aus diesem Raum oder Gebäudeteil höhere Konzentrationen „normaler" Schimmelpilze und/oder Schimmelpilze, die gewöhnlich nicht im Hausstaub vorkommen.

9.6.2.1 Glas, Hartkunststoff, Keramik, Metall, Porzellan

Materialschädigung

Einrichtungsgegenstände aus anorganischen, nicht porösen Materialien, wie Metall, Keramik, Glas, Porzellan, oder aus massivem Kunststoff werden nicht mikrobiell besiedelt (siehe Abb. 9.39).

Die Materialien können keine Feuchtigkeit aufnehmen und enthalten keine verwertbaren Nährstoffe. Sie können auch keine Geruchsstoffe absorbieren.

Gegenstände aus diesen Materialien können somit nur mit mikrobiell belastetem Staub kontaminiert worden sein.

Maßnahmen

Mikrobielle Kontaminationen können durch eine gründliche Reinigung mit einem feuchtem Tuch oder einem feuchtem Schwamm und warmem Wasser mit einem Fett lösenden Reinigungsmittel beseitigt werden. Hierbei sind alle Staubanhaftungen von der Oberfläche zu entfernen.

Sind die Oberflächen schwer zugänglich und deshalb nicht abwaschbar, kann man die Gegenstände auch mit einem Hochdruckreiniger reinigen. Bei empfindlichen und/oder wertvollen Gegenständen sind Spezialisten gefragt.

Abb. 9.40: Durch Schaden in und auf einer Wand rückseitig befallener Kleiderschrank

Abb. 9.41: Durch Spülwasser verursachter mikrobieller Schaden an einer Spüle

9.6.2.2 Holzwerkstoffplatten, Pressspanplatten

Materialschädigung

Gegenstände aus Holzwerkstoffplatten sind meist Möbelstücke, wie Schränke, Regale, Betten, Küchenmöbel, Schreibtische, eventuell auch Türen und Türstöcke.

Wurden Holzwerkstoffplatten direkt besiedelt, ist dies fast immer sichtbar oder riechbar. Die meisten befallenen Spanplatten oder Holzwerkstoffplatten riechen stark nach Schimmelpilzen. Wurden die Platten feucht und sind nicht sichtbar oder riechbar besiedelt, dann sind sie eventuell aufgequollen oder verzogen, haben an Festigkeit verloren oder weisen Verfärbungen durch die Feuchtigkeit auf.

In allen anderen Fällen ist in der Regel nicht von einer Besiedlung auszugehen, vor allem wenn die entsprechenden Gegenstände nicht im Bereich des Feuchtigkeitsschadens standen.

Maßnahmen

Besiedelte Holzwerkstoffplatten sollten entsorgt werden.

Platten, die komplett beschichtet sind und durch den Schaden nicht selbst feucht wurden, sondern nur im Raum standen, können feucht mit einem Lappen oder Schwamm abgewaschen werden.

Nicht beschichtete Spanplatten oder die offenen Kanten beschichteter Spanplatten können sehr gründlich mit einem starken Sauger der Filterkasse H abgesaugt werden. Hierbei sollte der Bürstenaufsatz gewählt werden. Bestehen berechtigte Zweifel, dass die Kontamination entfernt werden konnte, sollten die Platten entsorgt werden.

Abb. 9.42: Im Bereich der Balkenköpfe sichtbar befallene Holzbalken

Abb. 9.43: Holzlatten zum Bau einer Staubschutzwand, die von einer „Spezialfirma" bereits mikrobiell besiedelt in das Gebäude gebracht wurden

9.6.2.3 Vollholz

Materialschädigung

Massives Vollholz wird von Schimmelpilzen und Bakterien gewöhnlich nicht oder nur auf der Oberfläche besiedelt. Ist das Holz auch in tieferen Schichten befallen, dann ist dies optisch erkennbar und es handelt sich um einen Befall mit einem sog. Holz zerstörenden Pilz.

Wurde Holz durch den Befall nicht erkennbar geschädigt, liegt nur ein Oberflächenbefall vor.

Maßnahmen

Holz mit Tiefenbefall

Die Sanierung faulen, morschen Holzes ist eine Aufgabe für Holzschutzspezialisten. Es muss sichergestellt werden, dass z. B. kein Befall von Hausschwamm oder einem anderen Holzzerstörer vorliegt, der eventuell bereits statisch relevante Hölzer geschädigt hat.

Holz mit Oberflächenbefall

Ist das Holz sichtbar befallen, aber nicht in der Tiefe, dann kann der Befall mechanisch abgetragen werden. Dies sollte mit absaugenden Geräten erfolgen, z. B. mit einer Hobelmaschine mit Absaugung, jedoch nicht innerhalb der Wohnräume, sondern beim Fachmann oder im Freien.

Weist das Holz Risse und/oder Löcher auf und liegt in diesem Bereich ein Befall vor, dann kann man versuchen, den Befall mit Reinigungswasser herauszuspülen oder ihn herauszukratzen. Die nicht entfernbaren Reste können mit 10 % Wasserstoffperoxid behandelt und durch Füllen der Risse mit einer dichten Füllmasse oder einem Lack gebunden werden.

Abb. 9.44: Gardinen und Vorhänge in einem Raum mit Schimmelpilzbefall. Da diese nicht direkt besiedelt waren, reichte eine normale Haushaltswäsche in der Waschmaschine zur Dekontamination aus.

Abb. 9.45: Kleidung in einem Schrank, die selbst nicht mikrobiell befallen oder mit Geruchsstoffen kontaminiert war, musste lediglich einmal normal gewaschen werden.

Verunreinigtes Holz

Liegt kein sichtbarer Befall vor, dann ist bei Vollholz nicht von einem relevanten Befall auszugehen, sondern von einer Kontamination durch belasteten Staub. Dieser kann abgewaschen oder bei sehr starker Verschmutzung zuerst abgesaugt und dann abgewaschen werden.

Hat das Holz tief reichende Risse oder Löcher, wie es bei Holzbalken vorkommt, dann kann der Schmutz mit Reinigungswasser ausgespült werden.

9.6.2.4 Textilien

Materialschädigung

Sind Textilien in relevantem Ausmaß mikrobiell befallen, dann ist dies meist anhand von Flecken oder kleinen Fleckchen zu erkennen („Stockflecken").

Liegt kein sichtbarer Befall vor, sondern nur eine geruchliche Belastung, dann ist das Material entweder besiedelt oder mit Geruchsstoffen kontaminiert.

Maßnahmen

Textilien, die durch Mikroorganismen sichtbar massiv geschädigt wurden, können nicht saniert werden und müssen entsorgt werden.

In allen anderen Fällen sollten die Textilien als Erstes in der Waschmaschine oder chemisch gereinigt werden (siehe Abb. 9.44 und 9.45).

Ist nach der Reinigung der Geruch nicht beseitigt, dann kann der Waschvorgang wiederholt werden oder die Textilien sind zu entsorgen.

Abb. 9.46: Leder wird sehr schnell mikrobiell besiedelt. Eine Dekontamination ist oft nicht möglich, insbesondere weil Leder meist lange Zeit noch muffig riecht.

9.6.2.5 Leder

Materialschädigung

Leder ist das Material, das gewöhnlich als Erstes mikrobiell befallen wird. Bei feuchter Raumluft, z. B. in einem Kellerraum, werden die Lederjacke, die Lederschuhe und die Lederhandtasche schon einen massiven mikrobiellen Befall aufweisen, bevor die anderen Gegenstände im selben Raum oder selben Schrank auch nur die ersten kleinen Schimmelfleckchen zeigen.

Zusätzlich riecht Leder auch nach der Entfernung der Flecken durch Abwaschen oder Reinigen mit einem Lederpflegemittel sehr oft stark muffig.

Maßnahmen

Sichtbar befallenes oder muffig riechendes Leder ist nur schwer zu sanieren und muss in der Regel entsorgt werden.

Besteht lediglich der Verdacht, dass eine Kontamination mit mikrobiell belastetem Staub vorliegt, dann können die Gegenstände mit einem Lederpflegemittel oder durch eine Reinigungsfirma gereinigt werden.

Abb. 9.47: Durch extrem hohe Luftfeuchtigkeit auf der Unterseite massiv befallener Sessel

Abb. 9.48: Durch einen Schaden in der Wand befallene Matratze, die längere Zeit an dieser Wand lehnte

9.6.2.6 Schaumstoffe, Polster, Matratzen

Materialschädigung

Polster, Matratzen und andere Gegenstände mit Vlies oder Schaumstoffen können wie Schwämme Feuchtigkeit aufnehmen und enthalten ausreichend Nährstoffe, um mikrobiell besiedelt werden zu können (siehe Abb. 9.47 und 9.48).

Maßnahmen

Mikrobiell besiedelte Polster oder Matratzen können nicht saniert werden.

Liegt eine Kontamination mit mikrobiell belastetem Staub vor, aber keine Besiedlung, dann können die Gegenstände mit einem Hochdruckreiniger und anschließender schonender Trocknung gereinigt werden. Diese Arbeiten sollten durch eine Fachfirma durchgeführt werden.

Abb. 9.49: Durch hohe Luftfeuchtigkeit in einem Kellerarchiv sichtbar befallene Aktenordner

Abb. 9.50: Vor-Ort-Reinigung der Ordner durch eine Sanierungsfirma

9.6.2.7 Papier, Pappe

Materialschädigung

Alltagsgegenstände aus Papier oder Pappe, wie Zeitschriften, Kartons, Akten, Bücher, sind entweder sichtbar befallen, mit Geruchsstoffen oder mit mikrobiellen Anflugpartikeln oder mit mikrobiell belastetem Staub kontaminiert.

Maßnahmen

Sind die Gegenstände nicht sichtbar oder riechbar belastet, kann man sie durch feuchtes Abwischen oder Absaugen reinigen. Staubfänger, die keinen Wert darstellen, sollten entsorgt werden.

Liegt ein sichtbarer Befall oder eine Geruchsbelastung vor, sollten die Gegenstände entsorgt werden.

Handelt es sich um wertvolle Gegenstände (Bücher, Kunstwerke usw.) oder wichtige Akten oder Dokumente, kann man die Gegenstände durch vorsichtiges Absaugen und anschließende Feuchtreinigung mit einem schonenden Reinigungsmittel im sog. Blockverfahren oder Seite für Seite per Hand reinigen (siehe Abb. 9.50).

Die Reinigung sollte an einem speziell dafür eingerichteten Ort mit Arbeitsplatzabsaugung erfolgen.

Abb. 9.51: Armaturen sind höchstens verunreinigt, aber nicht befallen und können durch Abwaschen dekontaminiert werden.

9.6.2.8 Armaturen, Abflüsse

Materialschädigung

Eine Materialschädigung erfolgt nicht durch Mikroorganismen, sondern höchstens durch Korrosion.

Maßnahmen

Im Zuge der Sanierung eines Schimmelpilzschadens sollten auch sichtbar verschmutzte Teile im Sanitärbereich fachgerecht gereinigt werden. Da es sich um Metall und Kunststoffteile handelt, die nicht selbst besiedelt sind, ist ein Austausch nicht nötig. Allerdings lagert sich an solchen Bauteilen meist Schmutz ab, der dann mikrobiell besiedelt wird.

Die Bauteile sollten, wie unter Kapitel 9.6.1.1 beschrieben, feucht abgewaschen werden.

Schwer zugängliche Teile können auch mit einem starken Reiniger, z. B. einem WC-Reiniger, benetzt und nach einer Einwirkzeit laut Herstellerangabe mit Wasser abgespült werden.

Abb. 9.52: Die spezielle Reinigung von Abwasserrohren oder Siphons ist nicht nötig, da diese ohnehin mit Abwasser belastet sind. Bei Geruchsbelastung aus dem Abfluss ist eine Spülung meist ausreichend.

9.6.2.9 Abwasserrohre/Siphons

Materialschädigung

Eine Materialschädigung erfolgt nicht durch Mikroorgansimen, sondern höchstens durch Korrosion.

Maßnahmen

Eine spezielle Reinigung nach einer Sanierung ist nicht erforderlich.

Werden Sanitäreinrichtungen längere Zeit nicht benutzt, trocknen die Siphons aus und es kann im Raum zu einer intensiven Geruchsbelastung aus den Abflussrohren kommen. Ein Urlaub von 1 bis 2 Wochen kann hierzu ausreichen. Der Geruch verschwindet in der Regel sofort, wenn man die Siphons wieder mit Wasser füllt. Ist diese Maßnahme nicht ausreichend, wirkt fast immer das Hausrezept, Essig in die Abläufe zu füllen, diesen 10 Minuten einwirken zu lassen und dann kräftig nachzuspülen. Anders als bei Schimmelpilzschäden hilft in diesem Fall Essig tatsächlich. Dies spricht dafür, dass die Geruchsbelastung von vermutlich alkalophilen Bakterien stammt, die saure Medien nicht so gut vertragen wie einige Schimmelpilze.

Abb. 9.53: Sichtbar auf der Rückseite befallener Holzrahmen eines Wandspiegels

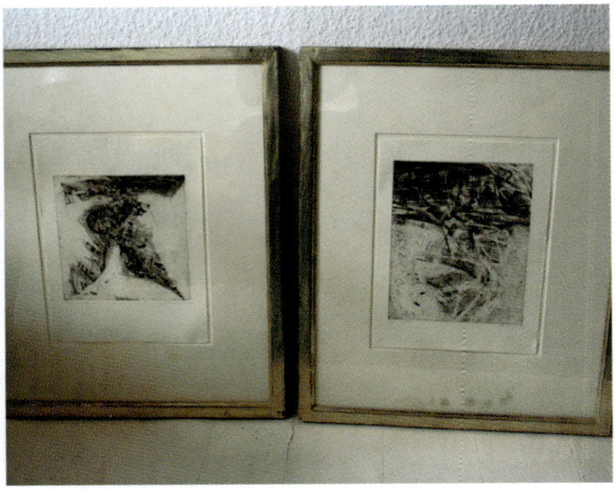

Abb. 9.54: „Stockflecken" auf dem Passepartout des rechten Bildes im unteren Bereich zeigen, dass Feuchtigkeit zwischen Glas und Bildfläche eingedrungen ist.

9.6.2.10 Bilder

Materialschädigung

Holzrahmen, Presspappe (Rückwand), Papier und Leinwände können mikrobiell befallen und beschädigt werden.

Maßnahmen

Lieg kein Befall vor, sondern nur eine Kontamination mit belastetem Staub, werden Bilder im Rahmen belassen; dieser wird mit einem feuchten Tuch komplett abgewaschen.

Sind gerahmte Bilder mikrobiell befallen, betrifft dies meist den Presskarton der Rahmenrückseite und nicht das Bild selbst. Aber auch wenn das Bild sichtbar besiedelt ist, kann man es meist sanieren. Hierzu wird das Bild aus dem Rahmen genommen und Rahmen und Glas werden feucht abgewaschen. Rückseitige Kartons oder Presspappen sind auszutauschen. Das Bild wird abgewaschen oder trocken abgewischt, je nachdem, welche Maßnahme es verträgt.

Wertvolle Kunstwerke sollten durch einen Restaurator saniert werden.

Abb. 9.55: Weißer Belag auf Pflanzerde kann durch Salze, Kalk oder einen mikrobiellen Befall entstanden sein. Den Befall erkennt man fast immer am muffigen Geruch des Granulates oder der Erde.

9.6.2.11 Blumentöpfe

Materialschädigung

Blumenerde und Pflanzgranulat enthalten immer größere Mengen an Mikroorganismen. Bei einer üblichen natürlichen Besiedlung riechen diese nicht unangenehm, sondern im Gegenteil typisch nach Humus oder Erde. Sie weisen auch keinen Belag auf.

Besonders in Räumen mit einem Schimmelpilzschaden kann es aber zu einer „unnatürlichen" Besiedlung der stets feuchten Nährstoffträger kommen. Dies ist erkennbar an einem muffigen Geruch, oft auch an einem weißen Belag auf der Erde oder dem Granulat. Allerdings kann es sich bei dem Belag auch um Kalk handeln.

Aber auch ohne Schimmelpilzschaden im Gebäude können Zimmerpflanzen bzw. deren Erde oder Granulat mit Schimmelpilzen und Bakterien befallen sein, oft mit *Streptomyces spp.* (zu den Actinomyceten gehörende Gattung). In manchen Räumen wurde aufgrund des vorherrschenden Geruchs ein Schimmelpilzbefall vermutet, die Ursache waren jedoch verschimmelte Pflanztöpfe.

Maßnahmen

Sollte ein unnatürlicher Befall vorliegen, der fast immer am Geruch zu erkennen ist, dann müssen die Pflanzen umgetopft werden. Poröse Tontöpfe sollten mit sehr heißem Wasser gewaschen oder ausgetauscht werden. Töpfe aus Materialien mit glatten Oberflächen sollten sehr gründlich feucht gereinigt werden. Beim Umtopfen sollten die Wurzeln von der alten Erde befreit werden, damit mit ihnen möglichst keine kontaminierte Erde verschleppt wird.

9.6.2.12 Elektrogeräte

Materialschädigung

Eine direkte Besiedlung von Geräten wie PC, TV, Radios usw. ist bisher nicht beschrieben worden.

Das Problem bei elektrischen Geräten ist die Ansammlung großer Staubmengen im Gerät. Da die meisten Geräte eine Kühllüftung besitzen und deshalb Luft an die Umgebung abgeben, kann es zu einer Emission belasteter Stäube kommen.

Maßnahmen

Zur Dekontamination müssen die Geräte vom Stromnetz getrennt und geöffnet werden. Die Staubablagerungen sollten an einem dafür ausgerüsteten Arbeitsplatz mit Absaugung mit einem schwachen Druckluftstrom vorsichtig entfernt werden. Die Staubablagerungen können auch mit einem Pinsel gelöst und direkt abgesaugt werden.

Auch Kühlrippen von Kühlschränken sind sehr häufig stark verschmutzt und sollten zunächst abgesaugt werden. Da sich diese Verschmutzungen oft nur schwer lösen, sollte während des Absaugens der Schmutz mit einem Pinsel oder einer Bürste gelöst werden. Eventuell reicht es aus, den Bürstenaufsatz des Saugers zu verwenden und während des Saugens damit über die verschmutzten Kühlrippen zu bürsten. Die gelösten Schmutzteile und Partikel müssen aber direkt abgesaugt werden, sodass sie nicht in die Atemluft gelangen.

Abb. 9.56: Alufensterrahmen mit sichtbarem mikrobiellem Befall entlang der Dichtung

9.6.2.13 Fensterrahmen

Materialschädigung

Fensterrahmen bestehen aus Holz, Metall oder Kunststoff. Diese Materialien werden nicht befallen, Holz eventuell auf der Oberfläche. Fenster haben Ecken, Kanten, Falze und Dichtungen. Es sammeln sich an verschiedenen Stellen Staub und Dreck an, die sehr gut mikrobiell besiedelt werden können (siehe Abb. 9.56). Metall- und Kunststofffenster haben anders als Holzfenster auch Hohlräume. Auch in diesen Hohlräumen können sich Dreck und Feuchtigkeit ansammeln und ein mikrobieller Befall kann sich entwickeln.

Maßnahmen

Kontaminierte Fensterrahmen werden feucht abgewaschen.

Die perfekte Reinigung aller Stellen ist aufwendig. Hierzu müssen die Fenster ausgebaut werden und können danach an einem geeigneten Ort mittels Hochdruckreiniger gereinigt werden.

Die Reinigung von Hohlräumen in Kunststoff oder Metallfenstern ist kaum möglich. Sollte sie gewünscht sein, müssen die Fenster ausgetauscht werden. Hierbei ist zu prüfen, ob dies eine angemessene und notwendige Maßnahme ist.

Abb. 9.57: Der Radiatorenheizkörper befindet sich im unmittelbaren Schadensbereich und sollte nach Entfernung des Schadens durch gründliches feuchtes Abwischen gereinigt werden.

Abb. 9.58: Ein Plattenheizkörper außerhalb des Schadensbereiches. Dieser ist innen schwer zu reinigen. Die Frage ist, ob eine Reinigung erforderlich ist.

9.6.2.14 Heizkörper

Materialschädigung

Eine Besiedlung oder Zerstörung des Materials ist nicht möglich, jedoch eine Schädigung durch Korrosion.

Bei Radiatoren sind meist keine relevanten Staubablagerungen vorhanden und sie können problemlos durch Abwaschen gereinigt werden.

Bei Konvektions- oder Plattenheizkörpern (siehe Abb. 9.58) sammeln sich zwischen den Heizflächen im Laufe der Zeit größere Staubmengen an. Die losen Partikel der Staubablagerungen werden zu Beginn der Heizperiode mit der warmen Luft in die Raumluft transportiert. Dieser Staub kann für Hausstauballergiker oder auch Pollenallergiker zu Problemen führen. Es kann überraschend sein, wenn ein Pollenallergiker im Herbst Symptome zeigt, obwohl die Pollen seit Mai oder Juni nicht mehr fliegen. Diese haben sich im damals kalten Heizkörper gesammelt und werden mit dem ersten Einschalten der Heizung im Herbst aktiviert.

Maßnahmen

Bei größeren Schimmelpilzschäden, die über längere Zeit vorhanden waren, kann es zu einer relevanten Kontamination der Staubablagerungen in den Heizkörpern kommen.

Die Reinigung von Konvektoren ist im eingebauten Zustand schwierig. Man kann versuchen, an einer Seite mit reduzierter Druckluft einzublasen und auf der anderen Seite mit einem starken Sauger abzusaugen. Einfacher ist die Reinigung des ausgebauten Heizkörpers mit einem Hochdruckreiniger.

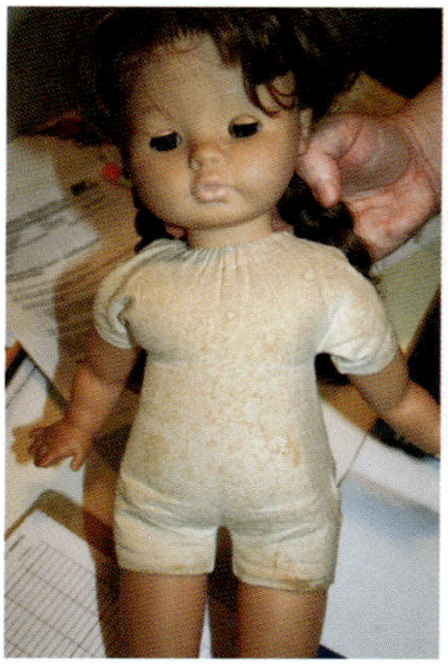

Abb. 9.59: Mikrobiell sichtbar befallene Puppe; für Gutachter ein Gegenstand ohne Wert, für die kleinen Besitzer oft unersetzlich

9.6.2.15 Plüschtiere, Puppen

Materialschädigung

Eine komplette Besiedlung von außen bis zum Kern ist möglich.

Maßnahmen

Sind Plüschtiere oder Puppen mit Stoffrumpf mikrobiell sichtbar befallen, sollten sie entsorgt werden. Sind sie nicht befallen, aber kontaminiert, z. B. mit Geruchsstoffen, können sie in der Waschmaschine gewaschen werden, falls sie dazu geeignet sind. Liegt danach immer noch ein Geruch vor, ist der Waschvorgang zu wiederholen. Können die Kuscheltiere oder Puppen nicht gewaschen werden, dann sollten sie bei einer nennenswerten Kontamination entsorgt werden.

9.6.2.16 Raumbefeuchter, Zimmerspringbrunnen

Materialschädigung

Schimmelpilzschäden in Wohnungen oder Büros verursachen häufig Atemwegsprobleme. Sind die Schäden noch nicht lokalisiert, dann vermuten die Raumnutzer nicht selten, dass die Beschwerden durch zu trockene Luft verursacht werden. Es werden zur Abhilfe Raumbefeuchter aufgestellt und betrieben.

Raumbefeuchter können während des Betriebs schnell stark verkeimen. Sie sind in der Regel überflüssig, denn saubere, trockene Luft verursacht normalerweise keine Probleme, höchstens an wenigen Tagen im Jahr, wenn es draußen sehr kalt und die Luft dann sehr trocken ist. Trockene Luft ist dann problematisch, wenn eine Staubbelastung der Luft vorliegt.

Probleme verursachen allerdings Luftbefeuchter, wenn sie verkeimt sind.

Zimmerspringbrunnen haben häufig einen Vernebler, der ein nebelähnliches Aerosol bildet. Da Springbrunnen, ähnlich wie Luftbefeuchter, schnell verkeimen, können mit den Aerosolen größere Mengen an mikrobiellen Partikeln in die Raumluft transportiert werden und es kommt immer wieder zu teils massiven Atemwegserkrankungen bei den Raumnutzern (siehe Sennekamp, 2004).

Abb. 9.60: Sichtbarer mikrobieller Befall entlang des Rollladenkastens und sichtbarer Feuchtigkeitsschaden mit Wasserrand unten links. Mit Sicherheit liegt auch im Rollladenkasten ein mikrobieller Befall vor.

Maßnahmen

Raumbefeuchter können komplett zerlegt und gereinigt werden. Befallene Textilbauteile, Filter oder Befeuchterelemente müssen entsorgt werden.

Mikrobiell befallene Zimmerspringbrunnen sollten entsorgt werden.

9.6.2.17 Rollläden

Materialschädigung

Eine Verunreinigung oder ein Befall in Rollladenkästen ist keine Seltenheit.

In den Rollladenkästen ist es im Winter meist kühl, da sie oft nicht gut gedämmt sind. Mit Feuchtigkeit angereicherte Raumluft gelangt in die Kästen. Außerdem wird beim Herunterlassen und Hochziehen des Rollladens unvermeidlich Schmutz mit in den Kasten transportiert. In Räumen mit einer hohen Feuchtebelastung, wie Badezimmern und Küchen (siehe auch Kapitel 3.2.7), sind die Rollläden bzw. Rollladenkästen sehr viel häufiger mikrobiell besiedelt als in anderen Räumen.

Die Bauteile bestehen aus Metall und Kunststoff und es wird nur die Schmutzschicht auf diesen Bauteilen mikrobiell befallen. Ausnahmen bilden die Gurte, da sie mit der Hand betätigt werden und somit Hautfette enthalten. Außerdem können sie den Schimmelpilzgeruch angenommen haben und sind dann schwer zu dekontaminieren. Der Austausch der Gurte ist jedoch problemlos und verursacht nur geringe Kosten und sollte daher bei einem Befall im Rollladenkasten vorgenommen werden.

Maßnahmen

Die Reinigung des Rollladenkastens und des Rollladens durch feuchtes Auswischen ist problemlos möglich. Wichtig ist es, präventive Maßnahmen zur Verhinderung eines erneuten Befalls durchzuführen. In den meisten Fällen war die Ursache eine unzureichende Wärmedämmung oder eine zu hohe Feuchtebelastung der Raumluft. Abhängig von der Ursache sollte die Wärmedämmung nachgebessert oder die Feuchtebelastung reduziert werden, z. B. bei Bad und Küche durch Einbau von Entlüftungsventilatoren.

Abb. 9.61: Schimmelpilzbefall auf der Wand über und im Spülkasten

9.6.2.18 Spülkästen

Materialschädigung

In Spülkästen ist es stets feucht und es kann zu einem mikrobiellen Befall kommen. Es kann sein, dass der Befall in einem Spülkasten eine relevante primäre Quelle darstellt, eventuell die einzige im Raum oder in der Wohnung.

Maßnahmen

Die Sanierung bzw. Reinigung ist schwierig. Stark belastete Teile sollten, soweit möglich, ausgetauscht werden. Das Wasser im Spülkasten könnte danach mit einem starken keimtötenden Reinigungsmittel gemischt werden, z. B. mit einem WC-Reiniger. Wenn dieses Reinigungsmittel einige Zeit im Spülkasten verbleibt, dürften nahezu alle Keime deaktiviert worden sein.

9.6.2.19 Teppiche

Materialschädigung

Teppiche können komplett besiedelt werden.

Maßnahmen

Nicht primär mikrobiell befallene Teppiche können gewaschen oder chemisch gereinigt werden.

Mikrobiell befallene Teppiche sollten entsorgt werden oder eine Teppichreinigungsfirma sollte prüfen, ob eine Dekontamination möglich ist.

9.6.2.20 Ventilatoren und Dunstabzugshauben

Materialschädigung

Insbesondere die Filter können massiv besiedelt werden (siehe Abb. 9.62). Die übrigen Bauteile aus Metall und Kunststoff werden nicht befallen.

Abb. 9.62: Stark verschmutzter und mikrobiell kontaminierter Filter eines Badezimmerventilators

Maßnahmen

Badezimmerventilatoren und Dunstabzugshauben sollten im Zuge einer Schimmelpilzsanierung dekontaminiert werden.

Bei Ventilatoren sind Rahmen, Gitter, Filter und Ventilator auszubauen, glatte Flächen feucht abzuwaschen und der Filter zu wechseln.

Bei Dunstabzugshauben werden die Filter ausgetauscht und das Gehäuse wird innen feucht ausgewischt.

9.7 Trocknung

Schimmelpilzschäden stehen oft im Zusammenhang mit massiven Wasserschäden bzw. hoher Feuchtigkeit in Bauteilen. Um zu vermeiden, dass es nach einer aufwendigen Sanierung innerhalb kurzer Zeit zu einem erneuten Befall kommt, müssen Bauteile trocken sein und bleiben.

Auch wenn die Ursache abgestellt ist, z. B. das Leck in der Rohrleitung abgedichtet wurde, können Bauteile noch lange Zeit hohe Feuchtigkeit aufweisen, vor allem dann, wenn sie nicht gut belüftet sind, wie z. B. Dämmmaterialien in Fußbodenkonstruktionen.

Die fachmännische Trocknung von Fußböden erfordert Kenntnisse, die im Rahmen dieses Buches nicht vermittelt werden können. Es sei an dieser Stelle auf spezielle Fachliteratur hingewiesen (z. B. das Fachbuch „Richtig handeln bei Wasser- und Feuchtigkeitsschäden" von Michael Grübel, Fraunhofer IRB Verlag, 2010).

Es ist dringend zu empfehlen, sich fachkompetent ausbilden zu lassen, bevor man die Gebäude- oder Schadenstrocknung als Dienstleistung anbietet. Hersteller und Händler bieten verschiedene Veranstaltungen hierzu an. Diese sollten neutral sein, d. h. unabhängig von der Absicht, eigene Geräte zu verkaufen. Das Gelernte sollte im Rahmen einer Prüfung kontrolliert werden.

An dieser Stelle erfolgt nur ein kurzer Überblick über die wichtigsten Aspekte einer fachgerechten Trocknung.

Grundsätzlich ist zu sagen, dass im Falle eines Schadens durch fäkal verunreinigtes Abwasser eine Trocknung nicht zielführend ist. Hier muss der sofortige Ausbau erfolgen.

9.7.1 Wann sollte getrocknet werden?

Vor Planung oder Beginn der Trocknung sollte der Schaden analysiert werden. Es ist grundsätzlich zu unterscheiden zwischen neu entstandenen und älteren Feuchteschäden. Zum Teil ist beides anzutreffen. Dies ist z. B. der Fall, wenn eine Rohrleitung durch Korrosion über lange Zeit geschädigt wurde und ständig geringe Mengen an Wasser austraten, bis schließlich ein Leck zu einem schlagartigen Austritt großer Wassermengen führte. Es liegen dann sowohl über Monate unerkannte Durchfeuchtungen von Bauteilen vor als auch eine Überflutung, die bereits nach Minuten bemerkt wird.

Sofort bemerkt werden Schäden nach Wasserrohrbrüchen durch mechanische Beschädigung, das Überlaufen von Badewannen, Überschwemmungen durch geplatzte Schläuche an Waschmaschinen/Geschirrspülern usw.

Bei sofort bemerkten Schäden ist kein mikrobieller Befall zu befürchten und eine Materialentfernung ist nicht erforderlich. Der Wasserschaden sollte so schnell wie möglich getrocknet werden, um den Mikroorganismen keine Gelegenheit zum Wachsen zu geben.

Bei länger nicht bemerkten schleichenden Feuchteschäden liegt fast immer ein mikrobieller Befall vor, auch wenn dieser nicht sichtbar ist. Er kann sich unter Estrichen, in Installationsschächten, hinter Wandverkleidungen, hinter Schränken usw. ausgebildet haben.

Typische schleichende Schäden sind z. B. feinste Haarrisse in Wasserleitungen oder Leitungen von Fußbodenheizungen, Leckagen durch Korrosion, Undichtheiten an Abflussrohren, undichte Stellen im Bereich der Duschwannenabdichtung und undichte Stellen zwischen Armatur und Wandfliesen.

Im Unterschied zu akuten Schäden, bei denen in kurzer Zeit große Mengen an Wasser austreten und deren Ausdehnung problemlos visuell mittels Feuchtigkeitsmessungen festzustellen ist, kann die Ausbreitung schleichend entstandener Schäden oft nur durch eine aufwendige Begutachtung bzw. Untersuchung geklärt werden.

Wenn z. B. ein Defekt an einem Heizungsrohr der Fußbodenheizung unterhalb des Estrichs vorliegt, wird sich der Feuchteschaden nach längerer Zeit zunächst durch Geruch und Schimmelpilzflecken im fußbodennahen Wandbereich bemerkbar machen. Es ist nicht erkennbar und nur schwer messbar, wie weit und in welche Richtung sich die Feuchtigkeit bereits unter dem Estrich ausgebreitet hat. Das Wasser kann auch in angrenzende Installationsschächte oder in andere Räume gelaufen sein.

Liegt ein mikrobieller Befall vor oder ist dieser nicht auszuschließen, stellt sich die Frage, ob das Material getrocknet werden soll, bevor es ausgetauscht wird.

Ist der Befall bereits sicher festgestellt, ist aus Gründen des Arbeits- und Umgebungsschutzes der Ausbau im feuchten Zustand zu bevorzugen, da es zu einer geringeren Staubfreisetzung kommt. Auch werden die Kosten einer Trocknung gespart oder es muss lediglich das Material getrocknet werden, das nicht ausgebaut wird. Dieses trocknet eventuell fast von allein oder die technische Trocknung ist weniger aufwendig.

Ist nicht sicher, ob ein mikrobieller Befall vorliegt und müssen Laborergebnisse abgewartet werden, entsteht das Dilemma, dass erst nach Vorliegen der Laborergebnisse entschieden werden kann, ob ein Ausbau notwendig ist. Das Ergebnis einer Analyse mittels Kultivierung liegt meist nach ca. 14 Tagen vor. Inzwischen könnte jedoch im Falle hoher Feuchtigkeit der Befall entstanden sein. Eine erneute Probenahme ist dann keine Lösung, da sich das gleiche Problem wiederholt. Demnach ist es als Versuch einer Schadensminimierung äußerst sinnvoll, sofort mit den Trocknen zu beginnen.

Bei mikrobiellen Schäden in Fußbodendämmlagen hat sich in der Praxis die sofortige Trocknung im Unterdruckverfahren äußerst bewährt. Raumnutzer berichteten, dass unmittelbar nach Beginn der Trocknung die Symptome, teils auch die Geruchsbelastung, abklangen oder deutlich zurückgingen. Durch die Unterdrucktrocknung wird die Luft aus dem Schadensbereich abgesaugt und nach einer Filterung ins Freie geführt oder gereinigt der Raumluft wieder zugeführt. Dadurch wird verhindert, dass belastete Luft oder zumindest ein erheblicher Teil aus dem Fußboden unkontrolliert in die Raumluft gelangt.

9.7.2 Wände

Um Wände zu trocknen, sind nicht unbedingt technische Maßnahmen erforderlich. Wenn feuchte Wände beidseitig gut belüftet sind und diese Luft aufgrund ausreichender Temperatur Feuchte aufnehmen kann, trocknen Wände häufig relativ rasch.

Wenn die Wände jedoch recht dicht sind, sehr hohe Feuchtigkeit enthalten oder schlecht belüftet sind, dann kann man den Trocknungsprozess durch Erwärmung mit Heizstrahlern, Belüftung mit Ventilatoren und Trocknung der Raumluft mit Trocknungsgeräten im Schadensbereich deutlich beschleunigen.

Die Heizstrahler erwärmen die Bauteile und die Wasserdampfabgabe wird erheblich verstärkt. Diese wird von der Luft an der Kontaktfläche zur Wand aufgenommen. Je wärmer diese Luft ist, desto mehr Feuchtigkeit kann sie aufnehmen. Die mit Feuchtigkeit angereicherte Luft muss abgeführt und durch möglichst trockene Luft ersetzt werden. Hierzu sind Ventilatoren aufzustellen. Die Kombination von Ventilator und Heizer wirkt wie ein Haarföhn.

In geschlossenen Räumen müsste zusätzlich die Feuchtigkeit der Raumluft reduziert werden, damit die angereicherte Luft nicht immer wieder im Kreislauf angeblasen wird. Raumlufttrockner, deren Leistungsfähigkeit dem zu trocknenden Luftvolumen angepasst sein muss, können dies gewährleisten.

9.7.3 Dächer

Dämmmaterialien in Dachkonstruktionen müssen technisch getrocknet werden, wenn die natürliche Belüftung nicht ausreichend ist. Es ist erwärmte Luft in die Konstruktion zu leiten. Da die Abluft ins Freie geführt wird, ist eine Unterdrucktrocknung nicht erforderlich.

9.7.4 Fußböden

Stand der Technik ist es, Fußböden bzw. die Dämmlage im Fußboden im Unterdruckverfahren zu trocknen. Hierzu werden Bohrungen gesetzt. Diese werden meist von oben durch Belag und Estrich bis zur Dämmlage geführt.

Auch eine Trocknung mittels Bohrungen von unten über die Deckenplatte ist unter Umständen möglich. In genutzten Räumen kann dies vorteilhaft sein, da die Geräte ggf. in nicht genutzten Räumen aufgestellt werden und dann weder von den Geräten und Schläuchen noch durch die Geräuschentwicklung der Absauggeräte eine Belästigung ausgeht.

Es muss sichergestellt werden, dass aus dem Raum Luft in die Dämmlage nachströmen kann. Entweder sind die Randfugen ausreichend groß oder es müssen Zuluftbohrungen, meist viele kleine, gesetzt werden.

Der Trocknungsprozess funktioniert nur, wenn die angesaugte Luft Feuchtigkeit aufnehmen kann. Deshalb muss diese im Raum erwärmt und/oder getrocknet werden. Ob hierzu Trocknungsgeräte aufgestellt werden müssen, muss der Trocknungsfachmann aufgrund der Feuchtigkeitswerte und der Temperatur der zuströmenden Raumluft berechnen. Sind Trocknungsgeräte erforderlich, dann ist auch bei Absaugung von der darunter liegenden Etage aus eine Belästigung durch die Trocknungsgeräte unvermeidlich.

Ein Vorteil der Unterdrucktrocknung ist, dass mit Staub, eventuell auch mit mikrobiellen Partikeln und ggf. mit Mineralfaserpartikeln belastete Luft nicht in die Raumluft gelangt, soweit eine effektive Filterung der Luft stattfindet.

Ein weiterer Vorteil besteht darin, dass feuchte Luft oder sogar Wasser nicht in bisher trockene Bereiche gedrückt wird, wie es beim Unterdruckverfahren der Fall sein kann.

Das Argument, eine Unterdrucktrocknung dauere länger als eine Überdrucktrocknung, hat sich in der Praxis als unzutreffend erwiesen. Die nicht fachlich begründbaren Vorteile einer Überdrucktrocknung werden meist von Trocknungsbetrieben bemüht, die nicht über die Geräte und die Erfahrung für eine Unterdrucktrocknung verfügen. Seit Jahren nimmt die Anzahl der Verfechter der Überdrucktrocknung mit der Anzahl der Betriebe, die in Unterdruckgeräte investiert haben, in gleichem Maße ab.

Die Absaugung über zahlreiche kleinere Bohrungen, z. B. die sog. Fugenkreuztrocknung, mit der versucht wird, die Beläge möglichst wenig zu

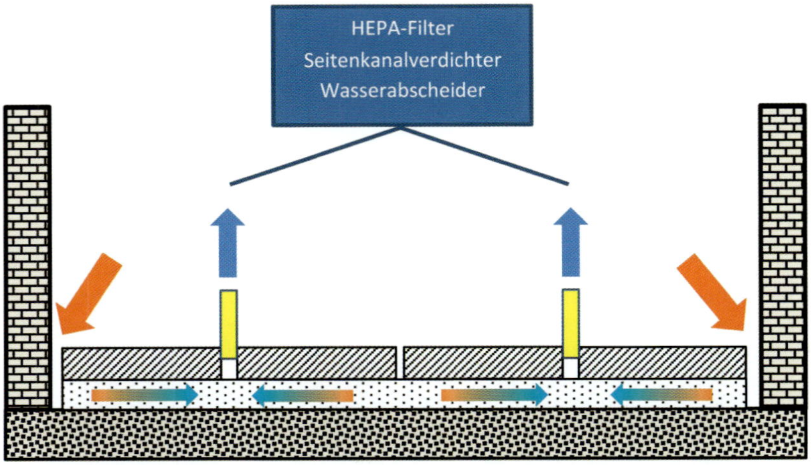

Abb. 9.63: Fußbodendämmschicht-Trocknung im Unterdruckverfahren: Beim Saugverfahren wird die feuchte Luft mittels Seitenkanalverdichter und Wasserabscheider abgesaugt. Über die Randfugen und Bohrungen kann somit Trockenluft nachströmen. Der Wasserabscheider sammelt das angesaugte Wasser aus der Hohlschicht und pumpt diese automatisch ab. Dieser Vorgang ist prozessgesteuert. Durch einen HEPA-Filter nach H 13, werden Sporen und sonstige Schadstoffe der angesaugten Luft entzogen. (Quelle: KWM Weisshaar GmbH, Mosbach)

zerstören, ist meist nicht effektiv genug, um eine zeitnahe Trocknung zu erreichen.

In der Fachliteratur beschrieben und bei Weiterbildungsmaßnahmen erwähnt wird meist auch das sog. Schiebe-Zug-Verfahren, bei dem auf einer Raumseite mittels Schlitzdüsen Luft in den Fußboden gedrückt wird und auf der anderen Seite gleichzeitig über Bohrungen Luft aus dem Fußboden abgesaugt wird. Diese Methode ist aufwendiger und somit kostenintensiver, während keine Vorteile gegenüber der professionell konzipierten Unterdrucktrocknung erkennbar sind.

Die Frage, inwieweit man schlecht durchlüftbare Dämmlagen, insbesondere solche aus Polystyrolplatten, überhaupt technisch zufriedenstellend trocknen kann, ist nicht sicher zu beantworten. Praxiserfahrungen zeigen zumindest, dass die Trocknung sehr lange dauern kann, länger als bei leicht durchströmbaren Dämmungen wie Mineralwolle.

9.8 Einsatz von Chemikalien – Desinfektion

9.8.1 Begriff der Desinfektion

Das Wort „Desinfektion" stammt von dem lateinischen „inficere" ab, das „färben, beflecken, hineintun, anstecken" bedeutet.

Die Erkenntnis, dass mit chemischen Substanzen eine Infektion verhindert werden kann, geht auf den 1818 in Ungarn geborenen Arzt Ignaz Philipp Semmelweis zurück, der Zusammenhänge zwischen Erkrankungen und einem bestimmten Verhaltensmuster im Klinikalltag erkannte. Ohne die

Hintergründe zu kennen, setzte er seine Erkenntnisse in Regeln um. Semmelweis beobachtete, dass nach Geburten, die von Ärzten begleitet wurden, die Sterblichkeit durch Kindbettfieber erheblich höher lag als nach Geburten, die von Hebammen begleitet wurden. Hygiene war zu dieser Zeit noch kein Begriff; Ärzte wuschen sich nicht die Hände, selbst dann nicht, wenn sie von einer Leichenschau zur Geburtshilfe eilten. Dies kam bei Hebammen nicht vor. Semmelweis schrieb aufgrund seiner Beobachtung den Studenten und Assistenten vor, sich die Hände und die Instrumente vor jedem Kontakt mit lebenden Patienten mit Chlorkalk zu „desinfizieren". Die Sterblichkeitsrate der Mütter im Wochenbett ging daraufhin von mehr als 12 % auf fast 1 % zurück.

Die Desinfektion wird seitdem eingesetzt, um die Gefahr einer Infektion zu minimieren. Sie ist somit eine präventive Maßnahme, die heute zum medizinischen Standard gehört.

In der medizinischen Hygiene unterscheidet man zwischen der Desinfektion und der Sterilisation.

Nach Pschyrembel (Pschyrembel, 2004) bedeutet Desinfektion:

„Desinfektion = Maßnahme, die durch Abtöten, Inaktivieren bzw. Entfernen von Mikroorganismen (Bakterien, Viren, Pilze, Protozoen) eine Reduzierung der Keimzahl um mind. 5 Zehnerpotenzen erreicht, damit von dem desinfizierten Material keine Inf. mehr ausgehen kann."

Sterilisation definiert der Pschyrembel (Pschyrembel, 2004) wie folgt:

„Sterilisation = (hyg.) Maßnahme, die eine völlige Keimfreiheit bezweckt; nach dem DAB [Deutsches Arzneiblatt, Anm. d. Verf.] heißt St. (Entkeimung): ‚Abtöten oder Entfernen aller lebensfähigen Vegetativ- u. Dauerformen von pathgoenen u. apathogenen Mikroorgansimen in Stoffen, Zubereitungen od. an Gegenständen', […]"

Die Verwendung von Desinfektionsmitteln beschränkt sich nicht mehr nur auf die medizinische Disziplin, sondern ist inzwischen im Lebensmittelbereich gang und gäbe, um Nahrungsmittel vor dem raschen Verderben zu schützen.

Seit ca. 20 Jahren hat im Bereich der Innenraumhygiene die Bedeutung biogener Innenraumquellen mehr als linear zugenommen. Parallel zu der zunehmenden öffentlichen Aufmerksamkeit, die die Schimmelpilze erfuhren, entwickelten sich Aktivitäten von Herstellern und Händlern, um ihre Mittel zur „Desinfektion der Schimmelpilze" erfolgreich zu vermarkten.

Es könnte der Eindruck entstehen, es existiere ein fachlich fundierter Expertenstreit über Sinn und Unsinn von Desinfektionsmitteln bei Schimmelpilzschäden, aber dieser Eindruck täuscht. Unabhängige Fachleute, die keine Vorteile vom Verkauf von „Schimmel-Desinfektionsmitteln" haben, sind sich einig: „Eine Desinfektion als Maßnahme einer Sanierung ist nicht ausreichend, fast immer überflüssig und deshalb im Regelfall abzulehnen" (siehe z. B. die Pressemitteilung des Umweltbundesamts vom 19.05.2009).

Die „Gegner“ der chemischen Desinfektion wollen somit nicht weniger tun als die Verfechter, sondern mehr, denn sie fordern, dass bei Feuchtigkeitsschäden gewachsene Pilze und andere Mikroorganismen nicht nur abgetötet, sondern beseitigt werden.

9.8.2 Desinfektionsmittel bei der Sanierung von Schimmelpilzschäden

Heute lässt sich mit Sicherheit feststellen, dass eine Infektionsgefahr mit pathogenen Keimen bei mikrobiellen Schäden in Innenräumen nicht existiert, sieht man von stark immungeschwächten Personen ab.

Schimmelpilze und Bakterien wachsen ausschließlich dann, wenn erhöhte Feuchtigkeit vorliegt. Somit muss es Ziel jeder Sanierung sein, die Ursache erhöhter Feuchtigkeit zweifelsfrei zu klären, dauerhaft zu beseitigen und auf diese Weise erhöhte Feuchtigkeit anhaltend zu vermeiden. So wird weiteres Wachstum unterbunden, auch ohne den Einsatz chemischer Mittel. Die gegen Austrocknung ungeschützten mikrobiellen Zellen sterben mit der Trocknung ab, aber die mikrobielle Biomasse und die teils toxischen Metaboliten werden sich nicht in „Luft auflösen“ und weiterhin vorhanden sein. Soll die reale Gefahr für die Gesundheit von Personen mit der Sanierung beseitigt werden, dann muss die bei der Schadensentwicklung entstandene Biomasse entfernt werden, oder es muss der Schaden so von der Umgebung abgeschottet werden, dass es mit ausreichender Sicherheit zu keiner Freisetzung biogener Stoffe kommen kann.

Das „Abtöten“ der Mikroorganismen ist keine ausreichende Maßnahme und das „Abtöten“ vor dem Entfernen und/oder Einkapseln ist in der Regel überflüssig.

Mit einer fachkompetent durchgeführten Desinfektion kann man Mikroorganismen abtöten, zumindest zum größten Teil. Demnach ist eine Desinfektion dann sinnvoll, wenn tatsächlich eine Infektionsgefahr besteht.

Auch wenn es unwahrscheinlich ist, dass von einem Schaden fakultativ infektiöse Keime ausgehen, ist die Gefahr einer Infektion bei einer möglichen Exposition stark immungeschwächter Personen nicht gänzlich auszuschließen. Unter Berücksichtigung des möglichen dramatischen Verlaufes einer Aspergillose oder Nocardiose bei einem Transplantatpatienten oder einem Krebskranken kann eine Desinfektion als Sofortmaßnahme vor der eigentlichen Sanierung des Schadens in einem Krankenhaus oder einer Arztpraxis sinnvoll sein.

Überlegenswert ist es auch, eine Desinfektion als Sofortmaßnahme bei einem Abwasserschaden einzusetzen.

Ist eine rasche Trocknung nicht möglich, bestünde eine weitere sinnvolle Anwendung einer Desinfektion darin, die Entstehung eines noch nicht vorhandenen mikrobiellen Befalls oder die weitere Ausdehnung eines vorhandenen, aber noch geringen Schadens zu verhindern.

9.8.3 Desinfektionsverfahren und Einflussfaktoren

Eine Desinfektion kann auf physikalische Weise oder mittels chemischer Verfahren erfolgen. Die physikalischen Methoden basieren auf thermischen Verfahren mit Dampf, heißem Wasser, Verbrennen, Ausglühen oder Abflämmen. Instrumente und Geräte können z. B. bei 100 °C gekocht werden. Die erforderliche Einwirkzeit beträgt hier 3 Minuten.

Bei den chemischen Verfahren werden verschiedene Wirkstoffe verwendet, z. B. Formaldehyd, Alkohole, Perverbindungen, Chlorverbindungen, quaternäre Ammoniumverbindungen usw.

Es werden zum Teil auch kombinierte Verfahren eingesetzt, bei denen ein chemisches Mittel bei erhöhter Temperatur verwendet wird.

Chemische Mittel wirken nicht gegen alle Keime in gleichem Maße und ihre Wirkung wird u. a. durch die Art der „Umhüllung" der Erreger beeinflusst. Im klinischen Bereich werden chemische Mittel deshalb nur dann eingesetzt, wenn thermische Verfahren nicht angewandt werden können.

Tabelle 9.12: Wirksamkeit chemischer Desinfektionsmittel (nach Schwebke, 2006)

Wirkstoff	vegetative Bakterien	bakterielle Sporen	Viren	Pilze
Formaldehyd	+	(+)	+	+
Chloramin T	+	–	+	(+/–)
Phenole	+	–	+	(+/–)
Alkohole	+	–	(+/–)	+
Perverbindungen	+	(+)	(+/–)	(+/–)

Es ist nicht zielführend, irgendeinen Mikroorganismus mit irgendeinem Mittel in Kontakt zu bringen. Jedes Mittel erfordert bei einer ganz bestimmten Konzentration in Abhängigkeit von den Spezies für eine ausreichende Wirkung eine bestimmte Mindesteinwirkzeit.

Tabelle 9.13: Konzentration und Einwirkzeit zum Erreichen der Nachweisgrenze (Wallhäußer, 1988)

Testkeim	Formaldehyd	Benzalkonium-chlorid	Peressigsäure
S. aureus	2 %: 10 Min. 0,5 %: 60 Min.	0,5 %: 5 Min.	80 µg/ml: 10 Min. 10 µg/ml: 60 Min.
P. aeruginosa	2 %: 5 Min. 0,5 %: 60 Min.	0,5 %: 5 Min.	80 µg/ml: 10 Min. 10 µg/ml: 60 Min.
A. niger	2 %: 5 Min. 0,5 %: 60 Min.	2 %: 4 h	> 80 µg/ml: 4 h

Unter Berücksichtigung aller Parameter, wie Wirkmechanismus sowie der Vor- und Nachteile, haben sich die Wirkstoffe für verschiedene Anwendungen als geeignet erwiesen (siehe Tabelle 9.14).

Tabelle 9.14: Wirkung, Anwendung, Vor- und Nachteile verschiedener Desinfektionsmittel

Wirkstoff	Wirkung	Anwendung	Vorteile	Nachteile
Alkohole (Ethanol, Propanol)	Zerstörung der Zellmembran	Hände, kleine Flächen	schnell wirksam	brennbar, hohe Konzentration erforderlich; Wirkung auf bakterielle Sporen ist nicht sicher
Sauerstoffabspalter Peressigsäure, H_2O_2	Zerstörung der Zellmembran und Störung der DNA-Synthese	Flächen- und Instrumentendesinfektion, Raumdesinfektion	schnell wirksam in geringen Konzentrationen	korrosiv, wirken schlecht auf porösen Materialien; eingeschränkte Wirkung bei Schimmelpilzen
Quats, Biguanide	Einlagerung in die Zellmembran, Störung der Zellwandfunktion	Flächendesinfektion	in geringen Konzentrationen schnell wirksam	empfindlich gegen organische und anorganische Belastung sowie Metallionen; Wirkungslücke bei Mykobakterien, gramnegativen Bakterien, Pilzen

Von erheblichem Einfluss auf den Erfolg einer Desinfektionsmaßnahme sind neben der Einwirkzeit die Ausgangskeimzahl und die Temperatur. Je geringer die Temperatur, umso länger ist die erforderliche Einwirkzeit bzw. desto schlechter ist das Ergebnis der Desinfektion.

Im Zusammenhang mit einer Schimmelpilzsanierung ist die Flächendesinfektion und ggf. die Raumdesinfektion zu betrachten.

Bei der Flächendesinfektion sollen die Oberflächen mit einem Flächendesinfektionsmittel abgewischt werden. Ziel ist es, dass die Keime in dem aufgetragenen Desinfektionsmittel suspendiert und mit der Reinigungsflüssigkeit entfernt werden (Wischdesinfektion).

Bei einer Raumdesinfektion wird das Desinfektionsmittel verdampft oder vernebelt. Für eine kontrollierte Desinfektion muss die Konzentration während der Einwirkzeit konstant sein. Die erforderliche Einwirkzeit ist abhängig von der Temperatur und der Luftfeuchtigkeit. Außerdem ist die Art der vorhandenen Oberflächen zu beachten.

Da es keine für Mensch und Umwelt komplett unschädlichen chemischen Desinfektionsmittel gibt, müssen stets Schutzmaßnahmen eingehalten werden, insbesondere eine auf das Mittel abgestimmte persönliche Schutzausrüstung (PSA) (siehe Kapitel 9.4.5).

9.8.4 Prüfung von Desinfektionsmitteln

Die Desinfektion ist eine Maßnahme, deren Erfolg nicht sofort augenscheinlich erkennbar ist und nur mittels mikrobiologischer Laboranalysen kontrolliert werden kann. Da hierzu eine Kultivierung von Mikroorganismen unerlässlich ist und man deshalb auf das Ergebnis einige Tage warten muss, ist eine zeitnahe und sichere Kontrolle nicht möglich. Umso wichtiger ist es, die Methoden im Voraus auf ihre Wirksamkeit zu prüfen.

Zur Prüfung von Desinfektionsmitteln existieren Europäische Normen für den Bereich der Humanmedizin, der Veterinärmedizin und für den Lebensmittelbereich, bei denen nach sog. Phasen und Stufen unterschieden wird. Näheres hierzu findet sich u. a. in den Normen DIN EN 13624, 13727, 14561, 14562, 14563. Phase 1 beschreibt laut Norm sog. Basisteste, Phase 2, Stufe 1 quantitative Suspensionsteste, Phase 2, Stufe 2 praxisnahe Teste und Phase 3 Feldteste. Allerdings gibt es bisher nur Normen bis Phase 2, Stufe 2.

Als Testorganismen werden bei den Tests (in der Norm als Teste bezeichnet) verschiedene Viren und Bakterien eingesetzt, aber nur eine Schimmelpilzart, nämlich *Aspergillus niger*, und eine Hefepilzart, nämlich *Candida albicans*.

Aufgetragen werden die Mikroorganismen bei der Prüfung der Wirksamkeit als Flächendesinfektionsmittel auf OP-Fliesen, Metallplättchen oder Holzplättchen. Des Weiteren werden je nach Testbereich verschiedene Anschmutzungen aufgebracht, z. B. Milchpulver bei Tests für den Lebensmittelbereich oder Schafblut bei Tests im medizinischen Bereich.

Um die **Wirkung von Desinfektionsmitteln** zur Flächendesinfektion im **Bereich von Schimmelpilzschäden** fundiert zu testen, müssten neue Tests entwickelt werden, bei denen folgende Parameter zu definieren sind:

- Auswahl von Mikroorganismen, die für Schäden in Gebäuden repräsentativ sind
- Festlegen der Prüftemperatur und Einwirkdauer
- Festlegen der Anfangskeimzahlen
- Auswahl der Testmaterialien, insbesondere mit unterschiedlichen pH-Werten
- Festlegen der Methode zur Prüfung der Tiefenwirkung bei porösen Materialien

Da bei Schimmelpilzschäden in Gebäuden die gesundheitliche Gefährdung nicht durch die Keime an sich verursacht wird, muss zusätzlich geprüft werden, wie sich die Desinfektionsmittel auf die Freisetzung von Antigenen und Toxinen auswirken. **Die wesentlichen Fragen sind, ob durch die Zerstörung von bakteriellen Zellen Endotoxine verstärkt freigesetzt werden, ob die Mittel mit den Toxinen und Antigenen chemisch reagieren, welche neuen Substanzen entstehen und inwieweit diese toxisch sind.**

Häufig werden Desinfektionsmittel auch zur Raumdesinfektion eingesetzt. Auch hierzu müssten Tests entwickelt werden, wobei fraglich ist, ob eine Raumdesinfektion überhaupt sinnvoll ist oder ob eine technische Entlüftung, ggf. eine mechanische Luftreinigung und eine gründliche Reinigung der Oberflächen, nicht wirkungsvoller ist.

Vorrangig ist die Betrachtung, ob mit dem chemischen Mittel an sich die Raumnutzer und/oder die Sanierer unnötig oder sogar inakzeptabel belastet werden. Auf keinen Fall sollte „der Teufel mit dem Beelzebub ausgetrieben werden".

9.8.5 Aktuelle Praxis bei der Sanierung von Schimmelpilzschäden

Trotz aller wissenschaftlichen Erkenntnisse und der darauf basierenden Warnungen von Fachleuten vor dem unbedachten Einsatz chemischer Mittel ist es eine weit verbreitete „Angewohnheit", dem Schimmelpilz in Wohnräumen mit chemischen Stoffen entgegenzutreten.

Im Leitfaden UBA 1 (S. 54) und im Leitfaden UBA 2 (S. 30) heißt es hierzu:

„Die Sanierung von schimmelpilzbefallenen Materialien muss das Ziel haben, die Schimmelpilze vollständig zu entfernen. Eine bloße Abtötung von Schimmelpilzen reicht nicht aus, da auch von abgetöteten Schimmelpilzen allergische und reizende Wirkungen ausgehen können."

Weiter führt der Leitfaden UBA 2 (S. 33) aus:

„Bei der Anwendung von ‚Anti-Schimmel'-Mitteln (‚Schimmel-Ex'-Produkte) in der Wohnung kann es während und nach der Anwendung noch einige Zeit zu einer Freisetzung von chemischen Wirkstoffen in die Raumluft kommen, die die Gesundheit gefährden können. Es wird daher grundsätzlich vom Einsatz solcher Produkte in bewohnten Innenräumen abgeraten."

Auch der Hinweis im Leitfaden UBA 2, den auf dem Markt angepriesenen Produkten Skepsis entgegenzubringen, wird zu wenig beachtet.

Der Leitfaden UBA 2 (S. 33) empfiehlt:

„Bei regelmäßig neu auf den Markt gekommenen Präparaten und Mitteln ist zunächst Skepsis

a) hinsichtlich ihrer Wirksamkeit und
b) hinsichtlich ihrer toxikologischen Unbedenklichkeit geboten.

Die Wirksamkeit und Dauerhaftigkeit der vorgegebenen Eignung der verwendeten Materialien, Mittel und Verfahren muss durch wissenschaftliche und praktische Untersuchungen belegt sein."

Es ist mühsam, die Gründe für den unkritischen Einsatz chemischer Desinfektionsmittel zu analysieren. Möglicherweise lassen sich die Sanierer durch die Versprechungen und Anpreisungen der Händler und Hersteller derart beeindrucken, dass sie alle Warnungen der Fachleute missachten. Vermutlich kommt noch ein tiefes Vertrauen in chemische Mittel hinzu, die nach Angaben der Hersteller und Verkäufer zum Teil wahre Wunder vollbringen. So heißt es in einer Produktbeschreibung beispielsweise: „Völlig harmlos für den Anwender und die Bewohner, aber alles Mikrobielle wird abgetötet und sogar die extrem stabilen Toxine werden vernichtet."

Ein chemischer Kampfstoff, der aggressiv gegen lebendes und totes Material vorgeht und sogar extrem stabile Toxine knacken kann, kann jedoch für Menschen nicht völlig harmlos sein.

Soweit es aus einem wohlüberlegten Grund sinnvoll ist, eine Desinfektion durchzuführen, sind die von verschiedenen Seiten (siehe auch die Leitfäden des UBA) empfohlenen Mittel 70 bis 80 % Alkohol bei kleineren Schäden und 10 % Wasserstoffperoxid bei größeren Schäden bevorzugt einzusetzen. Zum einen können diese Stoffe relativ preiswert erworben werden, Alkohol z. B. in Form von Spiritus in jedem Bau- und Drogeriemarkt und Wasserstoffperoxid bei jedem Chemikalienhändler. Zum anderen sind diese Stoffe weniger kritisch als die meisten anderen Chemikalien, insbesondere im Vergleich zu Chlorverbindungen, jedoch nicht harmlos. Wer größere Mengen an Alkohol oder Wasserstoffperoxid einsetzt, muss den Explosionsschutz bei Alkoholen beachten und bei beiden Stoffen eine entsprechende PSA tragen, um sich vor gesundheitlichen Schäden zu schützen. Jedoch führen Alkohole und Wasserstoffperoxid zu keiner lang anhaltenden Belastung der Raumluft.

Etliche spezielle Desinfektionsmittel, die auf dem Markt angepriesen werden, besitzen als Hauptwirkstoffe Wasserstoffperoxid oder Alkohol. Diesen Grundwirkstoffen werden meist andere Substanzen beigemengt, die nach Angaben der Hersteller zu einer besseren Wirkung führen als die Grundwirkstoffe allein. Der neutrale wissenschaftliche Nachweis der besseren Wirksamkeit handelsüblicher Mischungen fehlt jedoch fast immer.

Kann das Ziel einer raschen Trocknung nicht erreicht werden oder ist eine erneut hohe Feuchtigkeit unvermeidlich, kann für eine vorbeugende Wirkung die Anwendung solcher Mischungen vorteilhaft sein, die nicht nach wenigen Stunden abgebaut werden oder sich verflüchtigen, sondern für längere Zeit eine erneute mikrobielle Besiedlung verhindern. Auf keinen Fall dürfen diese Mischungen bei der Anwendung kritisch sein oder die Raumluft mittelfristig belasten.

Folgendes Vorgehen empfiehlt sich:

- Es sollte immer versucht werden, das Wachstum von Mikroorganismen bei Schäden in Gebäuden durch Beseitigung der Ursache und von erhöhter Feuchtigkeit zu stoppen, ohne dass chemische Mittel eingesetzt werden.
- Das mikrobiell besiedelte Material sollte immer entfernt werden, soweit der Befall deutlich über die Hintergrundbelastung hinausgeht und als hygienisch relevant einzustufen ist.
- Reste an losen Partikeln auf Oberflächen oder an luftgetragenen Partikeln sollten durch mechanische Reinigung, technische Belüftung oder geeignete Luftreiniger entfernt werden.
- Wenn aus besonderen Gründen der Einsatz von Desinfektionsmitteln sinnvoll ist, dann sollte sehr sorgfältig mit hohem Sachverstand geprüft werden, welches Mittel mit welcher Technik einzusetzen ist. Berücksichtigt werden sollten hierbei die Wirkung, die Umweltverträglichkeit und die Arbeitsschutzkriterien.
- Versprechen von Herstellern und Händlern sind sehr kritisch zu prüfen. Alle Behauptungen im Hinblick auf eine besondere Wirkung und eine nicht vorhandene Gefährdung müssen durch klare wissenschaftliche Tests belegbar sein. Diese Tests müssen ein am Problem orientiertes Design aufweisen und von renommierten und unabhängigen Fachleuten durchgeführt worden sein. Sind Testberichte nicht komplett zu verstehen und zu beurteilen, sollten sie von kompetenten und unabhängigen Fachleuten interpretiert werden.

9.9 Geruchsbeseitigung

Liegt in einem komplett sanierten Raum nach Beseitigung der Ursache und des befallenen Materials und nach Feinreinigung sowie Trocknung des verbliebenen Materials nach wie vor ein muffiger Geruch vor, dann ist dies meist auf eine noch immer vorhandene entsprechende Quelle, d. h. eine Stelle mit einem Schimmelpilzbefall, zurückzuführen. Kann dies sicher ausgeschlossen werden, liegt eine anhaltende Kontamination mit Geruchsstoffen vor.

Als Erstes sollte versucht werden, die Kontamination durch gezieltes Aufheizen und Lüften zu beseitigen. Auch die Aufstellung von geeigneten Luftreinigern im geschlossenen und stark beheizten Raum kann das Problem lösen. Sollten diese beiden Maßnahmen nach 1 Woche noch keine Wirkung zeigen, dann ist nahezu sicher, dass immer noch ein mikrobieller Schaden vorliegt.

Der Einsatz von Chemikalien, wie dem giftigen gasförmigen Ozon (auch Trisauerstoff oder Aktivsauerstoff genannt, Formel O_3) oder dem nach heutigem Kenntnisstand nicht oder nicht nennenswert gesundheitsschädlichen Singulett-Sauerstoff ($1\,O_2$ = Sauerstoff mit angeregten Elektronen durch antiparallele Ausrichtung der Spins), hat sich offenbar in bestimmten Bereichen bewährt.

Zum Abtöten von Sporen sind diese Mittel ungeeignet, und die Wirkung zur Geruchsbeseitigung ist nicht sicher vorhersehbar. In manchen Fällen nahm der Geruch ab, in anderen nicht. Es stellt sich die Frage, ob der Geruch auch ohne Behandlung mit Ozon oder Singulett-Sauerstoff abgeklungen wäre.

Bei Einsatz sehr reaktiver Sauerstoffmoleküle ist auf jeden Fall der Umgebungs- und Arbeitsschutz zu beachten. Es ist auch zu berücksichtigen, dass es zu Schädigungen von Baumaterialien und Inventar kommen kann, denn Kunststoffe oder Beschichtungen können verspröden.

Auf dem Markt werden auch flüssige Chemikalien zur Geruchsbeseitigung angeboten. Es handelt sich z. B. bei Makromol um eine Mischung verschiedener organischer Stoffe, laut Hersteller Pflanzenextrakte, Propylenglykol und Konservierungsmittel. Die Wirkstoffe sollen Geruchsmoleküle absorbieren. Berichte über einen erfolgreichen Einsatz bei Schimmelgeruch aus der Praxis liegen bisher nicht vor und es ist die Frage offen, welche Wirkung die organischen Stoffe pflanzlicher Herkunft als Nährstoff für Mikroorganismen oder als Ursache späterer Raumluftbelastung haben können.

9.10 Abwasserschäden

Abwasser enthält zum Teil Fäkalien und in diesem Fall Keime verschiedenster Krankheitserreger, eventuell auch Viren, Amöben, Wurmeier usw.

Hier ist im höchsten Maße darauf zu achten, dass niemand direkten Kontakt mit dem Abwasser hat. Das verunreinigte Wasser sollte so schnell wie möglich abgepumpt werden. Dies kann nur nur durch eine Spezialfirma mit entsprechenden Abwasserpumpen und Abwassertransportbehältern erfolgen.

Die noch vorhandenen Reste sollte man zur Abtötung möglicher infektiöser Krankheitserreger desinfizieren. Der Ausbau der mit fäkalhaltigem Wasser verunreinigten Bauteile ist kaum umgänglich. Auf massiven Bauteilen wie Betonbodenplatten anhaftende Restkontaminationen sollten entweder durch Abfräsen der oberen Materialschicht oder mit einem Sprühextraktionsgerät entfernt werden.

9.11 Geräte

9.11.1 Fräse

Verschiedene Hersteller bieten Fräsen an, mit denen Farbe, Putz oder Beton abgetragen werden können. Diese Fräsen sind mit einer Absaugung ausgestattet. Die Abtragungstiefe ist je nach Modell in Stufen oder stufenlos einstellbar.

Als Zubehör gibt es Führungssysteme und Systeme, mit denen die Fräsen „aufgehängt" an Wänden entlanggeführt werden können. Da die Fräsen zum Teil recht schwer sind, sind solche unterstützenden Systeme sehr hilfreich, um ein weitgehend ermüdungsfreies Arbeiten zu ermöglichen.

Die Verwendung einer Fräse erfordert Übung. Die Fräse muss immer plan aufgesetzt werden. Bei einem Verkanten der Fräse kann der „Staubstrahl" seitlich austreten und schlagartig zu einer starken Staubbelastung der Luft führen. Insbesondere beim Anlaufen der Fräse besteht die Gefahr des Ver-

Abb. 9.64: Abfräsen von Wandputz mit einer Fräse mit integrierter Absaugung

Abb. 9.65: Propangas-betriebener Bauheizer auf einer Baustelle. Es ist zu beachten, dass dieser große Mengen an Wasser in die Raumluft abgibt.

kantens. Fräsen mit einem stufenlosen Drehzahlregler, bei denen sich ein sanftes Anfahren einstellen lässt, sind diesbezüglich einfacher zu handhaben.

9.11.2 Heizer

Heizgeräte bzw. Bauheizer werden auf Baustellen in unbeheizten Gebäuden zur Einstellung erträglicher Temperaturen und auch zur Neubautrocknung eingesetzt.

Durch das Erwärmen von Bauteilen lässt sich die Diffusion der Wassermoleküle aus dem Bauteil beschleunigen. Allerdings führt das Erwärmen von Bauteilen nur dann zu einem Trocknungserfolg, wenn die umgebende Luft trocken ist bzw. Feuchtigkeit aufnehmen kann. Der Betrieb von Heizern in einem geschlossenen Raum ohne Entlüftung ist deshalb keine wirksame Trocknungsmaßnahme.

Als Bauheizer zu empfehlen sind elektrisch betriebene Infrarotstrahler.

Nicht geeignet zur Reduzierung der Feuchtigkeit sind gasbetriebene Heizer, da diese mit dem Abgas große Mengen an Wasser freisetzen. Dies kann dazu führen, dass sich das Feuchtigkeitsproblem verschlimmert oder sogar erst entsteht.

Propan verbrennt zu Kohlenstoffdioxid und Wasser; 1 kg Propangas produziert beim Verbrennen ca. 1,6 l Wasser, das als Dampf in die Raumluft gelangt.

$$C_3H_8 + 5\,O_2 \rightarrow 3\,CO_2 + 4\,H_2O$$

Ein weiteres Problem kann entstehen, wenn die Sanierer im Winter Heizer tagsüber laufen lassen und abends abstellen, ohne die Räume zu belüften. Die warme Raumluft hat tagsüber eventuell hohe Mengen an Feuchtigkeit aufgenommen; diese kondensiert in geschlossenen Räumen mit dem Abkühlen der Luft und der Bauteile auf den kühlsten Oberflächen.

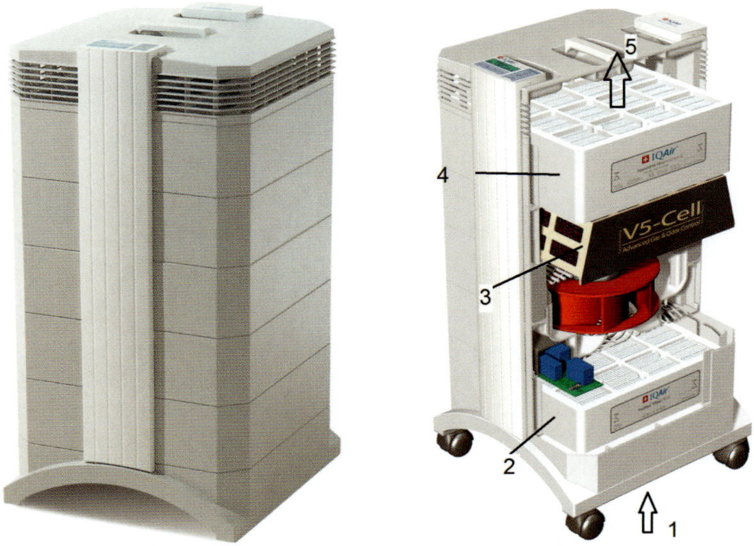

Abb. 9.66 a und b: Luftreiniger
a: leistungsstarker und dennoch sehr leiser Luftreiniger IQAir® 250 mit Vorfilter, HEPA-Filter und speziellem Aktivkohlefilger (Fa. INCEN AG, Schweiz)
b: Aufbau des IQAir® 250 (Fa. INCEN AG): Lufteinlass (1), Vorfilter (2), Gas- und Geruchsfilter (3), HEPA-Filter (4), Auslass gereinigte Luft (5) (Quelle: INCEN AG, Schweiz)

9.11.3 Luftreiniger/Umluftgeräte

Luftreiniger können die Luftbelastung im Schwarzbereich effektiv reduzieren. Gegenüber Unterluftgeräten erzeugen sie jedoch keinen Unterdruck und können somit den Eintrag belasteter Luft in den Schwarzbereich über undichte Stellen nicht verhindern.

Da die im Schwarzbereich eingesetzten Geräte und die Personen zu einem Ansteigen der Raumlufttemperatur führen, herrscht im Schwarzbereich meist ein Überdruck vor.

Allerdings ist es bei kleineren und mittleren Sanierungsprojekten nicht immer angemessen, Unterdruckanlagen zu installieren, z. B. wenn der Sanierungsbereich keine Fenster besitzt und die Luftführung über weite Strecken im Gebäude zu erfolgen hat.

Bei einer nicht allzu starken Staubfreisetzung, z. B. bei Arbeiten im Rahmen der Gefährdungsklassen 1 und 2 nach BGI 858, kann ein Luftreiniger die Belastung deutlich senken.

Vor allem nach Beendigung der Arbeiten kann man mittels Luftreinigungsgeräten die Luftbelastung weitgehend beseitigen, z. B. bevor man mit der Feinreinigung beginnt, eventuell auch zusätzlich nach der Feinreinigung.

Eine weitere Anwendungsmöglichkeit ist der Einsatz von Luftreinigern als Sofortmaßnahme vor Beginn der Sanierung in genutzten Räumen.

Brauchbare Geräte sind mit mindestens 2 Filterstufen ausgestattet, laufen geräuscharm, sind leicht zu reinigen und haben, was die Filter betrifft, eine hohe Standzeit. Die Filterstufen sollten aus einem Grobstaubfilter und einem HEPA-Filter bestehen und das Gerät sollte die „Restlaufzeit" der Filter anzeigen.

Manche Geräte besitzen zusätzlich einen Filter zur Beseitigung von Geruchsstoffen und anderen flüchtigen organischen Verbindungen.

Der Einsatz der Luftreiniger erfolgt in hygienisch relevanten Bereichen. Deshalb sollten die Filter nach jedem Einsatz gewechselt werden.

9.11.4 Sauger

Geeignete Sauger gehören zur Grundausstattung einer Sanierungsfirma. Die Einsatzgebiete sind vielfältig. Man kann Inventar reinigen, mikrobiell besiedelte Materialien vor deren Beseitigung absaugen, um die lose anhaftenden Sporen und andere mikrobielle Partikel zu entfernen, und den Sanierungsbereich nach der Materialentfernung durch Absaugen aller Flächen reinigen.

Werden Räume durch Absaugen aller Flächen gereinigt, sollte zunächst grober Schmutz vom Fußboden abgesaugt werden; dann sollten die Decke, anschließend die Wände und zum Schluss nochmals der Fußboden abgesaugt werden.

Bei der Sanierung von Schimmelpilzschäden sollten baumustergeprüfte Sauger der Filterklasse H eingesetzt werden (siehe Abb. 9.67).

Abb. 9.67: Leistungsstarker Sauger der Staubklasse H

Tabelle 9.15: Staubklassen für Industrie-Sicherheitssauger nach DIN EN 60335-2-69 VDE 0700-69 „Sicherheit elektrischer Geräte für den Hausgebrauch und ähnliche Zwecke" (2010)

Staubklasse	anzuwenden bei	Belastungsbeispiele	maximaler Durchlassgrad (%)
L (leicht gefährlich)	Stäuben mit AGW-Werten[1)] > 1 mg/m³	Mörtel, Gips, Kalk, Molybdän, Keramik, Tantal usw.	1,000
M (mittel gefährlich)	Stäube mit AGW-Werten[1)] > 0,1 mg/m³ Holzstäube	Holz, Nickel, Kupfer, Mangan, Porzellan, Biozide (DDT, Lindan usw.)	0,100
H (hoch gefährlich)	alle übrigen Stäube mit AGW-Werten[1)]	Blei, Arsen, Cadmium, Kaliumdichromat, Schimmelpilze, Bakterien, Viren	0,005
H mit Asbestzulassung	Asbest	Asbest	0,005

[1)] AGW = Arbeitsplatzgrenzwert (früher auch MAK-Wert, MAK = Maximale Arbeitsplatzkonzentration)

9.11.5 Staubschutzwände/Schleusen

Anwendung und Anforderungen

Je nach Belastung der Raumluft im Sanierungsbereich bzw. Schwarzbereich ist es erforderlich, die Kontamination der Umgebung bzw. des Weißbereichs durch Errichtung von Staubschutzwänden oder Schleusen zu verhindern.

Eine Alternative zur räumlichen Trennung ist die Einrichtung einer gezielten Luftführung oder die Kombination der gezielten Luftführung mit einer räumlichen Trennung (siehe Kapitel 9.12, D-MIR®-Verfahren).

Die Abschottung muss so errichtet werden, dass auch bei kurzzeitigem Öffnen keine nennenswerten Mengen mikrobiell belasteten Staubes in den Weißbereich gelangen. Die sicherste Methode, dies zu gewährleisten, ist es, im Schwarzbereich Unterdruck zu erzeugen (siehe Kapitel 9.11.8).

Die Abschottungen sollte errichtet werden, bevor mit Arbeiten begonnen wird, bei denen es zur Staubfreisetzung kommt. Das Ausräumen des Hausrates aus dem Arbeitsbereich kann vor Errichten der Abschottung oder der Schleuse erfolgen, wenn die Gegenstände zunächst abgewaschen, abgesaugt oder dicht verpackt worden sind und achtsam transportiert (und nicht geworfen!) werden.

Abb. 9.68 a und b: Falsch errichtete Staubschutzwand

Die Abschottung kann abgebaut werden, nachdem die Feinreinigung erfolgreich beendet wurde. Die Abschottung selbst sollte auf der Seite des Schwarzbereichs vor dem Abbau durch feuchtes Abwaschen oder Absaugen gereinigt werden, insbesondere dann, wenn die Materialien wieder benutzt werden sollen. Werden die Staubwände oder Schleusenwände feucht gereinigt, sollten diese erst verpackt werden, wenn sie trocken sind, um einen mikrobiellen Befall im verpackten Zustand zu vermeiden.

Geeignete Materialien/Produkte

Staubschutzwände können auf einfache Weise mit Holzlattengerüsten und reißfesten Folien errichtet werden. Die Folien müssen mit den Fußböden, den Decken und den Wänden dicht schließen. Eine „fast" dichte Staubschutzwand ist nicht fachgerecht. Über undichte Stellen kann sehr viel mikrobiell belasteter Staub in den Weißbereich gelangen (siehe Abb. 9.68).

Die Abdichtung zwischen selbst errichteter Schutzwand und Bauteilen erfolgt in der Regel mit Klebebändern. Diese können auf den Wand-, Decken- und Fußbodenflächen Klebereste hinterlassen und eventuell sogar Schäden verursachen.

Als Durchgang sollte eine Reißverschlusstür eingesetzt werden. Diese sollte immer nur bei Bedarf kurz geöffnet werden. Hierbei ist darauf zu achten, dass keine belastete Luft in den Weißbereich gelangt oder mit der Arbeitskleidung verschleppt wird. Bei nicht allzu starker Verschmutzung der Arbeitskleidung kann diese vor dem Betreten des Weißbereichs abgewischt oder abgesaugt werden oder man legt direkt vor dem Austritt aus dem Schwarzbereich Atemschutz, Schuhlinge, Handschuhe und Schutzanzug ab.

Einige Hersteller bieten Fertigteile zur Errichtung von Staubwänden an (siehe Abb. 9.71). Metallstäbe, die flexibel auf Länge eingestellt werden können, sind mit Federn ausgestattet und man spart das Zuschneiden der Holzlatten.

Abb. 9.69: Fachgerecht errichtete Staubschutzwand

Abb. 9.70: Holzlatten mit Schimmelbefall, bereitgestellt zum Bau einer Staubschutzwand

Abb. 9.71: Staubschutzwand errichtet mit Zipp-Wall®-Bauelementen

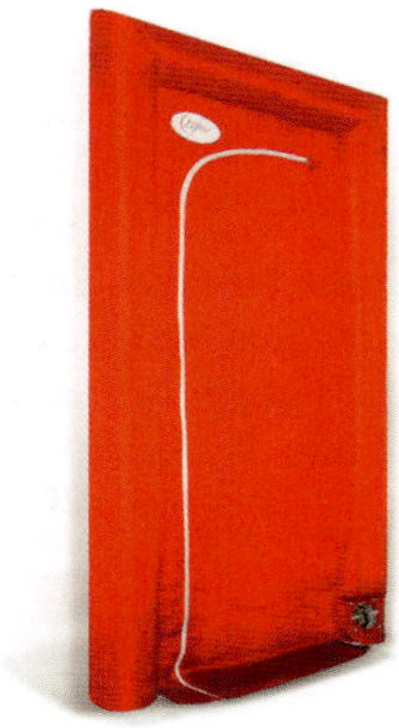

Abb. 9.72: flesta®-Lufttür: Diese Fertigtür kann jeder mit wenigen Handgriffen in 1 Minute aufbauen. (Quelle: Böck Staubschutzsysteme KG, Trostberg)

Außerdem können Holzlatten im Gegensatz zu den Fertigteilen gewöhnlich nicht mehrfach verwendet werden.

Relativ neu auf dem Markt ist die sog. Lufttür (siehe Abb. 9.72). Diese ist extrem schnell innerhalb von Türstöcken zu errichten. Eine entsprechend der Türstockgröße ausgewählte Lufttür wird auf dem Fußboden in die Tür gelegt und der in der Tür befindliche Ventilator wird am Stromnetz angeschlossen. Der Ventilator bläst die Tür auf; diese schließt dicht mit dem Türrahmen ab. Der Ventilator muss die Luft im Weißbereich ansaugen, damit keine kontaminierte Luft in die Tür geblasen wird.

Vorteile dieser Tür sind die sehr einfache Handhabung und die Wiederverwendbarkeit nach einer entsprechenden Reinigung vor dem Abbau.

Abb. 9.73: Teilnehmer eines Lehrganges errichten eine Staubschutzwand. (Quelle: BSS e.V.)

Abb. 9.74: Schleuse mit Alustangen errichtet

Schleusen

Je nach Sicherheitsanspruch werden aus Gründen des Arbeitsschutzes Ein- oder Mehrkammerschleusen gefordert. Bei der Sanierung von Schimmelpilzschäden sind Einkammerschleusen ausreichend. Mehrkammerschleusen sind bei Belastungen mit extrem riskanten Krankheitserregern erforderlich, z. B. in Quarantänestationen von Krankenhäusern.

Schleusen bestehen aus einem komplett abgeschlossenen Bereich mit einer Tür zum Schwarzbereich und einer Tür zum Weißbereich. Diese können ebenfalls mit Folien und Holzlatten oder mit Fertigteilen errichtet werden (siehe Abb. 9.73 und 9.74).

Auf dem Markt werden auch Fertigschleusen in unterschiedlichen Größen angeboten.

9.11.6 Schneidgeräte

Geräte zum mechanischen Schneiden von Bauteilen, z. B. von Holzwerkstoff-, Span- oder Gipskartonplatten, sollten mit einer Absaugung ausgestattet sein (siehe Abb. 9.75).

Bei rotierenden Schneidwerkzeugen wird das abgetragene Material stark beschleunigt und vom Werkzeug weggeschleudert. Leitbleche können diesen „Staubstrahl" eindämmen; eine Absaugung kann einen großen Anteil des Staubes sammeln.

Sehr viel weniger Staub wird bei oszillierenden Werkzeugen in die Umgebung geschleudert. Allerdings haben solche Geräte keine integrierte Absaugung (siehe Abb. 9.76).

Abb. 9.75: Gerät mit Absaugung

Abb. 9.76: Oszillierendes Schneidgerät FEIN Akku SuperCut mit Diamant- und hartmetallbeschichteten Werkzeugen zum Austrennen von Fliesen (Quelle: C. & E. FEIN GmbH, Stuttgart)

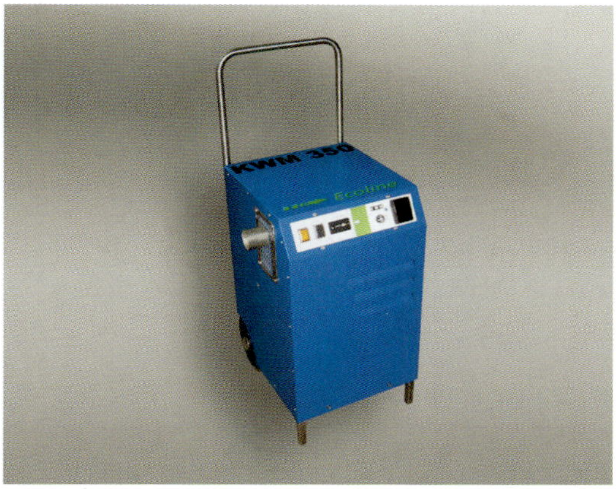

Abb. 9.77: KWM Kondensations-, Raum- und Hohlraumtrockner für den professionellen Einsatz (Quelle: KWM Weisshaar GmbH, Mosbach)

9.11.7 Trocknungsgeräte

Trocknungsgeräte werden eingesetzt, um der vom Gerät angesaugten Luft Feuchtigkeit zu entziehen. Es existieren 2 Gerätevarianten, der sog. Kondensationstrockner und der Absorptionstrockner. In der Mehrzahl der Fälle werden Kondensationstrockner eingesetzt (siehe Abb. 9.77).

Tabelle 9.16: Wirkprinzip, Vor- und Nachteile von Kondensations- und Absorptionstrocknern

	Kondensationstrockner	Absorptionstrockner
Wirkprinzip	Luft wird angesaugt und in einem Kälteteil unterhalb der Taupunkttemperatur abgekühlt. Luftfeuchtigkeit kondensiert und fällt als flüssiges Wasser aus. Die Luft wird nach dem Abkühlen erwärmt und ausgeblasen. Das kondensierte Wasser wird in einem integrierten oder separaten Behälter gesammelt.	Die angesaugte Luft wird durch einen Rotor geleitet, der mit hygroskopischem Material ausgerüstet ist. Dieses sog. Sorptionsmittel nimmt Feuchtigkeit aus der Luft auf. Der Rotor dreht sich kontinuierlich und transportiert das Sorptionsmittel in den Bereich der Regenerationsluft. Diese getrocknete Luft wird durch den Rotor geleitet und nimmt Feuchtigkeit vom Sorptionsmittel auf. Die mit Feuchtigkeit angereicherte Regenerationsluft wird ins Freie abgeleitet.
Vorteil	Geräte werden von verschiedenen Herstellern und Händlern in unterschiedlicher Qualität angeboten und sind somit auf dem Markt gut verfügbar.	Es ist die Trocknung bis zu niedrigen Temperaturen unter 0 °C möglich.
Nachteil	Bei geringen Temperaturen (unter 10 °C) ist keine oder keine effektive Trocknung möglich. In diesem Fall muss die Trocknung mit Heizgeräten kombiniert werden.	Die Trocknung ist effektiv und deshalb besteht die Gefahr der sog. Übertrocknung. Bei rascher Trocknung können Materialien geschädigt werden, z. B. können Holzbauteile und Beton Risse bekommen.
Anwendung	Die Anwendung erfolgt bei Feuchteschäden zur Trocknung von Beton oder Mauerwerk oder in Kombination mit Unterdruckgeräten zur Trocknung von Dämmschichten. Bei der Dämmschichttrocknung wird Luft mittels Unterdruck aus dem Bauteil gesaugt; über Fugen oder spezielle Öffnungen strömt Luft nach. Diese nachströmende Luft wird vor dem Ansaugen mittels Kondensationstrockner getrocknet.	Die Anwendung erfolgt wie beim Kondensationstrockner, jedoch speziell für Bereiche mit geringen Temperaturen, da in diesem Fall Sorptionstrockner effektiver arbeiten als Kondensationstrockner. Eine weitere Anwendung ist die Lufttrocknung in wassertechnischen Anlagen und Pumpstationen zur Vermeidung von Kondensat auf Leitungen und anderen Anlageteilen.

Mikrowellentrockner

Vor einigen Jahren wurde als Neuerung der Mikrowellentrockner auf dem Markt angeboten. Die Arbeitsweise besteht darin, dass das Wasser in Bauteilen durch Mikrowellenstrahlung erhitzt wird, sich dadurch der Dampfdruck erhöht und das Wasser über die Dampfphase rascher aus dem Bauteil emittiert.

Allerdings zeigte sich relativ schnell, dass der Einsatz von Mikrowellentrocknern problematisch ist. Metallteile in Bauteilen erhitzten sich derart stark, dass es zu Brandschäden kam. Außerdem koppeln Mikrowellen in trockenen Bauteilen nicht ein. Dies bedeutet, dass nach Trocknung der Bauteile die Mikrowellen die Nachbarräume erreichen. Dort können sie Schäden, auch an Personen und Haustieren, verursachen. Schließlich besteht die Gefahr, dass Mikrowellen vom Bauteil reflektiert und die Arbeiter im Sanierungsbereich erheblich gefährdet werden.

Abb. 9.78: Unterdruckgerät

9.11.8 Unterdruckgeräte

Unterdruckgeräte (siehe Abb. 9.78) erfüllen 2 Ziele. Wenn im Schwarzbereich mit Unterdruckgeräten ein gezielter Unterdruck erzeugt wird, dann wird verhindert, dass über Staubschutztüren, Schleusen oder unvermeidbare Undichtigkeiten belastete Luft in den Weißbereich gelangt. Bei Öffnen der Staubschutztür strömt die Luft vom Weißbereich in den Schwarzbereich. Außerdem sorgt das Absaugen belasteter Luft aus dem Schwarzbereich für eine Reduzierung der Luftbelastung im Schwarzbereich, da nachströmende Luft nicht kontaminiert ist.

Die Abluft der Unterdruckanlage darf hierbei nicht ungefiltert nach außen oder in andere Gebäudebereiche transportiert werden. Sie muss effektiv und sicher gefiltert werden.

Die Geräte sollten eine CE-Kennzeichnung aufweisen und der Technischen Regel für Gefahrstoffe (TRGS) 519 „Asbest: Abbruch-, Sanierungs- oder Instandhaltungsarbeiten" entsprechen.

Unterdruckgeräte bestehen aus einem Gebläse und einer mehrstufigen Filtereinheit. Diese Geräteteile sind entweder in separaten Gehäusen eingebaut oder kombiniert in einem. Die Trennung in zwei Gehäusen kann logistisch von Vorteil sein, da leistungsstarke Geräte sehr schwer sein können.

Die Hersteller bieten sehr unterschiedliche Geräte mit Leistungen von einigen Hundert bis etlichen Tausend m^3/h an.

9.11.9 Ventilatoren/Gebläse

Ventilatoren können bei geschickter Aufstellung zur Steigerung der Trocknungswirkung eingesetzt werden.

Vor dem Einsatz von Ventilatoren sollten die Räume durch Absaugen der verunreinigten Flächen gereinigt werden, um keine unnötige Staubaufwirbelung nach Einschalten der Geräte auszulösen.

Durch Anblasen der zu trocknenden Bauteile wird die Trocknung beschleunigt. Insbesondere die Anströmung von Raumecken kann zu einem gleichmäßigeren Trocknungsverlauf beitragen.

Wird Luft mit einer geringen relativen Feuchtigkeit durch die Ventilatoren an Oberflächen entlanggeführt, dann stellt sich ein Effekt wie bei einem Haarföhn ein.

9.11.10 Vernebler (Fogger)

Immer wieder werden zur „Behandlung" der Raumluft und von Oberflächen Vernebelungsgeräte, sog. Fogger, eingesetzt, mit denen chemische Mittel vernebelt und in die Luft geblasen werden.

Um einen möglichst stabilen Aerosolnebel zu erzeugen, werden spezielle Mischungen aus Desinfektionsmitteln und sog. Trägerstoffen wie Glykolen oder Glyzerin angeboten.

Bei allen Verneblungen ist ein besonders **aufwendiger Arbeitsschutz** erforderlich. Die Konzentrationen der vernebelten Stoffe können so groß sein, dass auch Vollmasken mit den richtig gewählten Filtern nicht ausreichen und umgebungsluftunabhängige Atemschutzausrüstung erforderlich ist. Die Schutzkleidung muss außerdem dicht gegen die eingesetzten Mittel sein, sodass es nicht zu Hautkontakt kommt.

Die Anwendung von Vernebelungsgeräten ist dann sinnvoll, wenn hochgradig infektiöse Keime abgetötet werden müssen. In Sanierungsbereichen ist ihr Einsatz nach Entfernung des befallenen Materials völlig überflüssig. Staubablagerungen sollten durch Feinreinigung entfernt werden und luftgetragene Partikel lassen sich durch Lüften aus den Räumen entfernen. Ist das Lüften des Raumes aufgrund fehlender Fenster nicht möglich, dann sollte man warten, bis die Partikel sedimentiert sind, und nochmals eine Feinreinigung durchführen oder einen Luftreiniger aufstellen, der ohne Chemikalien auskommt.

Eine Nischenanwendung ist eventuell die Abtötung von Keimen in unzugänglichen Bereichen wie Rohrschächten. Jedoch ist eine Reinigung mittels Druckluft und Absaugung effektiver, da die Partikel entfernt und nicht nur abgetötet werden.

9.12 Spezielle Verfahren

9.12.1 Sprühextraktion

Eine Methode, die aufgrund der geringen Staubfreisetzung von der Berufsgenossenschaft (BG) Bau als besonders geeignet empfohlen wird, ist das Abtragen von Material mit dem sog. Sprühextraktionsverfahren. Hierbei wird mit einem Hochdruckgerät ein feiner Wasserstrahl mit hohem Druck erzeugt. Dieser Wasserstrahl trägt Material von Oberflächen ab; das abgetragene Material wird direkt an der Arbeitsstelle innerhalb des Gerätes zusammen mit dem freigesetzten Wasser abgesaugt.

Das Gerät besteht aus einem Kopf, an dem die Hochdruckleitung und die Absaugleitung angeschlossen sind. In diesem Kopf befindet sich die Wasserstrahldüse, die auf einem Rotor sitzt.

Abb. 9.79: Gerät zur Sprühextraktion (Hochdruck-Krake) (Quelle: BG Bau)

Ein weiterer Vorteil neben der nur geringen Staubfreisetzung ist, dass diese Methode die Feinreinigung bereits beinhaltet, da keine losen Partikel zurückbleiben.

In der Praxis wird diese Methode bisher nur selten angewendet.

9.12.2 D-MIR®-Verfahren

Die Sanierung nach dem sog. D-MIR®-Verfahren wurde Edgar Gummerum aus Seßlach entwickelt, einem erfahrenen Experten für Schimmelpilzsanierung. Die Abkürzung steht für „Dynamisch-Mikrobiologische Innenraum Reinigung".

Gummerum hat mit der D-MIR®-Sanierung durch eine geschickte Kombination bekannter Techniken und deren Optimierung eine Methode entwickelt, mit der Schimmelpilzbefall in Gebäuden ohne Einsatz von Chemikalien mechanisch fast ohne Staub- bzw. Sporenfreisetzung entfernt werden kann.

Kernbestandteile des D-MIR®-Verfahrens sind spezielle Hochleistungssauger, die grundsätzlich außerhalb des Sanierungsobjektes aufgestellt werden, sowie das Sanierungsluftleitungssystem VENTGATE® zur kontrollierten Luftführung im Sanierungsbereich.

Da durch eine ausgefeilte Technik die Staubfreisetzung weitgehend vermieden wird und somit weder die Raumluft noch die Oberflächen im Sanierungsbereich mikrobiell belastet werden, sind aufwendige Abschottungsmaßnahmen nicht erforderlich und der Nutzungsausfall der Räume kann auf ein Minimum reduziert werden.

Das D-MIR®-Verfahren wurde z. B. bereits in industriellen Produktionsbereichen eingesetzt, ohne dass die betriebliche Produktion unterbrochen werden musste.

Das Institut für Arbeitsschutz der Berufsgenossenschaft der Bauwirtschaft (BGIA) hat das D-MIR®-Verfahren während der Sanierung messtechnisch begleitet und konnte nach mehr als 30 Einzelmessungen dessen Eignung bestätigen. Das BGIA beurteilte die Ergebnisse durchweg positiv und

Abb. 9.80 a bis c: D-MIR®-Geräte: Fräse (a), Sauger (b), Ventgate-System (c)

bescheinigte, dass mit diesem Verfahren die Grundsätze der BG, nämlich die sog. TOP-Regel (Belastung durch Technik reduzieren, gefolgt von organisatorischen und zum Schluss persönlichen Maßnahmen, siehe Kapitel 9.4.1) vorbildlich eingehalten wird.

Die Belastungen für die Sanierer sind so gering, dass die Vorgaben nach Gefährdungsklasse 0 als Arbeitsschutzmaßnahmen, d. h. die Mindestanforderungen, ausreichen.

Allerdings ist der Einsatz des D-MIR®-Verfahrens nicht ohne eine Schulung zu empfehlen. Wird die richtige Technik falsch eingesetzt, bleibt der Erfolg aus. Informationen sind unter http://www.bss-schimmelpilz.de und http://www.D-MIR.net erhältlich.

9.12.3 Einbau diffusionsoffener Estrichfugensysteme

Ein vom Institut peridomus entwickeltes Verfahren ist der Einbau des sog. diffusionsoffenen Estrichsystems (Führer, 2007). Hierbei wird nach Freilegen der Fugen eines schwimmend verlegten Estrichs der Schaumstoffrandstreifen entfernt und ein Adsorptionsmittel als Granulat in die Fugen gefüllt. Auf dem Granulat wird ein Filtervlies verlegt und mit einer Fußbodenleiste fixiert.

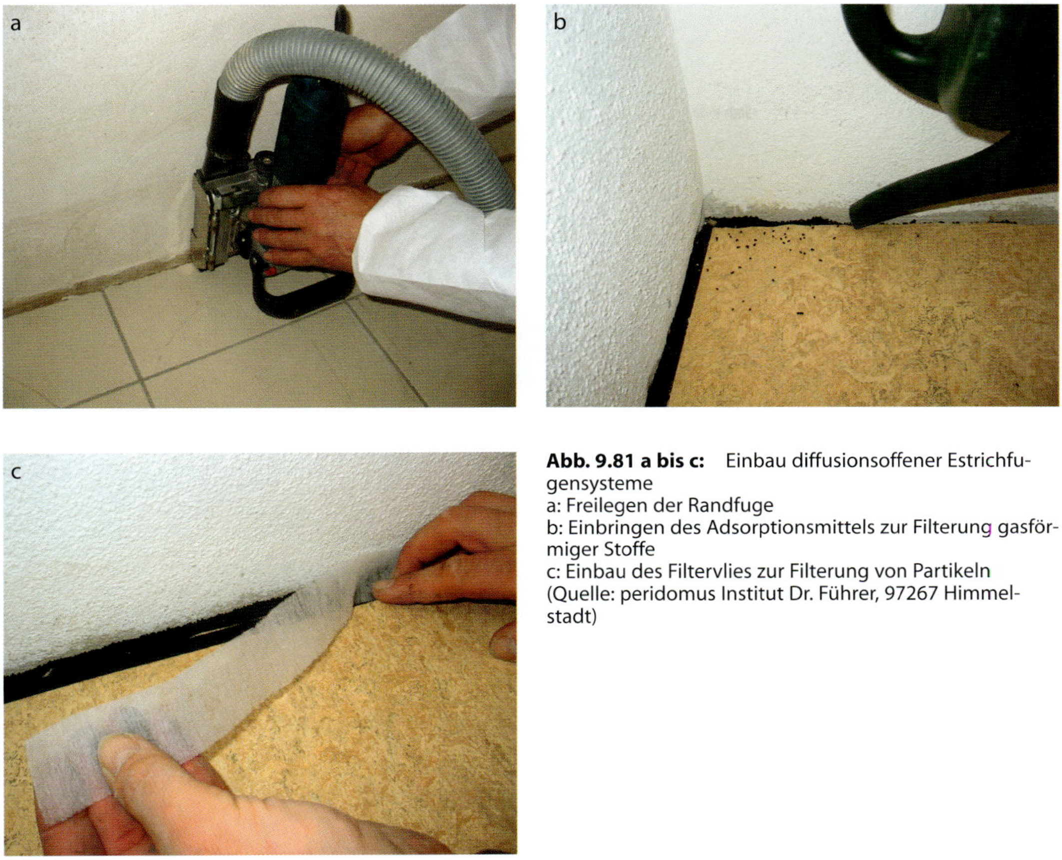

Abb. 9.81 a bis c: Einbau diffusionsoffener Estrichfugensysteme
a: Freilegen der Randfuge
b: Einbringen des Adsorptionsmittels zur Filterung gasförmiger Stoffe
c: Einbau des Filtervlies zur Filterung von Partikeln
(Quelle: peridomus Institut Dr. Führer, 97267 Himmelstadt)

Das Granulat soll Stoffwechselprodukte und gasförmige Verbindungen adsorbieren, das Filtervlies Sporen und andere mikrobielle Partikel zurückhalten. Durch die diffusionsoffene Bauweise mit speziellen Fußleisten, die Öffnungen und Rillen aufweisen, soll die Diffusion von Wasserdampf möglich bleiben.

Dieses System kann dann funktionieren, wenn die Emissionen ausschließlich über die Randfugen in den Raum gelangen und nicht über die Fußbodenfläche an sich.

Da der mikrobielle Befall nicht beseitigt, sondern nur durch eine Kombination aus Gas- und Partikelfilter von der Raumluft getrennt wird, bleibt ein Schadstoffproblem im Gebäude zurück, das bei Verkauf des Objektes angegeben werden muss. Dies kann eine Wertminderung bedeuten.

Diese Technik kann als Übergangslösung eingesetzt werden, wenn es sich um einen geringeren Befall handelt, der Ausbau des Estrichs und der Dämmung aus wirtschaftlichen Gründen oder infolge einer nicht unterbrechbaren Raumnutzung unmöglich sind. Als Dauerlösung ist zumindest bei einem massiven Befall der Rückbau die bessere Lösung.

10 Qualitätskontrolle und Abnahme

Eine fachgerechte Schimmelpilzsanierung umfasst die Ursachenbeseitigung, die Beseitigung des relevant mit Schimmelpilzen befallenen Materials, in Ausnahmefällen dessen dauerhafte Abschottung sowie die Feinreinigung zur Beseitigung der mikrobiellen Verunreinigung bzw. zur Dekontamination des Schadensbereiches und bei Bedarf seiner Umgebung. In manchen Fällen sind zusätzlich Trocknungsmaßnahmen erforderlich. Nach der Feinreinigung beginnt der Wiederaufbau, der ganz gewöhnliche bauliche Maßnahmen umfasst und von der speziellen mikrobiellen Schadstoffsanierung getrennt betrachtet werden sollte, auch wenn diese Arbeiten vom selben Auftragnehmer durchgeführt werden.

Definition der Abnahme

Die Abnahme ist eine juristisch klar definierte Handlung, die ausschließlich zwischen dem Auftraggeber und dem Auftragnehmer erfolgt. Beide beteiligten Parteien können ihren Beitrag zur Abnahme durch Vollmacht an eine andere Person übertragen.

Die erfolgreiche Abnahme kennzeichnet den Zeitpunkt, ab dem die Rechnung des Auftragnehmers fällig wird, später festgestellte Mängel in der Regel nicht mehr geltend gemacht werden können und der sog. Gefahrenübergang vom Auftragnehmer an den Auftraggeber erfolgt.

Der Vorgang der Abnahme ist sowohl im Bürgerlichen Gesetzbuch (BGB) geregelt, nämlich grundlegend in § 640 BGB, als auch in der Vertrags- und Vergabeordnung für Bauleistungen (VOB/B) in § 12.

Nach dem Rückbau sollte aus folgenden Gründen die Abnahme erfolgen:

- Der Auftraggeber führt die Abnahme bei einer Schimmelpilzsanierung häufig auf Basis einer gutachterlichen Untersuchung durch. Bei dieser wird die erfolgreiche Durchführung der einzelnen oben genannten Schritte, nämlich Ursachenbeseitigung, Beseitigung des Befalls, Dekontamination und ggf. Trocknung, visuell, organoleptisch, mit bautechnischen Messungen und/oder mikrobiologischen Analysen überprüft. Nach dem Wiederaufbau sind diese Untersuchungen nicht mehr möglich. Wenn z. B. die Dämmung unter dem Estrich zu beseitigen war und der Gutachter erst hinzugezogen wird, wenn bereits neuer Estrich und der neue Bodenbelag eingebaut wurden, kann er ohne Öffnen und somit Zerstören des neuen Belages nicht feststellen, ob das befallene Dämmmaterial tatsächlich komplett beseitigt wurde.
- Es ist zu empfehlen, die Schutzwände und Schleusen erst nach der Abnahme oder nach der gutachterlichen Untersuchung im Vorfeld der Abnahme zu entfernen. Sollte eine nicht ausreichende Sanierung, z. B. eine unzurei-

chende Feinreinigung, bemängelt werden, kann es sein, dass Schutzwände und Schleusen im Falle einer Nachbesserung neu aufgebaut werden müssen. Es ist auch möglich, dass eine Kontamination der Räume außerhalb des Schadensbereiches vermutet oder sogar nachgewiesen wird, wenn der Schaden nicht zur Zufriedenheit saniert wurde, die Abschottungen jedoch bereits beseitigt wurden.

- Die Schimmelpilzsanierung ist im Gegensatz zu einer Schadstoffsanierung z. B. wegen Asbest, Schwermetallen oder polychlorierter Biphenyle (PCB) eine Besonderheit. Wurde ein chemischer Schadstoff erfolgreich saniert, ist er endgültig beseitigt. Allerdings ist es möglich, dass die Firma, die den Wiederaufbau ausführt, ein Feuchtigkeitsproblem verursacht, z. B. wenn sie vergisst, Fenster abzukleben oder zu schließen, und bei heftigem Schlagregen Wasser ins Gebäude eindringt. Ein Missgeschick oder eine Unachtsamkeit kann zu einem erneuten Schimmelpilzbefall führen. Falls ein solches Missgeschick nicht zugegeben wird, besteht die Gefahr, dass der neue Schaden mit dem alten in Zusammenhang gebracht wird. War vorher die Schimmelpilzsanierung nicht abschließend abgenommen, wird der neue Schaden eventuell dem Sanierer des Schimmelpilzschadens angelastet.

Die Abnahme kann als Teilabnahme vereinbart werden, z. B. als Abnahme einzelner Räume oder Etagen. Dies ist bei größeren Sanierungsprojekten sehr empfehlenswert. Der Wiederaufbau in bestimmten Etagen kann bereits beginnen, und es werden die Rechnungen für die abgenommenen Arbeiten fällig.

Wenn der Auftragnehmer jedoch vor der Abnahme die von seinem Personal durchgeführten Arbeiten, eventuell auch einzelne Arbeitsschritte, kontrolliert oder kontrollieren lässt, handelt es sich nicht um eine Abnahme, sondern um eine firmeninterne Erfolgskontrolle.

10.1 Methoden zur Erfolgskontrolle

Die Methoden zur Überprüfung des Arbeitserfolges im Vorfeld einer Abnahme und zur hausinternen Qualitätskontrolle sind die gleichen.

Ursachenbeseitigung

Ob die Ursache tatsächlich beseitigt wurde, kann nicht immer unmittelbar messtechnisch überprüft werden. Wurde fassadenseitig eine Wärmedämmung angebracht, dann lässt sich die fachgerechte Ausführung erst zur kalten Jahreszeit mit einem Gebäudethermogramm klären (siehe Kapitel 5.8).

Bei Abdichtungsarbeiten erdberührender Wände ist die Feuchtebelastung nicht immer konstant. Diese kann relativ gleichmäßig sein, nach Tagen ausgiebigen Regens jedoch stark ansteigen.

Die Funktionstüchtigkeit einer Abdichtung lässt sich nur mit Feuchtemessungen kontrollieren. Ist sicher, dass die Feuchtigkeit von außen innerhalb geringer Schwankungen konstant ist, kann eine Ausgleichsfeuchtemessung,

Abb. 10.1: Sichtbarer Befall auf Leichtbauwänden durch einen Wasserschaden im Fußboden

wie in Kapitel 5.2.2.3 beschrieben, zur Kontrolle ausreichen. Ist jedoch nur nach sehr starkem Regen ein Problem zu erwarten, dann muss die letzte Entscheidung über Erfolg oder Misserfolg des ausgeführten Werkes entweder getroffen werden, wenn es entsprechend geregnet hat, der Regen durch Bespritzen des abgedichteten Bauteils mit einem Schlauch simuliert wird oder eine Langzeitmessung durchgeführt wird.

Eine zukunftsweisende Methode hat sich hierzu bereits in der Praxis bewährt. Mit WLAN-Sensoren, die an verschiedenen Stellen in die Konstruktion eingebaut sind, ist es möglich, rund um die Uhr ohne ständige Ortstermine zu kontrollieren, ob Feuchtigkeit ins Gebäude eindringt oder nicht (siehe auch Kapitel 5.8.2).

Beispiel

In einen Neubau drang nach starkem Regen Wasser im EG ein. Da der Fußboden aus einer aufgeständerten Konstruktion besteht, wurde dies nicht bemerkt. Erst als sichtbar Schimmelpilzbefall oberhalb des Fußbodens auf den Leichtbauwänden auftrat (siehe Abb. 10.1), wurde die Ursache gesucht. Es stellte sich heraus, dass sich auf der Betonbodenplatte eine erhebliche Menge an Wasser angesammelt hatte, in dem die Leichtbauwände standen. Die Pappe der Gipskartonplatten saugte sich allmählich voll und es kam zu dem sichtbaren Befall. Die mehr als 200 Mitarbeiter der Firma, die das Gebäude gemietet hatte, mussten mit der gesamten Einrichtung ausziehen. Das Gebäude wurde abgedichtet und der Schimmelpilzschaden saniert. Der Vermieter war allerdings nicht sicher, ob das Gebäude nun tatsächlich komplett dicht sei und kein Wasser mehr eindringen könne, auch nicht nach starken Regenfällen. Wäre dies nicht der Fall, käme es erneut zu erheblichen Problemen, wenn der Schaden erst spät bemerkt würde, nachdem bereits erneut massiv Schimmelpilze und andere Mikroorganismen gewachsen wären. Würde der Schaden sofort bemerkt, wäre es möglich, das Gebäude erneut abzudichten und das Wasser zu entfernen, ohne dass ein erneuter Auszug nötig wäre.

Abb. 10.2: Im Gebäude in der Fußbodenkonstruktion verteilte Sensoren

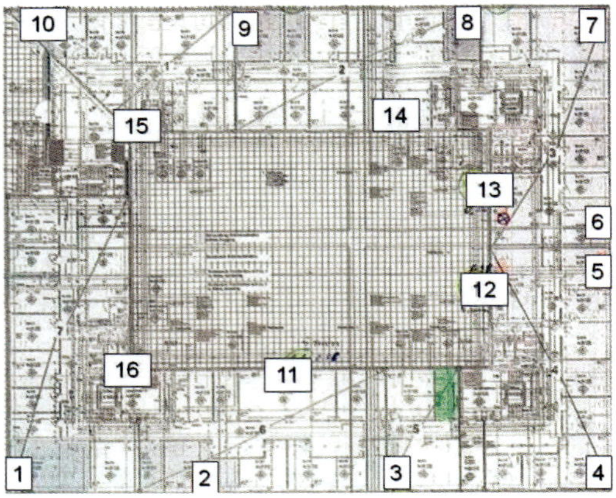

Abb. 10.3: Platzierung der Sensoren

Zur Überprüfung der Dichtheit wurden insgesamt 15 Sensoren im Gebäude verteilt und in der Fußbodenkonstruktion auf der Betonbodenplatte aufgestellt, die sofort einen Wassereintritt messen würden. Um nicht ständig, zumindest nach jedem Regen, die Fußböden öffnen zu müssen, konnten nur Sensoren verwendet werden, die ohne Ausbau abgelesen werden können. Die WLAN-Messgeräte der Firma SiTeco liefern über Funk alle 5 Minuten Messdaten an eine zentrale Sende-/Empfangsstation, die die Daten via SIM-Datenkarte wie ein Handy an einen Server übermittelt. Die Daten können über das Internet rund um die Uhr abgelesen werden. Dies ermöglicht die zeitnahe Kontrolle nach jedem Regen; auch die Kosten für Anfahrt und Pkw des Gutachters können eingespart werden, da dieser von jedem Ort der Welt mit Internetzugang die Messdiagramme einsehen und auswerten kann.

Die Dichtheit von Flachdächern usw. kann mit dieser Methode ebenfalls einfach und effektiv kontrolliert werden.

10.2 Materialentfernung

Nur durch eine Inspektion kann festgestellt werden, ob das Material entsprechend dem Auftrag, d. h. dem zwischen Auftraggeber und Auftragnehmer abgeschlossenen Werkvertrag, entfernt wurde, z. B. die Gipskartonplatten aller Leichtbauwände bis zu einer bestimmten Höhe oder der Estrich mit Dämmung oder der Putz von der Wand in einem bestimmten Bereich (siehe Abb. 10.4 a und b).

Wurde das Material wie vereinbart entfernt, ist dieses Arbeitspaket erfolgreich geleistet. Die Kontrolle kann nur durch Inaugenscheinnahme erfolgen. Unnötige und unangenehme Diskussionen treten dann auf, wenn der Auftrag nicht eindeutig formuliert war. Dies ist z. B. der Fall, wenn er das Auskratzen der Fugen einer Ziegelmauerwand umfasste, die Tiefe jedoch nicht festgelegt wurde und der Auftraggeber bzw. sein Sachverständiger sich z. B. eine Tiefe von mindestens 2 cm vorgestellt hatten, jedoch versäumt hatten, dies mitzuteilen, und der Auftragnehmer meinte, 3 mm seien genug.

Abb. 10.4 a und b: Zustand vor und nach der Materialentfernung in einer Kindertagesstätte

Abb. 10.5: Schwarz-weißes Kontrolltuch
links: sauberes Kontrolltuch
rechts: Nach dem Abwischen sind dunkler Staub auf der weißen Fläche und heller Staub auf der schwarzen Fläche gut zu erkennen.

Eine Erfolgskontrolle der Materialentfernung liegt nicht vor, wenn nach der Meldung der Fertigstellung erneut Materialproben genommen werden, um zu klären, ob mehr Material entfernt werden muss als ursprünglich besprochen. Dies ist keine Abnahme oder Qualitätskontrolle, sondern eine Erweiterung des Auftrages. Deshalb sollte wann immer möglich vor Beginn der Sanierung geklärt werden, was ausgebaut werden muss.

10.3 Feinreinigung

Die Kontrolle der fachgerechten Feinreinigung beginnt mit einer Sichtung. Sind noch deutliche Verschmutzungen auf den Wandflächen oder dem Fußboden sichtbar, kann es sich nicht um eine Feinreinigung gehandelt haben.

Im nächsten Schritt können Stellen, die beim Reinigen leicht übersehen werden, mit einem Tuch abgewischt werden. Sind auf dem Tuch noch deutliche Verschmutzungen erkennbar, ist eine Nachbesserung der Feinreinigung erforderlich. In der Praxis hat sich die Verwendung spezieller Tücher mit gleichzeitig schwarzer und weißer Wischfläche bewährt (siehe Abb. 10.5). Auf diese Weise lässt sich heller und dunkler Staub problemlos erkennen.

Bei der Kontrolle mit einem Wischtuch ist zu beachten, dass Wandfarben als Abrieb zum Teil Verfärbungen auf dem Tuch hinterlassen. Durch Abwischen einer sauberen Referenzfläche lässt sich leicht feststellen, ob eine Wand-, Decken- oder Bodenfläche verschmutzt ist oder beim Abwischen unvermeidbar Farbe oder Material abgerieben werden.

Ist der fein gereinigte Raum oder Gebäudebereich frei von sichtbaren Verschmutzungen und abwischbaren Staubablagerungen, können ergänzend Proben zur mikrobiologischen Analyse entnommen werden.

10.3.1 Staubprobenanalysen

Bei der Analyse von Staubproben werden die anzüchtbaren Pilz- und/oder Bakterienkeime erfasst. Nach einer fachmännischen und gründlichen Feinreinigung mit einem HEPA-Filter-Staubsauger dürfen nur sehr geringe Konzentrationen an anzüchtbaren Partikeln vorhanden sein. Wurde der Sanierungsbereich jedoch desinfiziert, ist davon auszugehen, dass die mikrobiellen Keime weitgehend abgestorben sind. Dies führt dazu, dass auch bei Vorhandensein großer Mengen abgestorbener mikrobieller Partikel mit der Staubprobenanalyse eine erfolgreiche Sanierung bescheinigt wird.

Als vielversprechend haben sich Staub-Flächensaugproben erwiesen. Hierbei wird mit einem Filteraufsatz eine definierte Fläche abgesaugt. Die Methode bietet den Vorteil, dass die Ergebnisse nicht so stark von verschiedenen Bedingungen beeinflusst werden wie z. B. die von Luftmessungen, da nicht die aktuell in der Luft schwebenden mikrobiellen Partikel erfasst werden, die durch Öffnen des Fensters vermutlich in Minuten beseitigt werden könnten, sondern die an Flächen abgelagerten. Gegenüber Folienkontaktproben besteht der Vorteil, dass keine mikroskopisch kleinen, sondern größere Flächen erfasst werden.

Allerdings sind mangels abgesicherter Referenzwerte Staubanalysen derzeit für den praktischen Einsatz noch nicht geeignet. Grundsätzlich ungeeignet sind Staubanalysen, bei denen die Menge an KBE je Gramm Staub angegeben werden (siehe Tabelle 10.1).

10.3.2 Luftkeimmessungen

Die Luftkeimmessung (siehe Abb. 10.6) ist eine weit verbreitete Methode, die von Laien meist als Nachweismethode akzeptiert, deren Aussagekraft aber deutlich überschätzt wird.

Der wesentliche Nachteil in Bezug auf die Kontrolle einer Sanierung besteht darin, dass die Ergebnisse erst nach 14 Tage vorliegen, bevor feststeht, ob nochmals eine Feinreinigung durchgeführt werden muss. Ist eine solche erforderlich, muss die Luft nochmals gemessen werden; nach weiteren 14 Tagen erfolgt entweder die Freigabe oder die Aufforderung zur erneuten Feinreinigung. Ein weiterer Nachteil ist, dass keine Maßstäbe zur Bewertung von Proben existieren, die nach einer Sanierung genommen wurden. Die im Leitfaden des Umweltbundesamtes UBA 2 im Anhang veröffentlichten Empfehlungen gelten nur für genutzte Wohnungen und nicht für Baustellen.

Abb. 10.6: Luftkeimmessung mit dem Impaktor-Sammler MBASS30 (Quelle: Umweltanalytik Holbach GmbH, Wadern)

Eine Lösung besteht darin, Referenzwerte vor und nach der Sanierung zu nehmen. Es gibt jedoch keine Zielwerte. Die Werte nach der Reinigung sollten geringer sein als vorher; unklar ist jedoch, wie weit sie unter dem Wert, der vor der Sanierung ermittelt wurde, liegen sollten und welches Ziel erreicht werden sollte.

Schließlich weist diese Methode die Schwäche auf, dass sie nicht die Kontamination der Bauteile erfasst, sondern nur den aktuellen Zustand der Luft. Dieser Zustand ist davon abhängig, ob eine starke Luftströmung vorliegt, ob die Räume dicht oder undicht sind, wann und wie stark vorher gelüftet wurde und wie die Luft vor der Probenahme behandelt wurde.

Wurde z. B. Tage oder Stunden vor der Luftkeimmessung ein Desinfektionsmittel versprüht oder sogar vernebelt, werden sich nur wenige anzüchtbare Pilz- und/oder Bakterienkeime in der Luft finden, auch wenn die Schäden nicht richtig saniert wurden. Die Anreicherung mit Keimen wird im Laufe der Zeit aber wieder auftreten. Auch könnte man vor der Luftmessung im geschlossenen Raum Luftreiniger betreiben oder eine Stoßlüftung durchführen. Wie lange es dauert, bis sich die gereinigte Luft oder die Frischluft wieder mit Keimen anreichert, ist eine Frage, die nicht beantwortet werden kann.

Beispiel: Luftkeimanalyse nach einer Sanierung

Nach der Sanierung eines mikrobiellen Schadens in einem noch nicht bezogenen Neubau hat ein Analyselabor aus NRW die Proben zur Luftkeimanalyse nicht nur direkt nach Abstellen eines Desinfektionsverneblers genommen, was bereits ein Fehler gewesen wäre, sondern während seines Betriebs. Wird auf die Nährböden zusammen mit den gesammelten Keimen bei der Probenahme zugleich das Desinfektionsaerosol aufgezogen, lässt sich ein Sanierungserfolg bescheinigen.

Soll allerdings der Erfolg einer Desinfektionsmaßnahme kontrolliert werden, dann ist die Luftkeimmessung die einzige verfügbare Methode.

10.3.3 Luftpartikelmessungen

Da die Ergebnisse der Messung von Gesamtpartikeln nicht davon abhängen, ob die mikrobiellen Partikel abgestorben sind oder nicht, besitzt diese Methode gegenüber der Luftkeimmessung einen großen Vorteil, insbesondere wenn Desinfektionsmaßnahmen durchgeführt wurden. Ein weiterer Vorteil ist, dass die Analyseergebnisse schneller vorliegen. Auch bei dieser Messung besteht jedoch mangels Referenzwerten das Problem der Bewertung der Ergebnisse im Bereich von Baustellen. Des Weiteren sind die Bedingungen der Probenahme in Bezug auf Raumbelüftung, Luft- und Staubverwirbelung, Wartezeit nach Betrieb von Luftreinigern und Unterdruckanlagen usw. nicht geregelt.

10.3.4 MVOC-Messungen

Die Konzentrationen von mikrobiell produzierten flüchtigen organischen Verbindungen (microbial organic volatile compounds, MVOC) nehmen in Innenräumen nur sehr langsam ab. Die MVOC werden von organischen Stoffen wie Tapeten, Textilien usw. in hohem Maße adsorbiert. Die entsprechend kontaminierten Sekundärquellen emittieren die MVOC über viele Wochen, eventuell sogar Monate. Aus diesem Grund sind MVOC-Messungen zur Abnahme von Sanierungsarbeiten nicht geeignet.

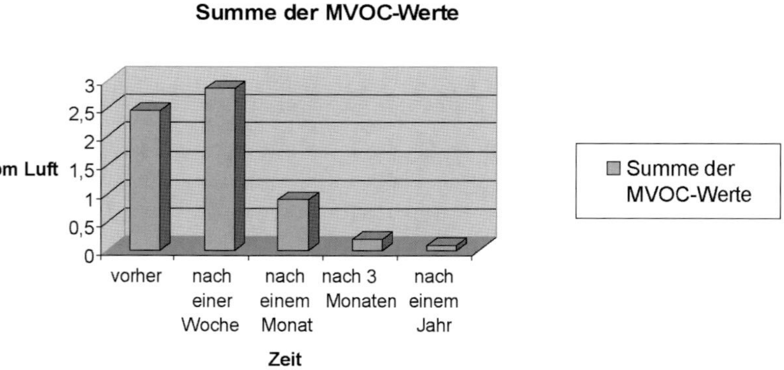

Abb. 10.7: Abbau vorhandener MVOC-Werte in der Raumluft nach Beseitigung des Schimmelpilzbefalls (Wessen, 2001)

Nach der Untersuchung „Analysis of Microbial Volatile Organic Compounds“ (Wessen, 2001) findet eine weitgehende Reduktion einer MVOC-Konzentration erst innerhalb einer Jahresfrist statt (siehe Abb. 10.7). Tendenzielle Veränderungen sind hier frühestens ca. 3 Monate nach durchgeführter physischer Beseitigung des Schimmelpilzvorkommens zu erwarten. Andere Untersuchungen (Lorenz, 2001) ergaben deutlich längere Zeiträume. Vermutlich ist die Reduktion von der Menge und Art sekundärer Quellen abhängig.

10.3.5 Materialprobenanalysen

Materialproben sind bei der Sanierungskontrolle in den meisten Fällen nicht sinnvoll. Es sollte vor der Sanierung bestimmt werden, welche Materialien zu entfernen sind. Ob die entsprechenden Vorgaben befolgt wurden, sollte durch eine Sichtkontrolle festgestellt werden.

10.3.6 Analyse von Abklatschproben

Mit Abklatschproben werden nur relativ kleine Flächen erfasst. Da bei dieser Methode die gesammelten Keime im Labor kultiviert werden müssen, liegen die Laborergebnisse erst nach 10 bis 14 Tagen vor.

Abklatschproben werden mittels Kultivierung anzüchtbarer Keime analysiert. Auch hier gilt, dass sich abgestorbene Partikel der Analyse entziehen und eine Feinreinigung damit nicht überprüft werden kann. Dagegen ist die Kultivierung die einzige Methode, um den Erfolg von Desinfektionsmaßnahmen zu überprüfen.

Nach einer erfolgreichen Desinfektion und Feinreinigung nicht poröser Oberflächen sollten die Abklatschproben nur sehr geringe Mengen von anzüchtbaren Keimen typischer Außenluftpilze aufweisen, so wie sie in bewohnten Räumen üblich sind, oder sogar weniger.

10.3.7 Analyse von Folienkontaktproben

Um auch abgestorbene mikrobielle Partikel auf Oberflächen zu erfassen, können Folienkontaktproben mikroskopisch untersucht werden (siehe Kapitel 5.8.3). Diese Methode eignet sich besonders gut zur relativ schnellen Kontrolle der Feinreinigung. Ihr Nachteil ist, dass eine nur mikroskopisch kleine Fläche untersucht wird und die Ergebnisse vom Analytiker qualitativ abgeschätzt werden. Daher existiert keine Vergleichsmöglichkeit mit Referenzwerten.

10.4 Trocknung

Detaillierte Ausführungen zu den Methoden zur Überwachung und Abnahme von Trocknungsmaßnahmen finden sich in Kapitel 5.2.2.3.

10.5 Übersicht der Methoden und ihrer Bewertung

Die folgende Tabelle gibt eine Übersicht über alle beschriebenen Methoden mit ihrer grundsätzlichen Eignung sowie ihrer Vor- und Nachteile für den Einsatz zur Erfolgskontrolle.

Tabelle 10.1: Methoden und Bewertung der Erfolgskontrolle

Methode		Eignung zur Erfolgskontrolle	Vorteile	Nachteile
Probenahme	**Analyse**			
Material	Anzüchtung	keine geeignete Methode zur Kontrolle; Standardmethode zur Schadensuntersuchung vor Beginn der Sanierung		
Abklatsch-probe	Anzüchtung	zur Feststellung von an Oberflächen anhaftenden anzüchtbaren Keimen; zum Nachweis von Keimen nach einer Desinfektion, z. B. im Krankenhaus, geeignet	einfach, relativ preiswert; Nachweis von Keimen	zu lange Wartezeit bis zur Erteilung der Freigabe; sollte entgegen der Beauftragung chemisch behandelt und nicht mechanisch gereinigt worden sein, ist dies nicht zu erkennen; relativ kleine Fläche wird beprobt
Folienkontakt-probe	Mikroskopie	zur Kontrolle einer Feinreinigung sehr gut geeignet, da das Ergebnis schnell vorliegt und die Arbeiten nicht längere Zeit unterbrochen werden müssen	einfach, schnell, preiswert; Nachweis auch nicht keimfähiger Partikel oder Zellen	Analyse sehr kleiner Flächen; keine Unterscheidung zwischen keimfähigen und nicht keimfähigen Partikeln, deshalb zur Kontrolle infektiöser Keime ungeeignet
Luft	Anzüchtung	wird oft gewünscht, ist aber eine aufwendige Methode mit großer Unsicherheit; Aussagekraft wird oft überschätzt	hohe Akzeptanz bei Laien	aufwendig, kostenintensiv, lange Wartezeiten; nicht keimfähige Partikel werden übersehen; starker Einfluss durch die Umgebungsbedingungen, insbesondere die im Moment der Messung vorherrschende Luftströmung

Fortsetzung Tabelle 10.1

Methode		Eignung zur Erfolgskontrolle	Vorteile	Nachteile
Probenahme	**Analyse**			
Luft	Mikroskopie	besser geeignet als eine Luftkeimmessung, da die Ergebnisse schneller verfügbar sind; allerdings ist der Erkenntnisgewinn zum Erfolg einer Sanierung sehr gering	kurze Wartezeit, bis Ergebnisse vorliegen; auch nicht anzüchtbare Partikel werden erfasst	Auswertung schwierig; großer Einfluss der bei der Messung momentan vorherrschenden Umgebungsbedingungen auf die Ergebnisse
Luft	MVOC	für die Kontrolle des Sanierungserfolges ungeeignet, da meist lang anhaltende Kontamination in Gebäuden vorliegt	keine	grundsätzlich zur Kontrolle ungeeignet
Hausstaub ohne Flächenbezug	Anzüchtung	ungeeignet, da die Konzentration KBE/g Staub keine Aussage zur Kontamination erlaubt, sondern lediglich anzeigt, wie hoch der Anteil der anzüchtbaren Keime im Verhältnis zu den übrigen Bestandteilen ist		
Staub-Flächenprobe	Anzüchtung	theoretisch sehr gut geeignete Methode, die mangels Referenzwerten (noch) nicht in der Praxis aussagekräftige Ergebnisse liefert		

10.6 Bewertung der Ergebnisse

Eine Sanierung kann nicht zu einer vollständigen Schimmelpilzfreiheit von Innenräumen führen. Dies wäre praktisch der sterile Zustand, wie er bei medizinischem OP-Besteck oder Spritzen notwendig ist und nur mit viel Aufwand erreicht werden kann, z. B. durch sofortiges steriles Verpacken nach der Sterilisation in kontrollierten Reinräumen.

Bereits die Zufuhr von Außenluft führt unvermeidbar zu einem Eintrag von Keimen und jede Person bringt mit der Kleidung Mikroorganismen ein. Eine Sanierung kann deshalb nur das Erreichen allgemein üblicher Hintergrundwerte zum Ziel haben, wie sie in unbelasteten Räumen grundsätzlich vorherrschen.

Mikrobiologische Laboranalysen werden in den meisten Fällen Mikroorganismen nachweisen und nicht durchgehend „Nullwerte". Somit wären Richt- oder Vergleichswerte zur Orientierung erforderlich.

Bei der Verwendung von Bewertungsempfehlungen, wie sie z. B. zu Luft- und Staubproben veröffentlicht wurden (Trautmann/Gabrio/Dill/Weidner, 2005; Trautmann/Gabrio/Dill/Weidner/Baudisch, 2005), muss berücksichtigt werden, dass diese Empfehlungen nicht für Messungen nach Beendigung einer Sanierung gedacht sind, sondern für den genutzten Zustand. Niemand dürfte bis heute sicher sagen können, ob die Werte nach einer Sanierung höher liegen dürfen oder niedriger liegen müssen als in diesen Empfehlungen. Daher sollte den Ergebnissen der visuellen Kontrolle, der Geruchskontrolle und der Oberflächenproben mittels Folienkontaktprobe oder Rodac-Platten (= Abklatschproben) mehr vertraut werden als den Luftmessungen. Die Luftbelastung ist durch Öffnen der Fenster oder durch das Aufstellen von Luftreinigern leicht zu manipulieren.

Maßgeblich für den Erfolg einer Sanierung sind jedoch nicht aufgrund zu geringer Belüftung kurzzeitig noch erhöhte oder durch technische Maßnahmen ebenfalls für kurze Zeit „künstlich“ minimierte Luftbelastungen, sondern die Menge der an Oberflächen abgelagerten oder anhaftenden mikrobiellen Partikel.

11 Literaturverzeichnis

A

Andersson, Maria: Bacterial diversity and toxicity in air, indoor environment and foods. Helsinki: Universität Helsinki, Diss., 1999

Arendt, Claus; Seele, Jörg: Feuchte und Salze in Gebäuden – Ursachen, Sanierung, Vorbeugung. 2. Aufl. Leinfelden-Echterdingen: Verlagsanstalt Alexander Koch, 2001

B

Bauer, Johann: Mykotoxine – Bedeutung bei Mensch und Tier. München: 36. Wissenschaftliche Tagung der Deutschsprachigen Mykologischen Gesellschaft e.V., 2002

D

Domsch K. H.; Gams, W.; Anderson T. H.: Compendium of soil fungi. London: Academic Press, 1980; Eching: Reprint IHW-Verlag, 1993

F

Fischer, Guido: Comparison of microbiological and chemical methods for assessing the exposure to air-borne fungi in composting plants. Aachen, RWTH, Diss., 2000: Akademische Edition Umweltforschung, Bd. 2000, S. 10

Flannigan, Brian; Samson, Robert; Miller, J. David: Microorganisms in Home and Indoor Work Environments. New York: Taylor & Francis Group, 2001

Führer, Gerhard: Diffusionsoffene Estrichfugensysteme als Alternative zur Fußbodenkomplettsanierung. Berlin: 14. WaBoLu-Innenraumtage am Umweltbundesamt, 2007

G

Gabrio, Thomas; Weidner, Ursula; Miljanic, Tina; Fischer, Guido; Groth, Ingrid; Martin, Karin; Kämpfer, Peter; Jäckel, Udo; Schäfer, Jenny; Lorenz, Wolfgang; Trautmann, Christoph; Dill, Ingrid: Untersuchungen zum Vorkommen und zur gesundheitlichen Relevanz von Bakterien in Innenräumen. Forschungs- und Entwicklungsvorhaben 205 62 236, UBA-FB 001229. Stuttgart: Umweltbundesamt, September 2008

Grübel, Michael: Richtig handeln bei Wasser- und Feuchtigkeitsschäden. Stuttgart: Fraunhofer IRB Verlag, 2010

H

Hyvärinen, Anne; Meklin, Teija; Vepsäläinen, Asko; Nevalainen, Aino: Fungi and actinobacteria in moisture-damaged building materials – concentrations and diversity. In: International Biodeterioration & Biodegradation (2002) Nr. 49, S. 27–37

K

Kassenärztliche Vereinigung Westfalen-Lippe (Hrsg.): Leitfaden Umweltmedizin, 2000. Internet: http://www.kvwl.de/arzt/kv_dienste/fortbildung/umweltmedizin/umwelt.pdf [Zugriff: 11.11.2011]

L

Lorenz, Wolfgang: MVOC-Bestimmungen zur Erkennung mikrobieller Schäden in Gebäuden. In: Moriske, Heinz-Jörn; Turowski, Elisabeth (Hrsg.): Handbuch für Bioklima und Raumlufthygiene, Kapitel III–4.4.5, S. 1–18. 5. Ergänzungslieferung. Landsberg am Lech: ecomed Verlag, 2001

Lorenz, Wolfgang; Trautmann, Christoph; Dill, Ingrid: Nachweis und Bedeutung von Actinomyceten und sonstigen Bakterien in Innenräumen. In: Moriske, Heinz-Jörn; Turowski, Elisabeth (Hrsg.): Handbuch für Bioklima, Kap. III–4.4.14. 10. Ergänzungslieferung, Landsberg am Lech: ecomed Verlag, 2003

Lorenz, Wolfgang; Trautmann, Christoph; Dill, Ingrid; Gareis, Manfred: Detection of an Aflatoxin-like substance in an office building. Singapur: Proceedings of Healthy Buildings Conference, 2003

Lorenz, Wolfgang; Kroppenstedt, Reiner M.; Trautmann, Christoph; Stackebrandt, Erko; Dill, Ingrid: Actinomycetes In Building Materials. Singapur: International Conference Healthy Buildings, 2003

Lorenz, Wolfgang; Trautmann, Christoph; Kroppenstedt, Reiner M.; Sigrist, Gerold; Stackebrandt, Erko; Gareis, Manfred; Dill, Ingrid; Virnich, Linda: Actinomycetes in mouldy houses, the causative agent of rheumatoid symptoms? Monterey: Proceedings of the 9th International Conference on Indoor Air Quality and Climate – Indoor Air, 2002

M

Madigan, Michael T.; Martinko, John M.; Parker, Jack; Brock, Thomas D.: Mikrobiologie. Dt. Übersetzung hrsg. von Goebel, Werner. Berlin: Spektrum Akademischer Verlag, 2000

Maraun, Wigbert: Chloranisole als Verursacher schimmelähnlicher Gerüche in älteren Fertighäusern. München: 7. AGÖF-Fachkongress, 2004

Mehlhorn, Birgit; Mehlhorn, Heinz: Zecken, Milben, Fliegen, Schaben. Berlin/Heidelberg: Springer Verlag, 1996

P

Peltola, Joanna S. P.: Microbial growth in building materials and toxigenic microbes in indoor environment, Helsinki: Universität Helsinki, Diss., 2001

Peltola, Joanna S. P.; Andersson, Maria; Kämpfer, Peter; Auling, Georg; Kroppenstedt, Reiner M.; Busse, H.-J.; Salkinoja-Salonen, Mirja; Rainey, Fred A.: Isolation of Toxigenic Nocardiopsis Strains from Indoor Environments and Description of two new Nocardiopsis Species, N. exhalans sp. nov. and N. umidischolae sp. nov. In: Applied and Environmental Microbiology (2001), Nr. 67, S. 4293–4304

Pschyrembel® Klinisches Wörterbuch. Berlin/New York: Walter de Gruyter Verlag, 2004

R

Robert-Koch-Institut: Mitteilung des RKI: Schimmelpilzbelastungen in Innenräumen – Befunderhebung, gesundheitliche Bewertung und Maßnahmen. Berlin: 2007

S

Sander, I.; Franz, J. T.; Schies, U.; Zahradnik, E.; Kolk, A.; Schneider, G.; Wattrodt, P.; Kespohl, S.; Lorenz, W.; Bach, C.; Fleischer, C.; Flagge, A.; Brüning, T.; Raulf-Heimsoth, M.: Quantifizierung von Milben und Milbenallergenen in Wohnungen mit Schimmelpilzbefall. In: Allergo Journal (2010), Nr. 19, S. 66–67

Schlachta, Richard: Gerüche. In: Plattig, Karl-Heinz: Physiologische und psychologische Auswirkungen von Geruchsbelastungen. Tagungsband zum VDI-Seminar Gerüche in der Außenluft, 1999. Zitiert in: Bayerisches Landesamt für Umweltschutz (Hrsg.): Gerüche in der Umwelt, S. 4. Augsburg: Fachtagung, 2000

Schwebke, I.: Vortrag, Berlin: BSS Workshop, 2006

Sennekamp: Exogen-allergische Alveolitis und toxische Alveolitis (Fallbeispiele). Lübeck: VII. Lübecker Fachtagung für Umwelthygiene, 2004

T

Trautmann, Christoph: Aussagekraft von Schimmelpilzuntersuchungen. Hamburg: 9. Pilztagung des VDB, 2005

Trautmann, Christoph; Gabrio, Thomas; Dill, Ingrid; Weidner, Ursula: Hintergrundkonzentrationen von Schimmelpilzen in Hausstaub. In: Bundesgesundheitsblatt, Band 48, Heft 1, S. 29–35. Heidelberg: Springer Medizin Verlag, 2005

Trautmann, Christoph; Gabrio, Thomas; Dill, Ingrid; Weidner, Ursula; Baudisch, Christoph: Hintergrundkonzentrationen von Schimmelpilzen in Luft. In: Bundesgesundheitsblatt, Band 48, Heft 1, S. 12–20. Heidelberg: Springer Medizin Verlag, 2005

W

Wallhäußer, Karl Heinz: Praxis der Sterilisation, Desinfektion, Konservierung, Keimidentifizierung, Betriebshygiene. Stuttgart/New York: Thieme, 1988

Wessen, Bengt: Analysis of Microbial Volatile Organic Compounds. In: Flannigan, Brian; Samson, Robert A.; Miller, David J. (Hrsg.): Microorganisms in Home and Indoor Work Environments – Diversity, Health Impacts, Investigation and Control. Boca Raton/London/New York/Washington D. C.: CRC Press, 2001

Weidenbörner, Martin: Lebensmittel-Mykologie. Hamburg: Behr Verlag, 1998

World Health Organization: WHO Guidelines for Indoor Air Quality: Dampness and Mold, 2009 (In Deutsch als Kurzfassung unter dem Titel: WHO-Leitlinien zur Innenraumluftqualität: Feuchtigkeit und Schimmel)

Y

Yli-Pirilä, T.; Kusnetsov, J.; Haatainen, S.; Jalava, P.; Hänninen, M.; Hirvonen, R.; Reiman, M.; Seuri, M.; Nevalainen, A.: Amoebae and Other Protozoa in Moisture-Damaged Building Materials. Singapur: 7th International Conference Healthy Buildings, 2003

Gesetze und Rechtsvorschriften

Gesetz über die Durchführung von Maßnahmen des Arbeitsschutzes zur Verbesserung der Sicherheit und des Gesundheitsschutzes der Beschäftigten bei der Arbeit (Arbeitsschutzgesetz - ArbSchG) v. 07.08.1996, Bundesgesetzblatt I, S. 1246, zuletzt geändert durch Artikel 15 Absatz 89 des Gesetzes v. 05.02.2009, Bundesgesetzblatt I, S. 160

Gesetz zum Schutz vor gefährlichen Stoffen (Chemikaliengesetz - ChemG) i. d. F. der Bekanntmachung v. 02.07.2008, Bundesgesetzblatt I, S. 1146, zuletzt geändert durch Artikel 1 des Gesetzes v. 02.11.2011, Bundesgesetzblatt I, S. 2162

Technische Regeln Druckgase (TRG 280): Allgemeine Anforderungen an Druckgasbehälter, Betreiben von Druckgasbehältern v. 07.07,1989, Bundesarbeitsblatt 09/89, S. 51, zuletzt geändert am 20.08.1995, Bundesarbeitsblatt 10/1995, S. 63

Unfallverhütungsvorschrift BGV D 34 „Verwendung von Flüssiggas" 216 9 Sanierung BGV D 34 i. d. F. 1997, Berufsgenossenschaft Handel und Warendistribution, Mannheim

Verordnung über Arbeitsstätten (Arbeitsstättenverordnung - ArbStättV) v. 12.08.2004, Bundesgesetzblatt I, S. 2179, zuletzt geändert durch Artikel 4 der Verordnung v. 19.07.2010, Bundesgesetzblatt I, S. 960

Verordnung über Sicherheit und Gesundheitsschutz bei der Benutzung persönlicher Schutzausrüstungen bei der Arbeit (PSA-Benutzungsverordnung - PSA-BV) v. 4.12.1996, Bundesgesetzblatt I, S. 1841

Verordnung über Sicherheit und Gesundheitsschutz bei Tätigkeiten mit biologischen Arbeitsstoffen (Biostoffverordnung - BioStoffV) v. 27.01.1999, Bundesgesetzblatt I, S. 50, zuletzt geändert durch Artikel 3 der Verordnung v. 18.12.2008, Bundesgesetzblatt I, S. 2768

Verordnung zum Schutz vor Gefahrstoffen (Gefahrstoffverordnung - GefStoffV) v. 26.11.2010, Bundesgesetzblatt I, S. 1643, 1644, geändert durch Artikel 2 des Gesetzes v. 28.07.2011, Bundesgesetzblatt I, S. 1622

Leitfäden und Richtlinien

Berufsgenossenschaftliche Information für Sicherheit und Gesundheit bei der Arbeit (BGI) - BGI 858 Handlungsanleitung zur Gefährdungsbeurteilung bei Tätigkeiten mit biologischen Arbeitsstoffen bei der Gebäudesanierung (2006), Berufsgenossenschaft der Bauwirtschaft (BG Bau), München

Berufsgenossenschaftliche Regel für Sicherheit und Gesundheit bei der Arbeit (BGR) - BGR 128 Kontaminierte Bereiche (2002), Hauptverband der gewerblichen Berufsgenossenschaften, St. Augustin

Handlungsempfehlung für die Sanierung von mit Schimmelpilzen befallenen Innenräumen (Leitfaden LGA 2) (2004), Landesgesundheitsamt Baden-Württemberg, Stuttgart

Leitfaden zur Vorbeugung, Untersuchung, Bewertung und Sanierung von Schimmelpilzwachstum in Innenräumen (Leitfaden UBA 1) (2002), Umweltbundesamt (UBA), Dessau

Leitfaden zur Ursachensuche und Sanierung bei Schimmelpilzwachstum in Innenräumen („Schimmelpilz-Sanierungsleitfaden", Leitfaden UBA 2) (2005), Umweltbundesamt, Dessau

Schimmelpilze in Innenräumen - Nachweis, Bewertung, Qualitätsmanagement (Leitfaden LGA 1) (2001), Landesgesundheitsamt (LGA) Baden-Württemberg, Stuttgart

Weiterführende Literatur

Literatur

Kussauer R.; Ruprecht M.: Die häufigsten Mängel bei Beschichtungen und Wärmedämm-Verbundsystemen, 2. Aufl. Köln: Verlagsgesellschaft Rudolf Müller, 2011

Matschiner, H.: Klätte, M. (Hrsg.): Infrarotheizung – Ein Heizsystem mit Zukunft. Jena: Jenaer Akademische Verlagsgesellschaft, 2010

Robert Koch Institut (Hrsg.): Desinfektionsmittelliste. Berlin, 2002

Sedlbauer, Klaus: Vorhersage von Schimmelpilzbildung auf und in Bauteilen. Stuttgart: Universität Stuttgart, Diss., 2001

Leitfäden, Richtlinien und Merkblätter

Merkblatt 4-4-04/D Mauerwerksinjektion gegen kapillare Feuchtigkeit, überarbeitete Fassung (2004), Wissenschaftlich-technische Arbeitsgemeinschaft für Bauwerkserhaltung und Denkmalpflege e. V. (WTA), München

Merkblatt E-4-6-03/D Nachträgliches Abdichten erdberührter Bauteile, überarbeitete Fassung (2002), Wissenschaftlich-technische Arbeitsgemeinschaft für Bauwerkserhaltung und Denkmalpflege e. V. (WTA), München

Merkblatt 4-7-02/D Nachträgliche mechanische Horizontalsperren (2002), Wissenschaftlich-technische Arbeitsgemeinschaft für Bauwerkserhaltung und Denkmalpflege e. V. (WTA), München

Merkblatt Schimmelpilzbefall an Holz und Holzwerkstoffen (2003), Institut für Holztechnologie Dresden GmbH (IHD), Dresden

Richtlinie für die Planung und Ausführung von Abdichtungen erdberührter Bauteile mit flexiblen Dichtungsschlämmen (1999), Arbeitsgemeinschaft Mauerziegel im Bundesverband der Deutschen Ziegelindustrie e. V., Bundesverband Kalksandsteinindustrie e. V., Bundesverband Porenbetonindustrie e. V., Deutsche Bauchemie e. V., Deutscher Holz-und Bautenschutzverband, Frankfurt am Main

Richtlinie für die Planung und Ausführung von Abdichtungen von Bauteilen mit mineralischen Dichtungsschlämmen (2002), Deutsche Bauchemie e. V., Deutscher Holz- und Bautenschutzverband e. V., Frankfurt am Main/Köln

Wasserundurchlässige Bauwerke aus Beton (WU-Richtlinie) (2003), Deutscher Ausschuss für Stahlbeton (DAfStb), Berlin

12 Stichwortverzeichnis

Fachgerechtes Sanieren von Schimmelpilzschäden

Die fachgerechte Sanierung von Schimmelpilzschäden ist eine anspruchsvolle Aufgabe für Handwerks- und Sanierungsbetriebe. Durch die richtige Gefährdungsbeurteilung und entsprechende Schutzmaßnahmen vermeiden Sie Unfall- und Krankheitsrisiken von Mitarbeitern und das Haftungsrisiko wird gemindert.

Mit der „Praxis-Software Schimmelpilzschäden" können Sie mögliche Gefahren eines konkreten Sanierungsfalls für Mitarbeiter und Umwelt beurteilen. So erfüllen Sie alle Vorschriften des Arbeits- und Umgebungsschutzes.

Praxis-Software Schimmelpilzschäden
Gefährdungsbeurteilungen und Schutzmaßnahmen nach Biostoffverordnung. Von Dr. Ing. Wolfgang Lorenz und Ulrich Sünkel. 2009.
12 x 17,8 cm. Software in DVD-Box.
ISBN 978-3-481-02624-0. **€ 89,–**

Dieses Schulungsvideo zeigt Ihnen praxisnah den kompletten Sanierungsvorgang von Feuchte- und Schimmelpilzschäden an einem realen Objekt.

Sehr anschaulich werden Ihnen Planung und Durchführung der gängigen Sanierungsmethoden unter Berücksichtigung der geltenden Regeln zum Schutz der Umgebung und des Arbeitsschutzes gezeigt.

DVD Sanierung von Feuchte- und Schimmelpilzschäden
Ein Schulungsfilm für die Praxis. Herausgeber: Bundesverband Schimmelpilzsanierung BSS e. V. 2007. 12 x 17,8 cm.
DVD mit 4-seitigem Booklet. Laufzeit 28 Minuten.
ISBN 978-3-481-02350-8. **€ 29,–**

baufachmedien.de
DER ONLINE-SHOP FÜR BAUPROFIS

DAMIT SIE BESCHEID WISSEN
Rudolf Müller

Verlagsgesellschaft
Rudolf Müller GmbH & Co. KG
Postfach 410949 • 50869 Köln
Telefon: 0221 5497-120
Telefax: 0221 5497-130
service@rudolf-mueller.de
www.rudolf-mueller.de

Ratgeber für die Bau- und Ausbau-Branche

Altbau-Modernisierung kompakt
Die 100 wichtigsten Konstruktionen und Anschlüsse für das Bauen im Bestand.
Von Jörg Böhning. 2012.
2., überarbeitete Auflage. Kartoniert.
DIN A6. 335 Seiten mit 168 Abbildungen und 101 Tabellen.
ISBN: 978-3-481-02883-1. **€ 39,–**
Lieferbar ab 12/2012

Energetische Fassadenmodernisierung
Anforderungen, Produkte, Detailausführungen.
Herausgegeben vom Kompetenzzentrum für das Stuckateurhandwerk.
Von Manfred Boes und Harry Luik.
2012. DIN A4. Kartoniert. 164 Seiten mit 162 Abbildungen und 78 Tabellen.
ISBN 978-3-481-02757-5. **€ 49,–**

E-Book http://www.baufachmedien.de/energetische-fassadenmodernisierung-e-book-pdf.html

Luftdichtheitsmessung in der Praxis
Für Neubauten und energetische Gebäudemodernisierungen. Institut für Bauforschung e. V. (IFB)
2010. DIN A4. Kartoniert. 76 Seiten mit 304 Abbildungen und 19 Tabellen.
ISBN: 978-3-481-02723-0. **€ 39,–**

E-Book http://www.baufachmedien.de/luftdichtheitsmessung-in-der-praxis-e-book.h

Thermografie
Sicher einsetzen bei der Energieberatung, Bauüberwachung und Schadensanalyse.
Themenband.
Von Herbert Wagner.
2011. DIN A4. Kartoniert. 123 Seiten mit 282 farbigen Abbildungen und 46 Tabellen.
ISBN: 978-3-481-02733-9. **€ 49,–**

E-Book http://www.baufachmedien.de/thermografie-e-book.html

Die häufigsten Mängel bei Beschichtungen und WDVS
Erkennen, Vermeiden, Beheben.
Von Robert Kussauer; Max Ruprecht.
2., aktualisierte und erweiterte Auflage 2011.
17 x 24 cm. Gebunden. 464 Seiten mit 350 Abbildungen und 88 Tabellen.
ISBN: 978-3-481-02705-6. **€ 69,–**

E-Book http://www.baufachmedien.de/die-haufigsten-mangel-bei-beschichtungen-und-wdvs-e-book.html

Praxis-Handbuch Wärmedämm – Verbundsysteme
Baustoffkunde, Verarbeitung, Schäden, Sanierung.
Von Hans-Hermann Neumann.
2009. 17 x 24 cm. Gebunden. 463 Seiten mit 440 Abbildungen und 109 Tabellen.
ISBN: 978-3-481-02154-2. **€ 79,–**

E-Book http://www.baufachmedien.de/praxis-handb waermdaemm-verbundsysteme-e-book.html

Jetzt bestellen unter www.baufachmedien.de oder telefonisch unter 0221 5497-120!

baufachmedien.de
DER ONLINE-SHOP FÜR BAUPROFIS

DAMIT SIE BESCHEID WISSEN
Rudolf Müller

Verlagsgesellschaft Rudolf Müller GmbH & Co. KG
Postfach 410949 • 50869 Köln
Telefon: 0221 5497-120
Telefax: 0221 5497-130
service@rudolf-mueller.de
www.rudolf-mueller.de

Kompakte Ratgeber für die Bau- und Ausbau-Branche

Fliesen kompakt
Mit Kennziffern, Regeln, Richtwerten.
Herausgegeben von FLIESEN & PLATTEN.
Unter Mitarbeit zahlreicher Experten.
2011. DIN A6. Kartoniert. 360 Seiten
mit 127 Abbildungen und 55 Tabellen.
ISBN 978-3-481-02730-8.
€ 39,–

Vorzugspreis für Abonnenten
von FLIESEN & PLATTEN: € 29,–

Auch als E-Book (EPUB und PDF) erhältlich. Download unter www.baufachmedien.de/e-books.html

Trockenbau kompakt
Mit Kennziffern, Regeln, Richtwerten,
Prinzipdarstellungen und Übersichten.
Herausgegeben von Trockenbau Akustik.
Unter Mitarbeit zahlreicher Experten.
2011. DIN A6. Kartoniert. 366 Seiten
mit 150 Abbildungen und Tabellen.
ISBN 978-3-481-02720-9.
€ 39,–

Vorzugspreis für Abonnenten von
Trockenbau Akustik: € 29,–

Auch als E-Book erhältlich. Download unter www.baufachmedien.de/e-books.html

Ausbau kompakt
Mit Kennziffern, Regeln, Richtwerten.
Von Dr.-Ing. Helmuth Duve.
2., aktualisierte Auflage 2011.
12 x 17 cm. 509 Seiten.
ISBN 978-3-481-02850-3.
€ 49,–

Energieberatung kompakt
Die wichtigsten Richtwerte,
Maßnahmen und Checklisten.
Von Heinz P. Janssen. 2010.
DIN A6. Kartoniert. 229 Seiten mit
168 Abbildungen und 57 Tabellen.
ISBN 978-3-481-02724-7.
€ 39,–

Auch als E-Book erhältlich. Download unter www.baufachmedien.de/toleranzen-kompakt-e-book.html

VOB/B kompakt
150 Antworten auf die wichtigsten
Fragen zur VOB 2009.
Von RA Stephan Bolz. 2010. DIN A6.
Kartoniert. 261 Seiten mit 16 Musteranschreiben und 3 Tabellen.
ISBN 978-3-481-02636-3.
€ 39,–

Auch als E-Book erhältlich. Download unter www.baufachmedien.de/vob-b-kompakt-e-book.html

EnEV kompakt.
Über 100 Antworten auf die wichtigsten
Fragen zum Energieausweis.
Von Friedhelm Maßong.
2., überarbeitete und erweiterte
Auflage 2009. DIN A6. Kartoniert.
232 Seiten mit zahlreichen Abbildungen
und Tabellen.
ISBN 978-3-481-02555-7.
€ 39,–

Auch als E-Book erhältlich. Download unter: www.baufachmedien.de/enev-2009-kompakt-e-book.html

Weitere Informationen finden Sie unter
www.baufachmedien.de/kompakt

baufachmedien.de
DER ONLINE-SHOP FÜR BAUPROFIS

DAMIT SIE BESCHEID WISSEN
Rudolf Müller

Verlagsgesellschaft
Rudolf Müller GmbH & Co. KG
Postfach 410949 • 50869 Köln
Telefon: 0221 5497-120
Telefax: 0221 5497-130
service@rudolf-mueller.de
www.rudolf-mueller.de

Wertvolles Fachwissen für Ausführende

B+B BAUEN IM BESTAND ist die Fachzeitschrift für qualifizierte Bauleistungen im Bestand. Sie erhalten in 6 Ausgaben und einem speziellen Themenheft pro Jahr praxisnahe Informationen für die Planung und Ausführung.

B+B BAUEN IM BESTAND

- beantwortet Fragen zu Verfahren, Baustoffen und Techniken,
- hilft bei der Bestandsaufnahme und Beurteilung von Schadensfällen,
- gibt Ihnen Sicherheit bei der Auswahl der richtigen Sanierungsmaßnahmen und Produkte.

Im Abonnement ist der kostenfreie Zugriff auf die Online-Plattform www.BauenimBestand24.de im Wert von € 99,– pro Jahr enthalten.

BauenimBestand24.de bietet Ihnen Lösungen und Arbeitshilfen zum Thema Modernisierung, Umbau und Instandsetzung.

Jetzt abonnieren
unter www.baufachmedien.de/b+b

DAMIT SIE BESCHEID WISSEN
Rudolf Müller